BIOLOGY

生物学

［カレッジ版］

第２版

高畑雅一
北海道大学名誉教授

増田隆一
北海道大学名誉教授

北田一博
北海道大学大学院准教授

医学書院

本書は「系統看護学講座」の1冊として刊行されたものを，
装丁を改め[カレッジ版]としたものです。

装丁：エッジ・デザインオフィス
表紙写真：©Tatiana Shepeleva, ©Eric Isselée, ©mtruchon, ©imacture, ©micro_photo-stock.adobe.com

生物学[カレッジ版]
発　行　2013年2月15日　第1版第1刷
　　　　2018年2月1日　第1版第7刷
　　　　2019年2月15日　第2版第1刷©
　　　　2025年2月1日　第2版第7刷
著者代表　高畑雅一（たかはたまさかず）
発行者　株式会社　医学書院
　　　　代表取締役　金原　俊
　　　　〒113-8719　東京都文京区本郷1-28-23
　　　　電話　03-3817-5600(社内案内)
　　　　　　　03-3817-5650(販売・PR部)
印刷・製本　アイワード

ISBN978-4-260-03188-2

はしがき

科学の諸分野のなかで，生物学ほど研究の進展が速い分野はない。それは，生物学が包含する専門的な学問領域が，分子生物学から環境生物学にいたる広大なものであり，研究・解析のレベルも分子から細胞・個体を経て地球にいたる多くの階層から構成されるからである。それぞれの専門分野，解析レベルでの研究が日進月歩で進み，新たな発見が毎週のように報告されている。

もとより一般教育のための教科書がこれらにふりまわされる必要はない。むしろ教科書としては，生物学の基幹をなす古典的概念や考え方が新しい知見に対しても有効であることを検証し，これらを学ぶ者に伝えていかねばならない。もしも旧来の概念・考え方が否定され，それにかわるものが提唱されたときは，その根拠と展望を伝えていかねばならない。これまで不明であったことが明らかにされたのであれば，その研究手法的な背景も含めて伝えていかねばならない。学問分野が極度に細分化された今日，新たな知見を見すえながら生物学を1つの科目として教科書にまとめるには非常な困難があるが，まさにそれゆえにこそ，一般教育のための生物学教科書の使命には大切なものがあると考える。

今日，医療の現場と基礎的な生物学の知識・概念は，かつてないほどに近づいている。がんやエイズといった病気を理解するためにはもちろんのこと，再生医療や生殖医療といった先端的な医療を正しく理解してこれに携わるためには，高度の生物学的な訓練が必要となろう。それは，単に断片的な知識を集めればよいということではなく，生物学を体系的に学ぶ必要があるということでもある。

本書は看護学教育の基礎課程を対象とする教科書として，1969年発行の初版以来，生物学の進展を取り入れながら版を重ねてきた。第10版となる今回の改訂では，とくに進展の著しい分子遺伝学分野について，iPS細胞を用いた再生医療やゲノム編集に関するコラムを新たに加えて従来の記述を増強するとともに，環境生物学分野では新たに多数の写真を添えることで，読者の直感的な理解を促すよう工夫した。また生体エネルギー論や電気生理学に関する記述をできる限りわかりやすく書きあらため，予備知識なしでも理解できるよう，平易な表現を心がけた。

生物が示す形態や機能は，進化の過程でそれぞれの種の生息環境に適応して多様化してきた。ヒトの生命機能も例外ではない。進化は学問としての生物学の中心命題であり，生物学を生理学，生化学などその関連領域と区別する最大の特徴である。本書では，これまでの版での比較生物学的な方針を継承し，本書で学ぶ学生の皆さんが，ヒトを含む生命現象について，広く生物学的視野の中でその理解を深められるように配慮した。著者の意図がどこまで実現できているかは，本書で学び，また，本書で教えられる諸賢の判断にゆだねられる。ご批判，ご提言を頂くことを心から期待する所以である。

なお，本書で用いる学術用語は原則として『生物教育用語集』（日本動物学会／日本植物学会，東京大学出版会，1998年）に準拠，統一した。医学用語とは異なる学術用語については，適宜括弧内などに併記し，必要に応じて英語を示した。

2019年1月

著者一同

目次

序章 生物学を学ぶにあたって

高畑雅一

第1章 生命体のつくりとはたらき

高畑雅一

第2章 生体維持のエネルギー

高畑雅一

第3章 細胞の増殖とからだのなりたち

北田一博

第4章 遺伝情報とその伝達・発現のしくみ

北田一博

第5章 生殖と発生

高畑雅一

第6章 個体の調節

高畑雅一

第7章 刺激の受容と行動

高畑雅一

第8章 生命の進化と多様性

増田隆一

第9章 生物と環境のかかわり

増田隆一

第10章 地球環境とヒトとの共存

増田隆一

○写真の出典

10ページ図1-2の3点：北海道大学大学院 北田一博准教授／20ページ図1-12左：Science Source/PPS通信社／116ページ図4-29左下：北海道大学大学院 北田一博准教授／142ページ図5-7の2点：浅野正彦／256ページ側注：Tomek/-stock.adobe.com／258ページ側注：Dr. Robert Calentine/PPS通信社／261ページ側注：O. Louis Mazzatenta/PPS通信社／264ページ図8-9右上：北海道大学大学院 増田隆一教授／267ページ側注：Stephen Meese/-stock.adobe.com／276ページ側注：De Agostini/PPS通信社／277ページ側注：Archivist/-stock.adobe.com／278ページ側注：Studiotouch/-stock.adobe.com／285ページ側注：kelly marken/-stock.adobe.com／286ページ側注上：VisionDive/-stock.adobe.com／286ページ側注下：jarun011/-stock.adobe.com／288ページ図9-4：北海道大学大学院 増田隆一教授／289ページ側注：petreltail/-stock.adobe.com／290ページ側注：diyanadimitrova/-stock.adobe.com／292ページ図9-7左：godfather/-stock.adobe.com／299ページ側注：Noradoa/-stock.adobe.com／300ページ側注：Destonian/-stock.adobe.com／301ページ側注：mizzick/-stock.adobe.com／302ページ側注：Piotr Zawisza/-stock.adobe.com／303ページ側注：tamon/-stock.adobe.com／305ページ側注：Alamy/PPS通信社／307ページ図10-4：北海道大学大学院 増田隆一教授／309ページ側注：lrochka/-stock.adobe.com／310ページ図10-5：編集部／311ページ側注：uttyan/-stock.adobe.com

生物学を学ぶにあたって

A 生命観とその変遷

① 生物とはなにか，生命とはなにか

生物学は，生物にかかわる現象を研究する科学である。「生物」は，生まれ成長し，そして死んでいくものとして，「非生物」から区別される。そして生物の活動を支えている根源的な力を想定して，それを「生命」とよんでいる。生物は目に見えるが，生命は見ることはできず，私たち人間が生物の中に想定しているものである。

この「生命」をどのように理解するのかについて，古来より2つの見解がある。1つは**生気論**(せいき) vitalism であり，もう1つは**機械論** mechanism である。生気論では，生命現象は物質現象とはまったく異なる現象であるとみなし，生命体には単なる物体にはない活力(「生気」)があるとされた。機械論では生命現象も物質現象の一部であり，物理化学的な法則に従う機械的な活動とされる。「生命」に対する見方・考え方は生命観とよばれ，その歴史は紀元前にまでさかのぼる。

② 生命観の変遷

アリストテレスの生命観▶

アリストテレス
Aristotélēs
前 384-322

古代ギリシャの**アリストテレス**は，生き物の中に霊魂(プシケー)を想定し，この霊魂が，植物では栄養・生育・生殖，動物ではそれに加えて移動・感覚・欲求を可能とし，人間ではさらに思惟(しい)する理性としてはたらいていると考えた(「霊魂論」)。彼は師のプラトンとは異なり，感覚で経験される個々の事物を重視した。そして，これら事物を事物たらしめている作用因を形相(けいそう)(エイドス)，形相によって規定される素材を質料(ヒュレー)という言葉でよんだ。形相はけっして個々の事物から離れて超越的に存在するものではなく，事物に内在すると考えられた。

生き物の場合，それぞれの形相が霊魂であり，質料は生物体である。霊魂が生物体を離れるとき，生物体は単なる物体となり，形相としての霊魂も死滅する。ただし人間の場合，その霊魂(理性に対応する部分)に思惟させる究極要因として「能動的理性」(「作用する知性」とも訳される)を想定し，これは質料をもたず，永遠不死のものであるとした。アリストテレスのこの「能動的理性」は，人間思惟の超越的な究極要因として哲学的な論議の対象となり，その解決は，ある意味で18世紀のカントを待たねばならなかった。

しかし，生物現象を，可能態としての質料(生物体)がそこに内包する形相(霊魂)によってある現実態に転化するものとして理解しようとするアリストテレスの考え方は，遺伝情報の継時的発現と細胞・組織間の相互作用による生物

体形成という今日的な生物学の立場に通じるものがある。また，彼は事物を4つの原因，すなわち質料因・始動因・形相因・目的因から理解しようとしたが，とりわけ，目的因的思考は，生物構造と機能を考えるうえで，今日にいたるまで重要な役割を果たしてきた。

人体・動物の構造と機能の解明▶

古代ギリシャやエジプトでは，動物および人体の解剖が行われており，ローマ時代の**ガレノス**は，解剖のみならずさまざまな動物実験を行い，構造からその機能を推定していったが，その機能が生物体でどのように実現しているかについては，生気(プニューマ)が支配するものと考えた。その後，宗教上の理由で，人体解剖はルネサンス期まで一般にはなされなかった。

ガレノス
Claudius Galenus
129-199ごろ

15〜16世紀，**レオナルド=ダ=ヴィンチ**は人体の構造と機能について，芸術家としての目で具体的かつ詳細に記載し，人間や動物のからだの各部のはたらきを機械仕掛けとして理解しようとした。しかし一方で彼は，同一の霊魂が母親とその胎児の2つの肉体を統括すると述べ，神経を走るのも霊魂であると記している(『ウィンザー解剖手稿』)。少し遅れて**ヴェサリウス**は，ガレノスやアリストテレスの誤りを正しながら詳細な人体解剖図を出版した。彼はガレノスが行った生物実験を復活させ，多くの人体機能を解明したが，ガレノスと同じように生気論を信じていた。動物を時計にたとえた**デカルト**は動物機械論で有名だが，彼も人間に対しては，魂(精神)の存在を認めていた(『方法序説』)。

レオナルド=ダ=ヴィンチ
Leonardo da Vinci
1452-1519

ヴェサリウス
Andreas Vesalius
1514-1564

デカルト
René Descartes
1596-1650

デカルトの同時代人である**ハーヴェイ**は，さまざまな動物を用いた解剖学的調査と，血管を縛って血流を途絶させる結紮(けっさつ)実験に基づいて，血液の循環(肺循環と体循環)を明らかにした。血液は，心臓の自発的な収縮によって拍出され，動脈から静脈を経て再び心臓に戻るという機械論的な思考を進める一方で，彼は，心臓で血液に生気が与えられるとも書いている(『動物の心臓ならびに血液の運動に関する解剖学的研究』)。後年，彼は，動脈血と静脈血との違いを論敵に指摘されて，実体としての生気について悩んだが，それは当時，空気はまだ神秘的なものであったからである(前述の生気を意味するプニューマは空気，息の意)。

ハーヴェイ
William Harvey
1578-1657

やがて**ボイル**によって，空気が，物が燃えるときや生命にとって共通に必要な物質であることが示され，その神秘性が剝奪(はくだつ)された。18世紀には，**ラヴォアジエ**が空気の組成を明らかにして，呼吸とは，空気の1/5を占める酸素という気体を吸うことであり，呼吸によって二酸化炭素が排出されることを示し，呼吸と燃焼が同じ反応であることを示唆した。また，**ガルヴァーニ**は生物電気を発見し，神経を走るのが霊魂ではなく電気であることを見いだした。ただしこの電気は，ガルヴァーニは生物がつくり体内にたくわえていたものと考えたのに対し，同時代の**ヴォルタ**は物理現象としての電池によって引きおこされたと考えた。

ボイル
Robert Boyle
1627-1691

ラヴォアジエ
Antoine-Laurent de Lavoisier
1743-1794

ガルヴァーニ
Luigi Galvani
1737-1798

ヴォルタ
Alessandro Volta
1745-1827

19世紀になると，ヒトも生物進化の結果であるとする進化論が**ダーウィン**によって提唱され，人々の生命観や世界観に大きな影響を与えた。**エンゲルス**

ダーウィン
Charles R. Darwin
1809-1882

エンゲルス
Friedrich Engels
1820-1895

は生物学者ではないが，当時の生物学の影響を受けて「生命とは，タンパク体の存在の仕方である。そして，この存在の仕方で本質的に重要なところは，このタンパク体の化学成分がたえず自己更新を行っている，ということである」と記し(『反デューリング論』)，唯物論的(機械論的)な生命観を示した。

20世紀中ごろには，遺伝子の実体としてのDNA分子の構造が解明され，それ以降，遺伝情報の発現制御機構や神経情報による行動制御機構など，生命現象の機械仕掛けの側面が明らかにされつつ今日にいたっている。

③ 生物学と生命観

今日の私たちは，生命活動に酸素が必要な理由を知り，酸素が血液中のヘモグロビンに結合されて全身に運ばれることも知っている。また，脳・神経での情報処理が電気信号により行われることも知っている。生命現象に神秘性を感じなければならない理由は，生物学の進んだ現代においては存在しない。

しかし，そのような今日でも，私たちがヒトや身近な動植物の生命(いのち)の誕生あるいは終焉(しゅうえん)に，なんの感情も交えることなく立ち会うことは，多くの場合困難である。この困難は「生命とはなにか」という問いに生物学が答えることの困難を象徴しているが，このような状況は科学としての生物学がかかえる以下の事情による。

本書で学ぶ生物学は，今日では実験科学の１つとして，観察による作業仮説の設定と，実験・フィールドワークによる仮説の検証という手続きをふみながら，複雑にからみ合った事象をときほぐし，個々の因果関係を明らかにしようとする営みとなっている。多様な生命現象の共通性と特異性を，広く深く理解することこそ生物学の目的であるが，その過程で得られる生物学的な命題(さまざまな判断を言語として表現したもの)は，検証が可能であることと，反駁(はんばく)，つまり論じ返すことが可能であることが要請される。それは科学としての生物学の要請である。そして，そのような科学が取り扱うことが可能なのは，客体化(客観化)することが可能な対象のみである。ここに観察者・実験者の個人的な体験や感情が入る余地はない。

生命観をはぐくむための生物学▶

今日の生命観とは，程度の差こそあれ，物質により構成され，それが機能する過程としての生命現象を了解したうえで，各人が，その価値観と思考・判断に基づいて心のなかに形成する「生命(いのち)」というイメージである。それはけっして，科学としての生物学が取り扱うことが可能な対象ではない。各人の生命観は，各人の人格・生と密接に連繫している以上，互いに尊重し合うべきものである。「生命とはなにか」という問いに深くかかわる生物学を学ぶことが，各人の生命観をはぐくむうえでの一助ともなればと願っている。

B 生命と生物学

① 生命の特徴

ここで「生命」について，その特徴を今日の視点からまとめておこう。「生命」すなわち「生きている」とはどのようなことであろうか。空を飛ぶ鳥は生きているが，飛行機が生きているとは誰も思わない。では「生命」を特徴づけるものはなんであろうか。生命体に共通する特徴を以下に列挙する。

(1) 細胞：生命活動の基本単位である。個体として単細胞ないし多細胞の体制をとる。

(2) 秩序：個体の各部は，個体全体としての統一的機能のもとで活動する。

(3) 動的平衡：物質のたえまない分解・解離と合成・結合により生命体の構造と機能を維持する。

(4) エネルギー：外部から取り込み，それを利用して多様な生命活動を行う。

(5) 恒常性：個体内部は，外部環境とは独立して比較的安定に保持される。

(6) 反応性：外界の物理的・化学的・機械的な変化(刺激)に対して，特有の反応が引きおこされ，環境に適応する。

(7) 成長と生殖：個体は成長して寿命がつきるが，生殖によって子孫を残すことで種(しゅ)を保存する。

(8) 遺伝：生殖によって維持される種の系統は，種の形質情報を担う遺伝子の遺伝によって子孫に伝えられる。

(9) 適応による進化：個体としての生命や種の維持のために，環境の変化に対して生涯的および系統進化的に適応できる。

② 生物学と生命科学

生物学は，このような生命現象の解明を目的とする自然科学の一分野である。対象となる現象や生物の種類も多く，ヒトを対象とした研究はその一部でしかない。したがって生物学では，多くの場合，基礎科学として生命現象の共通性や特異性などを追究する。

近年では，医学・農学・水産学・工学などの人の生活の向上を直接的な目的とする応用科学とも深くかかわり，また人の生活や地球環境の破壊を防ぐための基礎学問として，対象となる領域が広がっている。生物学を中心とした基礎・応用・学際領域の学問を総称して，**生命科学** life science ということもある。

C 看護・医学の基礎科学としての生物学

どのような職種につく場合でも，自分の任務や仕事について正しく理解していることは，努力の結果を有効なものにする強い基盤となる。看護は患者とその命を対象とする仕事であり，仕事の結果が有効であることはもちろん，間違いが許されないか，許される範囲がきわめて狭い仕事であるといえる。診療の指示は医師から出されるとしても，医療チームの一員である看護師は，診療の意義と目的を正しく理解していなくては，患者自身や医師などと協力して適切な診療をはかることはできない。

日常化した一般的な診療においても，理解の有無が看護のよしあしに関係する。また，非日常や，突発的事態に対する看護師の機転のきかせ方は重大な意味をもつことになる。機転には，おこりうる事態に対する鋭い洞察力や，おこった事態の処置に対する適切な判断力，看護にあたっての敏捷な実行力が必要である。重篤な患者や，長期入院患者，慢性疾患患者に対しては，情動面や精神面で健康の回復への意欲を維持させたり，闘病への精神的持続を援助したりする心理的・精神的な面での看護も大切である。

看護にあたっては，専門的知識や経験が重要であることはもちろんであるが，診療を科学的に理解していればこれにまさることはない。診療の目的や方向性，生物・生命現象の一般原理や基礎を理解していれば，突然の事態に対して適切な判断や処置を行うことに役だつはずである。より高い看護を目ざすとき，あるいは指導的立場にたつときのために，豊かな知性をもっていることが力のもととなる。看護行為が適切で要領を得ているかどうかは，処置などでかんじんなポイントや筋道を的確に把握しているかどうかにかかっている。看護師の必須条件である患者・医師からの信頼の面でも，看護の安全性や有効性のうえでも，このことは重要である。

重要なポイントを押さえていれば，細かな知識を忘れることを恐れる必要はない。なぜなら，どこかで学んだ気がするという記憶が残っていれば，問題に直面したとき，解決の端緒を見つけ，なにを検討すべきかをすみやかに自己判断し，課題の解決と治療の発展の足がかりをつくれるからである。看護学や医学における基礎領域の科学である「生物学」を学ぶことは，看護の専門家を目ざす皆さんにとって，広い視野をもち，自立した専門家となるために不可欠な基礎能力をかためることであるといえる。

生命体の つくりとはたらき

地球は，宇宙にある無数の星のなかで，生物が生息していることが確認されている唯一の星である。地球には多くの生物種が生息しているが，ヒトはそのなかでは新参者であることを人類が自覚したのは，比較的最近のことである。そして，人類の過去・現在・未来を理解して予測するには，ヒトにいたる生命の歴史を知る必要があり，そのためにはヒト以外のほかの生物の理解が必要不可欠である。

本章ではまず，生物学が，生命体のつくり(構造)とはたらき(機能)という問題にどのように取り組むかを概観したあとで，生物が共通にもち，生物ならではの特性である細胞の構造や機能について学ぶ。

A 生物学における構造と機能

① 生命現象の2つのとらえ方——形態学と生理学

生物学の方法▶ 物質代謝・生殖・発生・遺伝・生態・分類など，生物のさまざまな現象を研究対象とする生物学では，研究テーマや研究者により，数学的・物理学的・化学的方法など，多種多様な技術が用いられる。

技術的な方法は多様であるが，生命現象を理解するための研究の歴史は，大きく2つの流れに分けることができる。生体の構造を探究してきた**形態学**と，機能を探究してきた**生理学**である。前者ではより小さな形を見ようとする技術が進み，最先端では分子の形態を見るまでに迫っている。後者ではより速い，より短い時間での動きを見る技術が進み，最先端では分子の動きに迫ろうとしている。

近年は，生体内の反応に関連する物質を，分子，つまり単一の物質のレベルで明らかにする**分子生物学**の方法による研究が盛んになっている。このような分子レベルの研究においても，形態学および生理学的な考え方は，理解のための方法の基本となっている。

② 生命現象研究のための技術

1 形を研究するときに用いられる技術

光学顕微鏡▶ 生物の形態を見るときには，肉眼のほかに，可視光下で見る光学顕微鏡や，紫外線をあてて物質や物体の蛍光を見る蛍光顕微鏡など，いろいろな機能をもった顕微鏡が用いられる(▶図1-1)。これらはいずれもレンズを使用し，形を拡大して色彩も観察することができる。光学顕微鏡では，0.2 μm(2×10^{-7} m)ぐらいまでをはっきりと見ることができる。それ以下の大きさを見る

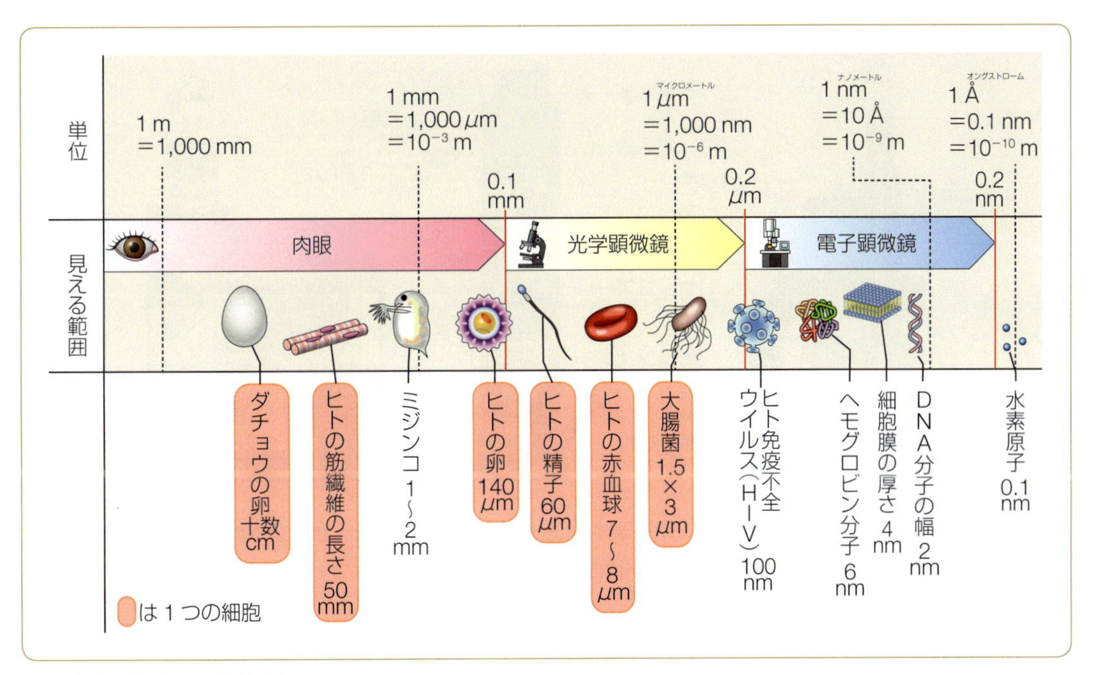

▶図 1-1　大きさの概念図

には電子顕微鏡が用いられる(▶図 1-2)。

電子顕微鏡▶ 現在，一般の電子顕微鏡は，電子線を利用して観察する試料を拡大しており，試料は真空中に置かれ，電子線の白黒の濃淡として見ることになる。そのため，残念ながら，観察できるのは死んだ生体の試料ということになる。電子顕微鏡では 10^{-9} m 以下の小さな物体も識別することができ，大きな分子はその配列まではっきり見ることができる。

共焦点レーザー蛍光顕微鏡▶ また共焦点レーザー蛍光顕微鏡を用いることで，試料の蛍光像を明瞭に観察できるのみならず，その三次元的構造を定量的に扱うことが可能となっている。

2 動きを研究するときに用いられる技術

機能は，ものの動きとしてとらえることができる。映像技術の進歩により，肉眼あるいは顕微鏡下で観察可能な生命現象は，ビデオ撮影(毎秒 30 コマ)や高感度カメラ(毎秒 100～1000 万コマ)で容易に記録・解析が可能となった。また，生命現象が生体電気(たとえば脳・神経の活動)であったり，または力-電気変換器や光-電気変換器などによって電気信号にかえられる場合は，これをオシロスコープで可視化することもできる。

オシロスコープとは，時間とともに変化する電気信号を記録する計測器である(▶図 1-3)。たとえば神経細胞の軸索を伝導する活動電位(▶210 ページ)を記録することによって，膜電位変化の時間経過を実時間で知ることができる(▶図 1-4)。

今日では，生体の電気信号をアナログ/デジタル(A/D)変換したのち，コン

A/D 変換

血圧や体温，脳波・心電図などの連続的なアナログ信号を，たとえば 8 ビット(2^8=256 段階)の不連続なデジタル信号に変換すること。通常のコンピュータが用いるのはデジタル信号である。

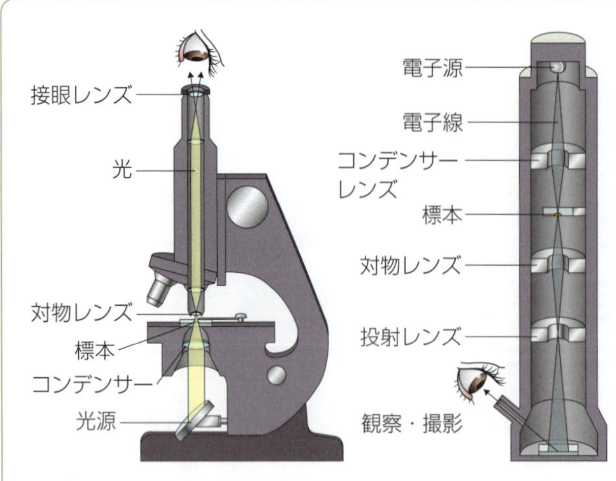

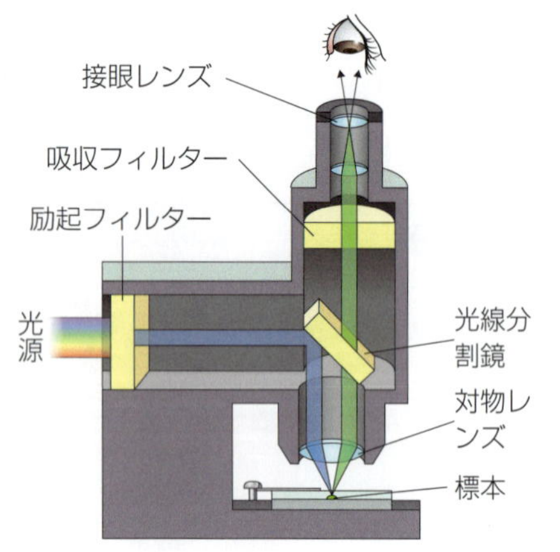

a. **光学顕微鏡**

b. **電子顕微鏡(透過型)**

光学顕微鏡の光源のかわりに，電子顕微鏡では金属纖維を加熱して放出させた電子を用いる。光学顕微鏡のレンズはガラス製だが，電子顕微鏡では，電磁コイルをレンズに用いて電子流をしぼり結像させる。

c. **蛍光顕微鏡**

蛍光色素で染色・標識した標本の観察に用いる。励起フィルターは色素を発光させるための波長の光(励起光)だけを通し，吸収フィルターは色素が発する光(蛍光)のみを通して，励起光やほかの波長の光を通さない。図は落射式蛍光顕微鏡で，光線分割鏡は，励起光は反射するが，蛍光は反射せずに透過させる。

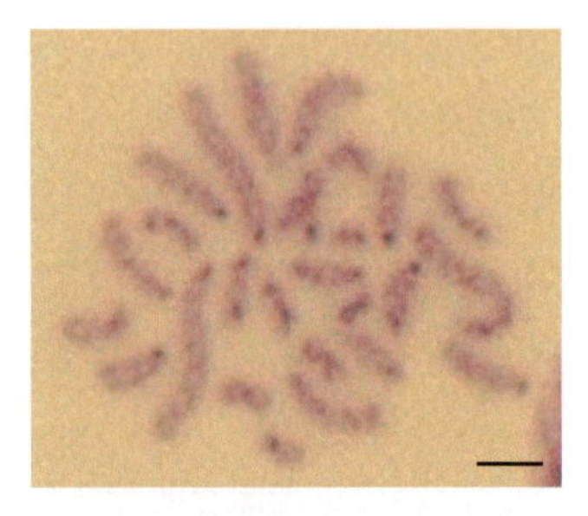

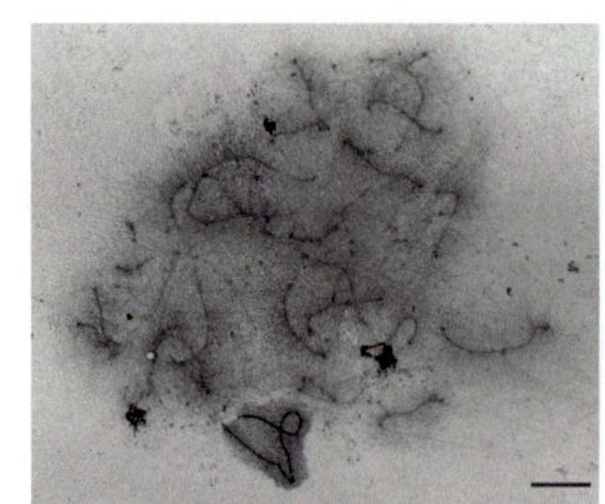

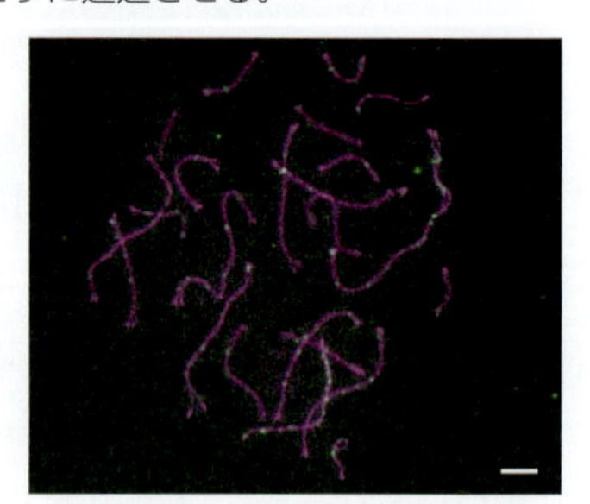

減数分裂時の染色体(左から光学顕微鏡，透過型電子顕微鏡，蛍光顕微鏡で撮影。写真のバーは 10 μm を示す。)

▶図 1-2 生物学の研究で用いられるおもな顕微鏡と撮影像

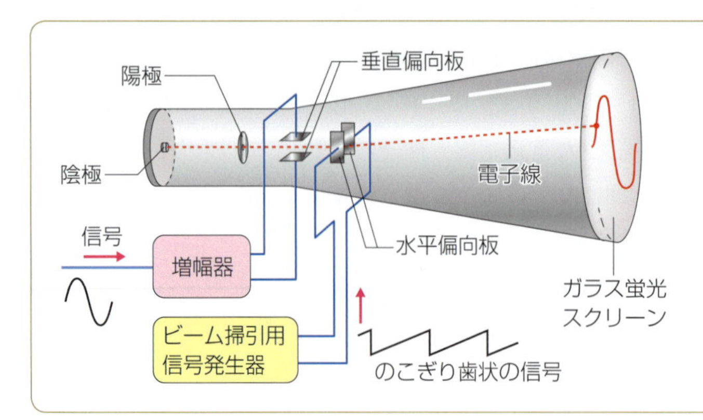

電子線は負の電荷を帯びているため，偏向板の間に電圧をかけて電場をつくると，その極性と大きさに応じて進路をかえる。水平偏向板にのこぎり歯状の信号を入れることで，電子線を一定の速度で左から右に掃引して瞬間的に左に戻すという動きを繰り返す。垂直偏向板に信号を入れることで，その時間経過をスクリーンに映すことができる。

▶図 1-3 陰極線オシロスコープ

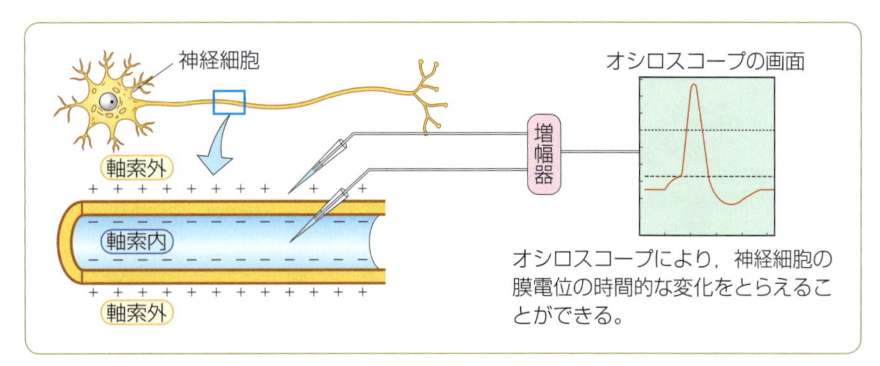

▶図 1-4　活動電位の記録

ピュータで観察して記録するのが通例である。現在最も速い解析では，生体の反応で 10^{-9} 秒の時間内におこる変化までもが対象になっている。

③ 生命現象の研究方法

1 観察・仮説・実験

生物学・生命科学の研究は，ほかの実験科学と同様，対象の詳しい**観察** observation を行い，その結果を説明するための可能性を1つひとつ検討する。文献を調べるだけでなく，新たな観察を行うこともあるし，対象にはたらきかけて，その反応や実態をみる**実験** experiment を行うこともある。その結果，最も対象をよく説明する可能性を**作業仮説** working hypothesis とする。

対照実験▶ 次に，この仮説の妥当性を検証するために，特定の因果関係に着目して，その原因と考えられる要素をかえて実験し，その結果を調べる。それと同時に，この実験操作自体の影響を調べる実験が必要となる。後者の実験を**対照実験** control experiment とよぶ(▶図 1-5)。実験結果と対照実験結果を比較することで，着目した要因の意義を確定することができる。

検証を無事に終えた作業仮説は仮説として，当面，対象を説明する考え方として受け入れられる。しかしその後，新しい事実の発見とともに，それが仮説と矛盾しないかどうかがたえず検証されていく。そして，いかなる仮説であっても，将来それが否定されることもありうると考えるのが，科学的なものの見方である。

2 生命現象の階層性

階層性とその理解▶ 生命現象は，分子・巨大分子・細胞・組織・器官・個体・個体群という**階層性**の各レベルで研究される。最も基礎である分子のレベルで明らかにできれば，どのような生命現象も理解されるということではなく，それぞれのレベルでの研究と理解が必要となる。なぜならば，複雑なレベルでは，より単純なレベル

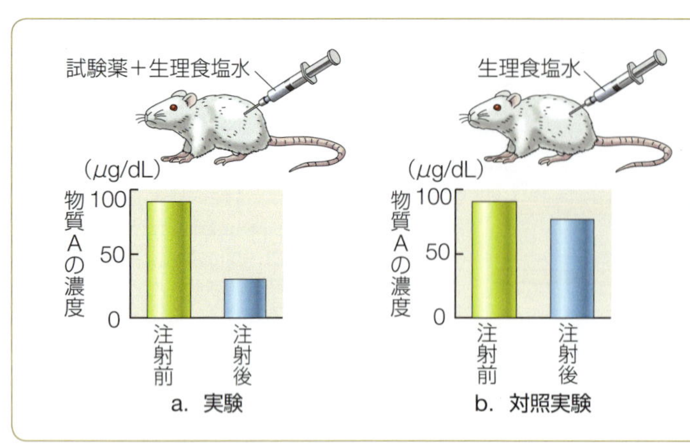

ある試験薬を生理食塩水にとかしてネズミに注射したところ，体内の物質Aが減少した(a)。
減少したのが，試験薬の効果であるのか，または注射という行為にあるのかを確認するために，生理食塩水のみをネズミに注射した(b)。
このように，注目した要素以外の条件を同一にして行う実験を対照実験とよぶ。この場合は，(b)の実験では物質が減少しなかったため，試験薬の効果が証明されたことになる。

▶図 1-5　対照実験

ではみられなかった現象があらわれるからである。

創発的性質▶ たとえば，ある酵素について考えてみよう。このタンパク質分子は，みずからはかわることなく細胞内での特定の化学反応の速度を上げるはたらきをもつ(▶44 ページ)。この酵素の性質やはたらくしくみは，その分子構造によるものであり，分子を構成している個々の原子の性質やそれらの相互作用だけをいくら調べても理解に到達することはできない。

また，細胞には多数の酵素が含まれ，これらが触媒する多様な化学反応が相互作用しながら，時々刻々並列的に進行している。しかし，そこであらわれる細胞の性質は，細胞を観察することによって理解されるのであって，個々の酵素の分子構造や機能を単独でいくら解析しても，細胞の機能の理解に達することはできない。

このような高次のレベルではじめてみられる性質は**創発的性質** emergent properties とよばれ，器官レベルや個体レベル，集団レベルでもみられる。創発的性質は，そのレベルの論理で調べられ，理解されなければならない。

B 細胞とその構造

フックのスケッチの一部

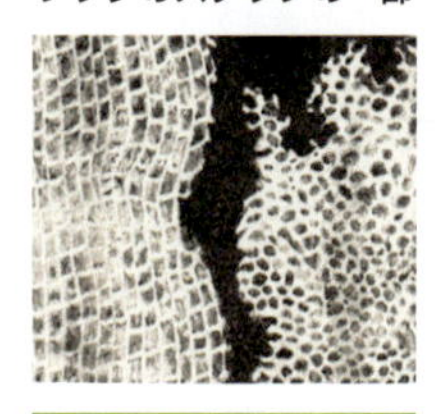

1665 年，イギリスのフック R. Hooke(1635～1703)は，木のコルク層を顕微鏡で観察して，コルクは小室の集合体であることを発見し，小室を「cell」，すなわち**細胞**と命名した。その後，イギリスのグルーやイタリアのマルピーギも，植物や動物で細胞を観察している。そして，ドイツのシュライデン M. J. Schleiden(1804～1881)とシュワン T. Schwann(1810～1882)は，それぞれ植物と動物のからだが細胞からできていることを明らかにした(1838 年，1839 年)。チェコのプルキンエ J. E. Purkyně(1787～1869)は，細胞内の物質を生命活動を

担う根源物質であるとして**原形質**と命名した(1839年)。

このような研究の積み重ねにより，細胞はすべての生物の構造と機能の単位である，言いかえると，生物体はすべて細胞からなりたつという細胞説が，19世紀半ばに確立された。

細胞の構造の模式図を図1-6に示す。

① 真核細胞と原核細胞

真核細胞と原核細胞▶

細胞は細胞膜によって囲まれた構造物で，内部に遺伝情報を担うデオキシリボ核酸 deoxyribonucleic acid(DNA)を含む。DNAが膜構造によって細胞内のほかの部域から隔離されている細胞を**真核細胞**，隔離されていない細胞を**原核細胞**とよぶ(▶図1-6)。

真核生物と原核生物▶

光合成細菌の一部(ラン藻(そう)類)を含む真正細菌および高温・高塩などの極限環境で生きる古細菌は，原核細胞からなる単細胞生物で，**原核生物**とよばれる(▶33ページ)。細菌以外の生物はすべて真核細胞からなり，**真核生物**とよばれる。DNAを隔離する膜構造，つまり核膜(▶20ページ)は，小胞体とともに**細胞内膜系**とよばれ，陥入した細胞膜が分離して生じたものと考えられている。

原核細胞は一般に小さく，直径1〜数μmである。それに対して真核細胞は，直径十数cmのダチョウの卵(卵細胞)から，顕微鏡を使わなければ観察できないものまで，その大きさは多様であるが，直径数μmから数十μmのものが多い(▶9ページ，図1-1)。

細胞の大きさ

生存に必要な物質(酸素，栄養など)は拡散で細胞内に広がるが，拡散の時間が距離の2乗に比例するため，細胞はある程度以上に大きくなることはできない。

② 真核細胞の構造

真核細胞の原形質は，細胞内膜系と**細胞小器官**によって区切られており，この区画化によって，原形質では，生命を支えるさまざまな化学反応を並列的に進めることができる。

核膜で囲まれた部分は**核**とよばれ，原形質の核以外の部分は**細胞質**とよばれる。動物細胞の細胞質には，内膜系である小胞体のほか，細胞小器官として，リボソーム，ゴルジ体，リソソーム，ミトコンドリアなどが存在している(▶図1-6)。植物細胞ではこれらのほか，葉緑体と発達した液胞が存在する。細胞内膜系および細胞小器官は，電子顕微鏡を用いることではじめてその構造が明らかとなった。

ミトコンドリアおよび葉緑体は，真核細胞に取り込まれて共生するにいたった原核細胞に由来すると考えられている(▶図1-7)。

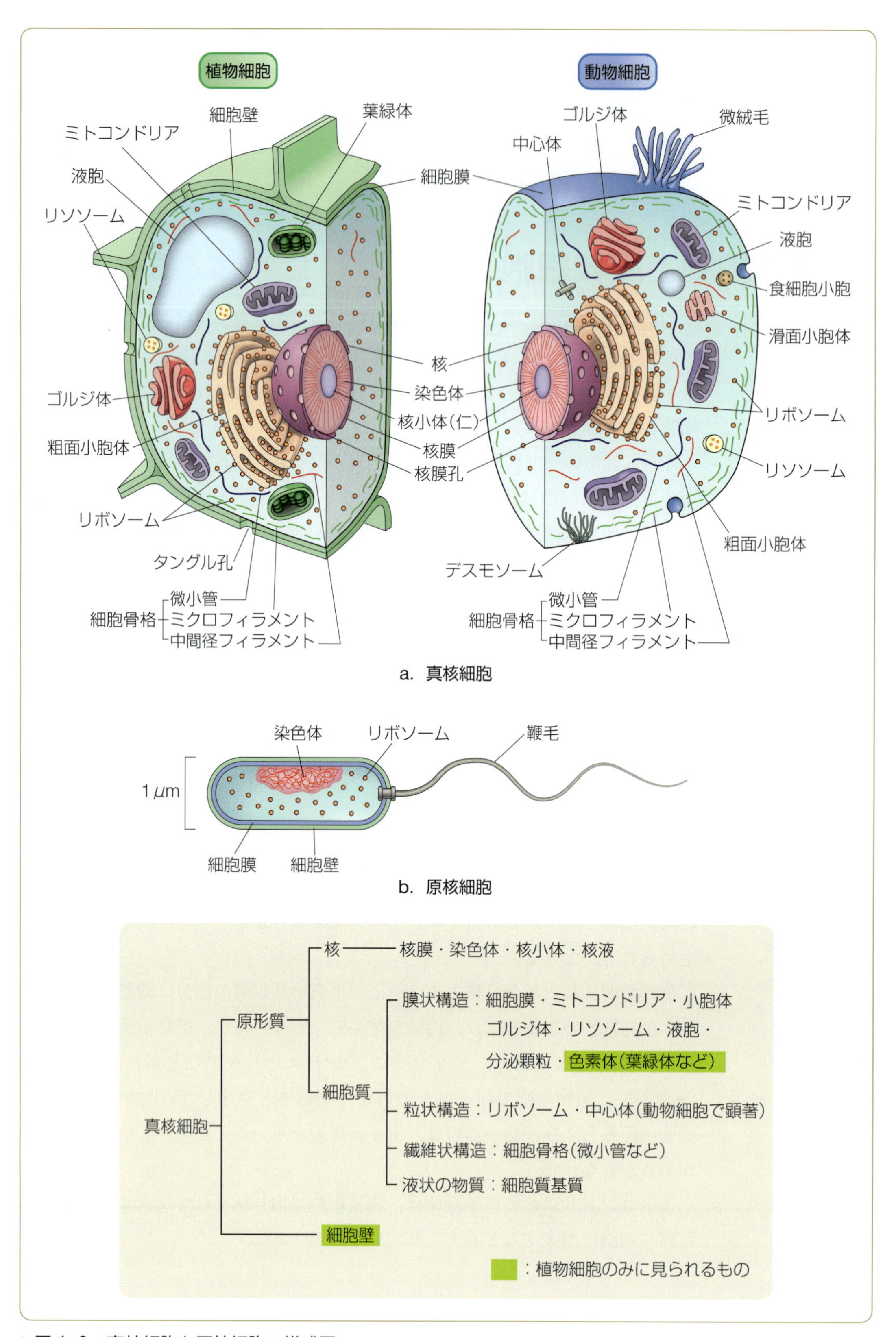

▶図 1-6　真核細胞と原核細胞の模式図

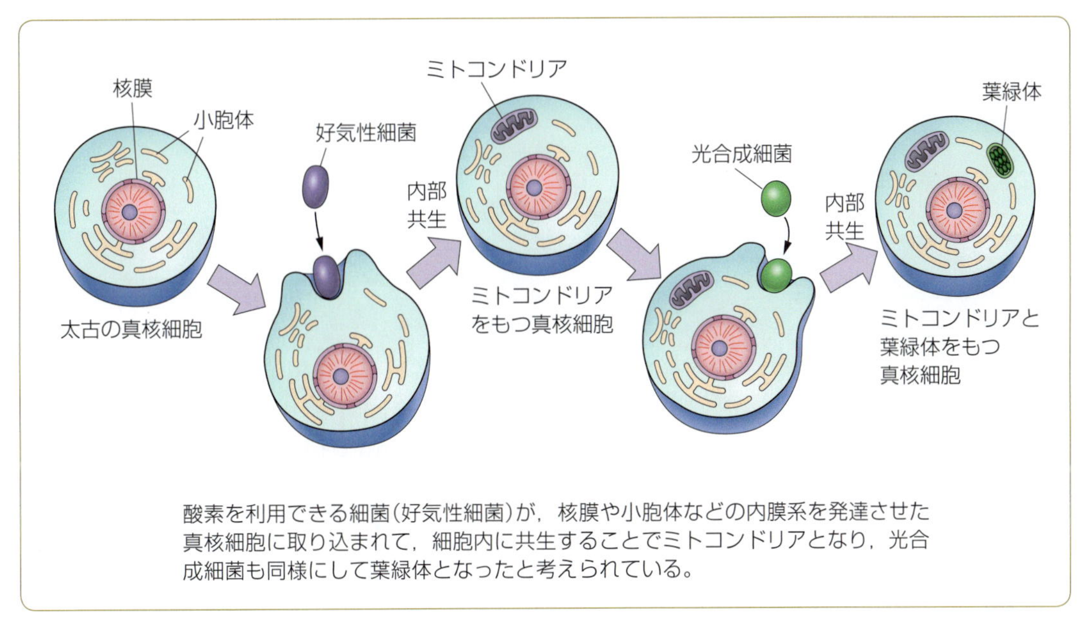

▶図 1-7　細胞内共生説

1 細胞質 cytoplasm

● 細胞膜 cell membrane

細胞の表層をおおう膜である細胞膜は，厚さ約 4 nm であり，細胞内外の物質の移動を制御する機能をもつ。細胞膜はある物質を自由に受け入れたり，ほかの物質を完全に遮断(しゃだん)したりする。また，水や気体の場合は受動的に輸送されるが，特定の物質を正確に識別して，細胞内のエネルギーを使って能動的に輸送する機能をもっている(▶32 ページ)。

リン脂質▶ 細胞膜の主要な構成成分はリン脂質とタンパク質であり，リン脂質は細胞膜の質量の半分以上を占めている(▶図 1-8)。細胞膜を構成している個々の脂質は 1 つの頭部と 2 つの尾部をもっており，尾部は疎水性で膜の内側にあり，頭部は親水性で外側に位置している。

膜タンパク質▶ 細胞膜には，膜タンパク質とよばれる特定のタンパク質が結合しており，大きなタンパク質では，脂質の二重層を続けて 7 回も貫通しているもの(7 回膜貫通〔型〕タンパク質)もある。小さなタンパク質は，外側か内側の脂質の層にだけ結合している。

外側に結合しているタンパク質は，細胞に届くホルモンや，その他の情報伝達物質と結合して，細胞内に信号を伝える受容体の役割をしている(▶200 ページ，図 6-35)。また，細胞膜の内側にあるタンパク質は，微小管やミクロフィラメントなどで，細胞の形状の維持，運動，分裂に関係している(▶18 ページ)。

> **7 回膜貫通タンパク質**
> 1 本のポリペプチド鎖(▶25 ページ)で膜を 7 回出入りする構造をもつものの総称。G タンパク質共役受容体やロドプシン(▶221 ページ)などがある。

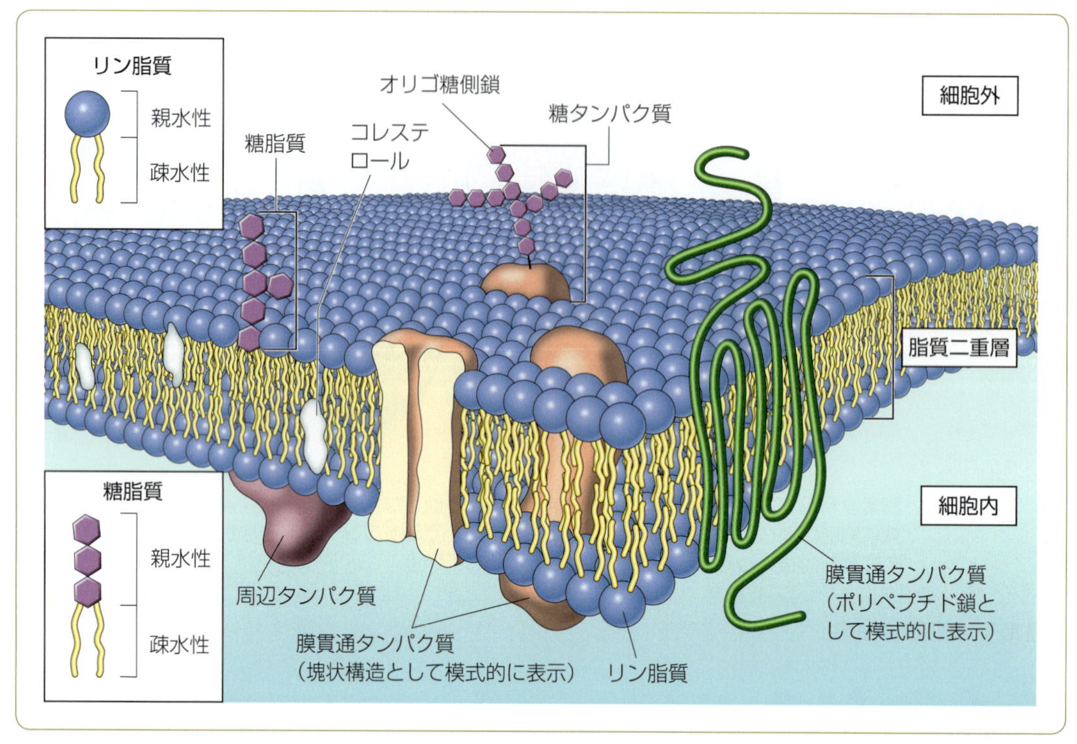

▶図1-8 細胞膜の構造

● 小胞体 endoplasmic reticulum (ER)

細胞質内の膜状構造として存在する細胞小器官のうち，最も多量に存在しているのが，層板状の小胞体である。小胞体には**粗面小胞体**(そめん)と**滑面小胞体**(かつめん)の2種類がある。粗面小胞体は，細胞外に分泌されるタンパク質を合成する細胞にみられ，膜の片面にリボソームがびっしりと付着しているのが特徴である(▶図1-9)。

滑面小胞体にはリボソームがなく，糖質・脂質・ステロイドホルモンなどの合成・分泌に関与している。

● リボソーム ribosome

リボソームは，直径15〜20 nmの粒子で，リボ核酸(RNA, ▶88ページ)とタンパク質からできている。リボソームは，小胞体に付着しているものだけでなく，細胞質内に遊離して存在しているものもある(▶14ページ，図1-6)。

リボソームはタンパク質合成の場であり，その情報はメッセンジャーRNA (mRNA, ▶95ページ)のなかに暗号として組み入れられている。1分子のmRNAとリボソーム数個からなる複合体をポリソーム(ポリリボソーム)とよぶ。ポリソームの大きさは合成されるタンパク質の大きさに依存している。たとえば，ミオシンを産生する筋細胞内のポリソームは，1分子のmRNAと

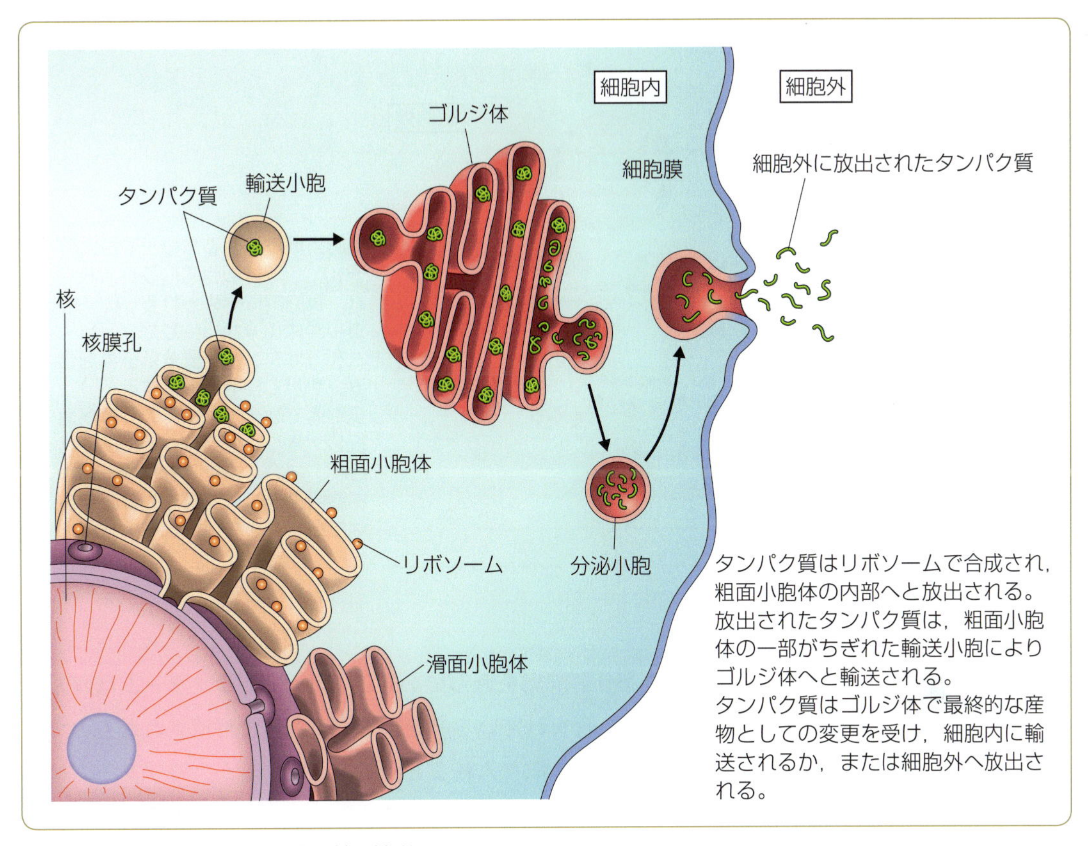

▶図 1-9　細胞内でのタンパク質の輸送

60〜80 個のリボソームから構成されている。

● ゴルジ体 Golgi body

ゴルジ体は，イタリアのゴルジ C. Golgi(1843〜1926)によって発見された構造物である。それ以後 50 年もの間，細胞学の分野で，ゴルジ体は実在する細胞の構造なのか，それとも染色処理の副産物なのかが問題にされてきた。しかし電子顕微鏡の登場によって，ゴルジ体が実在することが明らかにされた。

ゴルジ体は，扁平な形をした内部が中空の袋状構造をしている(▶図 1-9)。ゴルジ体はそれが存在する位置などから，小胞体に由来しているとも考えられている。

ゴルジ体には多くの機能があることが知られている。そのうちの 1 つは，小胞体でつくられたタンパク質(加水分解酵素など)を，リソソームという貯蔵小胞に分けてたくわえるはたらきである。その他の物質は，分泌小胞として最終的に細胞から産物として放出される。

● リソソーム lysosome

リソソームは，平均直径 0.4 μm の顆粒で，まわりは細胞膜と同じ構造の膜

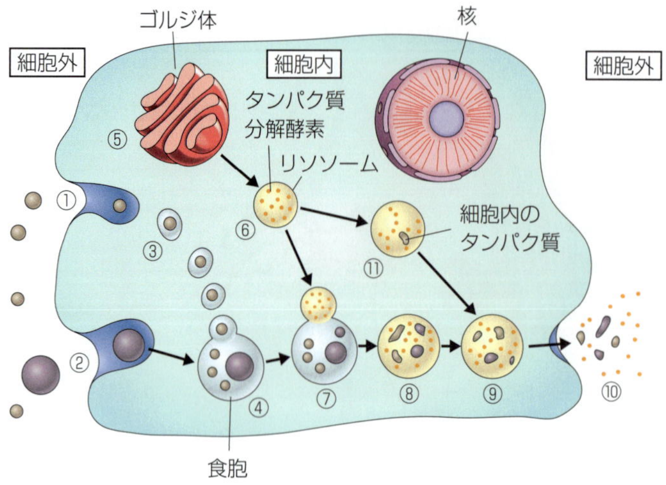

細胞外環境にある微粒子や巨大分子(①，②)は細胞内に取り入れられ，食胞内に集められる(③，④)。ゴルジ体(⑤)から生じたリソソーム(⑥)はタンパク質分解酵素を含み，やがて食胞と融合する(⑦)。食胞内ではタンパク質の分解が進行し，残りは細胞外へと排出される(⑧～⑩)。また，リソソームは細胞内のタンパク質をも分解するはたらきをもつ(⑪)。

▶図 1-10　リソソームの機能

リソソームのよび名

リソソームを最初に発見したド=デューヴ C. R. de Duve(1917～2013)は，リソソームを「細胞の自殺袋」とよんだ。

で包まれ，さまざまな分解酵素を含んでいる(▶図 1-10)。リソソームはゴルジ体に接着して形成され，含まれている酵素類もゴルジ体で形成されたものである。細胞は，外界から食塊を取り入れると食胞を形成するが，リソソームはこの食胞と合体して，食胞内に消化酵素を送り込み，消化をたすける。もしリソソーム中の消化酵素がそのまま細胞質に放出されたら，すぐに細胞を消化してしまうことになる。

● 微小管とミクロフィラメント，中間径フィラメント

微小管▶

　細胞小器官の間を埋めている部分は，細胞質の液状部分(細胞質ゾル，細胞質基質)である。その中に直径約 25 nm の細長い管状構造物が存在する。これが微小管 microtubule であり，**細胞骨格**として細胞の形状維持に役だつ。また，細胞分裂(核分裂)や細胞運動に重要な役割を果たす。

繊維と線維

細い管・棒状の構造を生物学では繊維，医学では線維と表記することが多い。

　微小管はチューブリンとよばれるタンパク質から構成されており，2 つのチューブリンが少しずれながららせん状に結合して，中空の管構造を形成している(▶図 1-11-a)。チューブリン分子はすばやく集合したり，解離したりする能力をもつ。

ミクロフィラメント▶

　微小管以外にも繊維状の構造物があり，アクチンという球状タンパク質からなるミクロフィラメント microfilament は，直径 5～9 nm の細い繊維であり，細胞骨格をつくり，細胞質分裂や筋収縮などの際にもはたらく(▶図 1-11-c)。

中間径フィラメント▶

　また，微小管とミクロフィラメントの中間の直径をもつフィラメント(中間径フィラメント intermediate filament)もあり，ケラチン繊維のようにじょうぶな細胞骨格をつくるのに役だっている(▶図 1-11-b)。

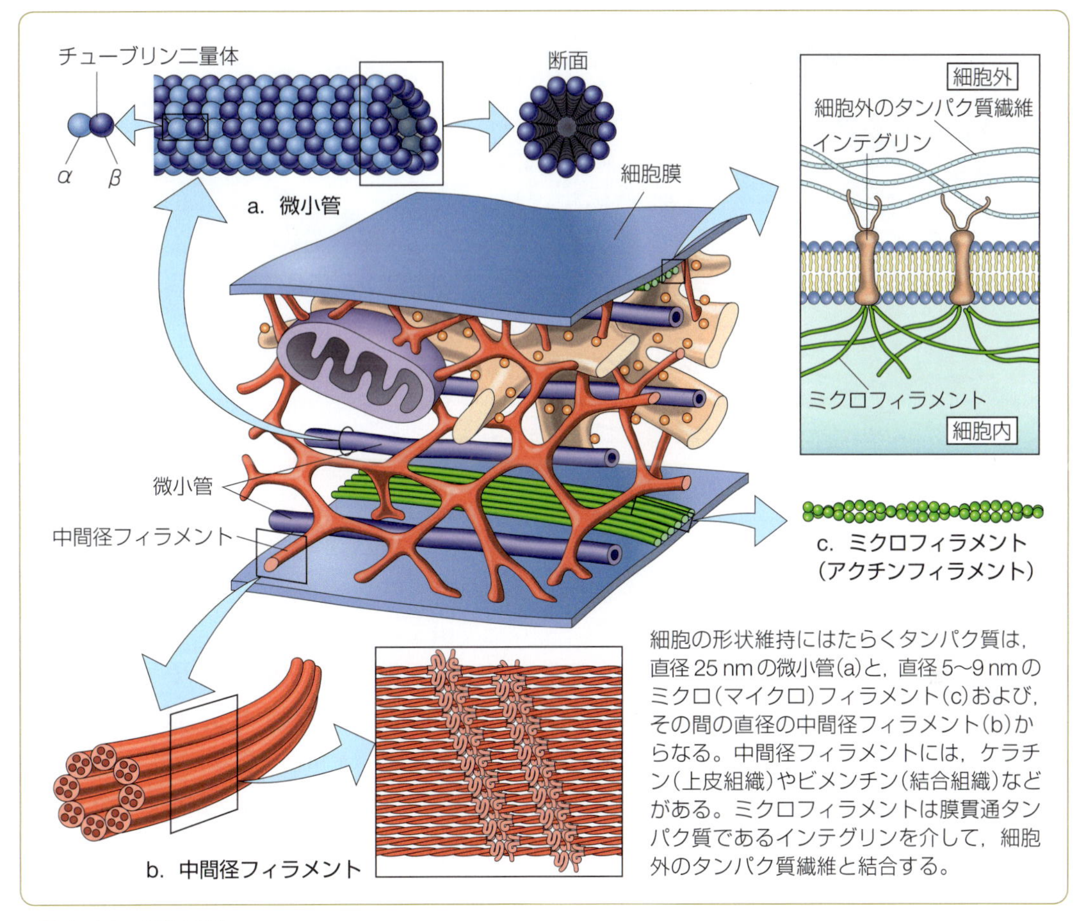

細胞の形状維持にはたらくタンパク質は，直径25 nmの微小管(a)と，直径5～9 nmのミクロ(マイクロ)フィラメント(c)および，その間の直径の中間径フィラメント(b)からなる。中間径フィラメントには，ケラチン(上皮組織)やビメンチン(結合組織)などがある。ミクロフィラメントは膜貫通タンパク質であるインテグリンを介して，細胞外のタンパク質繊維と結合する。

▶図1-11 細胞骨格

● ミトコンドリア mitochondria

ミトコンドリアは，葉緑体とともに，細胞のエネルギー産生を担う細胞小器官である。光をエネルギー源にする葉緑体(▶14ページ，図1-6)とは異なり，ミトコンドリアは，細胞内の養分中の化学結合からエネルギーを得ている。ミトコンドリアと葉緑体はどちらも二重膜で囲まれているが，ミトコンドリアは葉緑体よりも小さく細長い構造をしており，内膜が折りたたまれた棚(たな)状となっており，内側に突き出ている。このミトコンドリア内膜の折りたたみ構造は**クリステ**とよばれ，この構造によってミトコンドリア内の表面積が広くなっている(▶図1-12)。内膜に囲まれた部分は**マトリックス**とよばれる。

ミトコンドリアの膜壁には，糖質や脂質の分解に必要な酵素類が存在し，アデノシン三リン酸(ATP)の生合成(▶46ページ)に関与している。クエン酸回路(▶54ページ)はマトリックスで，電子伝達系(▶54ページ)は膜壁でそれぞれ生化学的反応が行われ，生命維持に必要なエネルギーが供給される。ミトコンドリアはそれ自身で独自のDNA(mtDNA)をもっており，核の支配下で分裂して増殖する。

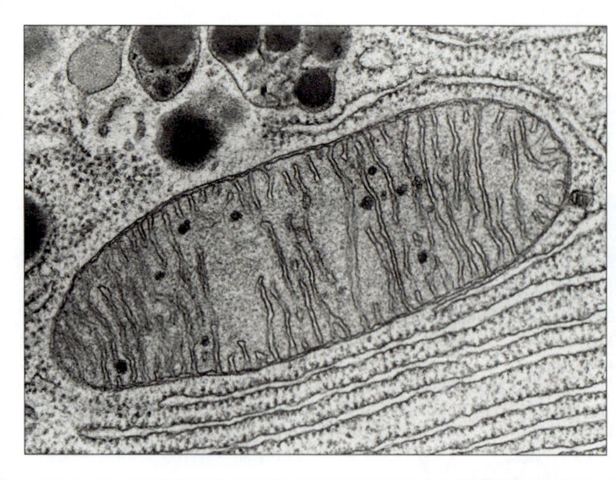

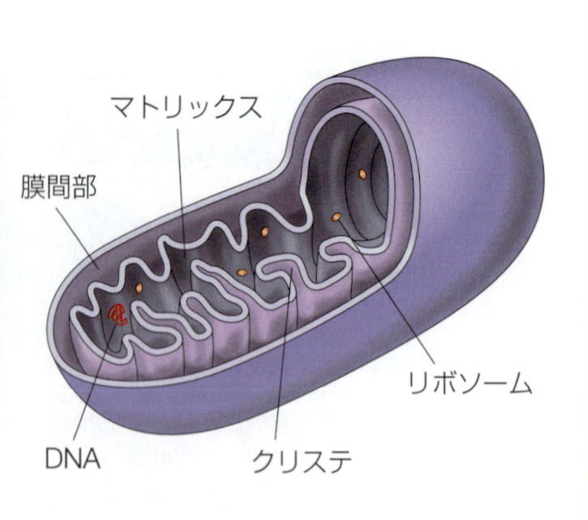

▶図 1-12　ミトコンドリアの電子顕微鏡像と模式図

2 核 nucleus

前駆体

生合成などの化学反応で最終産物の前段階の物質。最終産物の直前の物質とは限らない。

サブユニット

1つの機能的なタンパク質分子が複数のポリペプチド鎖で形成されるときの個々の鎖。

核は最も重要な細胞小器官であり，また細胞の構成要素のなかでは最初に発見されたものでもある。核には生殖と制御という役割がある。核には**核小体**があって，この中にはRNAがたくさんみられる(▶14ページ，図1-6)。核小体は，リボソームの前駆体を合成する場所としてRNAやタンパク質などでできており，ここでできたサブユニットは核膜孔から細胞質内に出て結合し，リボソームになる。

核は一般的に球状であるが，楕円(だえん)形や平らなもの，不規則なものなどがあり，細胞の形や機能とある程度関係がある。細胞分裂の過程中でない核は，核膜・核質(核液・染色糸・核小体など)からなりたっている。

核膜 nuclear envelope

核膜は，多くの場合，外側と内側の二層構造でできている。核の内外をつなげる多数の孔(**核膜孔**)は，単純に空いているだけの孔ではなく，選択的に物質の透過を行っている。たとえば，ある種のタンパク質分子は，直径が10 nmであるのに細胞質から核内に入ることができないが，逆にRNAなどの大きな顆粒が，核から細胞質へと核膜孔を透過することが知られている。

染色体 chromosome

細胞分裂中(とくに中期)の核質には，塩基性色素でよく染まる棒状の構造物が光学顕微鏡下で観察される(▶61ページ，図3-1)。この構造物は，染色体とよばれ，主としてデオキシリボ核酸(DNA)と，塩基性タンパク質であるヒストンがほぼ1：1の割合で結合してできている染色質が凝集したものである。

静止核，すなわち細胞分裂をしていない時期にある核内では，染色質が分散しているため，構造物としての染色体を観察することはできない。光学顕微鏡で識別可能な染色質の最も細い糸状構造を**染色糸**とよぶ。なお，ユスリカ(双翅目の昆虫)の唾腺(唾液腺)細胞では，静止核内で染色体が観察でき，**唾腺染色体**とよばれる。

3 植物細胞

一般に植物細胞は，細胞壁で囲まれている(▶14ページ，図1-6)。この壁は，機械的損傷などにも強く，細胞を保護している。核膜で囲まれた核をもち，細胞質中には，リボソーム・ミトコンドリア・ゴルジ体・ミクロフィラメント・微小管などのほか，**液胞**と**葉緑体**が含まれる。

細胞壁▶ 植物細胞の細胞壁は，細胞膜の外側をおおう強靭で弾性のあるセルロースの膜である。セルロースはグルコースが多数結合した多糖類である。隣接する細胞壁との間には多糖類を成分とするペクチン質が沈着して，両細胞を離れないように接着している。細胞が古くなると，さらにリグニンが細胞壁に沈着して，強い接着により組織を強固にする。細胞壁は，細胞膜とは異なり，物質をよく透過させる。

原核細胞の細胞壁
原核細胞も細胞壁をもつが，植物のそれとは異なって，基質としての多糖鎖が短いペプチド鎖で架橋されたペプチドグリカンによって構成される(古細菌を除く)。

なお，動物細胞には細胞壁はないが，直接外界に露出する細胞は，細胞膜の外側に特別な被膜をもっている。海中に産み出されるウニ卵では，細胞膜の外側は卵細胞から分泌された卵膜(一次卵膜)である卵黄膜に包まれ，さらにその外側を卵巣から分泌されて付着したゼリー層(二次卵膜)がおおっている。

4 細胞間の結合

多細胞生物では，個々の細胞が互いに物理的に結合して，特定の機能を担う構造体，つまり組織(▶71ページ)を形成している。動物では①密着結合，②固定結合，③連絡結合の3種類の細胞結合方式が見られるのに対し，植物では連絡結合の1種類のみが知られている(▶図1-13)。

[1] 密着結合 tight junction　隣接する細胞が，両者の膜を貫通するタンパク質によってぴたりと密着させられている。すきまは存在しないため，小さな分子でも細胞間を通ることができない。動物細胞でみられる。

[2] 固定結合 adherens junction　動物細胞でみられる結合で，細胞骨格としてのアクチンフィラメント，つまりミクロフィラメントが，カドヘリンやインテグリンなどの膜貫通タンパク質を介して，ほかの細胞内のミクロフィラメントと結合することで，細胞どうしが結合される。密着結合と異なり，細胞間には20 nm程度の間隙が生じる。中間径フィラメントどうしが結合する場合は，とくに**デスモソーム**とよばれる。

[3] 連絡結合 communicating junction　この結合では，化学的なシグナルが直接ある細胞から隣接する細胞へ伝わる。動物では，**ギャップ結合** gap junctionとよばれ，それぞれの細胞膜を貫通するチャネルというタンパク質(▶29ペー

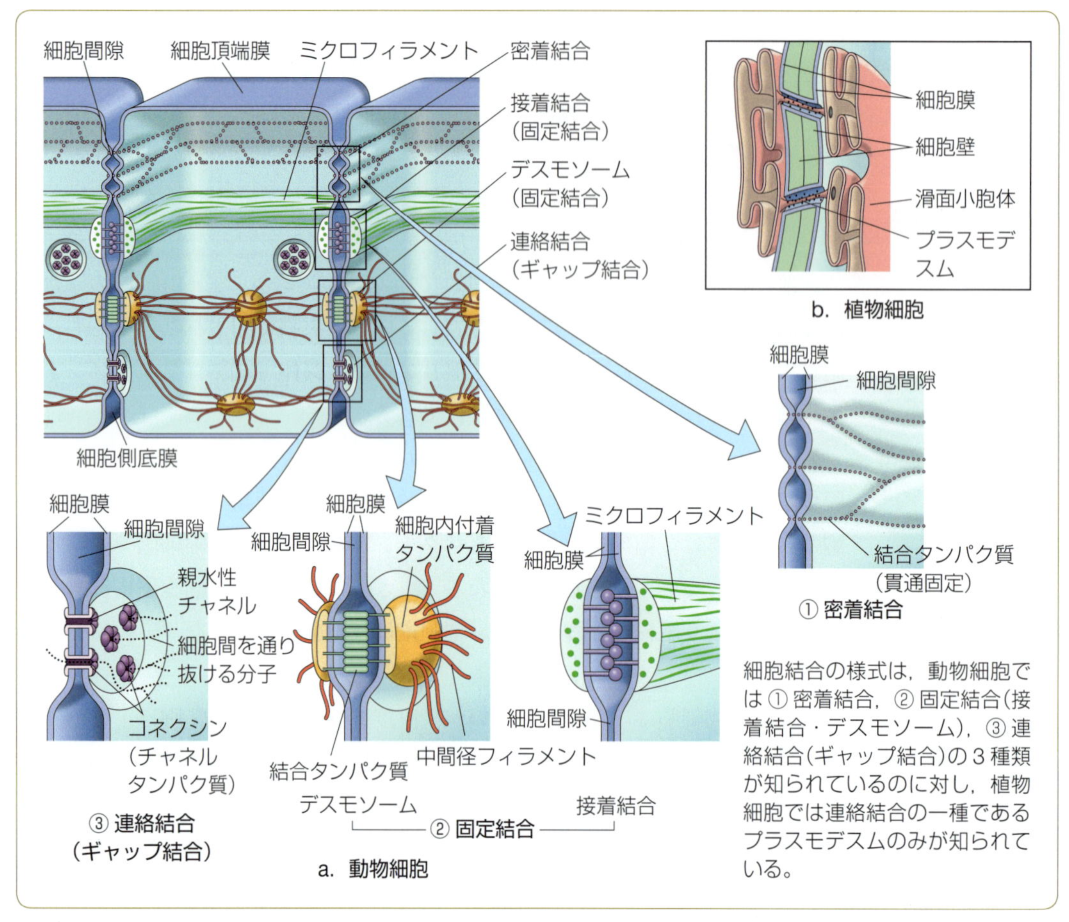

▶図 1-13　細胞結合の様式

ジ）が互いに結合することで，隣接する細胞を結合する。植物では，隣接する細胞の細胞壁のところどころに小孔があって，原形質の橋が両細胞を連絡している。直径は 40〜50 nm である。これを**プラスモデスム** plasmodesm といい，細胞相互間の物質の移動や情報の伝達に役だっている。

C 細胞の化学成分

細胞はさまざまな成分から構成されている（▶図 1-14）。ここでは，水をはじめ，タンパク質や核酸，脂質，炭水化物（糖質）などの主要な成分について，その特徴を述べる。

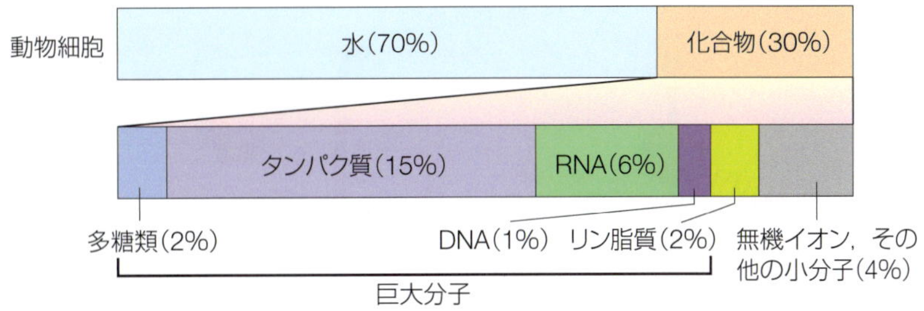

動物細胞　水(70%)　化合物(30%)

多糖類(2%)　タンパク質(15%)　RNA(6%)　DNA(1%)　リン脂質(2%)　無機イオン，その他の小分子(4%)

巨大分子

(B. Alberts et al. : *Essential Cell Biology*, 4th ed., p.59, Garland Science, 2014 による，一部改変)

▶図 1-14　細胞を構成する成分(重量比)

① 水

原形質で最も豊富な物質は水であり，細胞重量の 70〜90％を占めている(▶図 1-14)。水は生物にとって絶対不可欠な構成成分であり，水なしでは細胞は機能を果たすことができず，生存もできない。

水の構造と電気的な性質▶ 水分子(H_2O)は，1つの酸素原子(O)が2つの水素原子(H)と，それぞれ電子対を共有することによって結合してできている(▶図 1-15-a)。水分子全体としては，電気的に中性であるが，酸素原子の電気陰性度が水素原子よりも大きいため，共有電子対は酸素原子側に引き寄せられる。その結果，酸素原子が負($2\delta^-$)に，水素原子が正(δ^+)に帯電する(δ は部分的な電荷を示している)。このように，その内部に電気的なかたよりがある分子を**極性分子**とよび，正負両極をもった分子を**双極子**という(極性構造をもつともいう)。

水素結合▶ 水分子は極性をもつため，水分子どうしが電気的に引きつけられて結合する。電気陰性度の小さい水素原子を介したこのような結合を**水素結合**とよぶ(▶図 1-15-b)。水素結合は，水分子間に限らず，広く生命現象一般で重要なはたらきをしている。

> **イオン**
> 電荷を帯びた原子または原子団をイオンとよび，正(+)の電荷をもつものを陽イオン，負(−)の電荷をもつものを陰イオンとよぶ。

尿素など，自身で極性をもつ分子は，水と水素結合を形成してよくとける。物質と結合している水を**結合水**，これに対して自由に動ける水を**自由水**という(▶図 1-15-c)。生体の化学反応は，溶媒である自由水の中でおこる。それに対して，脂質などの極性をもたない分子は水になじまず，とけにくい性質を示す。

電解質▶ 水にとけて陽イオンと陰イオンに分離する物質は**電解質**とよばれる。塩酸や硫酸などの酸や，アンモニアや水酸化ナトリウムなどの塩基(アルカリ)，また塩化ナトリウムや炭酸カルシウムなどの塩などは，典型的な電解質である。一方，尿素やグルコース(ブドウ糖)は電離せず，非電解質とよばれる。

陽イオンは，極性分子としての水分子の陰性の領域(負極)にあたる酸素原子に，また陰イオンは，陽性の領域(正極)の水素原子に，それぞれ水素結合で引き寄せられる。

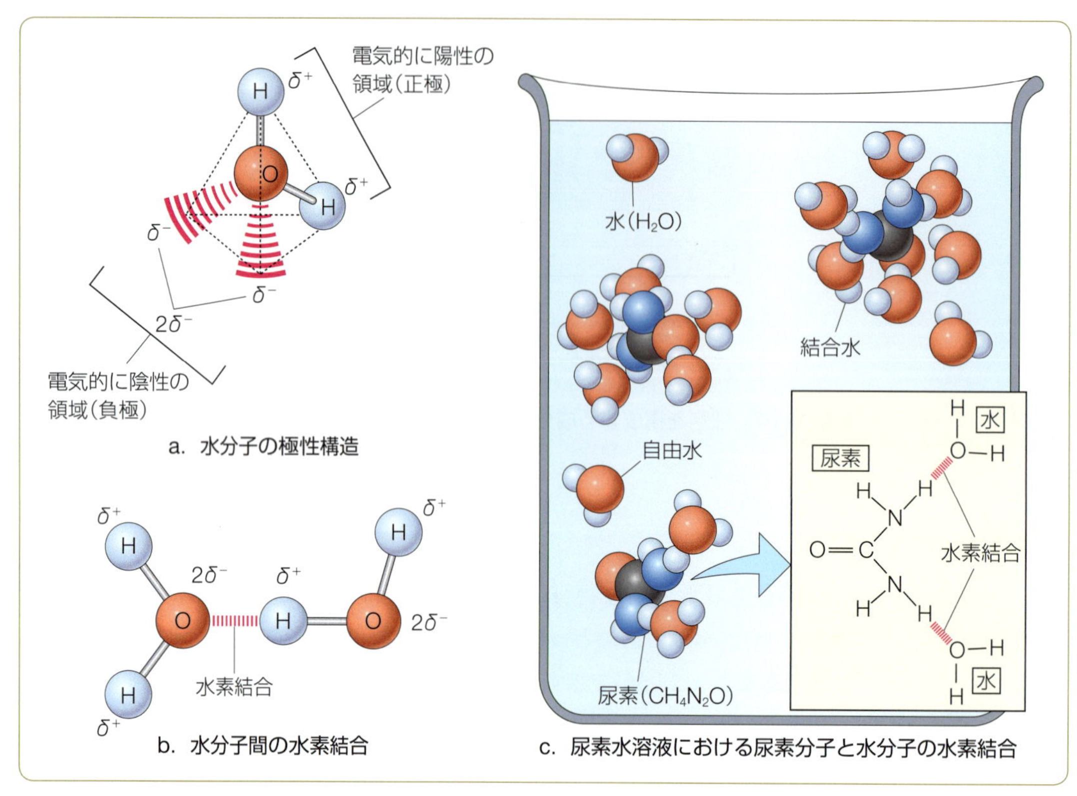

▶図 1-15　水分子と水素結合

② タンパク質

タンパク質は，原形質を構成する主要な有機物で，水についで多量に存在している(▶23 ページ，図 1-14)。タンパク質は生命の過程においてさまざまな役割を果たすために，きわめて多くの種類のものが存在する。たとえばヒトの体内には，化学反応を触媒する酵素やホルモンなども含め，約 25 万〜100 万種類ものタンパク質があると推定されている。

タンパク質はすべて，アミノ酸が長い鎖状に結合したものである。その構造については第 4 章であらためて学ぶ(▶101 ページ)。

1 アミノ酸

アミノ酸の構造

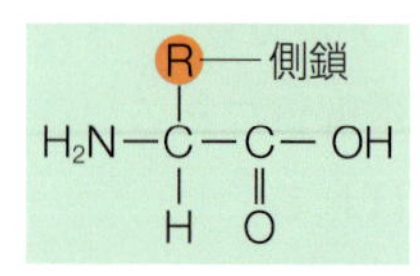

Ⓡはアミノ酸残基であり，アミノ酸の種類によって異なる。

アミノ酸は，少なくとも 1 つのカルボキシ基(−COOH)とアミノ基($-NH_2$)をもっている。この 2 つの基の存在によって，アミノ酸は溶液中でおもしろいふるまいをする。カルボキシ基はプロトン(H^+)を放出して$-COO^-$となり，アミノ基はプロトンを 1 つ獲得して$-NH_3^+$となるため，カルボキシ基とアミノ基はイオン化することになる。このようなかたちのアミノ酸は，正および負のイオンをともにもつので，両性イオンといわれる。

それぞれのアミノ酸には，カルボキシ基とアミノ基が結合した炭素が 1 つあ

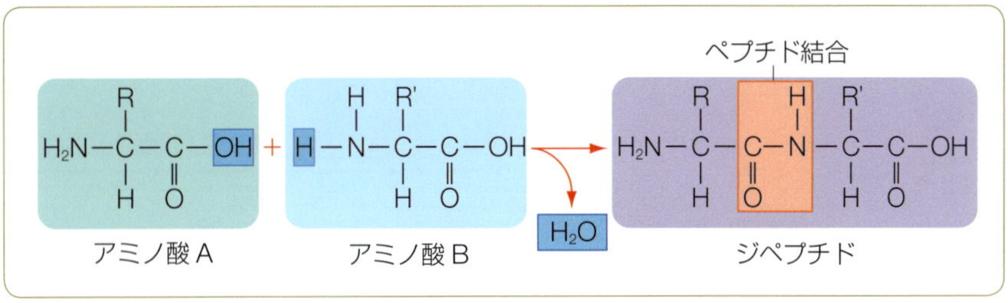

ペプチド結合
アミノ酸A
アミノ酸B
H_2O
ジペプチド

▶図 1-16 アミノ酸のペプチド結合

り，そのほかに水素原子が1つ結合し，残りに**側鎖**が結合しているのが一般的である。側鎖には極性をもつものやもたないもの，正または負の電荷をもつものなど，多様な性質のものがあり，側鎖の違いによって異なった種類のアミノ酸になる(▶101ページ)。なお，側鎖の部分は**残基** residue ともよばれ，頭文字から「R」とも表記される。

極性側鎖は水にとけやすい性質をもつため，このような側鎖をもつアミノ酸を**親水性アミノ酸**，非極性側鎖をもつアミノ酸を**疎水性アミノ酸**とよぶ。疎水性分子は一般に，水分子間の水素結合をこわさないように，水中では押しやられて集合をしいられる。

必須アミノ酸
生物が体内で合成できないアミノ酸を必須アミノ酸とよぶ。ヒトでは，トレオニンやリシンなど9種であり，食物からのみ得られる。

2 ペプチド

タンパク質分子は，あるアミノ酸のカルボキシ基とほかのアミノ酸のアミノ基との縮合(▶318ページ)によって形成される。2つのアミノ酸の間の−CO−NH−結合を**ペプチド結合**という(▶図 1-16)。アミノ酸が結合したものを**ペプチド**と総称する。アミノ酸どうしが2個結合したものを**ジペプチド**，3個結合したものを**トリペプチド**，多数結合したものを**ポリペプチド**などと，数をあらわす接頭語によりペプチドを構成するアミノ酸残基数を示す。

3 複合タンパク質

タンパク質は，ほかの物質と結合していることが多く，このようなものを複合タンパク質といい，細胞の構造・構成の基本となっている。最も一般的な複合タンパク質に，核タンパク質(核酸＋タンパク質)，リポタンパク質(脂質＋タンパク質)，糖タンパク質(糖＋タンパク質)がある。

③ 核酸

核酸には，DNAとRNAの2種類がある。DNAは遺伝子の本体であり，核内の染色糸を構成する重要な物質である。各細胞内に含まれるDNA量は生物の種によって一定している。DNAはまた，RNAとともにタンパク質の合成にも主役を演じる物質である。核酸については第4章で詳細に学ぶ(▶88ページ)。

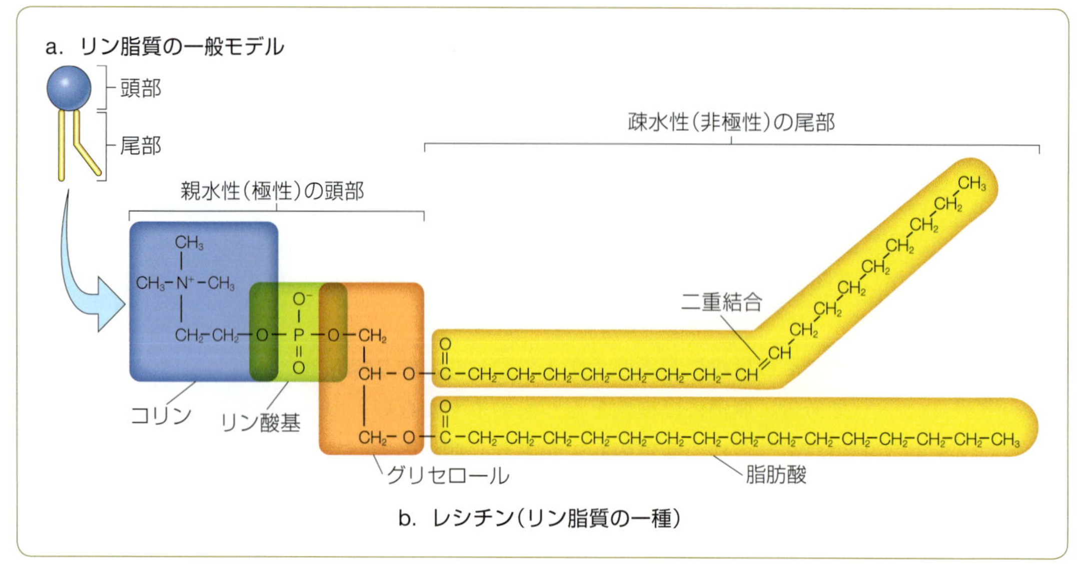

▶図 1-17　リン脂質の構造

④ 脂質

脂質は，水にとけにくい物質の総称で，とくに長鎖脂肪酸のエステルまたはアミド化合物をさす。生物で重要な脂質としては，食事で摂取されるトリアシルグリセロール(トリグリセリド，中性脂肪の一種)のような単純な脂質のほか，細胞膜および細胞内膜系・細胞小器官の構成成分として重要であるリン脂質(▶図 1-17)や糖脂質(▶16 ページ，図 1-8)がある。また脂質にはいくつかの誘導体があるが，そのうちよく知られているものには，ビタミン D・E・K，性ホルモン，コルチコステロンなどがある。

⑤ 炭水化物(糖質)

単糖類▶　炭水化物は，鎖状炭素化合物で，そのうち最も簡単なものが**単糖類**である。単糖類は，鎖状内炭素数によって三炭糖，四炭糖などと分類される。しかし，ふつうの糖は炭素を 6 個もった**六炭糖**で，これには**ガラクトース**，**マンノース**，**グルコース**(ブドウ糖)，**フルクトース**(果糖)などがある(▶図 1-18，320 ページ)。

二糖類▶　単糖類が 2 個結合したものを**二糖類**という。二糖類には**スクロース**(ショ糖；グルコース＋フルクトース)，**ラクトース**(乳糖；グルコース＋ガラクトース)，**マルトース**(麦芽糖；グルコース＋グルコース)などがある(▶図 1-18)。このような糖分子と糖分子の縮合による結合は，**グリコシド結合**とよばれる。

多糖類▶　多くの単糖類が，互いにグリコシド結合を繰り返して連なってできた高分子の炭水化物を**多糖類**とよぶ。大部分の多糖類は加水分解すると，最終産物としてグルコースを生じる。

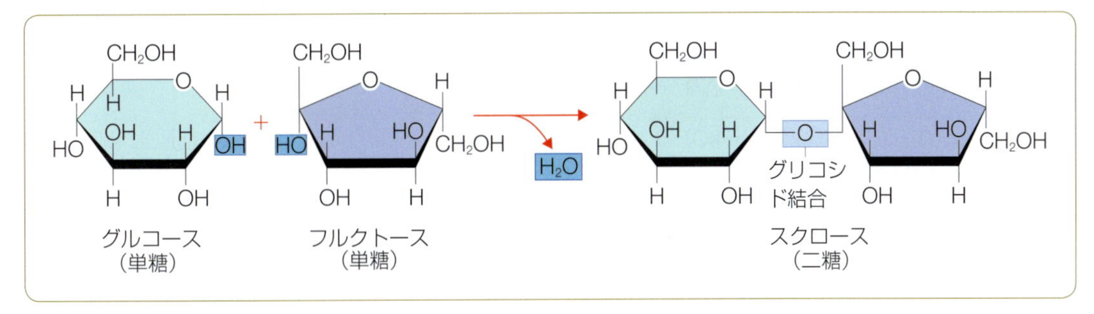

▶図 1-18　単糖の構造と二糖の形成

また炭水化物は，生きている細胞の普遍的な構成成分であり，かつ細胞活性を維持するためのエネルギー源の1つでもある。生体内の炭水化物は非常に多様だが，その起源は空気中の CO_2 に含まれる炭素原子である(▶49ページ)。

⑥ 無機塩類

数多くの無機塩が，有機物質の分子と結合したり，あるいはイオンの状態で細胞内に存在している。無機イオンは細胞重量の1%以下である。しかし種々の無機塩のはたらきや，塩と有機成分との関係は複雑である。

たとえば，陽イオンのカリウムイオン(K^+)は細胞の機能や代謝に必須であり，タンパク質の合成の際にも高濃度で存在することが必要である。陰イオンであるリン酸イオン(PO_4^{3-})は，とくにATPなどの高エネルギーリン酸化合物の合成に必須であり，細胞のエネルギー代謝で中心的な役割を果たしている。

D 細胞膜の輸送

① 細胞膜の透過性

細胞膜を構成する脂質二重層は，その内部が疎水性で，原則として親水性分子およびイオンを短時間で通すことはできない(▶16ページ，図1-8)。

[1] 細胞膜を通過できる物質　一般に，疎水性，すなわち非極性の小さな分子(酸素や二酸化炭素分子など)は，すばやく脂質二重層を通り抜けることができる(▶図1-19)。また，分子量が小さく，かつ電荷を帯びていない極性分子(水やエタノール分子など)も，比較的容易に脂質二重層を通過できる。

[2] 細胞膜を通過できない物質　一方，分子量の大きなグルコースやアミノ酸などは，ほとんど通過できない。また，イオンや電荷を帯びた分子は，それがどんなに小さくても，脂質二重層を通過することができない。

このようなイオンや大きな分子，極性分子を，細胞膜を隔てて通過させるに

半透性
溶液中の特定の物質(溶媒である水や一部の溶質)だけを通し，ほかを通さない膜の性質をいう。選択的透過性ともよばれる。

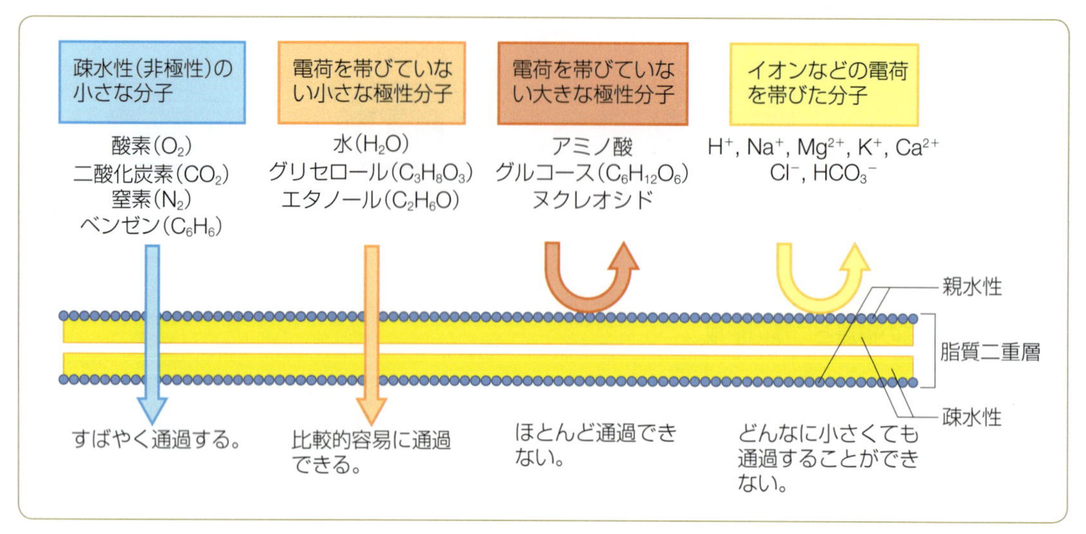

▶図1-19 脂質二重層の物質透過性

は，脂質二重層を貫通するタンパク質による輸送が必要となる。この輸送は，受動輸送と能動輸送の2種類に分けられる。これらは，それぞれエネルギー源が異なり，受動輸送は細胞のエネルギーを消費しないが，能動輸送は細胞内のエネルギーを消費して行われる。

② 受動輸送

1 拡散と促進拡散

◉ 拡散

水溶液中の分子やイオンは，ランダムに動きまわる。濃度が高い所では，みずからの動きでそこから出たり，ほかに衝突されてはじき出されたりして，濃度が低い所に広がっていく。この移動を**拡散** diffusion とよぶ(▶図1-20)。拡散は，全体の濃度が等しくなるまで続く。

◉ 受動輸送

拡散を利用した細胞膜内外への物質輸送を**受動輸送**とよび，単純な拡散と促進拡散の2つに大別される。細胞膜を通して水分子が移動する現象は**浸透**とよばれるが，これは水分子の拡散として理解される。

キャリア輸送

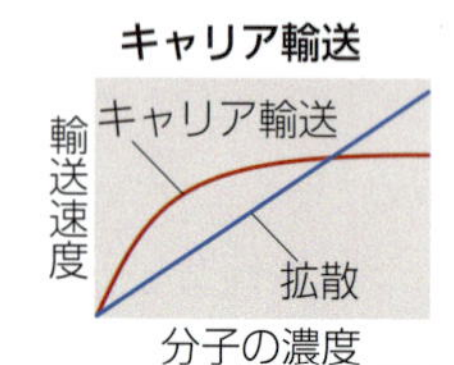

輸送速度は拡散では濃度に比例するが，キャリアによる促進拡散ではキャリア分子のすべてが輸送で飽和した段階で最大値に達する。

◉ 促進拡散

脂質にとける物質(非極性の低分子)は，脂質二重層内を直接拡散する。たとえば性ホルモンや副腎皮質ホルモンなどのステロイドも，脂質二重層を通過して細胞内に入る。脂質二重層を通れない各種イオンは，そこに埋め込まれた貫通型の2種類のタンパク質(チャネルとキャリア)のたすけを借りて拡散する。これを**促進拡散** facilitated diffusion とよぶ。

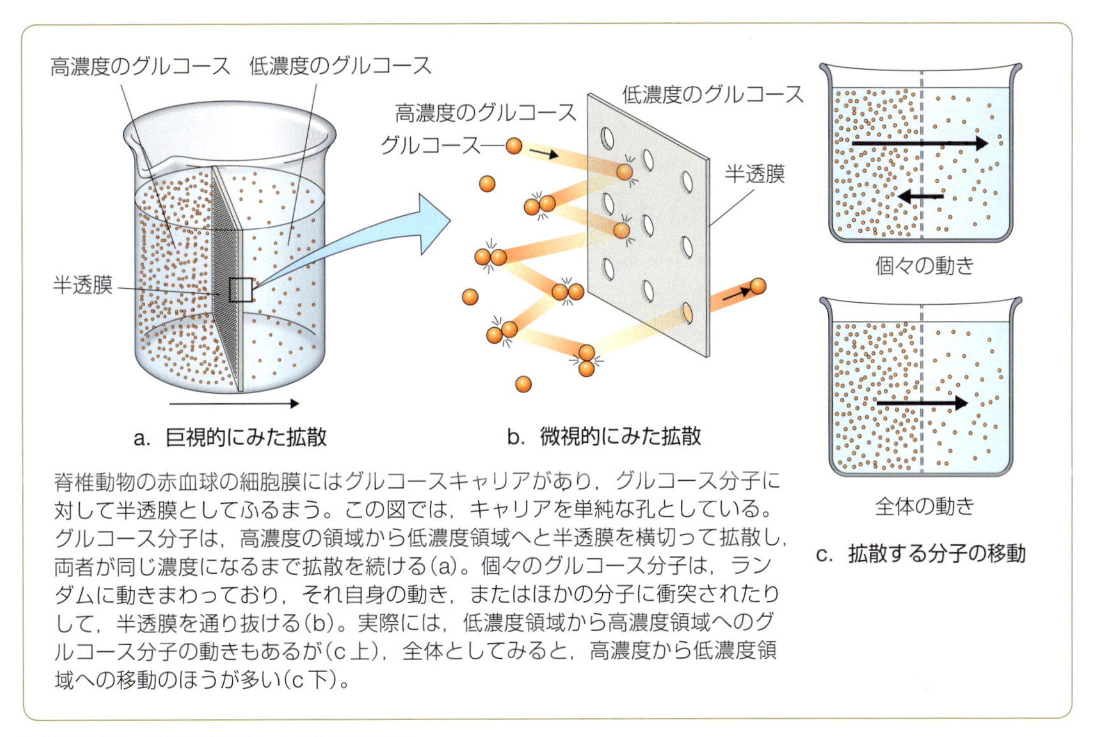

脊椎動物の赤血球の細胞膜にはグルコースキャリアがあり，グルコース分子に対して半透膜としてふるまう。この図では，キャリアを単純な孔としている。グルコース分子は，高濃度の領域から低濃度領域へと半透膜を横切って拡散し，両者が同じ濃度になるまで拡散を続ける(a)。個々のグルコース分子は，ランダムに動きまわっており，それ自身の動き，またはほかの分子に衝突されたりして，半透膜を通り抜ける(b)。実際には，低濃度領域から高濃度領域へのグルコース分子の動きもあるが(c上)，全体としてみると，高濃度から低濃度領域への移動のほうが多い(c下)。

▶図 1-20　半透膜を介した単純な拡散

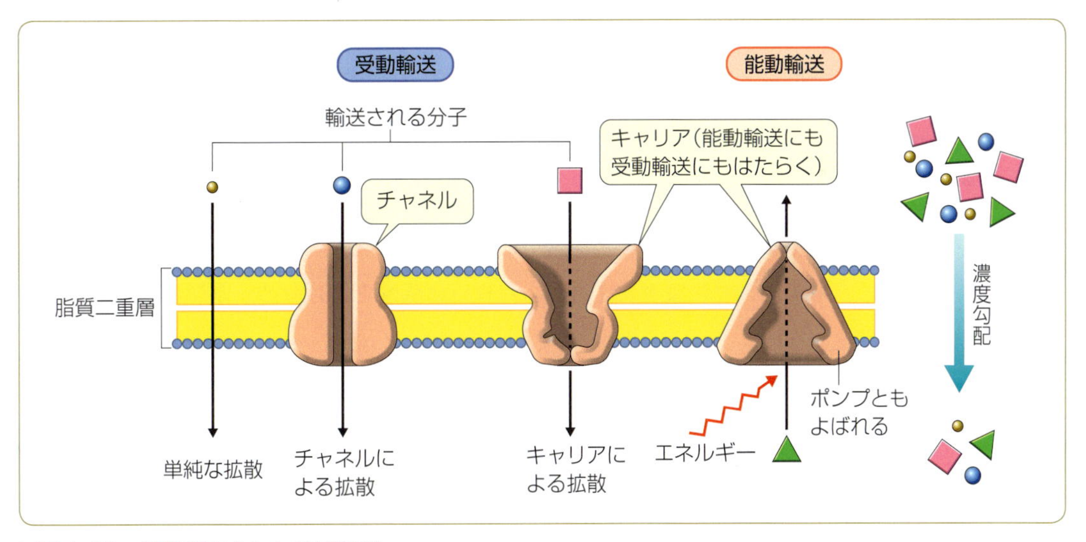

▶図 1-21　細胞膜を介した物質輸送

[1] チャネル　チャネルとよばれるタンパク質は，分子内に親水性の通り道(チャネル)をもち，水溶性物質がここを通り抜けることができる(▶図 1-21)。この通路は，特定の物質のみを通す選択性を示す。また，水分子は脂質二重層を拡散によって通過できる(▶図 1-19)。しかし生理学的に十分な速度ではないため，必要に応じてアクアポリンとよばれるチャネルで細胞内外への水の移動をたすけている。アクアポリンを含めチャネルは一般に，膜電位やリガンド

(▶46 ページ), リン酸化などのさまざまな要因で開閉が調節される。

[2] キャリア 担体またはトランスポーターともよばれるこのタンパク質は, チャネルとは異なり, 細胞膜内外に開口する 2 通りの立体構造をとる(▶図 1-21)。たとえば輸送対象が細胞外で濃度が高い場合, 外に開口して対象といったん弱く結合(水素結合またはその他の非共有結合)し, 内側に開口したときに解離することによって, 対象を細胞外から細胞内に輸送する。キャリア輸送は, 拡散と比べると, 低濃度では速いが, 高濃度になると, キャリアの総数に依存して輸送速度が飽和してしまう。

共役輸送
ある物質を, ほかの物質と同時に担体輸送する場合を, 共役輸送または共輸送とよぶ。すべてが同じ方向に輸送される場合を等方輸送, 逆の場合を対向輸送という。

どちらのタンパク質を用いた輸送の場合も, 受動輸送は高濃度領域から低濃度領域にのみおこる。

2 浸透

前述したように, 細胞膜を通して水分子が移動する現象を**浸透**という。水は低濃度領域から高濃度領域へと移動する。高濃度領域では, 低濃度領域と比べて水分子がより多く溶質と水素結合しているため, 自由水分子がより少なくなる。したがって, 浸透とは, 自由水分子の濃度勾配にそった拡散ともいえる(▶図 1-22, 23)。

浸透圧▶ 浸透圧は, 水が真水領域から, ある濃度の領域へ浸透するのをとめるのに必要な圧力として計測することができ, 濃度および温度に比例する(▶図 1-23)。一般的に 2 つの溶液があるとき, 両液の浸透圧が等しいときには**等浸透圧液**, 等しくないときには, 高い方を**高浸透圧液**, 低い方を**低浸透圧液**という(▶図 1-24-a)。

細胞膜はさまざまな半透性をもつため, 浸透圧が等しいだけでは, 細胞内外の水の移動を予測することはできない。

張性▶ 水の出入りにより決定される浸透圧は**張性**とよばれる。水溶液中の細胞に水

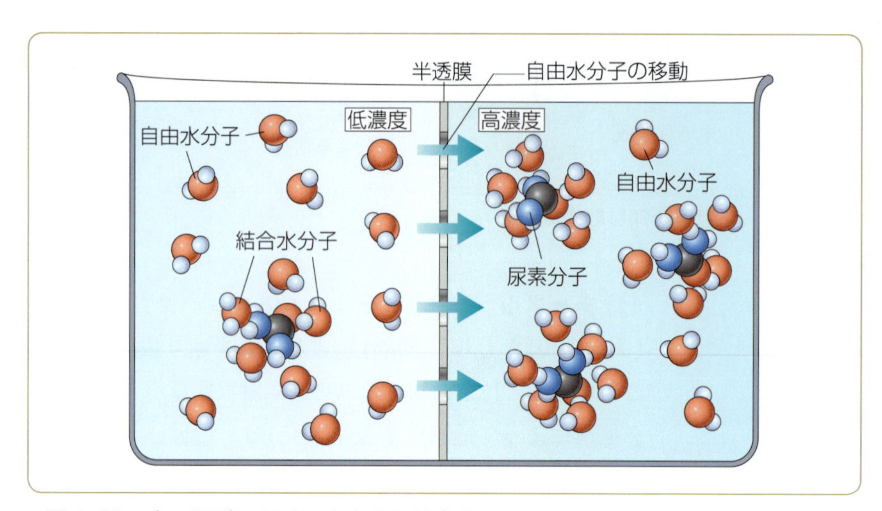

▶図 1-22 水の浸透における自由水と結合水

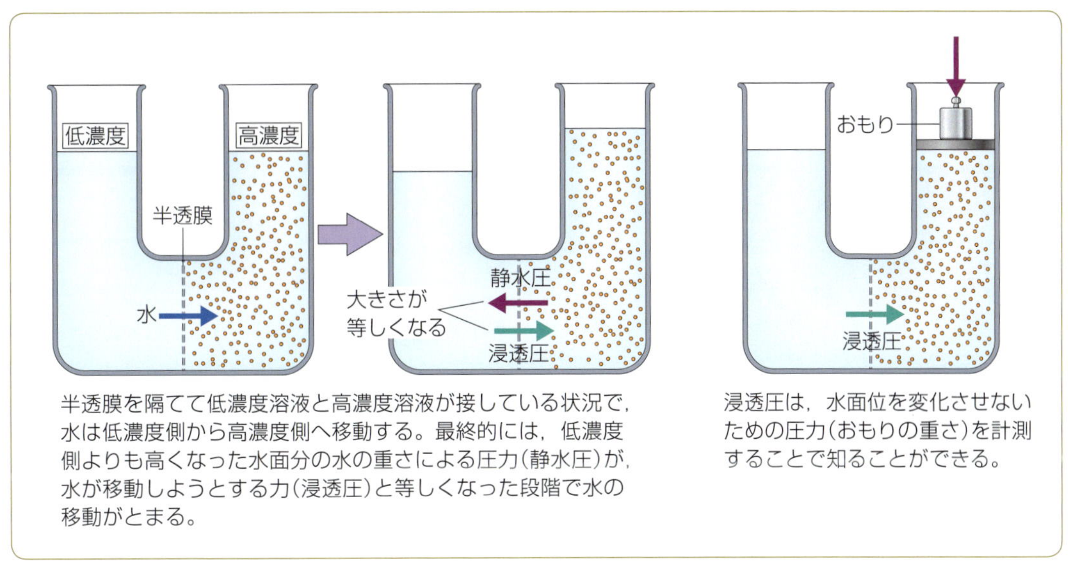

▶図 1-23　水の浸透と浸透圧

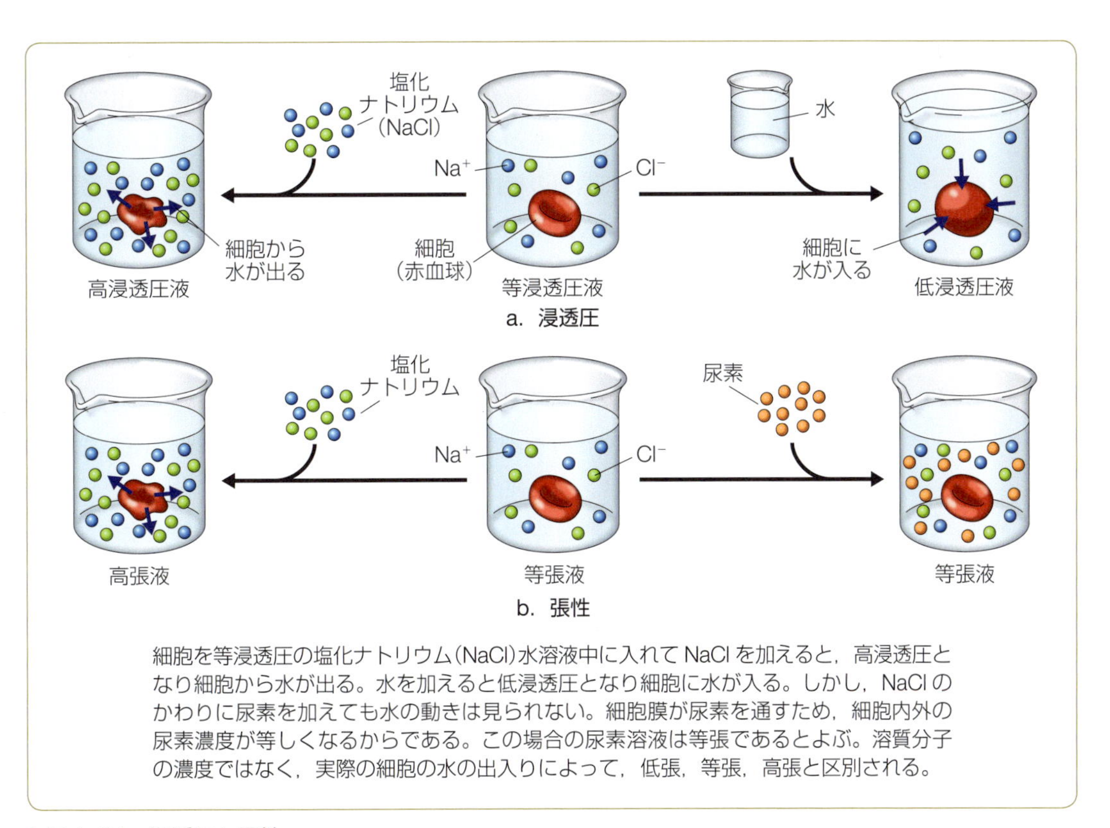

▶図 1-24　浸透圧と張性

が浸透する場合，この水溶液を**低張液**とよぶ。細胞から水が出ていく場合を**高張液**とよび，水の出入りがない場合を**等張液**とよぶ（▶図 1-24-b）。

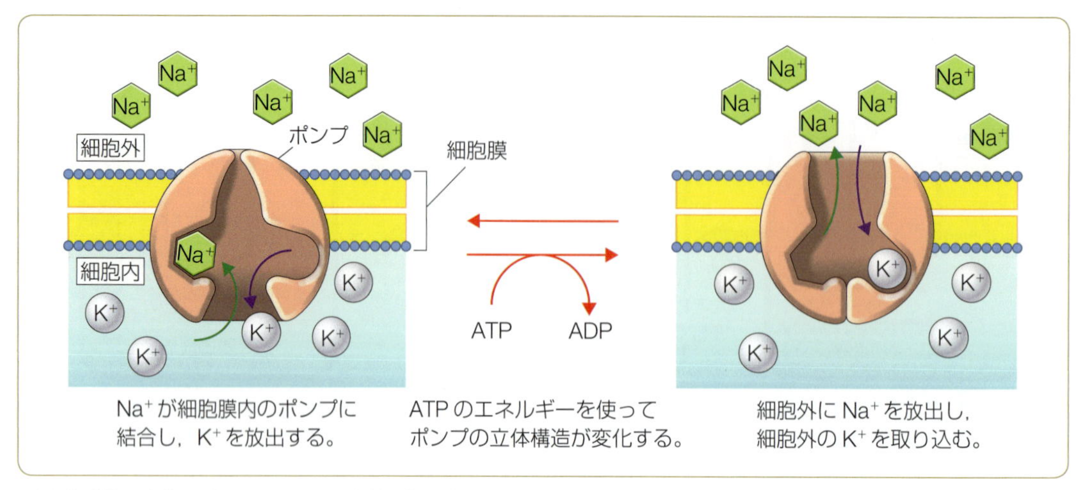

▶図 1-25　ナトリウム-カリウム交換ポンプによる能動輸送

③ 能動輸送

前述した拡散および促進拡散は，分子やイオンなどが濃度勾配にそって受動的に輸送されるしくみである。しかし生命を維持するには，濃度勾配に逆らって分子やイオンを輸送する必要があり，細胞膜にはそのためのしくみも備えられている。このような細胞膜の機能を，**能動輸送**とよぶ。能動輸送は，濃度勾配に逆らった，いわば坂を上る化学反応であるため，外部からのエネルギー供給が必要となる。能動輸送は，**ポンプ**とよばれるキャリアタンパク質によって行われている(▶29 ページ，図 1-21)。

ナトリウム-カリウム交換ポンプ▶

能動輸送のしくみで最もよく知られている例は，ナトリウム-カリウム交換ポンプとよばれる細胞膜にあるタンパク質である(▶図 1-25)。たとえば，赤血球はナトリウムイオン(Na^+)を細胞外へ放出し，カリウムイオン(K^+)を内側にためるために，このポンプを使う。

Na^+が高濃度となった細胞外へ，さらにNa^+をくみ出す作業は濃度勾配に逆行する。そのためのエネルギーは，ATP を加水分解することによって得られる(▶42 ページ)。つまりこのポンプとしてはたらくタンパク質は，ATP を分解してエネルギーを取り出す酵素のはたらきをもっているのである。このように能動輸送はエネルギー代謝と密接に関連しており，ATP の供給がとまると能動輸送も停止する。

④ エンドサイトーシスとエクソサイトーシス

これまで述べてきた細胞膜での輸送方法では，サイズの大きな分子(タンパク質・多糖類・核酸など)や，それ以上に大きな粒子などを輸送することはできない。これは，細胞内を細胞外とは異なる環境として保持するためには必要

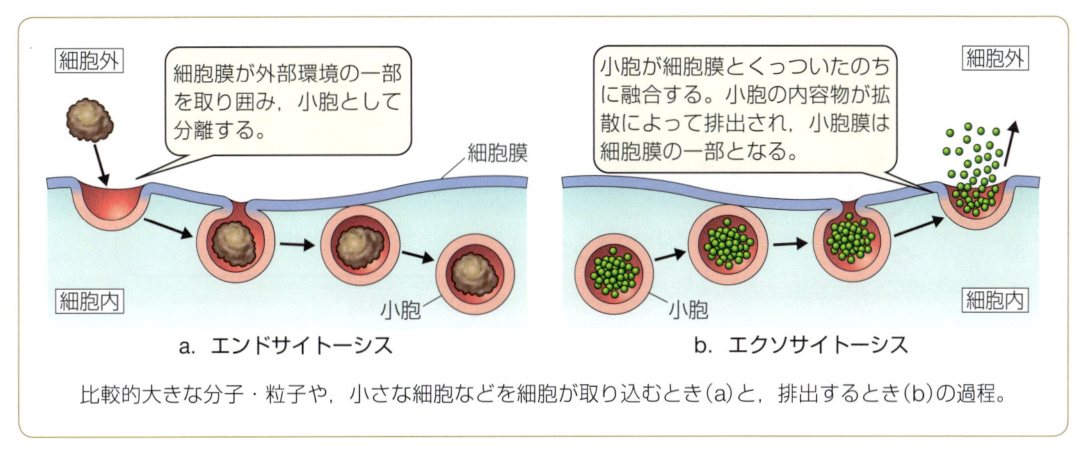

比較的大きな分子・粒子や，小さな細胞などを細胞が取り込むとき(a)と，排出するとき(b)の過程。

▶図 1-26　エンドサイトーシスとエクソサイトーシス

なことであるが，一方，細胞が大量の分子を放出したり，大きな分子・粒子・細胞を取り込んだりする必要に迫られる場合も少なくない。

そのため細胞は，脂質二重層の流動性を利用したしくみを発達させた。物質を細胞に取り込む過程を**エンドサイトーシス** endocytosis といい，放出する過程を**エクソサイトーシス** exocytosis という(▶図 1-26)。白血球(食細胞)による細菌の捕食は前者，神経軸索からの伝達物質放出は後者の典型例である。

エンドサイトーシスは，固体を取り込む食作用(ファゴサイトーシス)と，液体を取り込む飲作用(ピノサイトーシス)とに区別されることもある。

⑤ オートファジー

エンドサイトーシスで小胞内に取り込まれた対象は，小胞がリソソーム(▶17 ページ)と融合することで，リソソームの酵素によって分解される。細胞はさらに，別の道筋で，不要となった細胞小器官などをリソソームに渡して分解することができる。それは**オートファジー** autophagy(自食作用)とよばれる過程で，不要物のまわりを二重の膜で囲い込んだオートファゴソームとよばれる構造物が形成され，これがリソソームと融合する(▶図 1-27)。

オートファジーは，細胞が飢餓状態におかれたときや，発生過程におけるプログラム細胞死などのときに活発に観察される。

E 細菌とウイルス

① 真正細菌と古細菌

原核生物は基本的に単細胞であり，**真正細菌** bacteria(単数形：bacterium)と

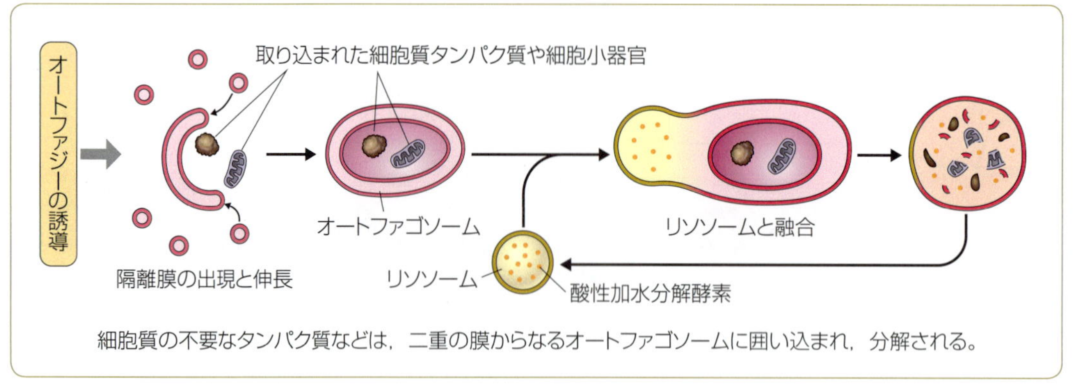

▶図 1-27　オートファジー

古細菌 archaebacteria とに区別される（▶265 ページ，図 8-10）。真正細菌は，しばしば単に細菌と略称される。

細菌の大きさは一般に 1 μm かそれ以下であり，球状・桿状・らせん状などの特徴的な形状を示す。DNA は，真核細胞のようにタンパク質とともに染色体を形成することなく，環状 DNA として存在する（▶14 ページ，図 1-6-b）。多くの場合，鞭毛(べんもう)の運動で移動するが，この鞭毛運動は，鞭毛の基部にあるモーターによりらせんを描く回転運動である。真核生物でも，鞭毛運動はみられるが，原核細胞のそれとはまったく異なるものである。

② ウイルス

ウイルス virus は生きた細胞内に寄生する微小体で，大きさは 10〜300 nm である。ウイルスは，生きた宿主の中でのみ増殖することができる。つまり，ウイルスはすべて寄生体で，みずからを増殖するのにも，宿主の酵素と基質とエネルギーをすべて供給してもらわなければならない。

1 ウイルスの構造

すべてのウイルスは，複製のための情報を含む核酸（DNA または RNA）を，キャプシドとよばれるタンパク質で囲んだ構造を示す（▶図 1-28）。核酸は一本鎖，二本鎖または環状で，ウイルスの分類は主としてこの核酸の形態による。

ウイルスが寄生する対象は，細菌・植物・動物を含むすべての生物である。そのうち，動物に寄生するウイルスの多くは，キャプシドの周囲にさらにエンベロープとよばれるタンパク質・脂質・糖からなる構造物をもつ。

2 ウイルスの増殖

ウイルスは核酸に遺伝情報をもつが，情報に基づいてみずから必要とするタンパク質をつくることができない。そのため，宿主細胞の複製装置を使うこと

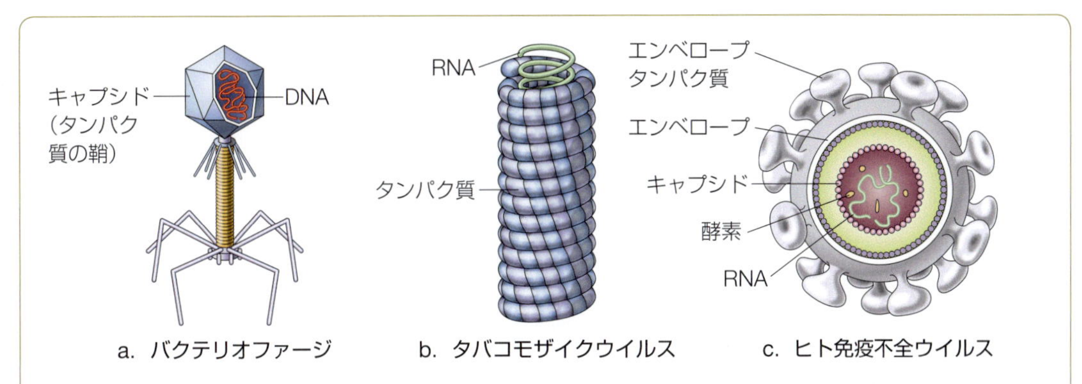

(a)細菌に寄生するウイルスはバクテリオファージともよばれ，複雑な構造を示す。(b)植物細胞に感染するタバコモザイクウイルス(TMV)は，一本鎖 RNA のまわりを，らせん状に巻いた多数の同一タンパク質粒子からなる外被がおおっている。(c)ヒト免疫不全ウイルス(HIV)は，二本鎖 RNA が関連酵素とともにキャプシドに包まれ，さらにその外側をエンベロープがおおう構造となっている。

▶図 1-28 ウイルスの構造

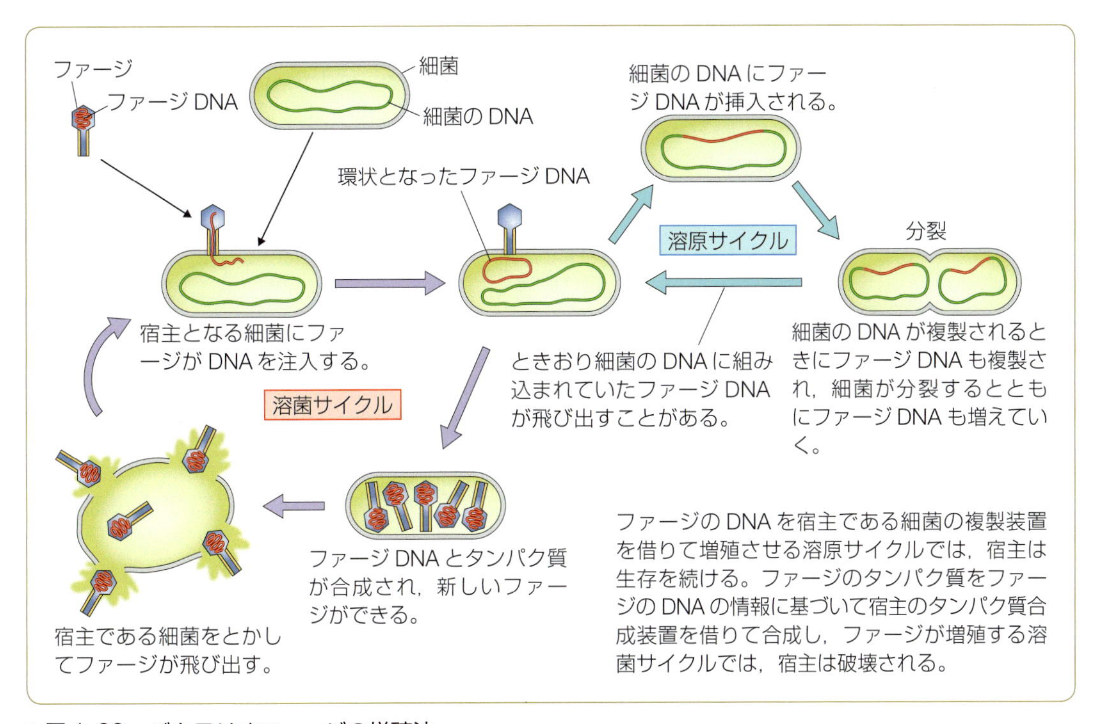

ファージの DNA を宿主である細菌の複製装置を借りて増殖させる溶原サイクルでは，宿主は生存を続ける。ファージのタンパク質をファージの DNA の情報に基づいて宿主のタンパク質合成装置を借りて合成し，ファージが増殖する溶菌サイクルでは，宿主は破壊される。

▶図 1-29 バクテリオファージの増殖法

によって，はじめてウイルスの増殖が可能となる。

細菌に感染するウイルス(バクテリオファージとよばれる)は，2 通りの増殖サイクルをもつ(▶図 1-29)。溶菌サイクルでは，宿主に侵入したウイルス核酸がもつ遺伝情報に基づいて酵素が合成され，これが宿主の核酸を分解すると同時に，ウイルス核酸が複製される。また，宿主の酵素を利用して，キャプシドに必要なタンパク質が合成される。その結果，多数のウイルスが形成され，これらが宿主細胞を破壊して外部に広がって行く。溶原サイクルでは，宿主に侵入したウイルス核酸が宿主核酸に組み込まれ，次々と複製される。ある段階で，ウイルス核酸は，宿主核酸から抜け出して，溶菌サイクルに入る。

ヒト免疫不全ウイルス(HIV)の場合，ウイルス自身が宿主内に持ち込む逆転写酵素によって，ウイルスの一本鎖RNAから二本鎖DNAがつくられ，これが宿主の核酸に組み込まれて増殖する。宿主の転写機構によって，ウイルスのRNAも転写(▶96ページ)され，ウイルスに必要なタンパク質が合成される。増殖したウイルスは，宿主細胞を破壊して放出されるが，宿主細胞によっては，細胞膜の出芽によって宿主から出るため，宿主細胞本体は生きつづける。

3 ウイルスの起源

前述のように，ウイルスの構造は簡単であり，増殖性がある点では生物に似ているといえるが，ほかの生物の細胞を借りなければみずから代謝する能力がない点からみると，生物の資格はない。したがってウイルスは無生物と生物の中間体といえるが，実はウイルスは高等な生物の細胞成分の退化，あるいは遺伝子の一群が細胞から分離したものであって，無生物から生物への進化の過程にあるものではないと考えられている。

ゼミナール
復習と課題

1. 対照実験とはどのような実験方法か。
2. 原核細胞と真核細胞の違いはなにか。
3. 原形質の核以外の部分はなんとよばれ，どのような構造があるか。
4. 細胞膜を構成する成分をあげなさい。
5. 小胞体・ゴルジ体・ミトコンドリア・リボソーム・リソソームなど，細胞小器官の形態と機能を整理しなさい。
6. 核の外形の特徴および，その中に含まれているものについて述べなさい。
7. 植物細胞と動物細胞の相違点を述べなさい。
8. 3種類の細胞間の結合の仕方を，その特徴とともにまとめなさい。
9. タンパク質の構造について述べなさい。
10. 受動輸送・能動輸送のしくみを述べなさい。
11. エンドサイトーシスとエクソサイトーシスについて述べなさい。
12. ファージの細菌体内への侵入と増殖について述べなさい。

生体維持のエネルギー

第1章で学んだように，生物のからだの内部にはさまざまな物質が存在する。細胞は，これらの物質を新たにつくり，あるいは分解するための多くの化学反応が同時進行する小さな化学工場のような存在である。一般に化学反応には，自発的に進むものがある一方で，熱や振動などといった外部からのエネルギーの供給を必要とするものもある。細胞でこの2種類の反応が共役することにより，生命活動は維持されている。

本章では，まずエネルギーとはなにかについて簡単に学び，生体内のエネルギーの貨幣ともいうべきアデノシン三リン酸(ATP)と，それを生合成する過程について学習する。

A 生体内の化学反応

エネルギーを正確に定義することはむずかしい。ここでは，エネルギーとは，変化をおこす(あるいは変化に抵抗する)能力として理解しよう。

熱力学第一法則▶ エネルギーは，運動する物体がもっていたり，熱や光として存在するなど，さまざまな形態をとる。**熱力学第一法則**は，宇宙におけるすべてのエネルギー，つまりエネルギー総量は一定であるとする。たとえば，外部から切り離された箱の中にお湯の入ったコップがあったとしよう。お湯の熱エネルギーは，より温度の低い箱の中の空気へと移動することになる。この場合，箱の中のエネルギーの総量は変化せず一定に保存される。

系▶ この例のような外部から切り離された箱の中の空間は，これで1つの系とみなすことができる。言いかえると，空間の一部を仮想的または実在の壁で取り囲んだ部分が系であるといえる(▶図2-1)。細胞または生物体も，細胞膜や表皮などで囲まれて外部から分けられており，1つの系とみなすことができる。系の外側は外界とよばれ，系と外界とで宇宙全体は構成されていることになる。

熱力学第二法則▶ ところでお湯の入ったコップの例では，熱がお湯から箱の中の空気に広がるが，逆に，熱があたたかい空気からコップの水に伝わってその温度を空気以上に上げることはない。この現象は熱力学第一法則では説明がつかない。そこで必要となるのが，**熱力学第二法則**である。この法則はさまざまな表現で説明がなされるが，ここでは「宇宙全体は秩序が崩壊(低下)する方向に変化する」と理解するとよい。

熱がコップに集まっている状態は，熱が周囲の空間に広がっている状態と比べて，秩序はより高い。この状態をつくるためには，たとえば，ガスや電気のエネルギーを使ってコップの水をあたためてやらなければならない。

細胞あるいは生物体という系で，秩序がつくられて維持されているという現象は，熱力学第二法則に反しているようにみえる。しかし実際には，外界の秩

▶図 2-1　系と外界

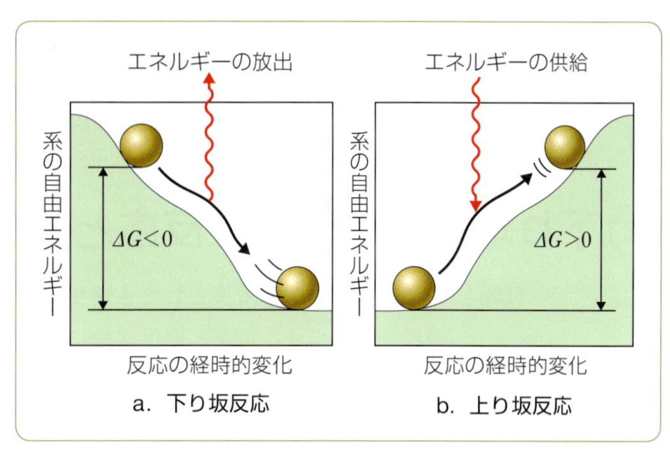

▶図 2-2　下り坂反応と上り坂反応

序が崩壊することにより，宇宙全体としては熱力学第二法則がまもられている。つまり，秩序は温度に依存するエネルギーの一形態とみなすことができる。

① 自由エネルギーと化学反応

Δ(デルタ)
微小な量を示すときに用いる記号である。ΔG は，自由エネルギーが変化した際に，その前後でのエネルギーの差の微小な量を意味する。

ここで，細胞を1つの系とみなして考えてみよう。細胞内に存在する個々の分子は，ランダムな移動運動のエネルギーや，回転・振動のエネルギーなどをもっているが，最大のものは分子内での原子の結合のエネルギーである。

定温定圧条件下で化学反応がおこるときには，一般に，分子内にたくわえられたエネルギーが変化して熱が放出または吸収されるだけでなく，系の容積変化を伴う仕事も行われる。しかし細胞では，化学反応による容積変化およびその仕事による変化は無視できるほど小さいものである。

自由エネルギー▶

一般に系の総エネルギーは，熱エネルギーを含み定温定圧条件下で仕事に使えるエネルギーすべてと，温度依存性の秩序エネルギーとの和としてあらわされる。前者，すなわち仕事に使えるエネルギーを**ギブス Gibbs の自由エネルギー**とよび，G の記号であらわす(▶314 ページ)。そして後者は，仕事に使うことのできないエネルギーであり，秩序エネルギーの増加は，秩序そのものの低下を意味する。つまり自由エネルギーとは，系の総エネルギーから秩序エネルギーを差し引いた値である。

さて，熱力学第一法則により，化学反応の前後で総エネルギーは不変である。したがって，① 自由エネルギーの減少を伴う化学反応では秩序エネルギーが増加して秩序が低下し，逆に，② 自由エネルギーが増加する反応では秩序も増加する。そして熱力学第二法則により，② の場合は外からエネルギーを供給されないと反応が進まず，① の場合は自発的に進むことになる。

下り坂反応と上り坂反応▶

自由エネルギー G の変化分を ΔG であらわすと，自由エネルギーの減少を伴う化学反応，すなわち $\Delta G<0$ の化学反応は自発的に進む。それはいわば下

り坂をボールが転がり下りるような反応であり，ここでは下り坂反応[1]とよぶことにしよう(▶図 2-2-a)。それに対して，$\Delta G>0$ の化学反応は上り坂反応[1]で，ボールを坂の上に転がすためにはエネルギーを必要とする(▶図 2-2-b)。

② 下り坂反応と上り坂反応との共役

代謝▶ 生体は外界から栄養としてさまざまな物質を取り入れ，さまざまな化学反応過程を経て必要な物質に変化させ，老廃物を体外に排出する。この過程を**代謝**という。

異化作用と同化作用▶ 代謝には，複雑な物質をつぎつぎと変化させ，分解する**異化作用**と，簡単な物質から複雑な化学反応過程を経て生体の構成成分を合成する**同化作用**とがある。

異化作用は，複雑な物質を単純な物質に分解する反応であり，下り坂反応として自由エネルギーを放出しながら自発的に進む。一方，同化作用は，簡単な物質から複雑な物質を組み上げるという，秩序をつくる反応であり，上り坂反応として，外部からのエネルギーなしでは進行しない。

生体内では，下り坂反応と上り坂反応が共役(きょうえき)することにより，自由エネルギーを有効に用いて，生命の維持に必要な物質の代謝を行っている(▶図 2-3-a)。生体内では多くの場合，次項で学ぶ ATP とよばれる物質が，共役に重要な役割を果たしている(▶図 2-3-b)。

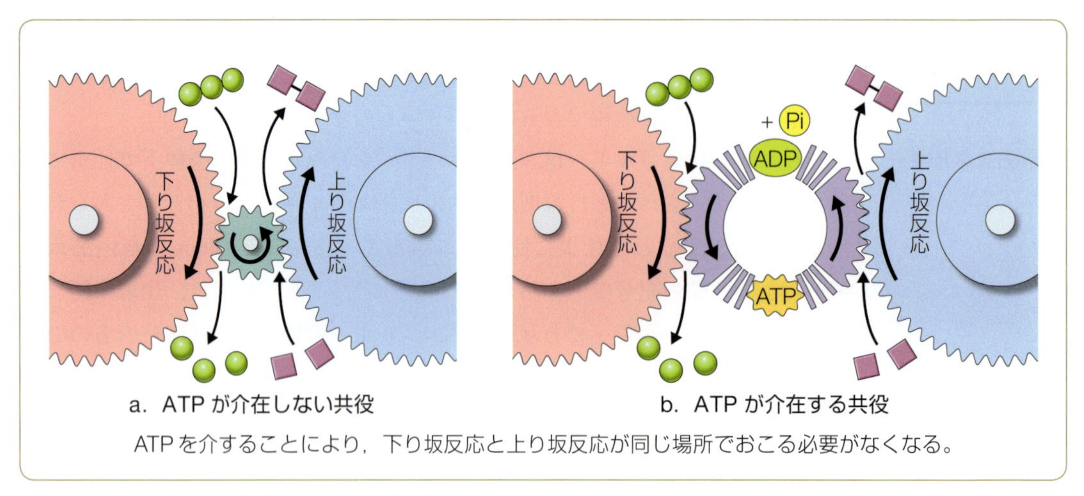

▶図 2-3 下り坂反応と上り坂反応の共役

1) 生体エネルギー論では，下り坂反応を**発エルゴン反応**，上り坂反応を**吸エルゴン反応**とよぶ。注意を要するのは，発エルゴン反応は発熱反応と同じ意味ではなく，自由エネルギーの減少が必ずしも発熱とは結びつかないということである。たとえば，塩が水にとける反応は自由エネルギーの減少を伴うため自発的に進むが，そのとき水温は下がる。すなわち吸熱反応である。

③ エネルギーの変換とATP

1 アデノシン三リン酸(ATP)の構造

ATP▶ **アデノシン三リン酸** adenosine triphosphate (ATP) は，アデニン・リボース・リン酸の3つの部分からなりたっている(▶図2-4)。アデニンはリボースの1位の炭素と共有的に結合しており，これはアデノシンとよばれる。リボースの5位の炭素には，3つのリン酸が共有結合している。アデノシンにリン酸が1個ついたものをアデノシン一リン酸(AMP)，2個ついたものをアデノシン二リン酸(ADP)という。リン酸は，互いに酸素原子によって結合している。

高エネルギーリン酸結合▶ 図2-4の構造式の中にあまり見慣れない記号がある。ほかの結合は短い棒で示してあるのに，末端のリン原子(P)と酸素原子(O)との結合は，P〜で示されている。P〜であらわされている部分は**高エネルギーリン酸結合**とよばれ，エネルギーの交換で重要になってくる。

なお，高エネルギーリン酸結合は，「結合」という言葉が含まれているため，共有結合しているPとOの結合エネルギーをさしているものととらえがちだが，そうではない。加水分解によってリン酸基が解離する際に放出される自由エネルギーが大きい場合に用いられる語である。放出エネルギーの大小は，負電荷をもつリン酸基どうしの相対的な位置関係など，加水分解される分子の構造に依存している。

このような構造をもつATPは，言いかえれば，アデノシンに3分子のリン酸が結合した高エネルギー物質であるといえる。では，ATPの加水分解によって放出される自由エネルギーはどの程度であろうか。

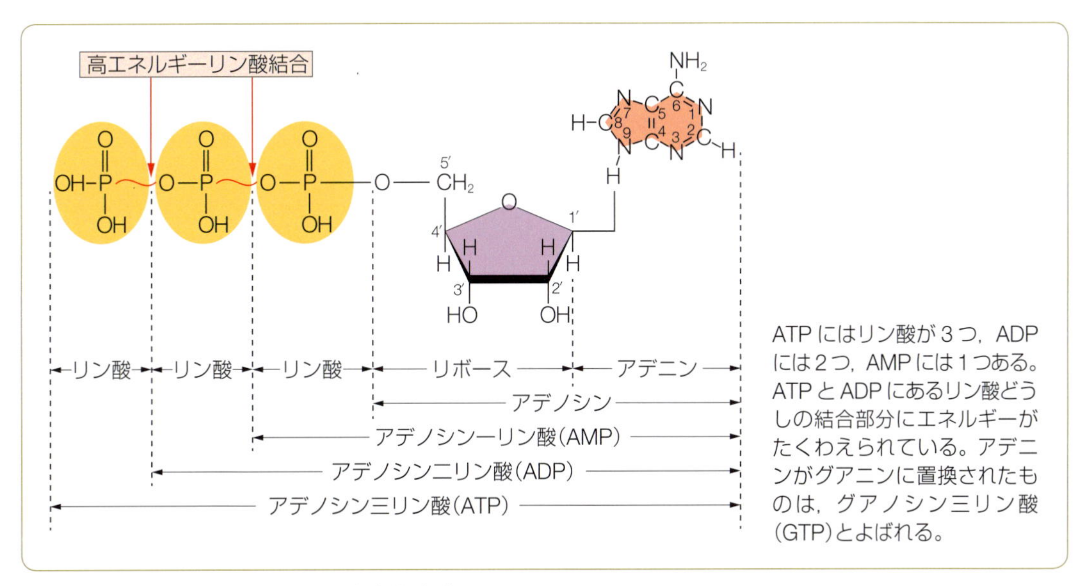

▶図2-4 ATP・ADP・AMPの化学構造式

2 ATPの加水分解で放出されるエネルギー

ATPが加水分解されてADPと無機リン酸(Piとあらわす)にかわるとき，ATPのリン酸結合にたくわえられていた自由エネルギーが放出される。1気圧，25℃，1Lの水(約55.6 mol)の中，pH 7の環境で，1 molのATP・ADP・無機リン酸が存在するとき，

ATP ⟶ ADP＋Pi

の反応が平衡に達するまで進むと，放出されるエネルギーは約30.5 kJ(7.3 kcal)となる。この値を**標準自由エネルギー変化**といい，$\Delta G'^{\circ}$＝30.5 kJと書きあらわす。標準自由エネルギー変化の値は，化学反応それぞれに固有の定数である。**表2-1**には，これから学ぶ解糖やクエン酸回路・糖新生にかかわる化学反応のいくつかについて，標準自由エネルギー変化の値が例示されている。

実際の細胞では，ATP，ADP，Piがそれぞれ1 molという条件は満たされない。たとえばヒトの赤血球では，ATPが2.25 mmol/L，ADPが0.25 mmol/L，Piが1.65 mmol/Lの濃度で含まれる。25℃で，この状態から平衡状態になるまでATPの加水分解が進むと，そのときの自由エネルギー変化ΔGは約−51.8 kJ/mol(−12.4 kcal/mol)となり，標準自由エネルギー変化(−30.5 kJ)よりもはるかに大きい(▶43ページ「NOTE」)。

ジュールとカロリー

ジュール(J)はエネルギー・仕事・熱量などの国際単位系(SI)の単位である。カロリー(cal)は熱量の単位だがSIではなく，推奨しがたい単位である。1 calは1 mLの水を1℃上昇させるのに必要なエネルギーで，1 cal＝4.184 Jである。

3 ATPのはたらき

すべての生物が，物質の分解により取り出したエネルギーの保存と，生命活動の維持に必要な物質の合成にATPを利用しているため，ATPは生体のエネルギーの通貨ということができる。ATPを用いることにより，直接共役しない下り坂反応と上り坂反応を間接的に共役させることが可能となる(▶40ページ，図2-3-b)。

エネルギーの通貨がATPである必然性はない。しかし，さまざまなリン酸化合物のなかで，ATPは加水分解時の放出エネルギーにおいて中間的な位置を占めている(▶図2-5)。ATPはADPにリン酸基を付加する化学反応によって

標準自由エネルギー変化

ATPの加水分解に限らず，一般にpH 7，1Lの水中という条件下で1 molの反応物が1 molの生成物に変化するときの自由エネルギーの増減を標準自由エネルギー変化といい，$\Delta G'^{\circ}$と表記される。化学反応それぞれに固有の定数で，温度と圧に依存する。

▶表2-1　25℃における標準自由エネルギー変化の例

化学反応の種類	反応の例	$\Delta G'^{\circ}$ kJ/mol
酸化	グルコース＋6O_2 ⟶ 6CO_2＋6H_2O	−2870.2
加水分解	グルコース6-リン酸＋H_2O ⟶ グルコース＋H_3PO_4	−13.8
転位	フルクトース6-リン酸 ⟶ グルコース6-リン酸	−1.7
脱離	リンゴ酸 ⟶ フマール酸＋H_2O	3.3

(A. L. Lehninger著，飯島康輝ほか訳：生命とエネルギーの科学――バイオエナジェティックス. p.25，化学同人，1967より作成，一部改変)

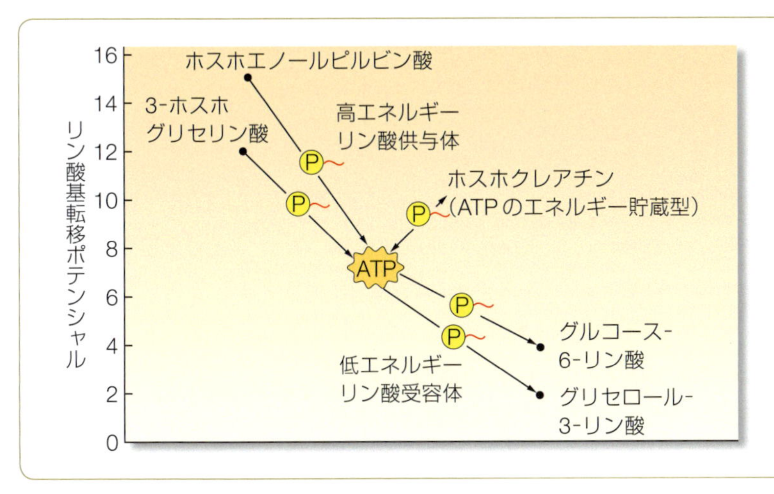

リン酸化合物がリン酸基を転移さる能力をリン酸基転移ポテンシャルといい，加水分解時の標準自由エネルギー変化の値に対応する。リン酸化合物のなかでポテンシャルがATP と同じ，またはそれよりも高いものを高エネルギー化合物とよぶ。

▶図 2-5　さまざまなリン酸化合物のリン酸基転移ポテンシャル

合成されるが，この反応は上り坂反応である。ATP 分解時のエネルギー放出が大きすぎも小さすぎもしないということは，逆の ATP 合成反応に必要なエネルギーも中間的な値であるということである。その意味で ATP は，エネルギーの通貨として，いわば千円札の使いやすさをもつと言える。

NOTE
平衡と自由エネルギー変化

平衡とは，巨視的には，化学反応が全体として，それ以上進まなくなるときの状態をよぶ。また微視的にみれば，物質 A ⟶物質 B という化学反応と，その逆の B ⟶ A という反応がともにおきている A ⇄ B という化学反応において，右向きの反応が左向きの反応と同じ速度で進行する状態をよぶ。

化学反応 A ⇄ B が右方向に進んで平衡に達するまでに放出する自由エネルギー ΔG は，

$$\Delta G = \Delta G'^{\circ} + RT \ln[\mathrm{B}]/[\mathrm{A}]$$

によって求められる。$\Delta G'^{\circ}$ はこの反応の標準自由エネルギー変化である。また，[A]と[B]はそれぞれの濃度，R は気体定数(8.315 J/mol・K)，T は絶対温度([273＋摂氏温度]K)である。

この式を用いて本文にあるヒトの赤血球での自由エネルギー変化を求めると，25℃で以下のようになり，その値は標準自由エネルギー変化よりはるかに大きい。

$$\begin{aligned}\Delta G &= \Delta G'^{\circ} + RT \ln[\mathrm{ADP}][\mathrm{Pi}]/[\mathrm{ATP}]\\ &= -30.5\ \mathrm{kJ/mol} + (8.315\times10^{-3}\ \mathrm{kJ/mol\cdot K})(273+25\ \mathrm{K})\ln[(0.25\times10^{-3})\\ &\quad (1.65\times10^{-3})/(2.25\times10^{-3})]\\ &\fallingdotseq -51.8\ \mathrm{kJ/mol}(-12.4\ \mathrm{kcal/mol})\end{aligned}$$

上の議論から，ある化学反応の標準自由エネルギー変化の値が正である場合でも，反応物と生成物の濃度比によっては，反応が自発的に進むことが可能であることがわかる。

なお，細胞や生体内のように水溶液中でおこる化学反応における標準自由エネルギー変化は $\Delta G'^{\circ}$ と表記されるが，反応が水溶液中でおこるものでない場合は，水 1 L(55 mol)，pH 7 という条件は省かれ，標準自由エネルギー変化は ΔG° と表記される。

④ 酵素とそのはたらき

酵素 enzyme は，生体内の化学反応に重要な役割を果たしている。細胞の触媒としてはたらく酵素は，特別な生理活性をもち，かつ生化学的反応を促進するタンパク質である。

酵素の生物学的意義は，化学反応の速度を個体にとって適切な速さにまで高めることにある。たとえば，スクロース(ショ糖)からグルコース(ブドウ糖)とフルクトース(果糖)への分解(▶27 ページ，図 1-18 の逆の反応)は，下り坂反応であり($\Delta G'^{\circ} = -29.3$ kJ/mol)，自発的に進行する。しかし，スクロースを水にとかして室温に放置した場合には，分解に何年もかかってしまう。それに対して，このスクロース水溶液にスクロースを分解する酵素であるスクラーゼを適量加えて適切な温度におくと，スクロースの分解は数秒で完了することになる。

ただし，酵素が直接，反応速度を上げることのできる化学反応は下り坂反応に限られ，上り坂反応では，外部からのエネルギー供給を受ける必要がある。

1 酵素の役割

下り坂反応は，外部からのエネルギー供給なしで自発的に進行する化学反応であるが，すべてが無条件で進行するわけではない。たとえば，プロパンやガソリンの燃焼(酸素と反応して二酸化炭素と水を生成する)は下り坂反応であるが，この反応は燃料が酸素と共存するだけでは進まない。点火という外からのエネルギー供給が必要である。それは，反応物と生成物との間にエネルギー障壁が存在するためである(▶図 2-6-a)。

エネルギー障壁とは，反応を引きおこすのに必要とされる**活性化エネルギー**(E_a)の量をあらわすものである。多くの場合，エネルギー障壁は十分に高く，

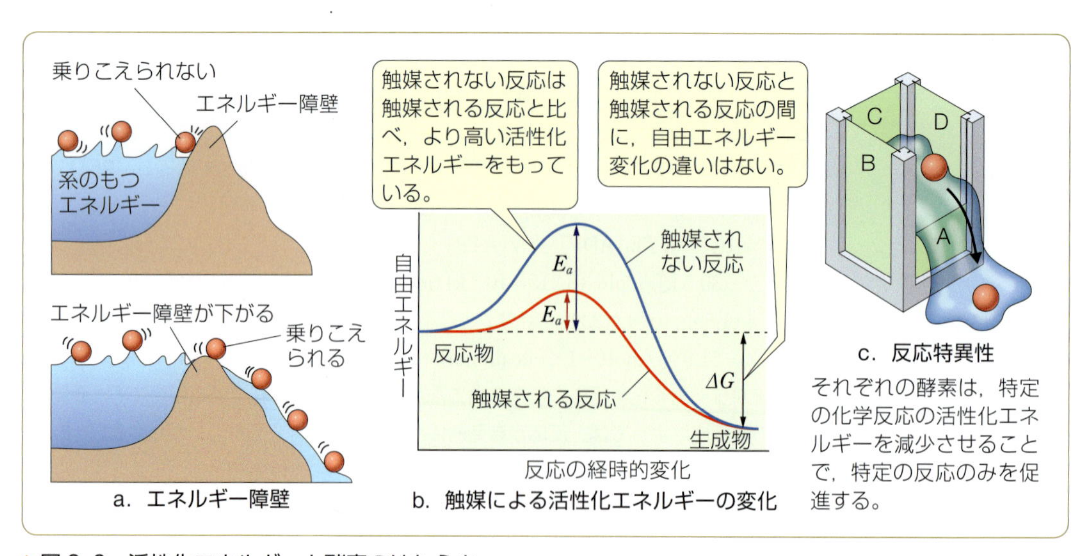

▶図 2-6 活性化エネルギーと酵素のはたらき

外部からのエネルギー供給なしでは乗りこえることができない。場合によっては，反応物となる分子自身の運動によって乗りこえることもあるが，その確率は非常に低く，生物が必要とするときに反応が進むとは限らない。

酵素は，活性化エネルギーを下げるはたらきをする(▶図2-6-b)。その結果，反応物がエネルギー障壁をこえる確率が高まり，化学反応が迅速に進行する。前述のスクラーゼも，スクロースがグルコースとフルクトースに分解されるときの活性化エネルギーを減少させたため，迅速に反応が進んだのである。

2 酵素反応の特徴

酵素は，自分自身は変化せずに，はたらきかける化学反応を速めたり遅くしたりする物質，すなわち**触媒**として機能する。触媒は，反応の速度にのみ影響し，反応の自由エネルギー変化に違いはない(▶図2-6-b)。

酵素反応の特徴として，反応特異性と基質特異性の2つの特異性がある。

[1] 反応特異性　どの酵素も1種類，つまり特定の反応にのみ作用する。反応特異性は，反応物の特定の化学反応のための活性化エネルギーのみを減少させるという酵素のはたらきに基づく特徴である(▶図2-6-c)。

[2] 基質特異性　個々の酵素は，はたらきかける物質である**基質**が決まっていて，ほかの物質には作用しない。これは，酵素分子の立体構造の特定の部位(**活性部位**)が，基質分子の特定部位と相補的になっているためである(▶図2-7)。基質を鍵(かぎ)にたとえると，酵素はくぼみとなる鍵穴をもち，基質とはっきりと対応する構造になっており，両者は弱い化学結合をしている。

補因子▶　酵素はタンパク質であり，タンパク質の構造に影響を及ぼす温度やpHによっても，その機能は大きく影響される。また，金属イオンや糖質，ビタミンなどの非タンパク質が結合することによっても調節されている。このようなタ

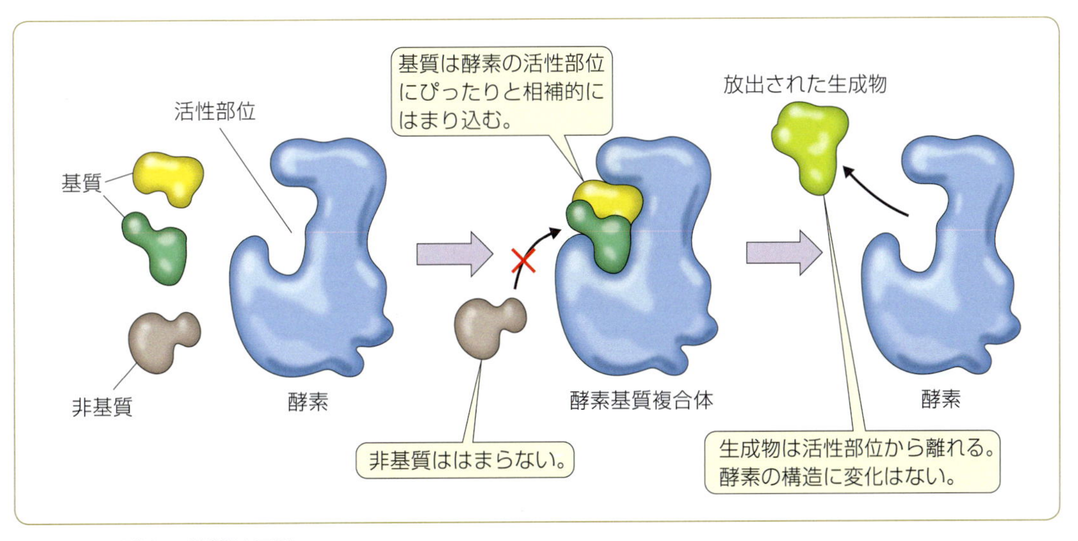

▶図2-7　酵素の基質特異性

ンパク質に結合して活性に影響を与える非タンパク質を，**補因子**とよぶ。

補因子のうち，酵素のタンパク質部分と可逆的に分離・結合ができる弱い結合を示すものを**補酵素**(コエンザイム)とよび，強い結合を示すものを**補欠分子団**とよぶ。ATPやNADは補酵素としてはたらき，チアミン(ビタミンB_1)やビオチンは補欠分子団としてはたらく。また，酵素のタンパク質部分を**アポ酵素**とよび，アポ酵素に補因子が結合したものを**ホロ酵素**とよぶ。

アロステリックな調節▶

リガンド
あるタンパク質分子に結合する分子を，そのタンパク質のリガンドとよぶ。一般にイオンや小さな分子をさすが，巨大分子のこともある。

タンパク質分子は複数の三次元構造を取りうる。**アロステリック** allosteric とは，そのような状態をさす(allosはギリシャ語で，英語のother〔ほかの〕を意味し，同じくsterosはshape〔形状〕を意味する)。**リガンド**とよばれる分子が，酵素の活性部位以外の部位に結合することにより，酵素がとりうる複数の三次元構造のうちのある1つの構造がエネルギー的に安定となることがある。このように酵素の活性が変化するとき，アロステリックに調節されるという。

さらに，キナーゼによるリン酸化および，ホスファターゼによる脱リン酸化などによっても，酵素の機能は大きく影響される。

B ATPの生合成

ATPは，ADPのリン酸化(ADP＋Pi → ATP)によって細胞内でつくられる。この反応は上り坂反応であり，そのためのエネルギーは，光または化学物質がもつエネルギーによってまかなわれる。前者は**光リン酸化** photophosphorylation とよばれ，後者は**基質レベルのリン酸化**と**酸化的リン酸化**に分けられる。基質レベルのリン酸化と酸化的リン酸化を合わせて**細胞呼吸**という。

藻類
種子植物・シダ植物・コケ植物以外の光合成を行う生物をよぶ。シアノバクテリア(ラン藻)や海藻類などの多様な生物の総称である。

光リン酸化は**光合成** photosynthesis の一環として行われる。地球上の生命活動は，究極的には，太陽エネルギーに依存している。植物・藻類(そうるい)が行う光合成は，この太陽エネルギーを生物が利用するための唯一の方法である。

光リン酸化を行う生物は，無機物のみの栄養で生活・増殖することができるため，**独立栄養生物**という。一方，菌類や動物などは，基質レベルおよび酸化的リン酸化によってATPをつくる。これらの生物は，光合成でつくられる炭水化物で生活・増殖するため，**従属栄養生物**とよばれる。

① 光合成

光合成は，植物などの葉緑体で行われる同化作用で，太陽のエネルギーをATPおよび還元型電子運搬体であるNADPH[1)]の化学エネルギーに変換する**光反応** light reactions と，ATP，NADPHおよび二酸化炭素(CO_2)を用いて炭水化物を合成する**炭素反応** carbon reactions とに区別される。炭素反応の産物の

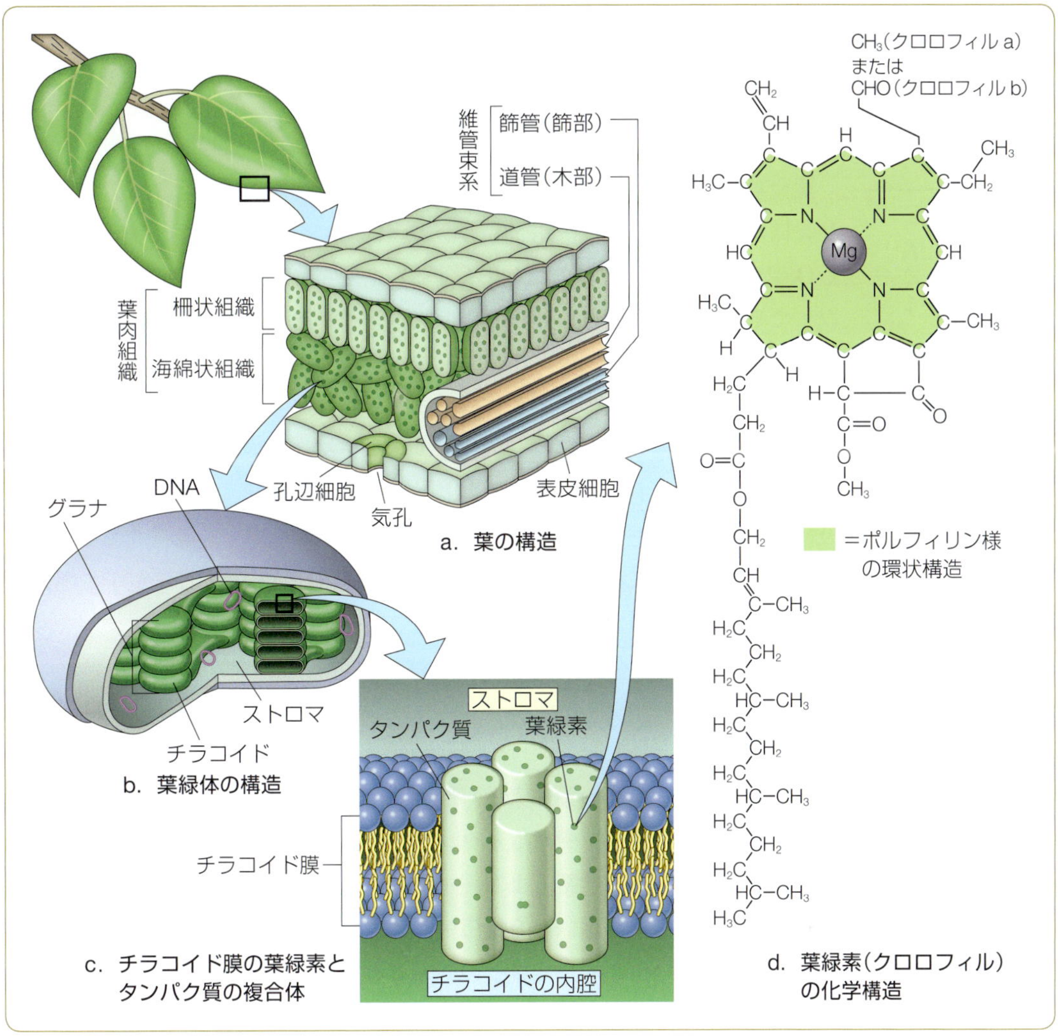

▶図2-8　葉緑体と葉緑素

一部は，基質レベルのリン酸化および，酸化的リン酸化に進む。

1 葉緑体 chloroplast

光合成は，緑色の色素を含む葉緑体で行われる(▶図2-8-a, b)。葉緑体は大きさが直径5〜10 μmで，ラグビーボールのような形をしている。葉緑体の内部には，タンパク質を多量に含んでいる水性流体の**ストロマ**があり，その中に**グラナ**とよばれる器官がある。また，ストロマにはDNAも存在している。

グラナは**チラコイド**という円盤状の構造が重なって構成されている。チラコ

1) 光合成の経路などで電子の運搬を行うニコチンアミドアデニンジヌクレオチドリン酸 nicotinamide adenine dinucleotide phosphate とよばれる物質は，酸化型と還元型の2つの状態があり，酸化型を $NADP^+$，還元型をNADPHと表記する(▶55ページ，図2-13-c)。

イドには，緑色の光合成色素である**葉緑素** chlorophyll（クロロフィル）や，各種のタンパク質が含まれている（▶図2-8-c，d）。

2 光反応と光リン酸化

酸化と還元
酸化と還元の定義はいくつかあるが，原子やイオン，分子が1つあるいはそれ以上の電子を失う反応を酸化，電子を得る反応を還元とよぶ。

葉緑素は，特定の波長の光を受けると，そのエネルギーによって，ポルフィリン様の環状構造部分で，電子（e^-）が励起状態，つまり高エネルギー状態となる（▶図2-8-d）。それぞれの葉緑素分子は，1秒間に数個の光子（こうし）（フォトン）を吸収してその電子が励起されるが，吸収後，電子はそのエネルギーを放出して，再びもとの状態に戻る。

一般には，この吸収エネルギーは熱または光（蛍光）として放出される。しかし生体内の葉緑素の場合は，この放出エネルギーは隣接する葉緑素の電子を励起するのに用いられ，つぎつぎに隣接する葉緑素に伝えられていく（▶図2-9）。最終的にエネルギーを受け取った葉緑素は，その励起電子を隣接するタンパク質に渡し，自身の失った電子は水（H_2O）を分解（酸化）して生じる電子で埋める。

この反応は，次のような式であらわすことができる。

$$2H_2O \longrightarrow O_2 + 4H^+ + 4e^-$$
水　酸素　プロトン　電子

光化学系▶ 光子を受け取る一連の葉緑素と，最終的に励起電子を周囲のタンパク質に渡す葉緑素および，電子を受け取るタンパク質，水分解反応を触媒する酵素などを含む分子集団を**光化学系**とよぶ。また，一連の葉緑素を**アンテナ系**，励起電子を周囲に渡して失う葉緑素を**反応中心**とよぶ。光化学系は，水を分解する酵素活性ももっているため，先ほどの式で示した反応も引きおこす。

電子伝達系▶ 励起電子を受け取ったタンパク質は，ほかの分子に電子を渡す能力（ほかの分子を還元する能力）をもつ電子供与体としてはたらく。受け取るタンパク質を電子受容体とよび，自身はほかの受容体への供与体としてはたらく。チラコイド膜には，最初の光化学系（光化学系Ⅱ）からプラストシアニンにいたる電子運搬体が並んでいて，**電子伝達系**を構成している。励起電子は，つぎつぎと伝達され，次の光化学系（光化学系Ⅰ）で，さらに光エネルギーを吸収する。最終的に光エネルギーは，NADP還元酵素のはたらきにより，

$$NADP^+ + 2e^- + H^+ \longrightarrow NADPH$$

という反応がおこり，NADPHの還元力（▶54ページ）として保存される。

H^+によるATP合成▶ また，電子伝達系の一部のタンパク質は，プロトンポンプとしてもはたらき，伝達された励起電子のエネルギーの一部を用いて，プロトン（H^+）をチラコイド内にくみ上げる。チラコイド内では，プロトンが高濃度となり，さらに，それぞれが正の電荷をもつため，濃度的にも電気的にも，チラコイドから外に出ようとする力がはたらく。チラコイド膜に埋め込まれた**ATP合成酵素**は，プ

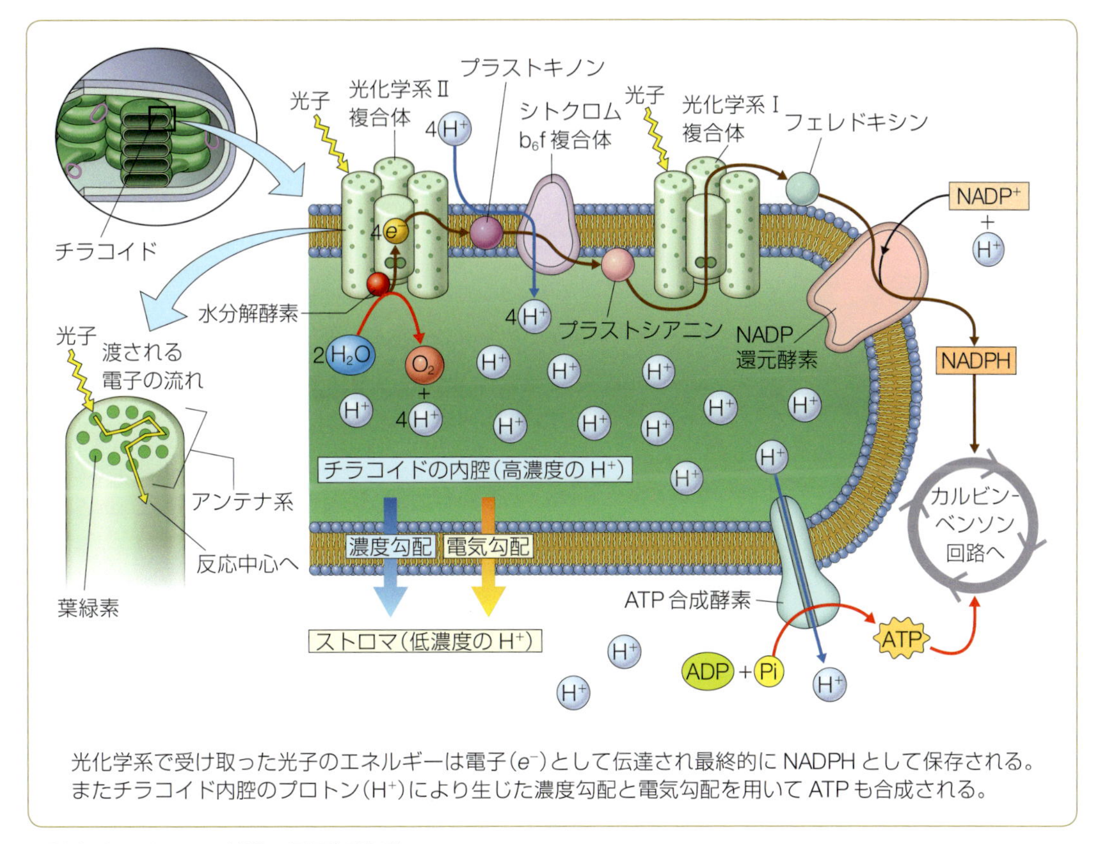

▶図 2-9 チラコイド膜の電子伝達系

ロトンが濃度・電気勾配にそって移動するときに放出するエネルギーを用いて，ADP と無機リン酸(Pi)から ATP を合成する。

3 炭素反応

光反応でつくられた ATP と NADPH は，葉緑体のストロマでの一連の化学反応によって消費され，その結果，二酸化炭素(CO_2)を有機物(糖)にかえる。かつては，この化学反応は光とは独立に進むと考えられ，暗反応とよばれた。しかし，その後の研究で，この反応も光による活性化が必要なことがわかったため，現在では暗反応およびその対となる明反応という言葉は用いられない。

カルビン-ベンソン回路▶

空気中の CO_2 の炭素を細胞内の糖として同化(▶40 ページ)する一連の化学反応は，**カルビン-ベンソン回路**(還元的ペントースリン酸回路，カルビン回路)とよばれる(▶図 2-10)。この回路は，リブロース-1,5-二リン酸(RuBP)の炭素原子取り込みに始まり，還元反応によるグリセルアルデヒド-3-リン酸(G3P)の産生を経て，RuBP の再生にいたる主要 3 段階から構成されている。

この回路では，光反応でつくられる ATP および NADPH のエネルギーを用いて，やはり光反応でつくられる CO_2 の 1 分子が，ストロマ中の RuBP の 1 分子と反応する結果，1/3 分子の G3P が生成されるとともに，RuBP の 1 分子

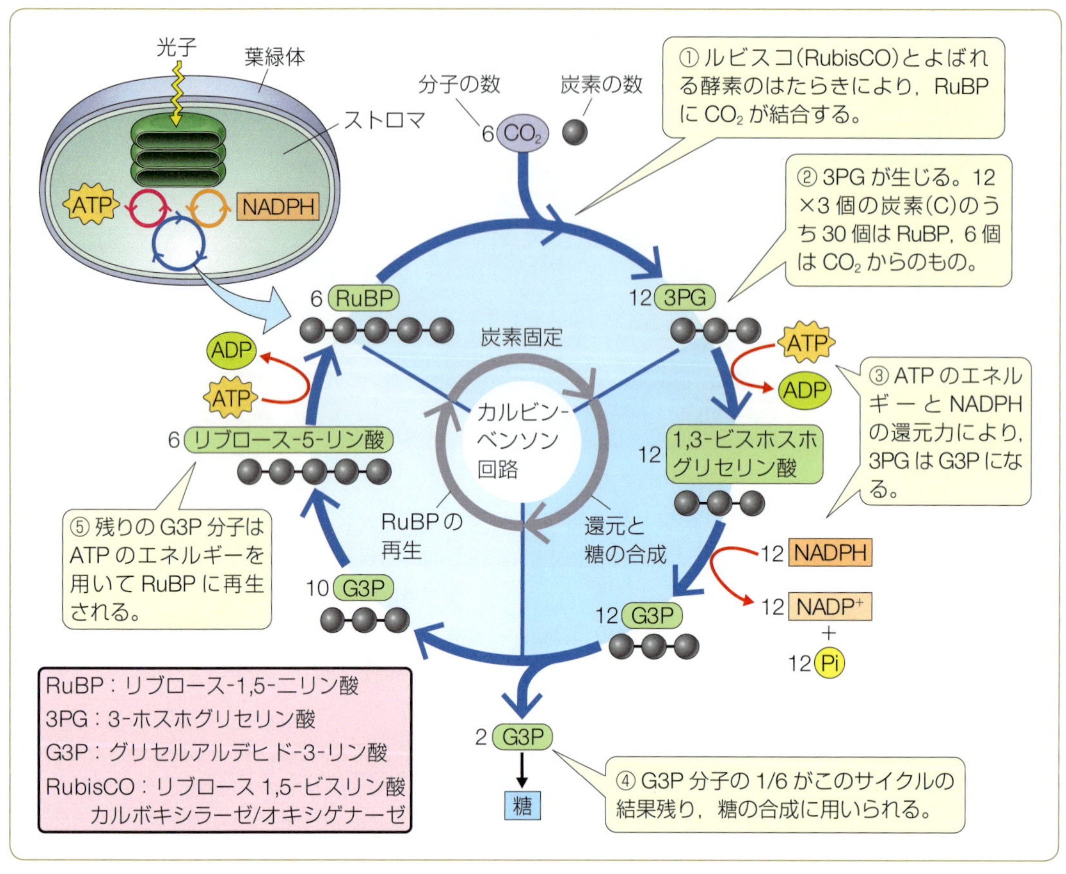

▶図2-10　カルビン-ベンソン回路

が再生する。回路が6回まわることにより，3炭糖であるG3Pが2分子生成され，これが基質レベルのリン酸化および，酸化的リン酸化に進んでATPを生産する。G3Pは逆にまた，ATPのエネルギーを用いて，1分子の6炭糖であるグルコースに変換される(糖新生，▶52ページ)。

光合成での物質の出入りをまとめると，次のようになる。まず光反応では，光とH_2Oを用いて，O_2とATP，NADPHをつくる。炭素反応では，ATP，NADPHおよびCO_2を用いて，糖の材料となるG3Pをつくる。光合成全体としては，光とH_2O，CO_2からO_2と糖(グルコースなど)をつくる。

$$\text{光} + 6CO_2 + 12H_2O \longrightarrow \underset{\text{グルコース}}{C_6H_{12}O_6} + 6H_2O + 6O_2$$

②解糖系——基質レベルのリン酸化

解糖系は，グルコース(ブドウ糖)を分解してピルビン酸を生じる一連の化学反応で，それぞれ酵素によって調節される全10段階からなる(▶図2-11)。解

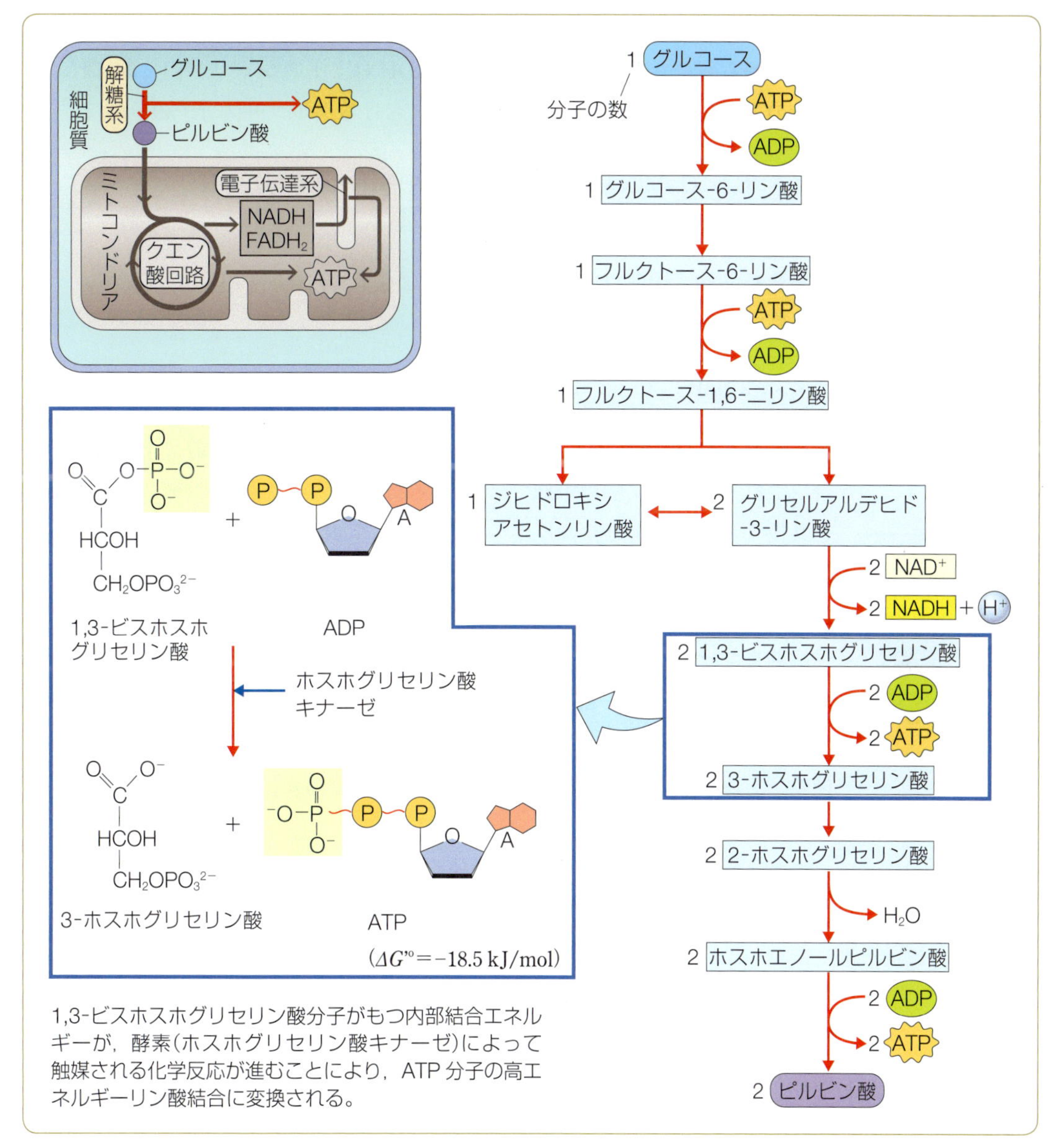

▶図2-11 解糖系

糖系のすべての反応は細胞質基質で行われ，酸素を必要としないため，**嫌気的過程**または**嫌気呼吸**とよばれる。

解糖系では，1分子のグルコースが2分子のピルビン酸に分解される過程で，グルコース分子がもつ内部結合エネルギーが，2分子のATP分子の内部結合エネルギーとNADH[1)]分子の還元力として保存される。解糖系は，最初は

1) ニコチンアミドアデニンジヌクレオチド nicotinamide adenine dinucleotide は，ほとんどの生物で用いられている電子の運搬体である。NADPHと同様に酸化型と還元型の2つの状態があり，酸化型はNAD^+，還元型はNADHと表記する。

ATPのエネルギーを必要(上り坂反応)とするが，最終的には，このATP消費量を上まわる新たなATPを生成する。NADHはミトコンドリア内に運ばれ，そこでのATPの生成に使われる。解糖系におけるグルコース分子の分解は，

$$C_6H_{12}O_6+2NAD^+ \longrightarrow 2CH_3COCOOH+2NADH+2H^+$$

グルコース　　　　　　ピルビン酸

であらわされ，標準自由エネルギー変化$\Delta G_1{}'^{\circ}$は約-611 kJ/molであり，下り坂反応である。一方，ATPは，

$$2ADP+2Pi \longrightarrow 2ATP+2H_2O$$

であらわされ(標準自由エネルギー変化$\Delta G_2{}'^{\circ}$は約255 kJ/mol)，上り坂反応で合成される。この反応は単独では自発的に進まないが，グルコースの分解反応と共役することにより，両反応の標準自由エネルギー変化$\Delta G'^{\circ}$は，

$$\Delta G'^{\circ}=\Delta G_1{}'^{\circ}+\Delta G_2{}'^{\circ}=-611\ \mathrm{kJ/mol}+255\ \mathrm{kJ/mol}=-356\ \mathrm{kJ/mol}$$

となり，自発的に進行する。

エネルギー変化の加算
共役あるいは連続しておこる化学反応の標準自由エネルギー変化は加算することができる。

解糖系では，このような反応によりグルコースのピルビン酸への分解で放出されるエネルギーの一部をATPのエネルギーとして保存し，それ以外は熱として周囲に捨てられることになる。標準自由エネルギー変化からエネルギー変換効率をみると，$(255\div611)\times100\fallingdotseq42(\%)$となるが，実際の細胞内では，この値は60%をこえる。

なお，解糖系でつくられるNADHは，次項で学ぶように，ミトコンドリアでのプロトンポンプを駆動するのに用いられる。

糖新生▶ 解糖の逆経路，すなわちピルビン酸から糖への反応を**糖新生**とよぶ。激しい運動のあとや飢餓状態など，緊急にグルコースが必要な場合に生じる。解糖と糖新生は，どちらも全体として下り坂反応で自発的に進行しうるが，両者が同時進行することがないように調節されている。なお，解糖の10段階の反応のうちいくつかでは，逆行に際して解糖時と異なる酵素が必要となる。

③ 好気的過程——酸化的リン酸化

細胞質基質で生じたピルビン酸は，ミトコンドリアに移動し，そこで空気中の酸素を用いて酸化されて，二酸化炭素と水に分解される。この過程は**好気的過程**とよばれる。なお，好気的過程をもたない細胞では，細胞質にピルビン酸が存在しつづけると，解糖系が進まなくなるため，NADHを用いてピルビン酸をアルコールや乳酸などにかえて，細胞外に排出する。その過程で，解糖系に必要なNAD^+が再生される。グルコースからアルコールや乳酸などにいたる過程は**発酵**とよばれる。好気的過程をもたない細胞にとって，発酵は光合成とともに主要なエネルギー獲得様式となっている。

1 ミトコンドリア

ミトコンドリアは，葉緑体と同様に外膜と内膜で包まれており，内腔をマトリックス，外膜と内膜との間の空間を膜間部とよぶ(▶20ページ，図1-12，図2-12)。外膜には，チャネルを形成するポリンとよばれるタンパク質があり，非常に高い物質透過性を示す。しかし内膜は，特定の物質のみが通過できる。

細胞質からのピルビン酸分子は，拡散によって外膜を通ったあと，内膜にあるプロトン(H^+)との等方輸送タンパク質(同じ方向に輸送するタンパク質)によって，マトリックスに移動する。内膜にはこのほか，プロトンと無機リン酸を等方輸送するキャリアおよび，ADPとATPを逆方向(対向)輸送するキャリアタンパク質が存在する。

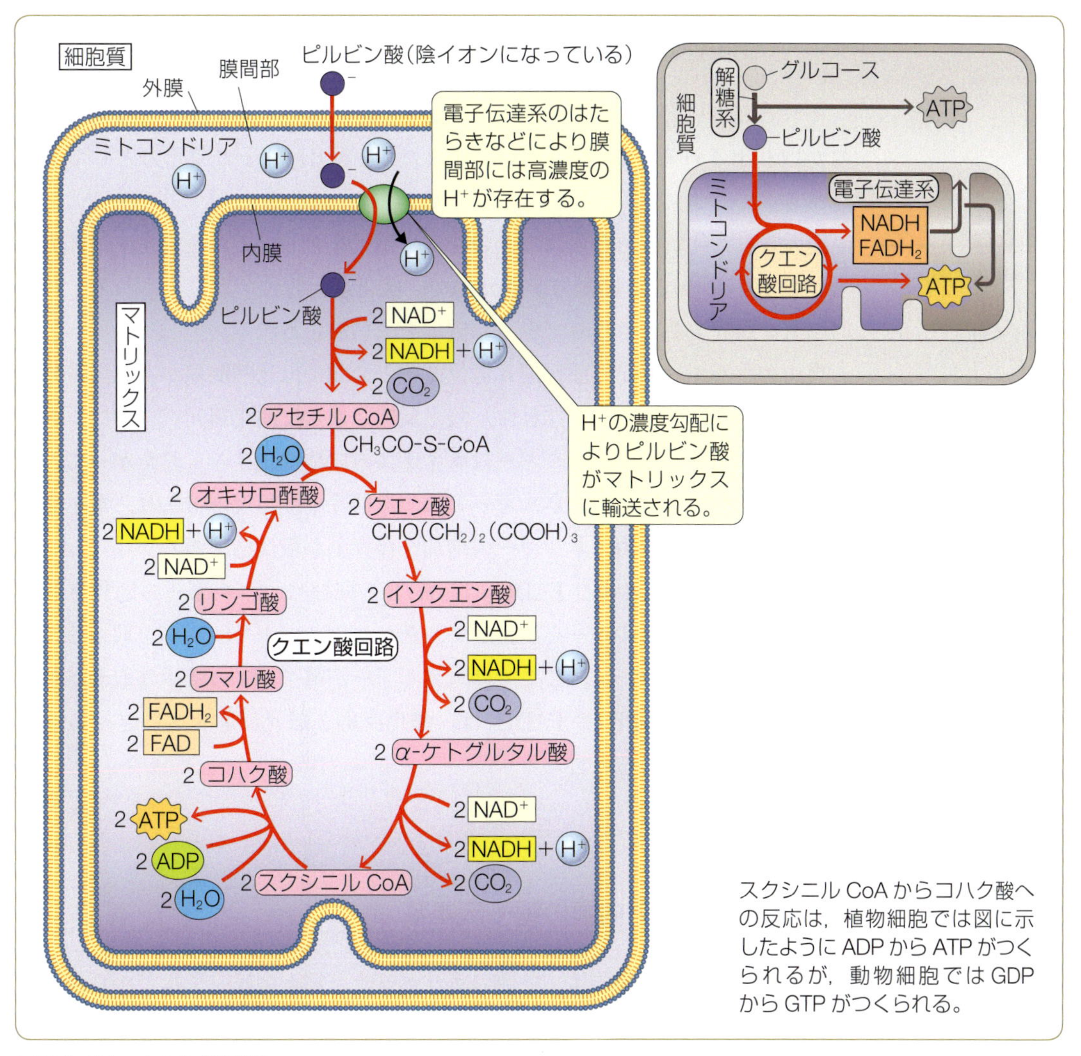

▶図2-12　クエン酸回路

2 クエン酸回路(クレブス回路，TCA回路)

細胞質基質で生じたピルビン酸は，マトリックスに取り込まれたのち，酸化されて，アセチルCoAとなる(▶図2-12)。アセチルCoAは，酢酸と補酵素Aとのチオエステル結合によって生じる。

$$CH_3COCOOH + NAD^+ + CoA\text{-}SH \longrightarrow CH_3CO\text{-}S\text{-}CoA + CO_2 + NADH + H^+$$

ピルビン酸　補酵素A　アセチルCoA

$(\Delta G'^{\circ} = -33.4\ \mathrm{kJ/mol})$

アセチルCoAは，オキサロ酢酸と反応して補酵素Aとクエン酸にかわる。クエン酸は，7つの化学反応を経てオキサロ酢酸を再生する。クエン酸回路とよばれるこの全8つの過程で，ピルビン酸由来のアセチル基(CH_3CO-)が酸化される。

$$CH_3COOH + 2O_2 \longrightarrow 2CO_2 + 2H_2O$$

それとともに，4つの脱水素過程によって，回路の中間産物から4対の電子対が取り出される。これらはNADHまたは$FADH_2$分子の還元力として保存される。

還元された物質は，今度はほかの物質に電子を渡してこれを還元する能力をもつ(▶図2-13-a)。この能力が**還元力**で，**酸化還元電位**で定量化される。ほかの物質を還元するとき，みずからは電子を失い酸化される。

酸化還元電位

電子のやり取りの際に発生する電位であり，ある物質の電子の放出または受け取りやすさを示す指標である。マイナスで数値が大きいほど還元力が強く，プラスならば酸化力が強いことを意味する。

自由エネルギー変化と酸化還元電位変化との間には比例関係があり，符号は逆転する(▶314ページ)。すなわち，酸化反応が進んで酸化還元電位がプラス方向に変化すると，自由エネルギーはマイナス方向に変化する。したがって，電子を失う酸化反応は自由エネルギーの放出を伴う下り坂反応であり，電子を受け取る還元反応は自由エネルギーの増加を伴う上り坂反応である。

NADH(NADPH)および$FADH_2$は，ATPと同様にエネルギーの通貨として，みずからのもつエネルギーを放出して，それによって上り坂反応を進めることができる(▶図2-13-b，c)。ここではエネルギーが電子によってやり取りされるため，NADH(NADPH)や$FADH_2$は，酸化反応と還元反応を共役させる通貨としてはたらいていると言える。

3 電子伝達系

● ミトコンドリア内膜の電子伝達系

ミトコンドリア内膜には，多数のポリペプチド鎖と金属原子などからなるタンパク質複合体が埋め込まれており，酸化還元電位のより小さい，つまり還元力がより大きい電子供与体から電子を受け取る電子受容体として機能している

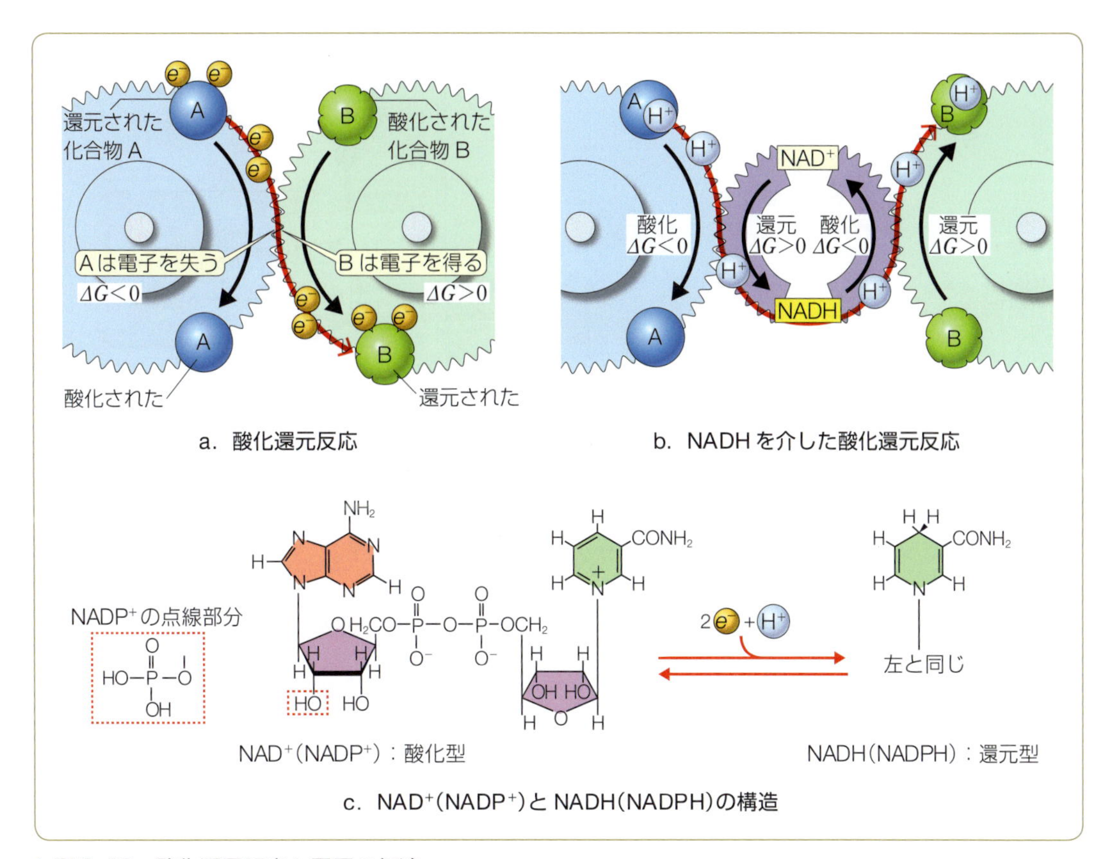

▶図2-13 酸化還元反応と電子の伝達

(▶図2-14)。このタンパク質複合体は，電子を受け取ったあとは，みずからが電子供与体として，内膜のほかの受容体に電子を渡す。この一連の系を**電子伝達系**とよび，これは植物の葉緑体のチラコイド膜にみられたものと同様である(▶48ページ)。

NADHからの電子は，NADH脱水素酵素→シトクロム bc_1 複合体→シトクロムc酸化酵素複合体という3つのタンパク質複合体につぎつぎと伝達される。また，$FADH_2$ からの電子は，シトクロム bc_1 複合体から同様に伝達される。3つ目のシトクロムc酸化酵素複合体によって酸化(酸素と結合)されて水となる。

$$2H^+ + 2e^- + 1/2O_2 \longrightarrow H_2O$$

これら3つのタンパク質は，電子(e^-)のエネルギーを用いてプロトン(H^+)を膜間部にくみ上げるポンプとしてはたらく。葉緑体の場合と同様に，くみ上げられたプロトンがその濃度勾配と電気勾配にそって移動するときに放出するエネルギーを用いて，内膜のATP合成酵素がマトリックス内でADPをリン酸化してATPを合成する。この過程を**酸化的リン酸化**とよび，クエン酸回路と合わせて**好気呼吸**ともよぶ。

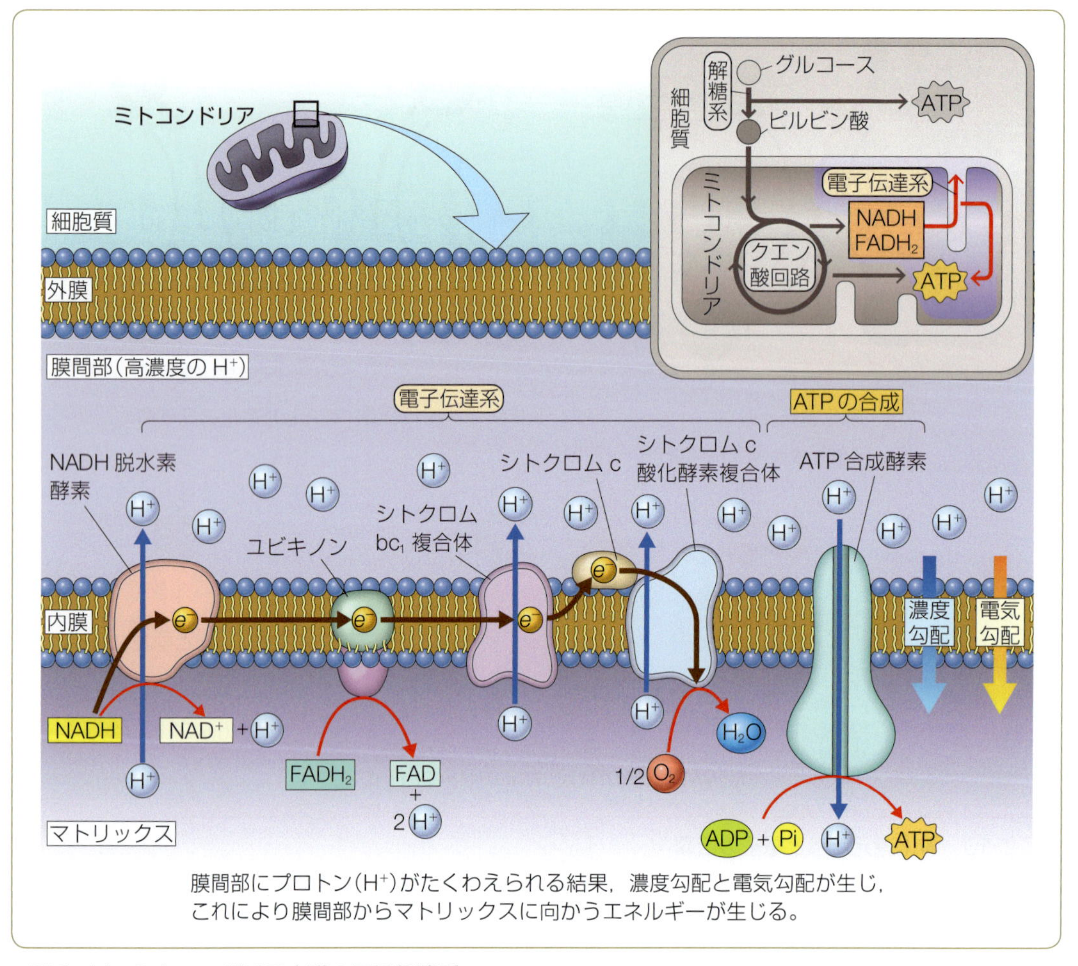

▶図2-14 ミトコンドリア内膜の電子伝達系

● 電子伝達系で生じるATP

前述した葉緑体の電子伝達系と，ミトコンドリアにおける電子伝達系を，その自由エネルギー変化とともにまとめると図2-15のようになる。この図から，光とグルコース分子のエネルギーが，電子エネルギーに変換され，電子はこのエネルギーを放出して($\Delta G<0$)プロトン輸送という仕事をしながら，電子運搬体をつぎつぎに還元して進む様子がわかる。自由エネルギーの放出を伴うこれらの還元反応は，下り坂の反応であり，自発的に進行する。

ミトコンドリア内膜の電子伝達系で，1 molのNADHがその電子を酸化すると，膜間部にくみ上げられるプロトンはATP合成酵素をはたらかせ，2.5 mol($FADH_2$の場合は1.5 mol)のATPをつくる。グルコース分子1 molが解糖系でピルビン酸に酸化分解され，ピルビン酸がクエン酸回路で二酸化炭素と水に酸化分解される過程で，ATP(GTP)が4 mol，NADHは10 mol，$FADH_2$が2 molつくられる。したがって，最終的には，ATPとして32 molが得られ

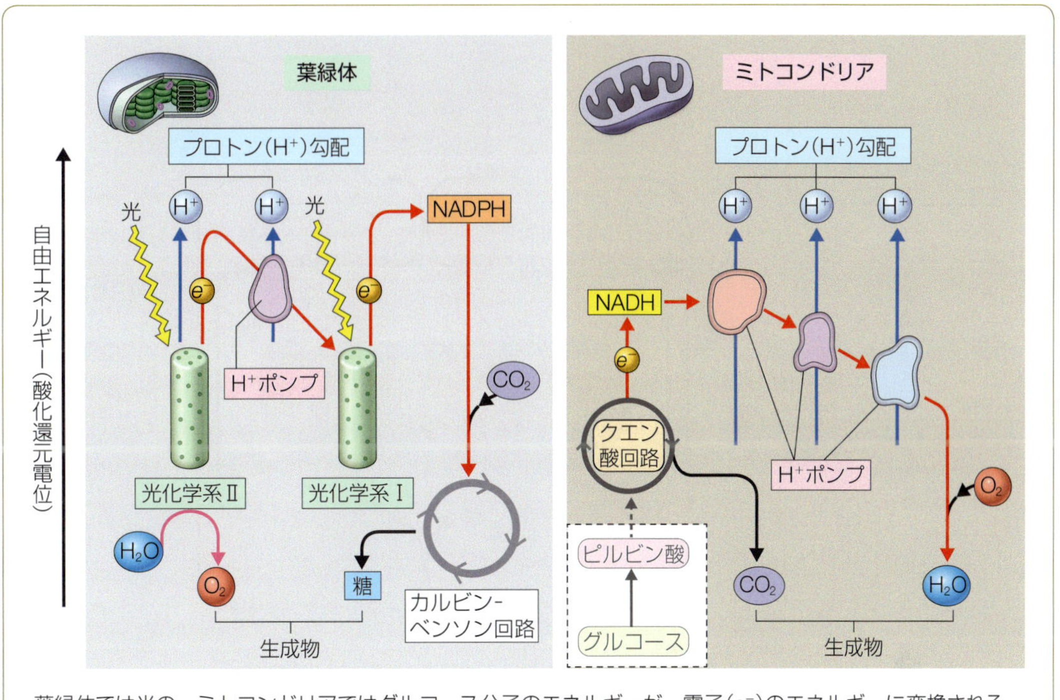

葉緑体では光の，ミトコンドリアではグルコース分子のエネルギーが，電子(e^-)のエネルギーに変換される。このエネルギーはプロトン(H^+)輸送により段階的に放出される。この反応は下り坂の反応である。

▶図 2-15　電子伝達系における自由エネルギー変化

ることになる。

次の式であらわされるグルコース分子の燃焼(酸化反応)による標準自由エネルギー変化 $\Delta G'^{\circ}$ は−2870.2 kJ/mol である(▶42 ページ，表 2-1)。

$$C_6H_{12}O_6 + 6O_2 \longrightarrow 6CO_2 + 6H_2O$$

NADH のシャトル
哺乳類の場合，リンゴ酸-アスパラギン酸シャトルは肝臓・腎臓・心臓で，グリセロール-リン酸シャトルは骨格筋・脳でそれぞれ顕著である。植物は，細胞質から直接利用が可能な NADH 脱水素酵素をもっている。

そのため，解糖とクエン酸回路によって，グルコース分子がもっていたエネルギーの約 34%([(32 mol×30.5 kJ/mol)/2870.2]×100)が，ATP 分子のエネルギーとして保存されたことになる。これは標準自由エネルギー変化値を用いての計算であり，実際の細胞内では，保存率はこの値をこえる(▶42 ページ)。

なお，細胞質基質での解糖によって生じた NADH は，ミトコンドリア内膜を通過できないため，そのままでは内膜の電子伝達系にその電子を渡すことができない。そのため，リンゴ酸-アスパラギン酸シャトルや，グリセロール-リン酸シャトルなどの NADH シャトル(往復輸送系)が用いられる(▶図 2-16)。しかし，どれが用いられるかによって，駆動されるプロトンポンプの数が異なる。前述の計算は，リンゴ酸-アスパラギン酸シャトルによって，全ポンプが駆動された場合の値である。

脱共役▶ ミトコンドリアの内膜にプロトンの通り道ができてしまうと，ATP 合成酵素をはたらかせるためのプロトンの濃度・電気勾配が消失し，その結果，ATP

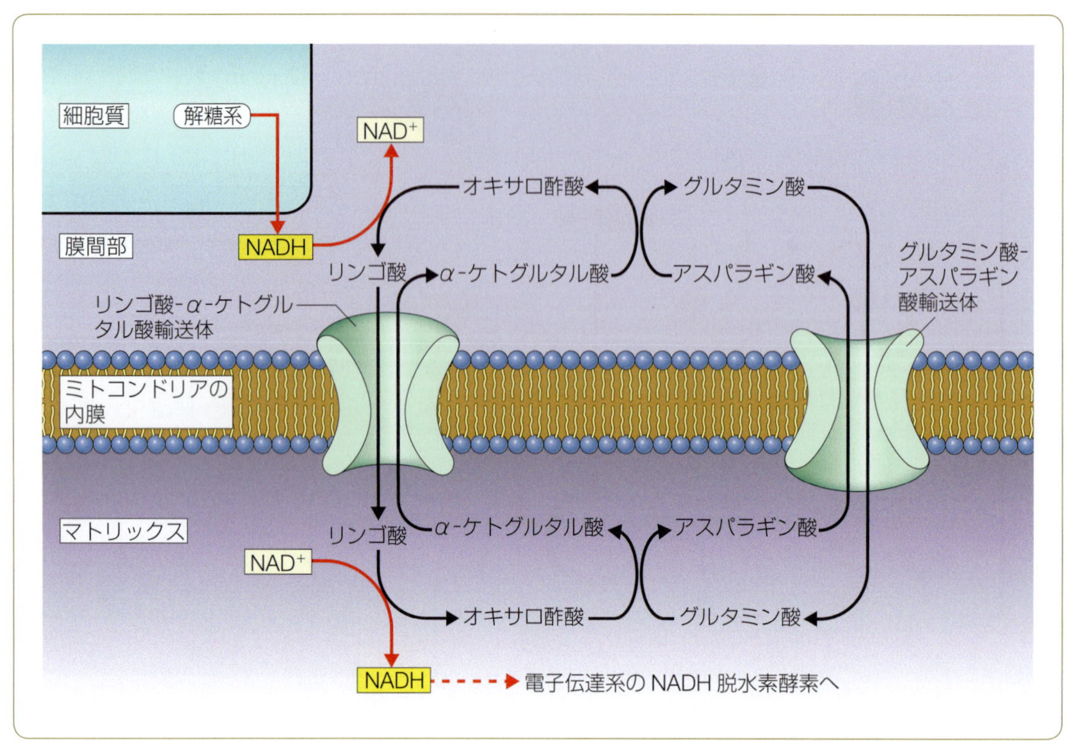

▶図 2-16　リンゴ酸-アスパラギン酸シャトル

合成が行われなくなる。電子伝達系と酸化的リン酸化の連携がそこなわれることを**脱共役**といい，グルコースの酸化で生じるエネルギーが ATP のかたちで保存されず，熱として放出される。この熱は体温調節で用いられる（▶166 ページ）。

ゼミナール

復習と課題

❶ 下り坂反応と上り坂反応を，自由エネルギーという言葉を用いて説明しなさい。
❷ ATP が生体内のエネルギー通貨とよばれる理由を述べなさい。
❸ 酵素のはたらきについて述べなさい。
❹ 生体内における同化と異化の関係を述べなさい。
❺ 光合成における光合成色素の役割について説明しなさい。
❻ 光合成の反応経路を概説しなさい。
❼ 酸化，還元の意味を述べなさい。
❽ 解糖の際の化学反応について述べなさい。
❾ クエン酸回路での保存される還元力について説明しなさい。

生物学

細胞の増殖とからだのなりたち

単細胞生物は，細胞分裂によって同じ個体を増やしつづける。高等な多細胞生物では，細胞分裂と分化により細胞の数と種類を増やし，受精卵から個体を形成する。ヒトのからだは約200種類の組織，37兆個もの細胞からできているが，これも1細胞である受精卵が分裂に分裂を重ねた結果である。

細胞は細胞の分裂によって生じるのであって，それ以外の方法で増えることはない。「細胞は細胞より生ず」は，1858年のドイツの細胞病理学者ウィルヒョウ R. Virchow(1821～1902)の言葉である。

本章では，細胞分裂のしくみと，細胞の分化を学ぶ。

A 細胞分裂

多細胞生物の細胞分裂には，からだを構成している**体細胞**が分裂するときにおこる**体細胞分裂**と，卵や精子，胞子，花粉などの**生殖細胞**がつくられるときにおこる**減数分裂**がある。

どちらの細胞分裂でも，母細胞の核にある染色体を正確に娘(むすめ)細胞に伝えるために，複雑なしくみがはたらく。分裂の際には，細胞中に細い糸でできた紡錘体などの分裂装置があらわれる。この分裂法を**有糸分裂**とよび，まず核が分裂する核分裂と，それに続く細胞質が分裂する細胞質分裂の2相からなる。

病的に変性した細胞では，紡錘体などもできず，核質も細胞質も簡単にちぎられて2個の娘細胞になる場合もある。これを無糸分裂という。

① 真核生物の染色体とDNA

クロマチン▶ 細胞分裂期でないとき(間期)の真核細胞では，核内の染色体のDNA(▶88ページ)は糸状となっている。DNAはタンパク質と結合しており，この複合体を**クロマチン**とよぶ(▶図3-1)。細胞分裂の際には，糸状のクロマチンは非常に密に折りたたまれて凝集した構造となる。凝集した染色体にはそれぞれ，染色体の複製と分配に必要な3つの機能領域がある。

[1] DNAの複製起点　細胞分裂に先だちDNAの複製を開始する領域であり，染色体DNA上に複数散在している。

[2] 動原体(キネトコア)　特殊なタンパク質との複合体であり，染色体のくびれた部分(セントロメア)の側面にあり，染色体の分離のための紡錘糸が結合する領域である。

[3] テロメア　染色体の末端領域を占め，DNA末端を維持するための繰り返し塩基配列のある領域である(▶74ページ)。

ヌクレオソーム▶ 真核生物のDNAと結合している主要なタンパク質は，**ヒストン**という塩基

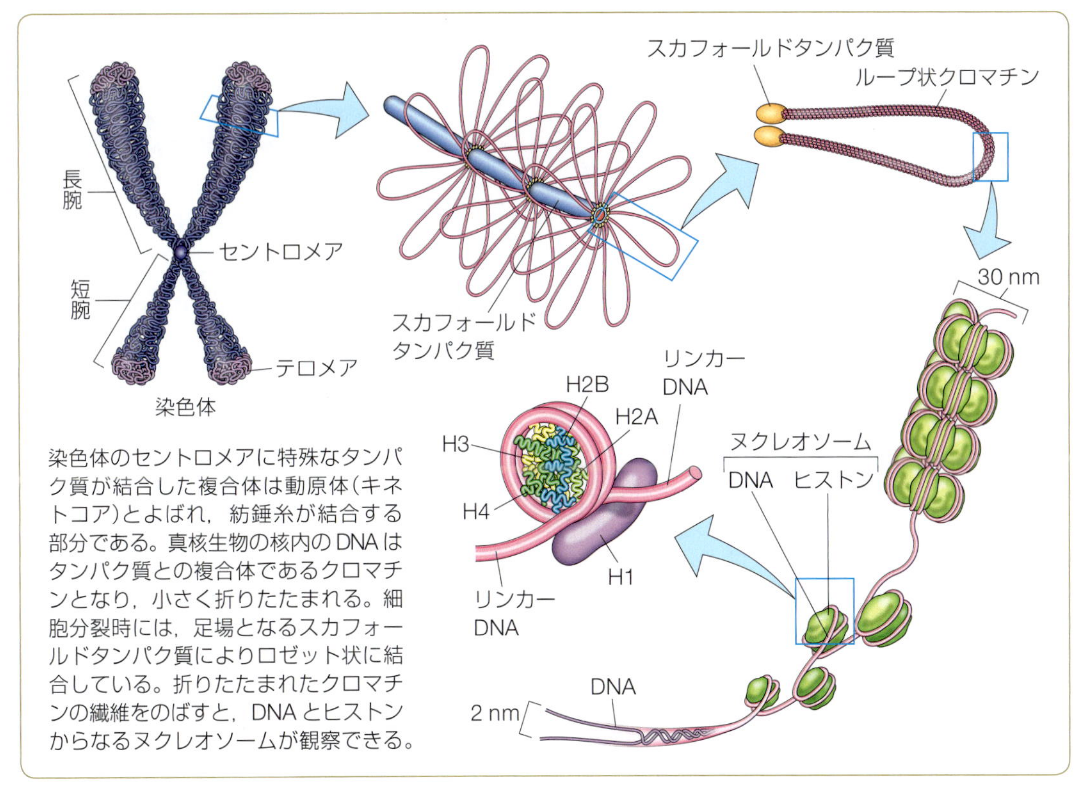

▶図 3-1 真核生物の染色体の構造

ヒストン

ヌクレオソームのビーズの部分はH2A・H2B・H3・H4という4種類のヒストンが2分子ずつならんでいる8量体で，コアヒストンとよばれる。コアヒストンには，約160塩基対のDNAが周囲をらせん状に2周している。

性のタンパク質であり，ヒストンとDNAはほぼ1：1の量比で結合している。真核生物の間期の核を電子顕微鏡で観察すると，大部分のクロマチンは約30 nmの太さの繊維として観察される。この繊維をさらにときほぐすと，ビーズがほぼ一定の間隔で糸につながったような構造が観察される。この構造を**ヌクレオソーム**といい，染色体を形成する際の基盤構造となっている。

分裂期の染色体には，DNA鎖の約数万塩基対ごとに，スカフォールドタンパク質(足場のタンパク質という意味)が結合して，幅が30 nmにまとまったクロマチンの繊維をつまんで引き寄せる。これにより，ループ状となったクロマチンが，タンポポの葉のように放射状に平らにならんだロゼット構造となり，約1万倍程度にまで凝縮されることになる。

② 体細胞分裂

体細胞分裂では分裂により細胞数が倍増していくが，1細胞あたりのDNA量はつねに同じである。まず核が分裂し，それに遅れて細胞質の分裂がおこる。

1 核分裂

核分裂は前期・前中期・中期・後期・終期の5期に分けられる(▶図3-2)。

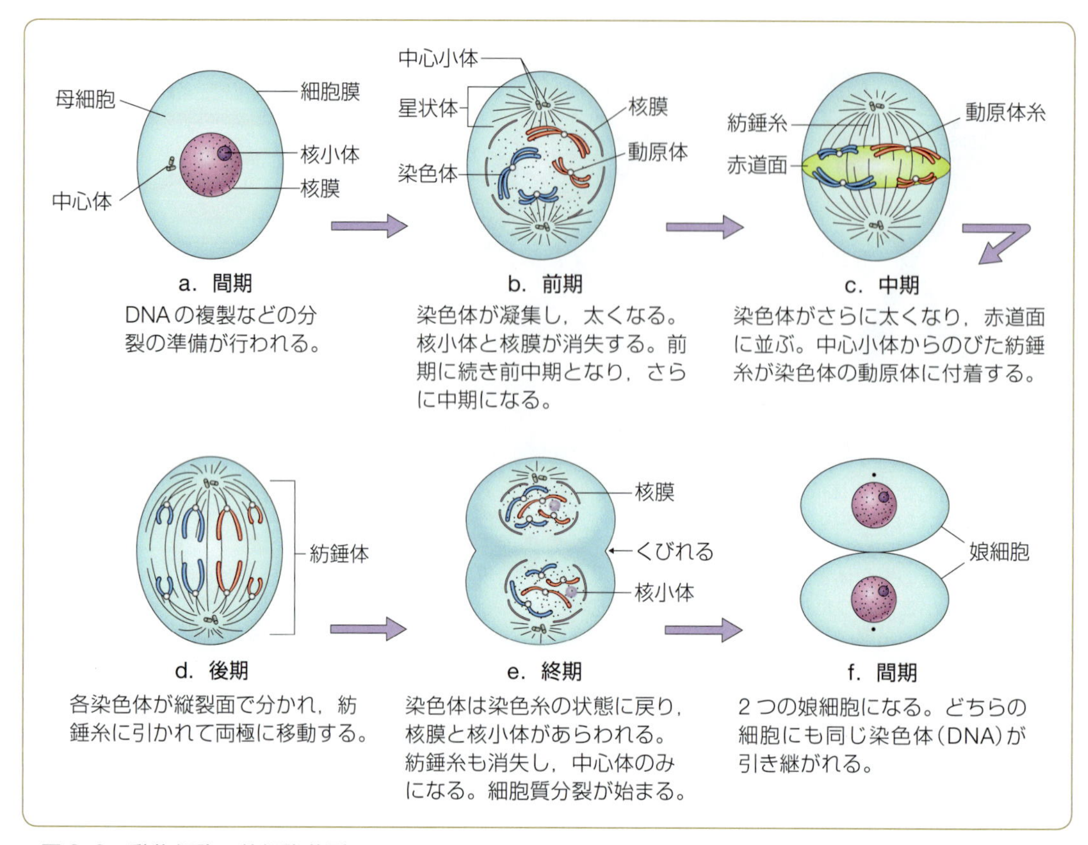

▶図 3-2　動物細胞の体細胞分裂

前期▶　動物の細胞では，まず中心体が二分して細胞の両極に移動し，核小体が消失する。

前中期▶　中心体にはふつう 2 個の**中心小体**（中心粒）があり，この中心小体を中心として，放射状に多数の繊維が配置されて**星状体**が形成されている。この繊維がのびて**紡錘糸**となる。紡錘糸の出現と同じ時期に，核内では染色体が太く短くなり，核膜は消失する。

中期▶　染色体が移動して細胞の赤道面（中央断面）に並ぶとともに，各染色体に縦裂面ができる。中心小体からのびた紡錘糸のあるものは，染色体の特定の場所（動原体）に付着する。この動原体に付着した紡錘糸を動原体糸という。また，紡錘糸のうちには両極を結ぶものもできる。紡錘体・中心小体などを合わせて分裂装置という。

後期▶　動原体糸はしだいに収縮を始め，各染色体は縦裂面で引き離されて，もとと同じ数の染色体が細胞の両極に移動する。

終期▶　両極に移動した染色体群を包んで新しく核膜が生じ，染色体は糸状に戻り，核小体も出現して静止核となる。このとき，紡錘糸も消失して中心体だけが残る。中心小体は二分して 2 粒となる。

紡錘糸は，チューブリンという球状タンパク質分子の末端の相互がジスルフィド結合(S−S結合)で連結してできた直径約25 nmの微小管であり(▶18ページ)，動原体糸はその束である。

植物の核分裂▶ 高等植物の一般の細胞には中心体がないので，紡錘体のでき方が異なっている。まず，核の両極に極帽とよばれる短い紡錘糸の集合体ができ，極帽の中心部が細胞の両極に移動するとともに，紡錘体ができる。

動物細胞でも植物細胞でも，各染色体は縦裂面で二分して娘細胞に入るので，母細胞と娘細胞の染色体数は同じである。

2 細胞質分裂

細胞分裂の終期に，核分裂に続いて細胞質の分裂がおこる。その様式は動物と植物では少し異なっている。

動物細胞▶ 動物細胞では，染色体の移動が終わるころに細胞の赤道部にくびれができる。しだいにこのくびれが深くなり，ついに細胞は切れて2つの娘細胞になる(▶図3-2-e，f)。

植物細胞▶ 植物細胞では，染色体が両極に移動したあとに細胞の赤道面に小さな胞状体が並び，これが互いに連結して2層の**細胞板**となる。この2層の細胞板が分離して，2個の娘細胞が形成される。

③ 細胞分裂の周期

1 細胞周期

各期の名称の由来

M，G，Sは，mitotic(有糸分裂)，gap(ギャップ)，synthetic(合成)period(期)に由来する略語である。

細胞分裂によってできた新細胞が，みずから分裂して2個の娘細胞になるまでの期間を，**細胞周期** cell cycle という(▶図3-3)。細胞周期は，分裂期(M期)と間期(静止期)からなっている。さらに間期は，G_1期，S期，G_2期に分けられる。G_1期は細胞が大きくなる時期，S期はゲノム(▶92ページ)が複製される時期，G_2期は細胞の成長とともに，細胞小器官の複製や染色体分配の準備を行う時期である。細胞分裂により核質も細胞質も半減するため，間期においてDNA量や細胞質量を倍増しているのである。

また，G_1期で周期が停止する細胞がある。この状態をG_0期という。筋肉や神経の細胞は，分化が完了すると永久にG_0期にとどまり，再び分裂することはない。一方，肝細胞は，傷の刺激に反応して成長因子(▶64ページ「NOTE」)が分泌されることによりG_1期に移行し，細胞周期を再開させることができる。G_0期の細胞は，薬剤や放射線に対して感受性が低いという特徴がある。

2 チェックポイント

細胞周期には，正常な状態であるかをチェックしてから次のステップに移行させる複数のポイントがあり，**チェックポイント**とよばれている(▶図3-3)。

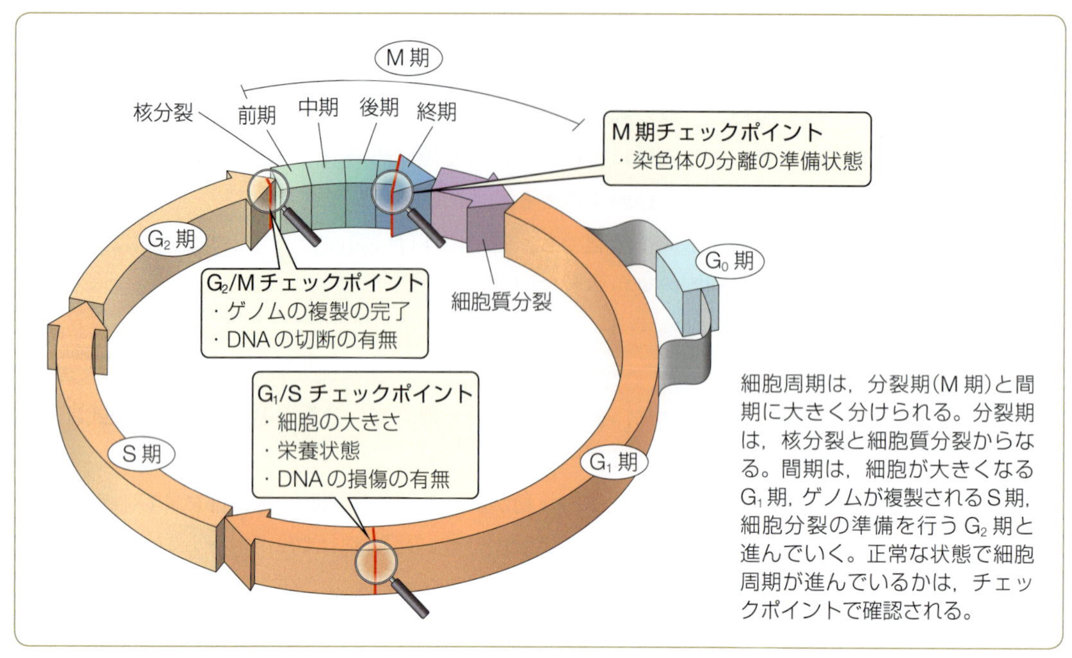

▶図3-3 細胞周期とその制御

たとえば，G_1/Sチェックポイントでは，細胞の大きさや栄養状態は十分か，外部が分裂を開始する環境になっているか，DNAが損傷していないかをチェックする。G_2/Mチェックポイントでは，ゲノム複製は完了したか，DNAの二重鎖切断がないかをチェックする。紡錘体チェックポイントでは，染色体分離の準備が整っているかをチェックする。

それぞれのチェックポイントで異常が発見されると，細胞分裂を停止させ，修復がはかられる。異常の修復が完了しないと，次の段階に進めないため，これにより細胞分裂が確実に行われ，異常な娘細胞が生じないようになっている。

3 サイクリン依存性キナーゼとサイクリン

チェックポイントを円滑に進行させる機能をもつタンパク質として，**サイクリン依存性キナーゼ**(Cdk)が同定されている[1)]。キナーゼとは，基質のタンパ

NOTE 環境変化と細胞の反応

細胞はどのように傷の刺激などの環境変化を検知しているのであろうか。それには，**成長因子** growth factorとよばれる分泌タンパク質と，鍵と鍵穴のような関係で結合できる成長因子受容体が関与している。成長因子がまわりに存在すると，細胞膜上に存在する成長因子受容体と特異的に結合して，一般的には転写因子(▶96ページ)を介して，細胞分裂の増殖や阻害に必要な遺伝子の発現を調節している。

たとえば，手指に傷が生じると血小板由来成長因子(PDGF)が放出され，さらに表皮増殖因子(EGF)などが加わり，それぞれの受容体への結合を介して，細胞分裂が促進され創傷治癒を促すと考えられている。

ク質をリン酸化する酵素で，ほかのタンパク質をリン酸化することで，活性や性質を変化させる。

たとえば，ラミンとよばれる核膜の内側に存在する繊維状のタンパク質は，ふだんは不溶であるが，サイクリン依存性キナーゼによりリン酸化を受けると可溶性となり核膜が消失してしまう。すなわち，適切なチェックポイント時期にサイクリン依存性キナーゼの活性が獲得されることで，核膜が消失して細胞周期が進むのである。

なおラミンは一例であり，サイクリン依存性キナーゼにより，細胞周期を進めるための多くのタンパク質の活性や性質が，同時に一斉に変化する。

活性化のしくみ▶ 適切な時期にサイクリン依存性キナーゼの活性が変化するのは，以下の2つのしくみによる(▶図3-4)。

1つ目は，サイクリン依存性キナーゼ自身がリン酸化されてはじめて活性が変化するということである。成長因子が受容体に結合し，シグナル伝達分子が誘導されると，そのシグナル伝達分子もキナーゼ活性をもつため，それによりサイクリン依存性キナーゼ自身がリン酸化されて活性が変化する。ただし，これだけでは十分でない。

2つ目は，サイクリン依存性キナーゼは，その名が示すように，**サイクリン cyclin** というタンパク質に結合することで，はじめてキナーゼ活性が変化することである。サイクリンには複数の種類が存在し，G_1期で発現するサイクリン，S期で発現するサイクリン，G_2期で発現するサイクリンが別々に存在する。

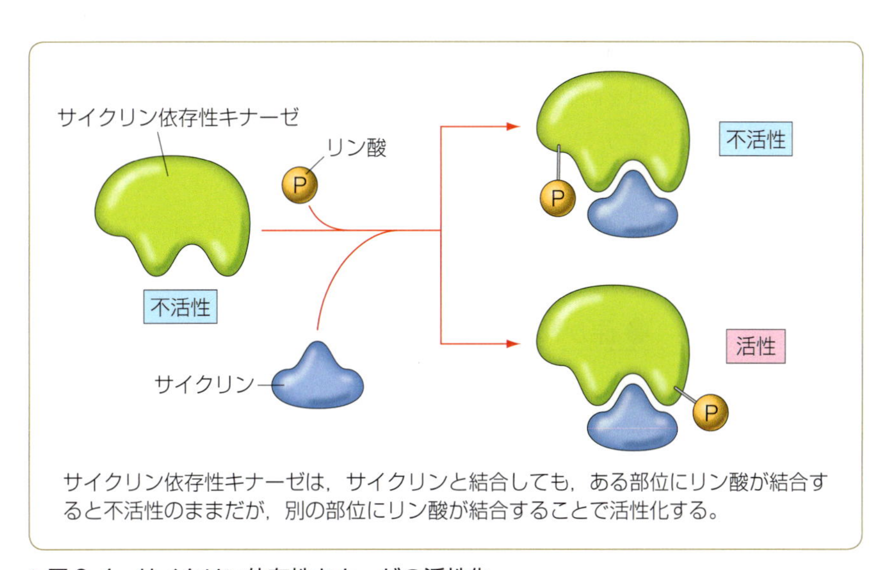

▶図3-4　サイクリン依存性キナーゼの活性化

1）単細胞生物の酵母ではサイクリン依存性キナーゼの遺伝子は1つで単純であるが，哺乳類のような多細胞生物になるとサイクリン依存性キナーゼの遺伝子も重複していて，サイクリンとの組み合せの数が増加して複雑になっている。そのため現在でも，リン酸化の対象となるタンパク質の詳細は明らかにされていない。

それらが別々の時期にサイクリン依存性キナーゼに結合することにより，G_1/Sチェックポイント，S期，G_2/Mチェックポイントのそれぞれでリン酸化されるタンパク質群をかえることができるのである。

4 多細胞生物における細胞周期

多細胞生物では，単細胞生物とは異なり，細胞周期は特別な意味合いをもつ。多細胞生物では，個体として全細胞の調整を行って調和させるために，すべての細胞はおかれた環境や運命に応じて細胞周期が厳密に制御されている。ヒトは37兆個もの細胞から構成されているが，死んでいく細胞を過不足なく補充できている。また，傷の修復も，環境を検知して一時的に細胞分裂を促進させているのであり，修復が完了するともとの状態に戻る。これらの現象は，細胞周期の厳密な制御の賜物(たまもの)である。

● 細胞周期の破綻とがん化

この細胞周期が破綻し，自律的に過剰な増殖をする細胞が生じて塊状となると，腫瘍となる。これに複数のほかの異常が蓄積すると，ほかの組織への転移などのさまざまな特徴をもつ悪性な腫瘍，つまりがんに変質する。

単純に増殖性が増大するだけでも，それだけ異常細胞が増えることになる。さらにチェックポイントが破綻した場合は，異常が検知・修復されないまま細胞周期が進むため，異常が飛躍的に蓄積することになる。

がん化は長い時間を経て，多くの異常が蓄積してはじめておこると考えられている。しかし最近の研究により，多くの種類のがんが，わずか数個の細胞周期を制御する遺伝子などの変異が引きがねとなって生じていることが明らかとなっている。

たとえば膵がんは，ほぼ全例が*KRAS*とよばれる遺伝子に変異が生じて過剰増殖がおこることがきっかけとなっている。KRASタンパク質の暴走を抑制する薬剤を開発できれば，化学療法で膵がんを治療できるだろう。

● 原がん遺伝子とがん抑制遺伝子

がん化は，細胞周期に関連する遺伝子の異常により生じる(▶図3-5)。

原がん遺伝子▶

たとえば，成長因子受容体に，つねに「オン」の状態になるような変異が生じると，成長因子がなくとも増殖しつづける。また，本来ならば，成長因子が成長因子受容体と結合してはじめて活性化するようなシグナル伝達分子や，核内に移行するような転写因子に変異がおきた場合も，同様に増殖しつづける。

このような成長因子と相互作用するタンパク質の遺伝子を**原がん遺伝子**[1)]と

1) 名称に「がん」とあるが，精密な細胞周期の制御をつかさどる遺伝子群として，進化・獲得された遺伝子であり，それらが変異して結果的にがんが生じると考えるべきである。

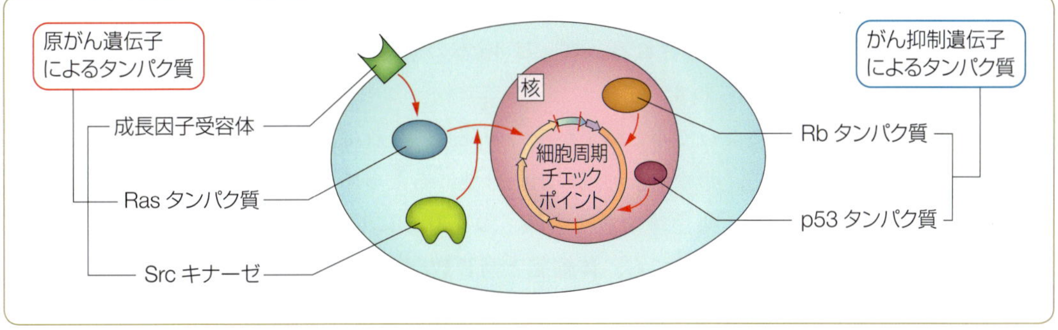

▶図 3-5　がんに関連する遺伝子がかかわるタンパク質

いう。PDGF や EGF(▶64 ページ「NOTE」)の受容体，それらの下流のシグナル伝達分子の Ras や Src キナーゼ，転写因子の Myc，Fos，Jun といった分子が，これに属する。いずれも細胞内に存在する 2 本の染色体のうち，片方に変異が生じることでがん化が促進されるという点で，優性[1)]に作用するといえる。

がん抑制遺伝子▶　他方，チェックポイントにおいて，細胞分裂の停止や異常の修復にかかわる遺伝子が機能を喪失した場合，過剰増殖することはなくとも，異常細胞を排除できなくなり，結果的にがん化が促進される。これらの遺伝子を**がん抑制遺伝子**[2)]という。

p53 タンパク質は，G_1/S チェックポイントで DNA 損傷の検知・修復や，アポトーシス(▶155 ページ)[2)]に関与することが知られており，その遺伝子はがん抑制遺伝子に属する。細胞内に存在する 2 本の染色体の両方で機能喪失が生じた場合にだけがん化が促進される点で，劣性[1)]に作用するといえる。Rb タンパク質は，S 期への移行を抑制しており，これもがん抑制にはたらく。

④ 減数分裂

1 染色体数の変化

染色体は有糸分裂によって縦裂面で二分されるので，母細胞と娘細胞の染色体の数はつねにかわらない。染色体の数は種によって異なるが，同一の種に属するものであれば個体や組織による差はない。したがって，1 個体のすべての細胞は同じ染色体数をもっていることになる。

相同染色体▶　体細胞の染色体には，同形の染色体が対になって含まれている。これは父方と母方の染色体が受精の際に一緒になったものであり，この同形の染色体を**相**

1) 優性と劣性は，次章では次世代への遺伝性で定義している(▶76 ページ)が，ここでは *Aa* の細胞で，表現型があらわれる場合を優性，あらわれない場合を劣性としている。
2) G_1/S チェックポイントで修復できない大きな DNA 異常をもつ細胞に対して，管理・調節された細胞の自殺(アポトーシス)を誘導することによって排除する。

同染色体という。相同染色体の 1 組の数は n であらわされ，体細胞の染色体数 $2n$ であらわされる。ヒトは 46 本の染色体をもち，1 組は 23 本であり，$2n=46$ とあらわす。

減数分裂▶ 受精によって卵と精子が 1 つの細胞になれば，染色体の数は 2 倍になる。したがって，卵や精子形成の細胞分裂にあたって，あらかじめ相同染色体の対を二分して，染色体の数を半減，つまり n にしておけば，受精によって染色体数が 2 倍になっても，体細胞と同じ数，つまり $2n$ になる。この染色体数を半減させる細胞分裂を**減数分裂**という(▶図 3-6)。

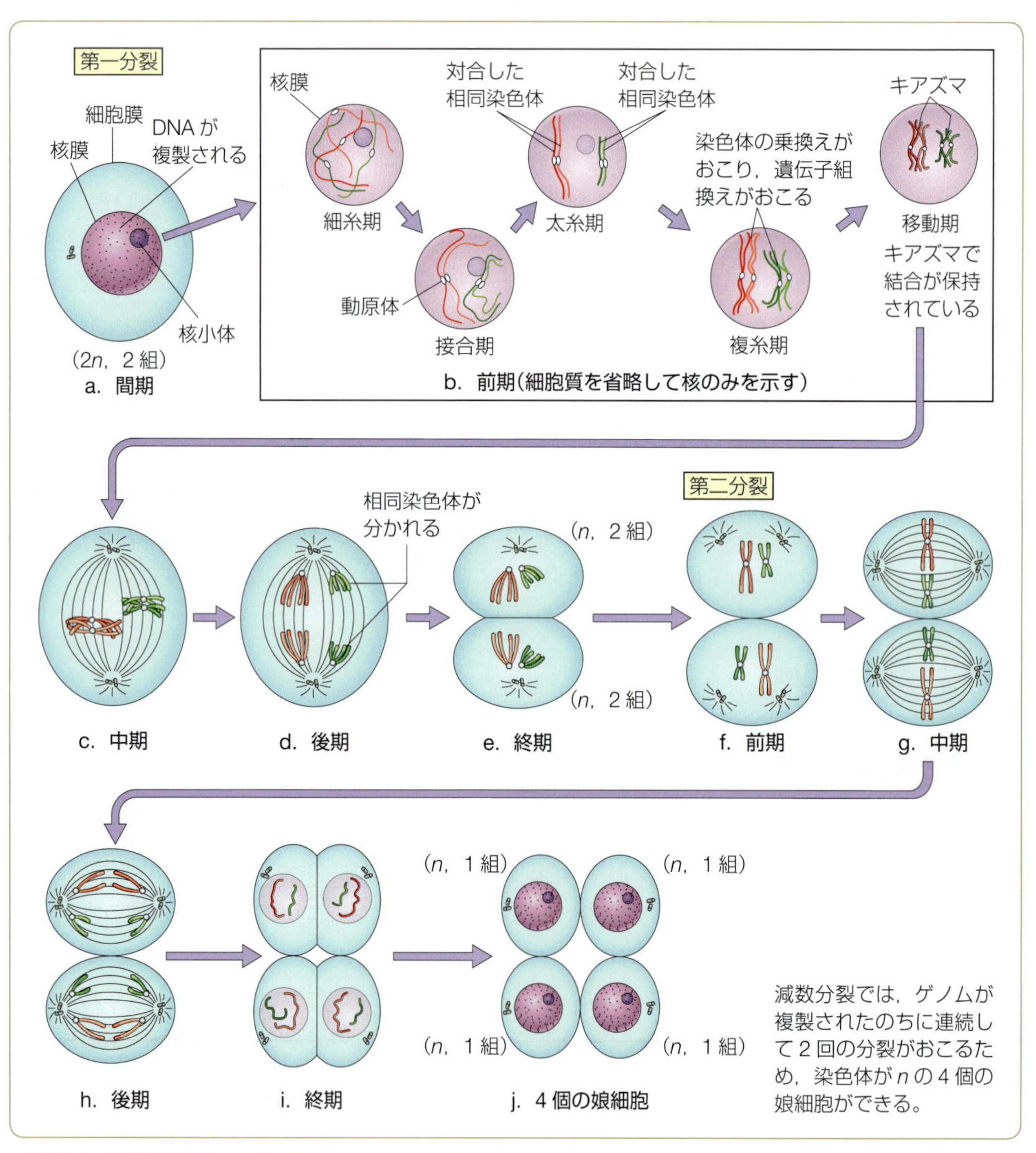

▶図 3-6 減数分裂($2n=4$)

2 減数分裂の過程

減数分裂では，1個の母細胞から2回の相つぐ細胞分裂により，4個の娘細胞ができる。1回目の分裂のときに相同染色体どうしが分かれて染色体数が半減し（前還元），2回目の分裂はふつうの有糸分裂である。この2回の分裂を合わせて減数分裂とよぶ。1回目の分裂のあと，静止期に入らないまま2回目の分裂がおこることが多い。

1回目がふつうの分裂で，2回目の分裂で染色体数が半減する減数分裂もある（後還元）。図3-6は前者の例である。

第一分裂▶ 減数分裂の第一分裂は，前期・中期・後期・終期の4期に分けられる。分裂前期には相同染色体が接着するため，その過程が複雑になっている。

[1] **細糸期**（ほそいと） 染色体は微小な繊維状となって，らせん状に巻いた状態になる。

[2] **接合期** らせん状の染色体の相同のものが2本ずつ接着する。

[3] **太糸期**（ふといと） 接着した染色体がしだいに太く短くなる。

[4] **複糸期** 接着した2つの染色体がともに同じ形の染色体となり，各染色体には縦裂を生じるので，結局，同じ形をした4個の染色分体ができる。

[5] **移動期** 4個の染色分体が移動しはじめ，核膜は消失する。

この5期の過程は，体細胞分裂の前期に相当する。

中期には，移動を始めた四分染色体が細胞の赤道面に並ぶ。

後期には，四分染色体を構成する相同染色体の二分体が分離して，動原体糸に引かれて細胞の両極に移動する。

終期には，両極に移った染色体群の周囲に核膜ができて静止核となり，細胞質も二分して染色体数の半減した娘細胞ができる。

第二分裂▶ 縦裂面で二分した染色体は分離して両娘細胞に入り，静止核となる。このとき染色体数は半減したままである。

2回の分裂を通じて，染色体数の半減した娘細胞が4個できる。

NOTE
染色体不分離 non-disjunction

減数分裂において染色体が正常に分配されない現象を**染色体不分離**という。第一分裂で不分離がおこることが多く，染色体数が1本増加した配偶子や，減少した配偶子が生じる。それらが正常な配偶子と受精すると，3染色体性や1染色体性の個体が生まれることとなり，前者を**トリソミー** trisomy，後者を**モノソミー** monosomy という。

ヒトでは，常染色体のモノソミーは，胚発生に必要な遺伝子発現量が半分になるため，胚盤胞（▶161ページ）まで発生が進まない。また，常染色体のトリソミーも，胚発生に必要な遺伝子発現量が1.5倍になるため，13番染色体，18番染色体，21番染色体の場合を除き，胚盤胞まで発生しないか，着床しても出産前に流産する。21番染色体のトリソミーの場合は，産児は先天的な奇形症候群を伴うダウン症候群となる。

性染色体の不分離は発生が進むことが多く，2本のX染色体と1本のY染色体をもつ（XXY）クラインフェルター症候群や，1本のX染色体のみをもつ（XO）ターナー症候群が知られている。

染色体数が半減する前の，染色体数 $2n$ の細胞を**倍数性**，あるいは二倍性細胞といい，半減した染色体 n の細胞を**半数性**または一倍性細胞という。

B 細胞の分化と個体のなりたち

① 単細胞生物から多細胞生物へ

1個の細胞がそのまま1個の個体である生物を**単細胞生物**という。一方，多**細胞生物**は，個体が多数の細胞で構成されている生物である。

単細胞生物▶ 生物進化のはじめの時期，地球には単細胞生物だけが生息していた。単細胞生物は現在，原核生物である古細菌と真正細菌(▶263ページ)および，やがて出現した真核生物である原生生物の3つに分けられる。

原核細胞(▶13ページ)からなる最も始原的な単細胞生物であるメタン細菌は，古細菌の一種である。メタン細菌は嫌気性細菌の一種で，水素と二酸化炭素から代謝産物としてメタンを生成する間にATPを合成する化学合成生物である。やがて太陽エネルギーを使って炭酸同化を行うラン藻類(シアノバクテリア)などの光合成生物，さらには光合成生物から放出された酸素を利用する好気性細菌があらわれた。一方，核膜をもつ真核生物があらわれ，これが好気性細菌やラン藻類を細胞内に取り込む(▶15ページ，図1-7)などにより，原生生物の進化が始まったと考えられている(▶第8章「生命の進化と多様性」)。

原生動物
原生生物のうち，動物的な生態をもつ生物の総称である。医学では原虫とよばれることが多い。

原生動物で最も高度に進化したものが，ゾウリムシなどの繊毛虫類である(▶図3-7)。繊毛虫は，ほかの原生動物と同様の細胞小器官のほかに，口や肛門をもち，また大核と小核の2種類の核をもつ。前者は個体が通常生きるための機能を営む核であり，後者は接合という有性生殖のための核である。

原生動物は1つの細胞が生きるすべての活動に必要な機能をもつ「一般職

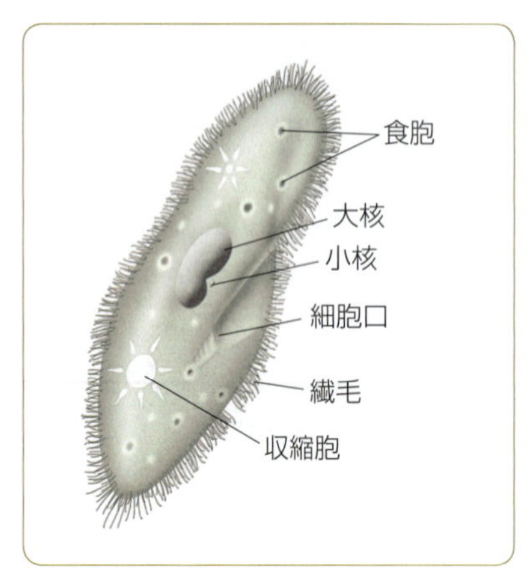

▶図3-7 単細胞生物(ゾウリムシ)

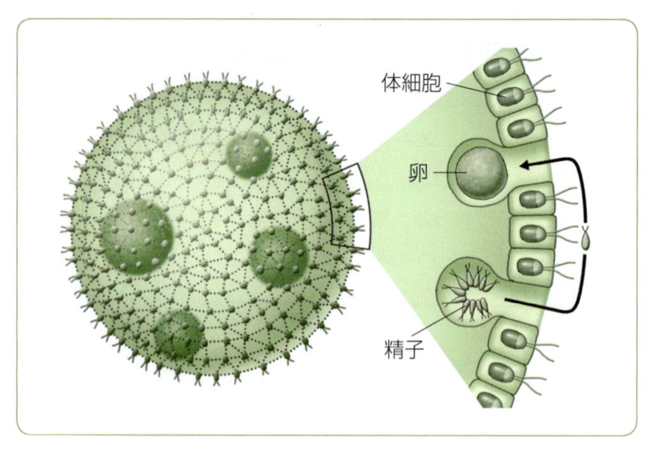

▶図3-8 細胞群体(ボルボックス)

generalist」的な細胞からなる生物で，個体としての多様性に限界がある。やがて，個々の細胞が特定の機能を「専門職 specialist」的に受けもち，細胞群全体として生きていく生物があらわれ，生物の多様化が飛躍的に進んだ。

細胞群体▶ 単細胞生物のなかには，分裂によって増えたのちに，それぞれが離れないまま集合体として生活しているものがある。これを**細胞群体**とよび，緑藻類のボルボックスがその代表的なものである(▶図3-8)。ボルボックスでは，細胞質連絡により各細胞がつながっているだけでなく，卵や精子をつくる特別な細胞もあらわれ，分業化している。

しかし，細胞が細胞群体から離れても独立生活をすることもあり，細胞群体は単細胞生物と多細胞生物の中間的な生物であると考えられる。

多細胞生物▶ 動物界(▶264ページ)では，原生動物を除くすべての動物は個体が多数の細胞からできている多細胞生物であり，原生動物に対して後生動物ともよばれる。個体を構成する多数の細胞は，多くの場合，からだの部域により細胞のはたらきが特殊化しており，組織・器官・器官系を構成している。

② 組織と器官

多細胞生物のからだは，形態的にも機能的にも多様な細胞からできているが，それらの細胞がグループになり，同じはたらきをする集団を**組織** tissue とよぶ。細胞は特定の機能のために特別に分化していて，互いに連係して協同で一定の機能を果たす。さらに，個体の特定の機能を営むために組織が集まり，体内の特定の箇所に特定の形態で局在する構造物を**器官** organ という。共通の機能を果たす一連の器官を**器官系** organ system という。

1 動物の組織

動物の組織は，機能や発生学的な経緯から上皮組織，結合組織，筋組織，神経組織の4種に区分される(▶図3-9)。

[1] 上皮組織 動物の皮膚や器官の内外の表面をおおう細胞層を上皮組織といい，上皮由来の基質からつくられた薄い膜(基底膜)上で，細胞どうしが直接緊密に接着している。また，基底膜を介して結合組織と隣接している。

発生学的には，表皮のような外胚葉性上皮，腹膜上皮，血管・リンパ管内腔上皮(内皮)のような中胚葉性上皮，腸の粘膜上皮のような内胚葉性上皮がある。

> **上皮組織**
> 上皮は機能，細胞の形，付属構造物，層構造などから多様に分けられ，皮膚の上皮(表皮)，レンズ，爪(つめ)，羽毛，毛，鱗(うろこ)などは上皮組織からなる。

[2] 結合組織 細胞間隙が広く，そこが繊維や無定形の細胞間基質で埋められており，からだの構造を支持する組織である。結合組織は支持組織と繊維性結合組織(狭義の結合組織)に分けられる。前者には，骨組織・軟骨組織が含まれる。後者は，繊維芽細胞と，これがつくり出すコラーゲン繊維および，ムコ多糖類を主体とする糖タンパク質をおもな基質として，広くほかの組織の細胞間に存在する。

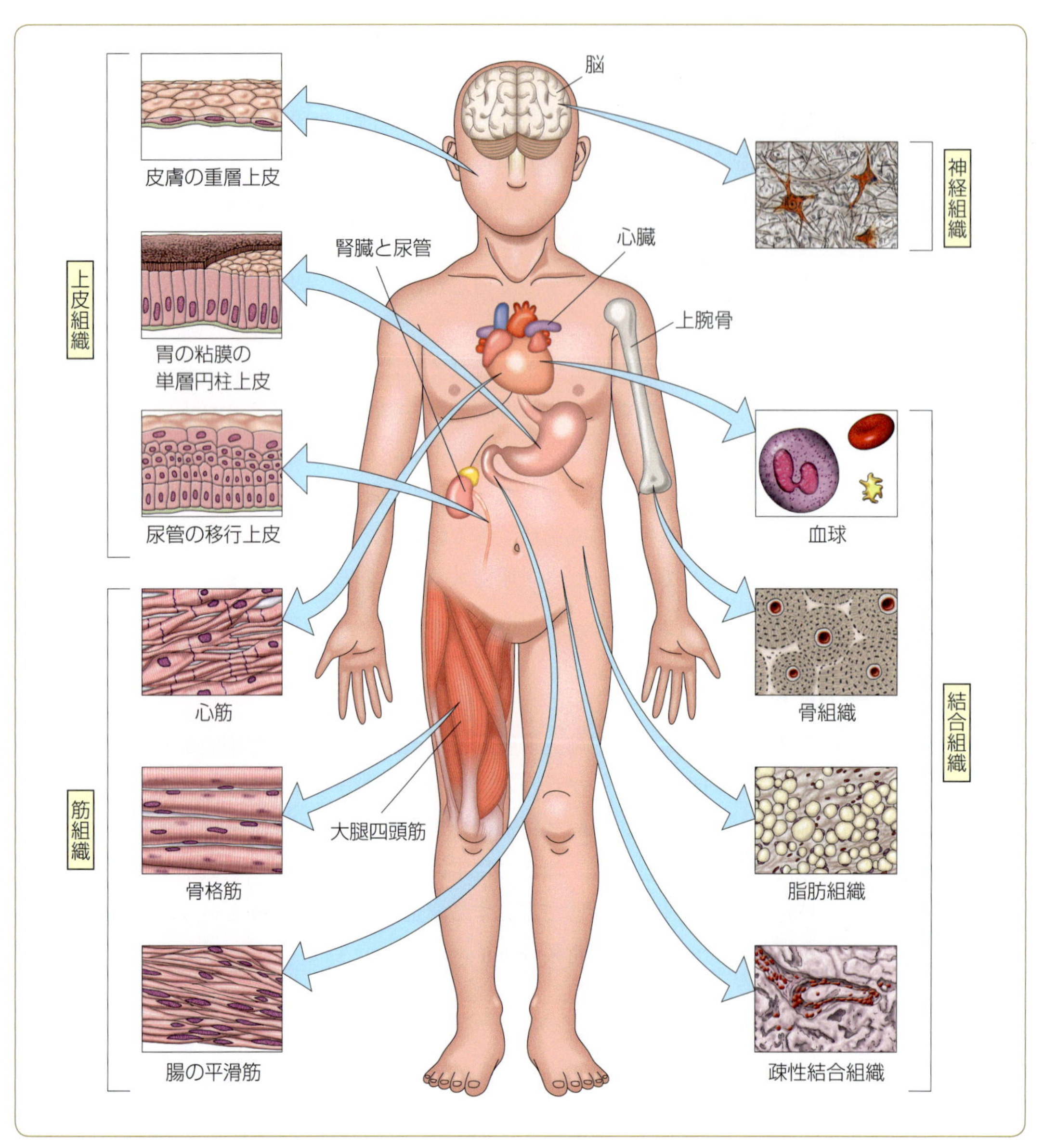

▶図3-9 脊椎動物の組織

[3] 筋組織 収縮性タンパク質のアクチンとミオシンをもつ筋細胞からなる組織で，個体や器官の運動を担う組織である(▶238ページ)。筋組織は，原生動物・中生動物・海綿動物以外のすべての動物に見られる。顕微鏡下で，筋細胞に横断する規則正しい周期的な縞(しま)模様(横紋)が見えるか見えないかによって，前者を**横紋筋**，後者を**平滑筋**とよんでいる。

骨格筋は典型的な横紋筋で，それぞれの筋細胞は多数の細胞が癒合(ゆごう)した多核細胞であり，細胞間には電気的結合はない。骨格筋は，収縮の速さによって遅筋と速筋に分けられ，遅筋はミオグロビン含有量が多く，毛細血管の分布も多いため，赤筋とよばれる。速筋は，遅筋とは逆に毛細血管の分布が少ないため，白筋ともよばれる。**心筋**もほとんどは横紋筋であるが，単核筋細胞からなり，多くの筋細胞と電気的に強く結合している。

平滑筋は小型で単核の筋細胞からなり，横紋やZ膜(▶238ページ，図7-33)は見られない。脊椎動物の心臓以外の大部分の内臓や血管の筋組織を構成し，骨格筋に比べてアクチンとミオシンの含有量が少なく，収縮は弱くて遅い。管状の器官では縦走筋と輪走筋の層からなり，筋細胞間が電気的に結合しているため，蠕動(ぜんどう)運動などの筋肉自体の複雑な運動を引きおこすことができる。

[4] 神経組織　神経系(中枢神経系と末梢神経系)を構成する組織であり，神経細胞(ニューロン)と支持組織である神経膠(こう)細胞やシュワン細胞からなる組織である(▶224ページ)。脊椎動物では，発生学的には外胚葉に由来する神経管上皮性の組織である。

2 動物の器官と器官系

多細胞生物の器管は，いくつかの組織が集まり，一定の形態と特定の機能をもっている。胃や肝臓などがそれにあたる。さらに，共通の機能をもつ器管が集まり，器官系を構成する。

多くの後生動物に共通した器官系には，① 食物を消化して栄養を吸収する消化系，② 酸素と二酸化炭素を交換する呼吸系，③ 体液を運ぶ循環系，④ 老廃物を排泄する排出系，⑤ 電気信号で細胞間のすばやい情報連絡を行う神経系，⑥ 運動や行動を実行する筋肉系，⑦ からだの内外の環境変化を受容して中枢に信号を送る感覚系，⑧ からだの形態の枠組みを維持する骨格系，⑨ 子孫を生み出す生殖系，⑩ ゆっくりと恒常性を維持・調節する内分泌系，⑪ 個体の外表で環境との界面をまもる外皮系，がある。

各器管系については，第6章と第7章で学ぶ。

C 細胞の老化

細胞の分裂能▶

HeLa細胞
がん細胞は老化しない細胞である。子宮頸がん患者から採取された細胞からHeLa細胞(HeLaは患者の氏名の略称)が単離され，世界中の研究室で無限に分裂を繰り返しており，実験に使われている。

ヘイフリック L. Hayflick とムアヘッド P. S. Moorhead は，ヒトの胎児の各臓器から取り出した繊維芽細胞を継代培養した。これらの細胞は50回分裂を繰り返すと分裂能力を失い死滅した。また，20回分裂したところで液体窒素に入れて凍結し，3〜70週間おいて取り出して再び培養すると，残された30回分裂したのちに死滅した。

これらの結果，細胞が倍加する回数がほぼ50回で限度に達することが明らかになり，これを**ヘイフリックの法則**とよんでいる。一方，高齢者からの細胞と若年者からの細胞をまぜて培養すると，互いに相手の細胞の影響を受けずにそれぞれの寿命で死滅した。

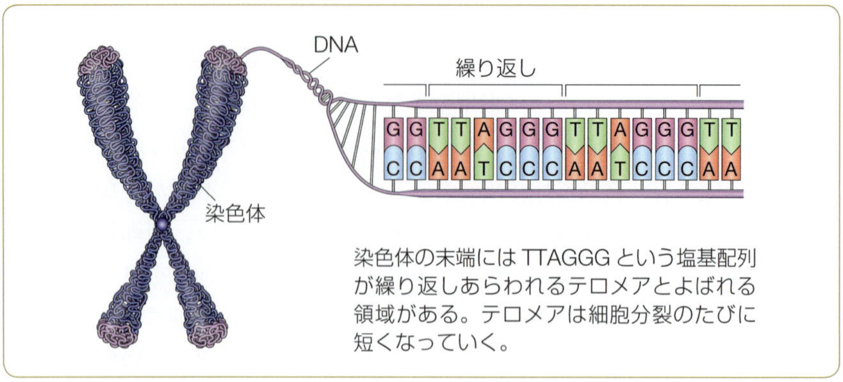

染色体の末端にはTTAGGGという塩基配列が繰り返しあらわれるテロメアとよばれる領域がある。テロメアは細胞分裂のたびに短くなっていく。

▶図3-10 テロメア

テロメアと細胞の老化▶

では，細胞はどのようにして分裂の回数をはかっているのだろうか。

染色体の末端にはTTAGGGという塩基配列(▶88ページ)が繰り返しあらわれる領域がある。この領域は**テロメア**とよばれ，細胞分裂のたびに短くなっていく(▶図3-10)。

このテロメア領域はテロメラーゼという酵素により複製されるが，ヒトでは生殖細胞系列の細胞といくつかの幹細胞を除き，一般の体細胞ではテロメラーゼの発現が停止している。そのため体細胞のテロメアは，細胞分裂を50回繰り返すとほぼなくなり，細胞分裂が停止する。

一方，がん化した細胞のテロメアは短縮しないために，無限に分裂を繰り返すと考えられている。事実，繊維芽細胞にテロメラーゼ遺伝子を導入すると，無限に分裂できることが証明されている。

ゼミナール

復習と課題

❶ 真核生物における染色体の構造と機能について，クロマチン，DNA，ヒストン，ヌクレオソーム，複製起点，動原体，テロメアの言葉を用いて説明しなさい。
❷ 体細胞分裂の経過を説明しなさい。
❸ 成長因子と細胞周期の関係について説明しなさい。
❹ 細胞周期におけるチェックポイントについて説明しなさい。
❺ チェックポイントで機能するタンパク質複合体について説明しなさい。
❻ 原がん遺伝子とがん抑制遺伝子について説明しなさい。
❼ 減数分裂と体細胞分裂の違いを説明しなさい。
❽ 不妊と奇形症候群を，それぞれ染色体不分離との関係から説明しなさい。
❾ 単細胞生物と多細胞生物の違いを，その機能の観点から説明しなさい。
❿ 組織，器官，器官系について，ヒトを例に説明しなさい。
⓫ 細胞の老化について，テロメアと関連させて説明しなさい。
⓬ がん発症の予測やがん治療のために，遺伝子検査をどのように使用することが有用か，調べなさい。

遺伝情報と
その伝達・発現のしくみ

一般に親と子は多くの点で似ているが，子は父親とも，母親とも似ている点がある。これが，両親から子へと親の特徴(形質)が伝えられる遺伝現象である。

本章では，遺伝現象に関する法則性を学び，遺伝情報の実体はなにか，遺伝情報はどのように伝達されて機能を発現しているのかについて，分子レベルまでの解説をする。さらに，遺伝子が変異する機構と，生体による変異の修復のしくみ，またゲノム編集などの新しい知見についても学習する。

A 遺伝の法則と染色体

① メンデルの法則

オーストリアの司祭であったメンデル G. J. Mendel は，エンドウを材料として，豆の形と色，さやの形と色，花の色やつき方，茎の丈(たけ)の計 7 組の特徴的な性質について，次の世代以降(後代)への性質の伝わり方を数量的に計測した。これにより，以下に述べる遺伝の仕方についての 3 つの法則を導くことに成功した(1865 年)。

遺伝の対象として着目する性質，たとえば豆の色のことを**形質**といい，豆の色の黄・緑のように，対立する特徴を**対立形質**という。これらの対立形質を親から子に伝える因子を，メンデルは要素とよんだが，のちにヨハンセン W. L. Johannsen により**遺伝子**と命名された(1909 年)。

なお，遺伝子という言葉は 2 つの概念を含んでおり，形質を規定する遺伝子を**遺伝子座**(染色体上の特定の位置にあてはめられることから日本語では座という言葉が使用される)，対立形質を規定する遺伝子を**対立遺伝子**(**アレル**)とよんで，使い分ける場合もある。

1 優性の法則

メンデルは，エンドウの自家受精を繰り返し，特定の対立形質しか出現しない純系を確立したうえで，次のような実験を実施した。

純系の交雑実験▶ 純系である親の世代(P)のエンドウの丸形の豆としわ形の豆を交雑させると，雑種第一代(F_1)はみな丸形となった。同様に，黄色の豆と緑色の豆を交雑させると，F_1 はすべて黄色となった(▶図 4-1)。メンデルは，対立形質のうち F_1 世代にあらわれるものを**優性**，あらわれないものを**劣性**とよんだ[1)]。このように，F_1 において，親の片方の対立形質(優性の対立形質，略して優性形質)のみが出現することを**優性の法則**という。

1) *Aa* のような遺伝子型をもつ個体で出現する対立形質を優性，出現しないものを劣性とよぶだけであり，優性の対立形質がすぐれ，劣性の対立形質が劣るわけではない。

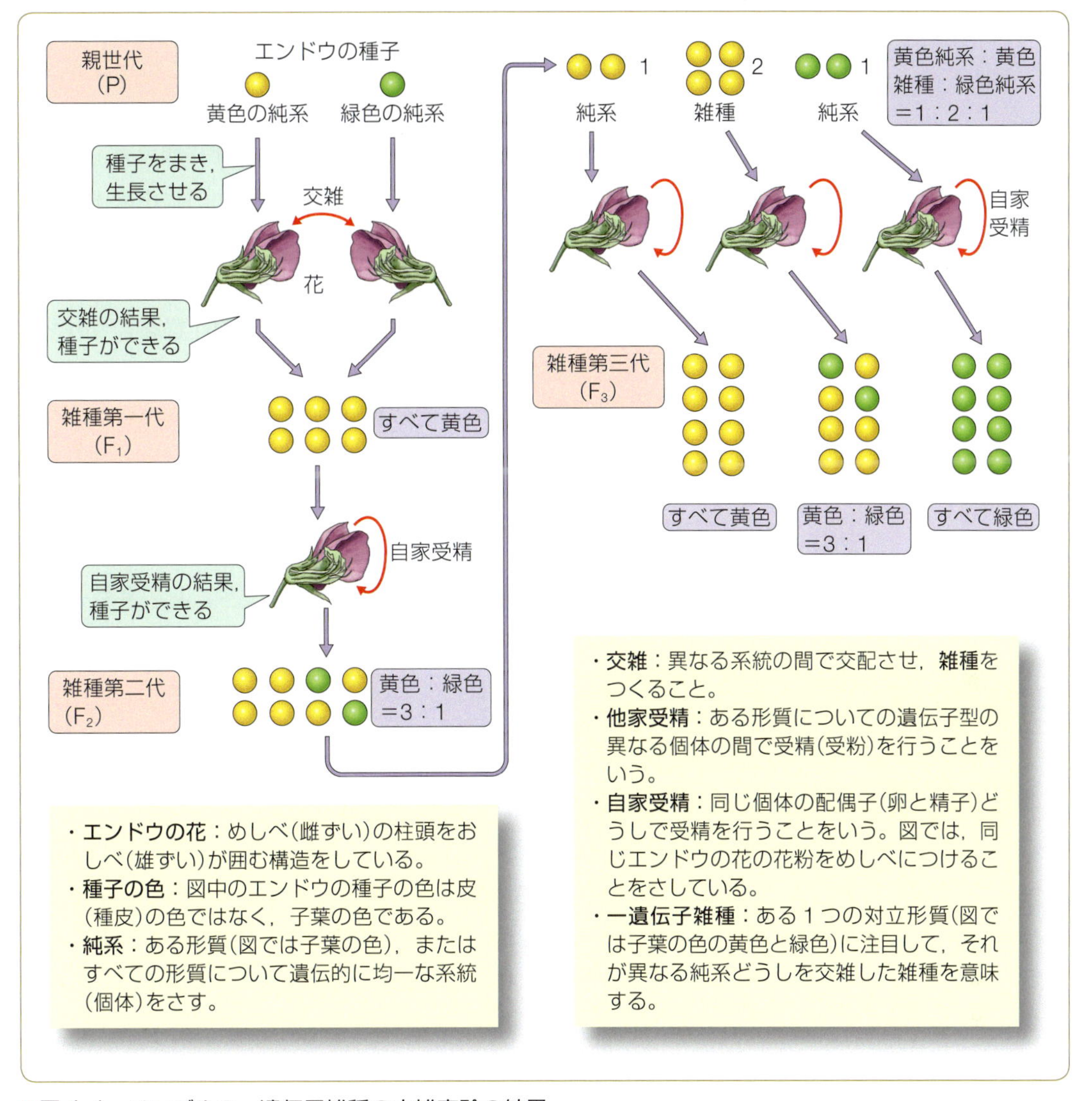

▶図 4-1　メンデルの一遺伝子雑種の交雑実験の結果

2 分離の法則

F_1 の自家受精▶ 外見上は，純系のエンドウの黄色の豆と，上述の交雑実験で得られた雑種の黄色の豆とを区別することはできない。しかしメンデルは，純系と雑種でなんらかの潜在的性質の違いがあるのではないかと考え，複数の F_1 雑種の豆を植えて自家受精させ，雑種第二代(F_2)をつくる実験を行った(▶図 4-1)。

純系の黄色の豆を自家受精させても，得られるのは黄色の豆のみである。しかし，F_1 雑種の黄色の豆を自家受精させて得られた F_2 では，黄色の豆のみならず，緑色の豆が再びあらわれた。これは，すべての F_1 の種子で同様の結果となった。

このことから，外見上は同じであっても，純系と雑種の間には，明確な潜在的性質の違いが存在することが明らかとなった。しかも数量を調べたところ，F_2では優性形質と劣性形質が約3：1に分離していた。なお，この比は**メンデル比**とよばれる。

分離の法則▶ メンデルはこの実験の結果から，次のように考えた。まず，個体の1つの形質の決定には，めしべ（雌性の配偶子）とおしべ（雄性の配偶子）に由来する1対の要素（遺伝子）がかかわっている。この対になった遺伝子，つまり対立遺伝子は，それぞれ分かれて別々の配偶子に入る。これを**分離の法則**とよぶ。

F_2の自家受精▶ では，得られたF_2の黄色の豆は，すべて雑種型の潜在的性質をもつのだろうか。それとも純系型と雑種型が混在しているのだろうか。メンデルは，このことを明らかにする目的で，複数の黄色のF_2の豆を植えて自家受精させ，雑種第三代（F_3）をつくる実験を行った（▶図4-1）。

その結果，一部のF_2の豆からは黄色の豆のみが得られ（純系型），残りのF_2の豆からは黄色の豆と緑色の豆とが約3：1の比で得られた（雑種型）。したがって，F_2では両者が混在していることが明らかとなった。しかも数量を調べたところ，純系型と雑種型は，約1：2であった。

3 独立の法則

2つの形質に着目した実験（二遺伝子遺伝）▶ メンデルはさらに，豆の形と色といった2つの異なった形質の遺伝様式を同時に調べた。丸形で黄色の豆と，しわ形で緑色の豆を交雑すると，F_1世代はすべて丸形・黄色となる（▶80ページ，図4-3）。このF_1の自家受精によって生じるF_2世代では，P世代で見られた丸形・黄色としわ形・緑色の組み合わせのみならず，新たに丸形・緑色と，しわ形・黄色の組み合わせの豆もあらわれた。形質の組み合わせのうち，P世代で見られたもの（丸形・黄色，しわ形・

NOTE

なぜ豆の形で丸形はしわ形より優性か

遺伝子は原則としてタンパク質をコードしており（▶106ページ），そのタンパク質が機能することにより表現型があらわれる。豆の形を決める遺伝子は，SBE Ⅰ（starch-branching enzyme 1）とよばれる酵素をコードしている。この酵素は，直鎖状のデンプンであるアミロースとスクロースから，分岐鎖状のデンプンであるアミロペクチンを合成する。

優性の対立遺伝子Rからは正常な活性をもつ酵素が産生されるので，RRの遺伝子型をもつ豆では，アミロペクチンの含有量が高い。一方，劣性の対立遺伝子rには転移因子（▶121ページ）が挿入されているため，r遺伝子からは活性のある酵素はつくられない。したがって，rrの遺伝子型をもつ豆ではアミロースとスクロースの含有量が高くなる（実際甘い）。スクロースが多いと，発生途上で，浸透圧により過剰な水分が豆に蓄積する。このような豆では，成熟する際に急激に水分が失われるために，しわが生じるのである。

なお，Rrの遺伝子型をもつ豆では，RRの豆に比べて酵素活性が半減している。しかし，酵素は繰り返し使用され，多くの基質を反応させることができる。すなわち，通常，酵素は少量でよい。したがって，Rrの豆では，酵素活性が半減していてもスクロースが蓄積することはなく，丸形となるのである。このように，現在では，表現型の発現を分子のレベルで説明することができる。

緑色)を両親型，F_2 世代で新たに出現した組み合わせ(丸形・緑色，しわ形・黄色)を組換え型とよぶ。

丸形としわ形があらわれる確率の比は 3/4：1/4 で，黄色と緑色があらわれる確率の比は 3/4：1/4 である。両形質の出現する事象は独立であると仮定すると，丸形・黄色：丸形・緑色：しわ形・黄色：しわ形・緑色の組み合わせの豆があらわれる確率は，単純にかけ算をして，それぞれ 9/16：3/16：3/16：1/16 となる。上記のメンデルの実験結果を計測したところ，まさしく豆の組み合わせが約 9：3：3：1 の比であらわれていた。

独立の法則▶ このように，2 つの異なった形質に着目して同時に観察した場合，F_2 世代では，両親型のみならず組換え型も出現し，さらに 2 つの異なった形質が独立に遺伝すると仮定して得られる比で，それらの形質があらわれる。このことを，**独立の法則**とよぶ。

4 メンデルの行った実験の解釈

一遺伝子遺伝の場合▶ おそらくメンデルは，先述した分離の法則における 1：2：1 という比から，$(x+y)^2=1x+2xy+1y$ との関連に気がついたのであろう。事実，1866 年に出版された論文において，$(Y+y)^2=(1YY+2Yy+1yy)$ に類する記述がある。すなわちメンデルは，黄色を支配する Y と緑色を支配する y という要素(現在の遺伝子)を仮定し，接合体(接合子，▶140 ページ)にはそれぞれの要素が YY，Yy，yy というように対で存在し，配偶子(生殖細胞)では単一で存在する(すなわち Y か y)と仮定して，自身が行った実験の解釈を行った。

表現型と遺伝子型▶ 最初の親の世代(P)の純系の黄色は YY，純系の緑色は yy であり，それぞれの配偶子は Y と y であるから，F_1 雑種の黄色は Yy となる(▶図 4-2)。ここで，YY と Yy の豆はいずれも黄色であり，外にあらわれる形質，すなわち**表現型**は

NOTE
なぜメンデルは当時の学界に受け入れられなかったのか

メンデルは 1865 年に研究成果を学会で発表したが，当時の学界はメンデルの遺伝の法則を十分に評価することができなかった。メンデルの遺伝の法則が受け入れられたのは，実にメンデルの死から 16 年後のことであるが，これには理由がある。

1865 年の発表当時には，受精という現象は知られていたものの，減数分裂は知られていなかった。19 世紀後半の化学合成技術の発達により，さまざまな染料が開発され，染色体を見ることができるようになったのは 1882 年のことである(フレミング W. Flemming による)。さらに，減数分裂が明確に指摘されたのは，1887 年のことである(ベネデン E. van Beneden による)。

受精と減数分裂における染色体の挙動が理解されるようになると，メンデルの遺伝の法則をイメージしやすくなる。はたして 19 世紀の最後の年である 1900 年に，ド=フリース H. de Vries，コレンス C. E. Correns，チェルマク E. von Tschermak の 3 人がそれぞれ独立して，メンデルと同様の結果を論文発表し，その中でメンデルの論文も引用した(メンデルの法則の再発見)。それからわずか 3 年後に，サットン W. S. Sutton により遺伝子は染色体上に存在するとする染色体説が提唱されることになる(▶84 ページ)。

同じであるが，対立遺伝子の構成，すなわち**遺伝子型**は異なることに注意してほしい。なお，*YY* や *yy* のように同じ対立遺伝子をもった個体を**ホモ接合体**，*Yy* のように異なる対立遺伝子をもった個体を**ヘテロ接合体**という。

次に，F_1 がつくる配偶子を見ると，*Y* と *y* をもつものが 1：1 でつくられることになる。これらが受精する結果，F_2 では表現型は丸形(*YY* または *Yy*)の個体が 3，しわ形(*yy*)の個体が 1 となる。表現型は優性：劣性＝3：1 の割合で分離しており，遺伝子型上では *YY*：*Yy*：*yy* が 1：2：1 に分離している。このことは，図 4-2 に示すような交配の組み合わせを整理したパネットの方形とよばれる図を利用すると理解しやすい。

二遺伝子遺伝の場合▶ 二遺伝子遺伝の場合も，確率の考えのみならず，このような図を使用すると，実験の解釈が容易に導かれる(▶図 4-3)。丸形の種子の遺伝子を *R*，しわ形の種子の遺伝子を *r* としてみてみよう。F_1 がつくる精細胞も卵細胞も，*YR*，*Yr*，*yR*，*yr* が 1：1：1：1，すなわち *YR* と *yr* の両親型と *Yr* と *yR* の組換え型が同

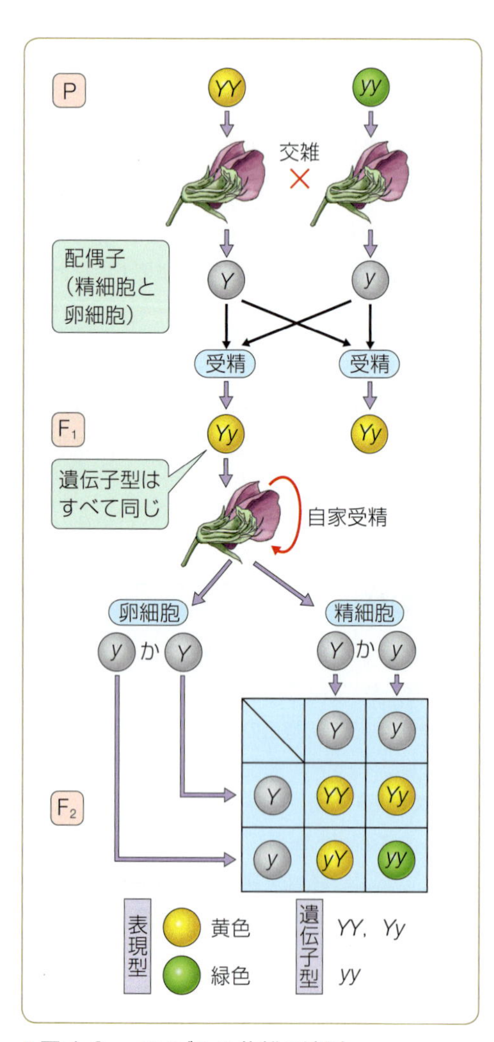

▶図 4-2　メンデルの分離の法則

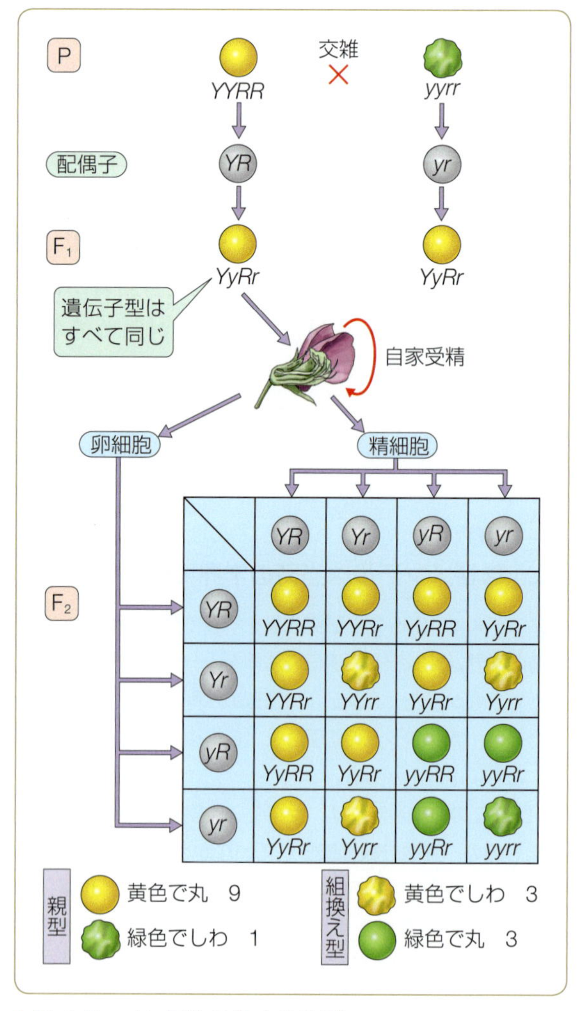

▶図 4-3　メンデルの独立の法則

数となれば，合計16枡（ます）のうち，黄色で丸いものが9枡，黄色でしわのものが3枡，緑色で丸いものが3枡，緑色でしわが1枡であることがわかる。

しかし，減数分裂により両親型と組換え型の配偶子がこのように同数生じなければ独立の法則は成立しない。この例外が後述する連鎖(▶85ページ)である。

5 メンデルの法則の拡張

ここまで，メンデルの実験から導かれる3つの法則(優性の法則，分離の法則，独立の法則)を述べてきたが，生物の遺伝現象ではこれらの法則がすなおにあてはまらない例も多くある。

不完全優性・共優性▶ オシロイバナの花の白と赤の株を交雑すると，F_1はすべて桃色の花となる。この状態を**不完全優性**とよぶ。この例では，F_2は赤，桃，白が1：2：1に分離することになる。また，レンズ豆(ヒラマメ)には種皮がドット状のものとスポット状のものとがあるが，これを交雑するとF_1の種皮では両者が混在する。このような状態を**共優性**という。これらは優性の法則がすなおにあてはまらない例である。

相補▶ 二遺伝子遺伝についても，9：3：3：1の比率があてはまらない例がある。たとえば，スイートピーでは，白い花をもつものどうしを交雑したにもかかわらず，F_1はすべて紫色となり，F_2では紫色と白色が9：7に分離する(▶図4-4)。この現象は，優性の法則および独立の法則から逸脱しているようにみえるが，そうではない。

紫色の色素の産生には，*A*遺伝子座がかかわる段階と*B*遺伝子座がかかわる段階の2つの段階が関与しているとしよう。さらに，*A*遺伝子座では対立遺伝子*A*は正常だが*a*は機能を消失，*B*遺伝子座では対立遺伝子*B*は正常だが*b*は機能を消失しているとする。AとBのどちらの段階も進行するのは，*AA*もしくは*Aa*，かつ，*BB*もしくは*Bb*のときであり，**図4-4**の9つの枡が紫色となる。残りの*aa*もしくは*bb*の7枡のときは，どちらかの段階もしくはどちらの段階も進行しないので白色となる。

このように，同様の機能消失や減少を伴う形質をもつ系統どうしを交配させたとき，F_1で正常の表現型になる現象を**相補**という。相補がみられるということは，表現型の発現には2つ以上の段階が関与しており，それぞれの違った遺伝子に機能不全があるということになる。逆に，相補がみられないということは，同じ段階，すなわち同じ遺伝子に機能不全があるということを意味する。

エピスタシス▶ ラブラドールレトリバーという犬種の毛色には，黄色・黒色・茶色の3種がある。黒色と黄色を交配させると，F_1はすべて黒色となる(▶図4-5)。しかし，F_2では黒色と黄色のみならず，茶色のものもあらわれる。しかも，出現比が黒色：茶色：黄色で9：3：4になる。複雑にみえるが，これも二遺伝子遺伝の特別な場合である。

毛色の決定にかかわる*B*遺伝子座の対立遺伝子*B*は黒色で優性，*b*は茶色

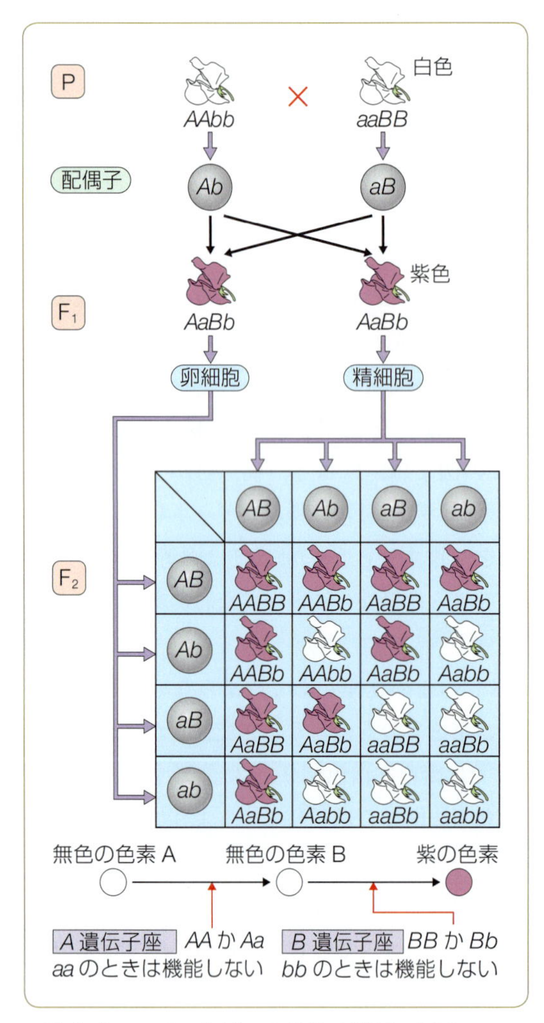

▶図 4-4　スイートピーの花色の遺伝の相補

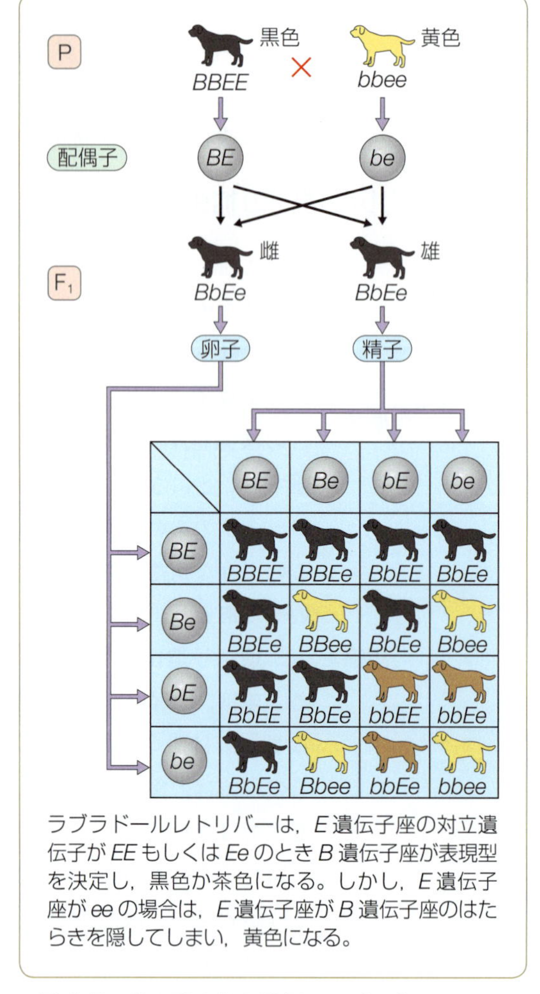

▶図 4-5　犬の毛の色の遺伝のエピスタシス

で劣性である。そして，*E* 遺伝子座の対立遺伝子の組み合わせが *EE* もしくは *Ee* のときは，*B* 遺伝子座がそのまま表現型を決定する。しかし，*E* 遺伝子座が *ee* の場合は，*E* 遺伝子座が *B* 遺伝子座のはたらきを隠してしまい，*B* 遺伝子座の対立遺伝子の組み合わせがなんであろうと黄色になる。これは，*E* 遺伝子座がはたらいたあとに，*B* 遺伝子座がはたらくために生じた現象である。

このように，ある遺伝子座が違う遺伝子座の発現を隠してしまうために観察できなくなる現象を**エピスタシス** epistasis とよぶ。エピスタシスを観察することにより，遺伝子の機能する順序が決定できることになる。

② 染色体と遺伝子

1 性の決定

体細胞(▶60ページ)の染色体は，同じ形のものが2本，つまり一対あるが，例外もある。19世紀末には，体細胞のある染色体(今日のX染色体)には，形態的に同じ相手がないことが観察されていた。サットンは，バッタの雌雄で染色体の組み合わせが違っていることを見いだした(1902年)。その3年後，ウイルソン E. B. Wilson とスティーヴンス N. M. Stevens は，ショウジョウバエの雌には2本のX染色体があるが雄には1本しかないこと，雄の細胞には雌には見られないY染色体があることを示した(▶図4-6-a)。

これらの染色体は性の決定にかかわっており，**性染色体**とよばれる。これ以外の雌雄に共通する染色体は，**常染色体**とよばれる。動物の性染色体による性の決定には，雄がヘテロの場合と，雌がヘテロの場合がある(▶図4-6-b)。また，一部の植物にも性別がある。

ホモとヘテロ

遺伝子型が *AA* や *aa* のように同一の組み合わせをもつものをホモ，*Aa* のように異なるものをヘテロとよぶ。性染色体については，XXやZZのときはホモ，XYやXO，ZWのときはヘテロとよぶ。

[1] 雄がヘテロの性決定　ヒト・ネズミ・ショウジョウバエなどは，体細胞の性染色体の構成が雌はXX，雄がヘテロのXY型である。これらの生物では，卵はXのみを，精子はXまたはYのどちらかをもち，卵がXをもつ精子と受精すれば雌となり，Yをもつ精子と受精すれば雄となる。同じ雄がヘテロの生物でも，バッタやトンボなどでは雌はXXで，雄はYがなく1本のXをもつXO型である。

[2] 雌がヘテロの性決定　一方，雌がヘテロとなるものある。カイコガやチョウは雌がZWで，雄がZZの性染色体をもつZW型である。ミノガなどは，雌が1本のZをもち，雄がZZであるZO型である。

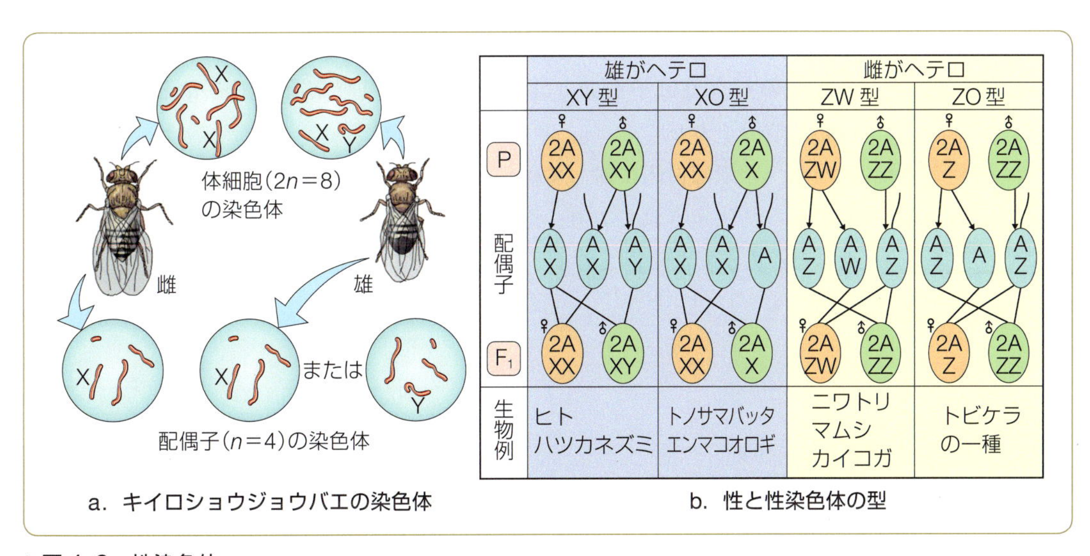

a. キイロショウジョウバエの染色体　b. 性と性染色体の型

▶図4-6　性染色体

[3] 植物の性決定 植物の大部分は雌雄同株で個体としての性別はないが，イチョウ・ヤナギ・ホウレンソウ・アサなどは雌雄異株であり，XY 型・XO 型・ZW 型のいずれかをとる。

2 染色体説

性という遺伝形質が性染色体によって規定されていることは，メンデルが仮想した要素(▶76 ページ)が実在し，染色体上に遺伝子が存在することを予想させる。メンデルは，遺伝子は接合体では対をなし，配偶子では 1 個となると考えたが，ウイルソンの研究室のサットンは，顕微鏡観察の結果，染色体も接合子内では相同染色体をなして存在し，配偶子ができるときには減数分裂で両者は分離して 1 個となることを発見した。すなわち，染色体の行動がメンデルの想定した遺伝子の行動と一致する点が多いことを発見し，遺伝子は染色体に存在するとする**染色体説**を提唱した(1903 年)。

2 本の相同染色体にそれぞれの対立遺伝子が乗っていると考えれば，分離の法則が理解できる。また，独立の法則についても，2 つの対立形質を規定する遺伝子座がそれぞれ別の染色体上にあって，その違った染色体は減数分裂のときランダムに分離して配偶子内に入るとすることで，明確に説明できる。

3 伴性遺伝

Y 染色体は X 染色体より小さく，X 染色体にある多くの遺伝子座が Y 染色体にはない。したがって，雄では Y 染色体に対をなす対立遺伝子がないので，劣性の対立遺伝子しかもっていなかったとしても，そのままその表現型が発現する。このように，XY 個体や ZW 個体において，X や Z 染色体上に 1 つの対立遺伝子しかもたない状態を**ヘミ接合**という。

キイロショウジョウバエの複眼は，野生型[1]では赤眼である。モーガン T. H. Morgan は，変異(▶118 ページ)で白眼となる個体を見いだし(1910 年)，野生型の赤眼の対立遺伝子を w^+，白眼の変異型の対立遺伝子を w とあらわした(*white* 遺伝子の w)。

なお，赤眼は白眼に対して優性である。眼の色は X 染色体上にある遺伝子座によって決定されており，図 4-7 のように交配すると，雄と雌とで形質のあらわれ方が異なる。このような遺伝様式を**伴性遺伝**(はんせい)とよぶ[2]。

伴性遺伝の頻度

ショウジョウバエでは，性染色体が 1 対，常染色体が 3 対であるため，伴性遺伝する遺伝現象はふつうにみられる。対して，ヒトでは性染色体が 1 対，常染色体が 22 対であり，伴性遺伝病は常染色体性遺伝病より少ない。

---

1) 野生型とは，ある生物の野生集団において最も高頻度に見られる表現型をさす。
2) 医学領域などでは，X 染色体にある遺伝子が原因である遺伝病を X 連鎖遺伝病と表現するが，伴性遺伝病と同義である。

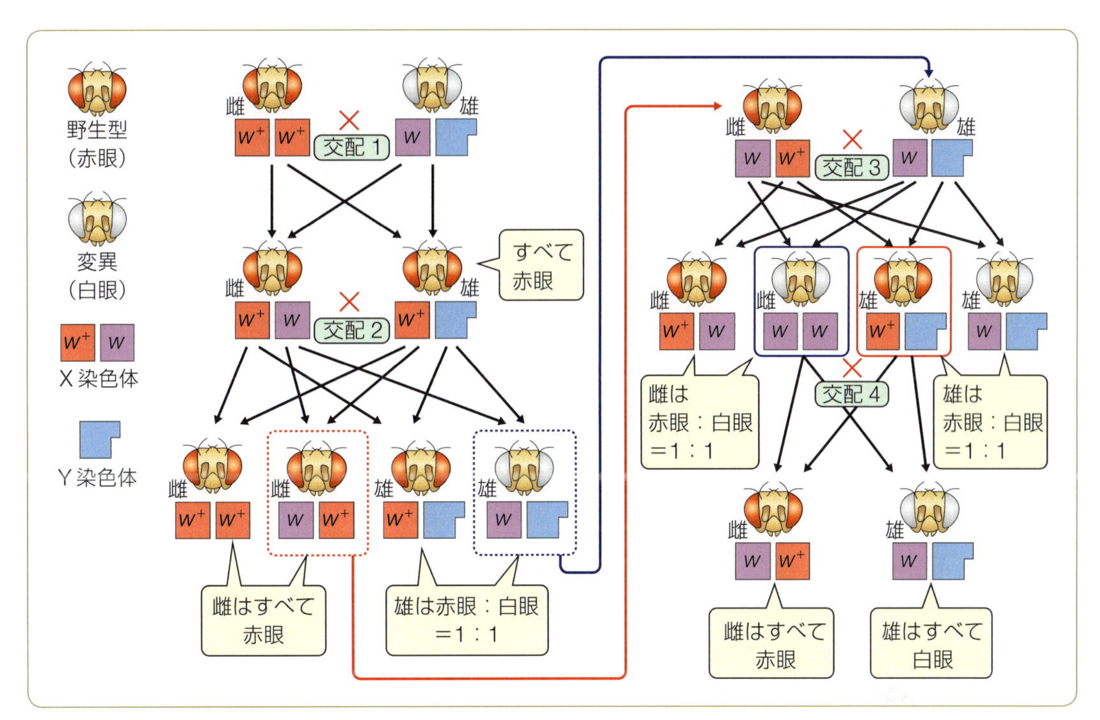

▶図 4-7　キイロショウジョウバエの伴性遺伝

③ 連鎖と乗換え

1 連鎖

キイロショウジョウバエには，前述の白眼以外にも，多くの変異体があり，その1つに翅（はね）が小さい小翅(*miniature wing*，*m*)がある。

ここで，白眼の変異体と，小翅の変異体を交配したとしよう(▶図 4-8)。F_1 世代の個体はすべて野生型(遺伝子型は wm^+/w^+m)となっており，優性の法則は成立している。

次に，F_2 世代で雄のみを選択してそれぞれの表現型の数を調べたところ，白眼：赤眼＝226＋102：202＋114，正常翅：小翅＝226＋114：202＋102 と，ほぼ1：1となっており，分離の法則については成立している。しかし，1：1：1：1の分離比からは逸脱しており，独立の法則は成立していない。

このような現象がおこるのは，*w* 遺伝子座と *m* 遺伝子座が同じ染色体にあり，減数分裂の際に両親型の配偶子(wm^+ と w^+m)と組換え型の配偶子(w^+m^+ と wm)が1：1に独立して分離しないからである。このような場合，両遺伝子座は**連鎖**しているという。ここまでX染色体という性染色体上の形質を例に連鎖を説明したが，常染色体上の形質でも，当然，連鎖は生じる。

雄のみを選択する理由
2つの遺伝子はともにX染色体上に存在し，伴性遺伝をするからである。ヘミ接合の個体では，表現型を観察することにより遺伝子型をすぐに決定できる。

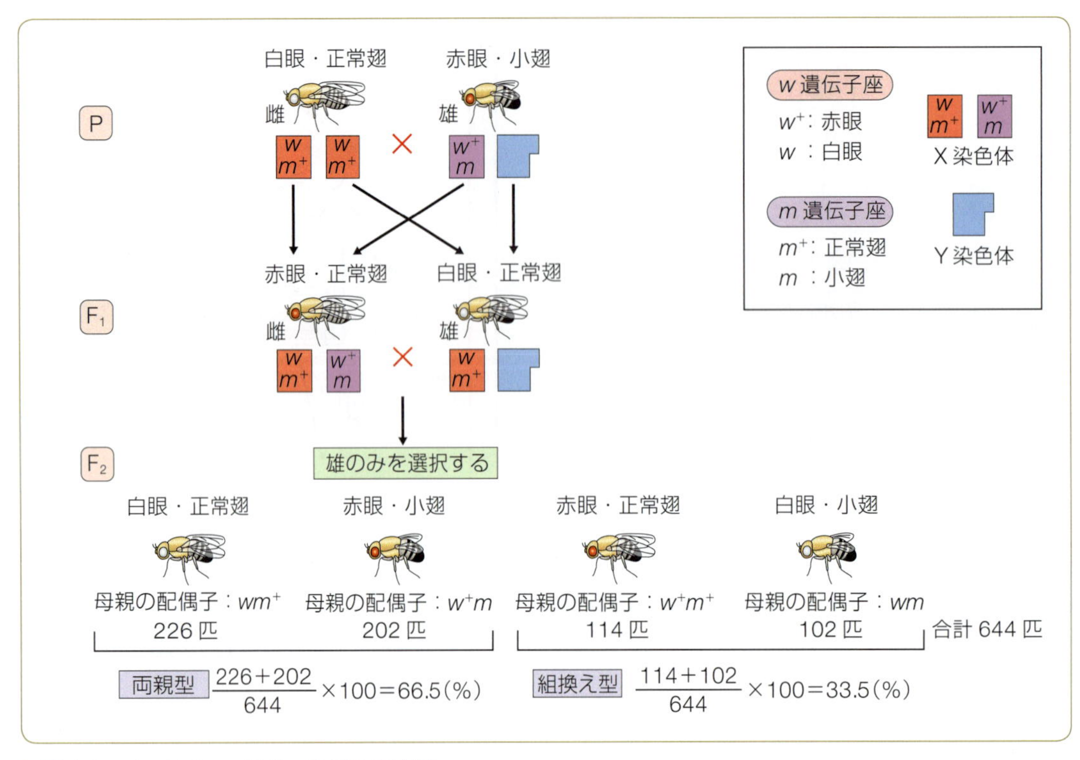

▶図 4-8　キイロショウジョウバエの連鎖

2 乗換え

独立と連鎖
交雑結果が(両親型)＝(組換え型)に合致する場合が独立した遺伝である。(両親型)＞(組換え型)の結果が得られた場合，それは連鎖を示している。

同じ染色体上に遺伝子座が存在しているにもかかわらず，なぜ組換え型の配偶子が生ずるのだろうか。それは，減数分裂において染色体が対合し，**キアズマ**ができて染色体の**乗換え**(のりかえ)(交叉，交差)が生じた(▶68 ページ，図 3-6)際に，半数の配偶子で組換え型が生じるためである(▶図 4-9)。

ここで 2 つの遺伝子座の位置について考えてみよう。2 つの遺伝子座が近いときには，2 つの遺伝子座の間でキアズマが形成され，乗換えがおこる確率は少なくなる。逆に遺伝子座が離れていれば，間でキアズマが形成される確率は大きくなる。したがって，遺伝子間の距離は，減数分裂時に生じるキアズマの数を指標として定義される。

組換え頻度▶ 全配偶子における組換え型の配偶子の割合を**組換え頻度**とよび，図 4-8 の例では，組換え頻度は 33.5％である。

組換え頻度は 0〜50％の間におさまることが期待されるものであって，0 の場合は連鎖が完全な場合である。50％の場合は，これらの形質を支配する遺伝子が別の染色体上にあるか，同じ染色体上にあっても非常に遠くにあって独立の法則がなりたつ場合である。

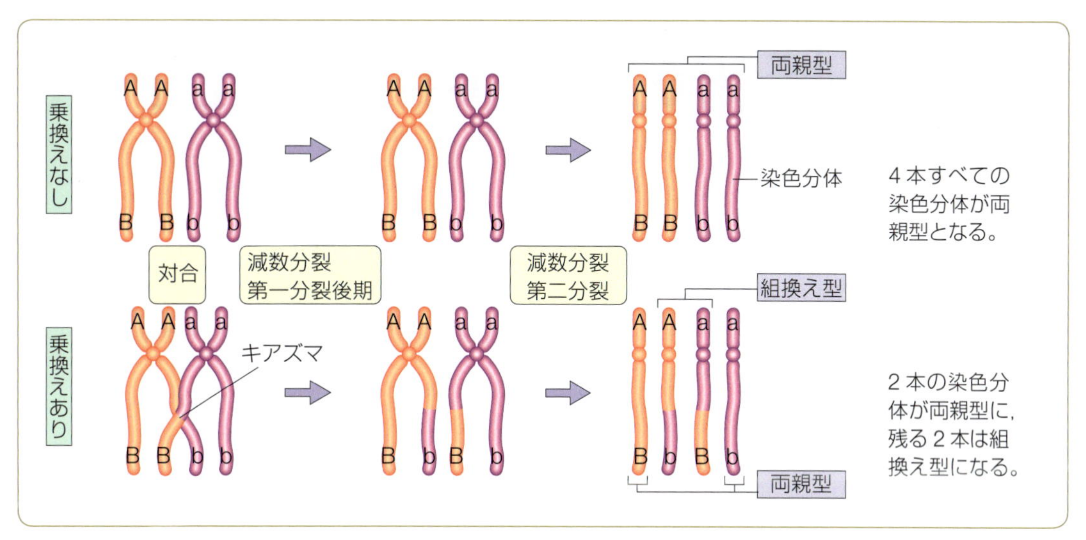

▶図 4-9　染色体の乗換えと遺伝子の組換えの関係

3 遺伝地図と連鎖群

遺伝地図▶　組換え頻度は遺伝子座間の距離を反映しているため，さまざまな遺伝子座間の組換え頻度を実験的に求めれば，染色体上におけるそれらの遺伝子座の位置を知ることができる。

たとえば，*ABC* という3個の遺伝子座を選び，これらの相互の組換え頻度を調べたとしよう。*A* と *B* の組換え頻度が30%，*B* と *C* が15%，*A* と *C* が45%であったとすると，染色体上には *ABC* の順に並んでいることがわかる。また，*A* と *B* が40%，*B* と *C* が25%，*A* と *C* が15%であれば，*ACB* の順に並んでいることになる。この操作を，多数の遺伝子座について実施すれば，遺伝子座の配置図，つまり**遺伝地図**が作成できる。

連鎖群▶　モーガンは，キイロショウジョウバエのさまざまな変異体を用いて交配実験するなかで，連鎖を示す遺伝子座が4つのグループに分けられることを見いだした。このグループは**連鎖群**とよばれ，連鎖群の数(4つ)は染色体の対の数(4つ)と一致していた。

またモーガンは，多くの変異遺伝子座について詳しい遺伝子地図を作成した。そして，ある変異体の染色体を観察すると，遺伝子地図からその変異の遺伝子座があると予想されるところに，欠失(染色体の欠落)があるものがあった。

これらの発見により，前述の染色体説は証明され，揺るぎないものとなった(1926年)。

B 遺伝情報の担い手―― DNA

① 核酸の発見

メンデルと同時期に活躍した医師，ミーシャー J. F. Miesher は，患者の膿(うみ)に含まれる白血球の核から弱酸性のリンを多く含む物質を単離し，ヌクレインと命名した(1869年)。のちに，これは**核酸**とよばれるようになった。

② 核酸の構造

核酸の発見から数年を経ずして，その構成単位の概要が明らかにされた。すなわち，五炭糖とリン酸と含窒素塩基である(▶図4-10)。糖と塩基が結合したものを**ヌクレオシド**，さらにリン酸が結合したものを**ヌクレオチド**とよぶ。

五炭糖▶　1920年ごろまでに，構造に違いのあるデオキシリボースとリボースという2種類の五炭糖があることがわかった。核酸には2種類があり，1つは糖の部分にデオキシリボースをもつ**デオキシリボ核酸** deoxyribonucleic acid(**DNA**)で，もう1つはリボースが構成糖となっている**リボ核酸** ribonucleic acid(**RNA**)である。

リン酸▶　現在では，核酸は，ヌクレオチドが5′から3′という方向性をもって**リン酸ジエステル結合**(ホスホジエステル結合)で重合したものであることがわかっている。言いかえれば，核酸は五炭糖とリン酸が交互につながった長い鎖状の分子のかたちをしている。また通常は，DNAは2本の鎖(**二本鎖**)からなり，RNAは**一本鎖**として存在することが知られている。

塩基▶　また塩基には，プリン誘導体の**アデニン**(A)と**グアニン**(G)，ピリミジン誘導体の**シトシン**(C)と**チミン**(T)，**ウラシル**(U)が存在することもわかった。アデニン(A)・グアニン(G)・シトシン(C)はDNAにもRNAにも含まれるが，第4の塩基としてDNAはチミン(T)を含むのに対し，RNAはウラシル(U)をもっている。

③ DNAは遺伝物質である

グリフィスの実験▶　グリフィス F. Griffith は，肺炎球菌 *Streptococcus pneumoniae* について，マウスで感染実験を行った(1928年)。病原性をもつ菌を熱で死滅させた菌液に含まれる成分により，病原性をもたない菌が，病原性をもつ菌に変化した(**形質転換**)ことから，この成分が病原性という遺伝情報の担い手だと考えた。

アベリーらの実験▶　では形質転換させる成分は，どのような物質なのだろう。アベリー O. T. Avery らは，病原性をもつ菌から精製したDNAに，少量でも形質転換させる

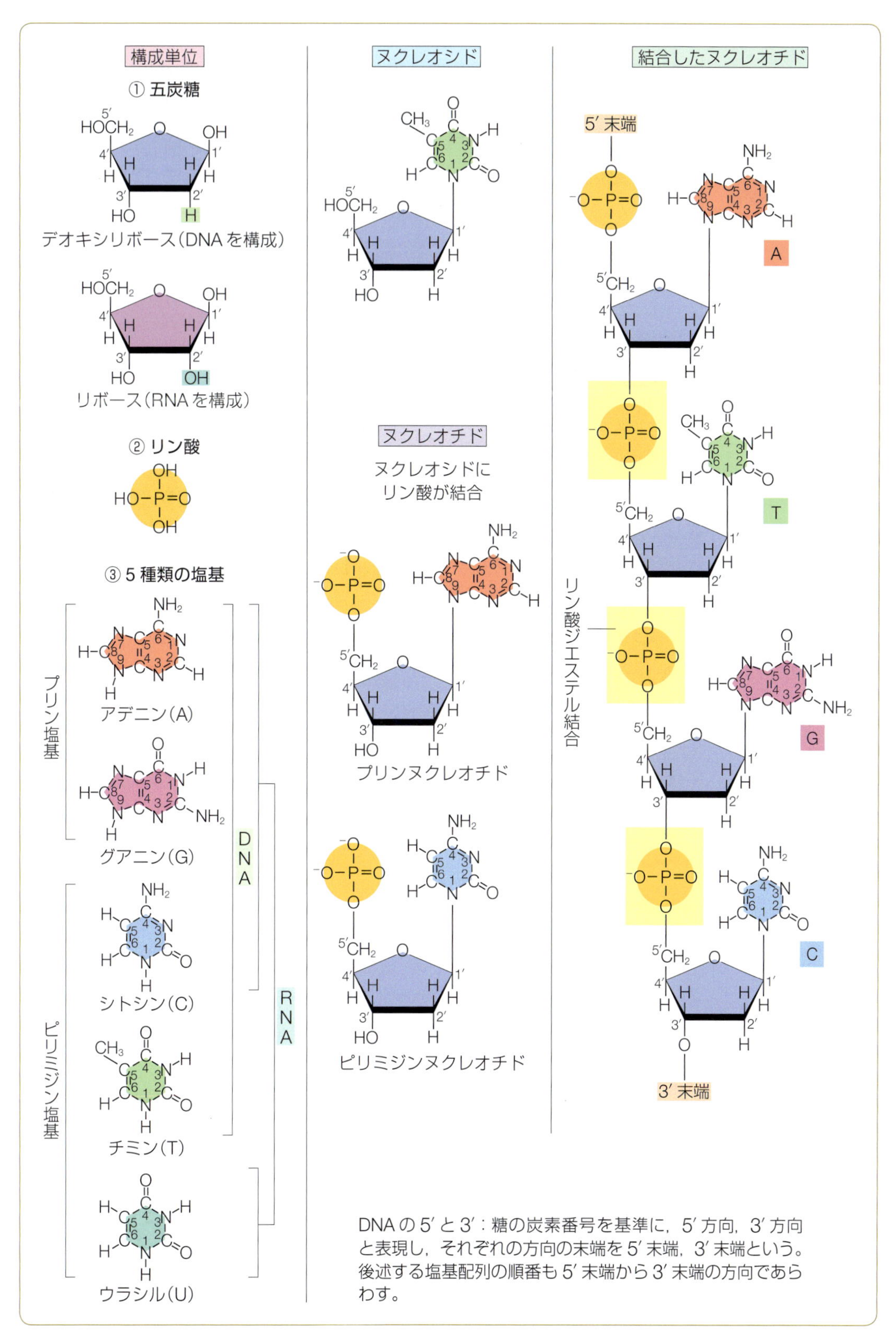
構成単位
① 五炭糖
デオキシリボース（DNA を構成）
リボース（RNA を構成）
② リン酸
③ 5 種類の塩基
プリン塩基
アデニン（A）
グアニン（G）
ピリミジン塩基
シトシン（C）
チミン（T）
ウラシル（U）
DNA
RNA
ヌクレオシド
ヌクレオチド
ヌクレオシドに
リン酸が結合
プリンヌクレオチド
ピリミジンヌクレオチド
結合したヌクレオチド
5′ 末端
3′ 末端
リン酸ジエステル結合
A
T
G
C
DNA の 5′ と 3′：糖の炭素番号を基準に，5′ 方向，3′ 方向と表現し，それぞれの方向の末端を 5′ 末端，3′ 末端という。後述する塩基配列の順番も 5′ 末端から 3′ 末端の方向であらわす。

▶図 4-10　核酸の構造

活性があることを示した。さらに，タンパク質分解酵素やRNA分解酵素を作用させても形質転換させる能力は失われなかったが，DNA分解酵素を作用させると活性が失われたことから，形質転換因子，すなわち遺伝物質はDNAであることが示された(1944年)。

ハーシェイとチェイスの実験▶ 大腸菌を宿主とするバクテリオファージ(▶35ページ)であるT2ファージは，DNAとタンパク質からできている。ハーシェイ A. D. Hershey とチェイス M. Chase は，子ファージには親ファージ由来のDNAのみが伝えられることを示し，遺伝物質がDNAであることを証明した(1952年)。

④ DNAの二重らせん構造

シャルガフの規則▶ シャルガフ E. Chargaff らは，さまざまな生物種のDNAを加水分解し，生じた各ヌクレオチドを定量したところ，塩基の相対的な量が種間で大きく違うことを発見した(1949年)。しかし，どの種のDNAにおいても，AとTの量は等しく，またCとGの量は等しかった(シャルガフの規則)。そして，考えられた以上にDNAには多様性が存在し，DNAが細胞内で合成される際には一定の規則があることが明らかとなった。

DNAの二重らせん構造▶ フランクリン R. E. Franklin は，精製したDNAに対してX線回折法を行い，DNA分子中の原子の配置を調べた(1952年)。そのデータから，ワトソン J. D. Watson とクリック F. H. C. Crick は，DNAの二重らせん構造を提唱した(1953年)。

DNAの二重らせん構造とは，2本のDNA鎖が，5′から3′の向きが互いに反対のらせんとなり，その内部に塩基が配置されているとするものである(▶図4-11)。

2本の鎖の間では，AとTとの間は2つの水素結合で，GとCとの間は3つの水素結合で弱く結合している。このような塩基の対合の関係を**相補的**とよぶ。2本のDNA鎖は直径約2 nmのらせん構造を形成し，プリン(A，G)とピリミジン(C，T)間の塩基対合の間隔(らせん階段の1段の高さ)は0.34 nmであり，10段(3.4 nm)でらせんは1まわりとなる。

C　DNAの複製

① ワトソンとクリックによるDNA複製モデル

先述したように，遺伝情報はDNAに蓄積され，物質としてのDNAが複製されて分配されることにより遺伝情報も子孫に伝達される。

では，どのようなしくみがあれば，DNAは正しく複製できるだろうか。ワ

▶図 4-11　DNA の二重らせん構造

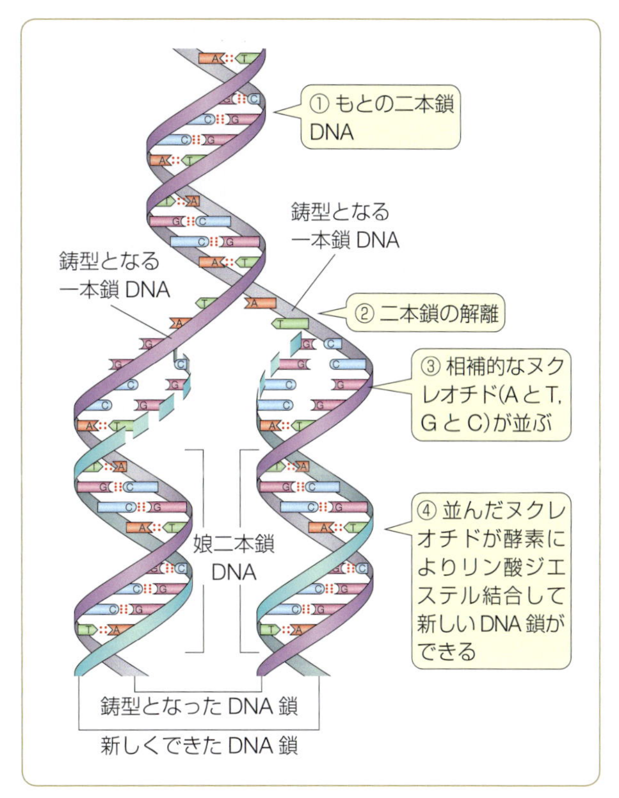

▶図 4-12　DNA の複製モデル

トソンとクリックは，塩基対が相補的であることから，次のような仮説をたてた(1953 年)。

複製に際して，2 本の鎖が解離し，それぞれが鋳型(いがた)となる(▶図 4-12)。鋳型となった鎖に相補的なヌクレオチドが並んでリン酸ジエステル結合することにより，もとと同じ DNA 鎖が 2 つでき，複製されたことになる。新たにできた二本鎖の 1 本の鎖は親分子から保存され，もう 1 本が新規に合成されることから，**半保存的複製**とよばれる。メセルソン M. S. Meselson とスタール F. W. Stahl は実験を行い，DNA の半保存的複製が実際におこっているかを確かめた(1958 年)。

② 酵素による DNA の複製

コーンバーグ A. Kornberg は，大腸菌の抽出液を用いて試験管の中で DNA を合成することにはじめて成功し，抽出液中には DNA を合成する酵素である **DNA ポリメラーゼ** DNA polymerase が存在することを示した(1956 年)。

DNA ポリメラーゼは，鋳型 DNA の塩基配列にしたがって基質となる 4 種のデオキシヌクレオシド三リン酸(dATP・dTTP・dCTP・dGTP)を 1 つずつ連結して新鎖を合成する(▶図 4-13)。この際，DNA ポリメラーゼは，鋳型

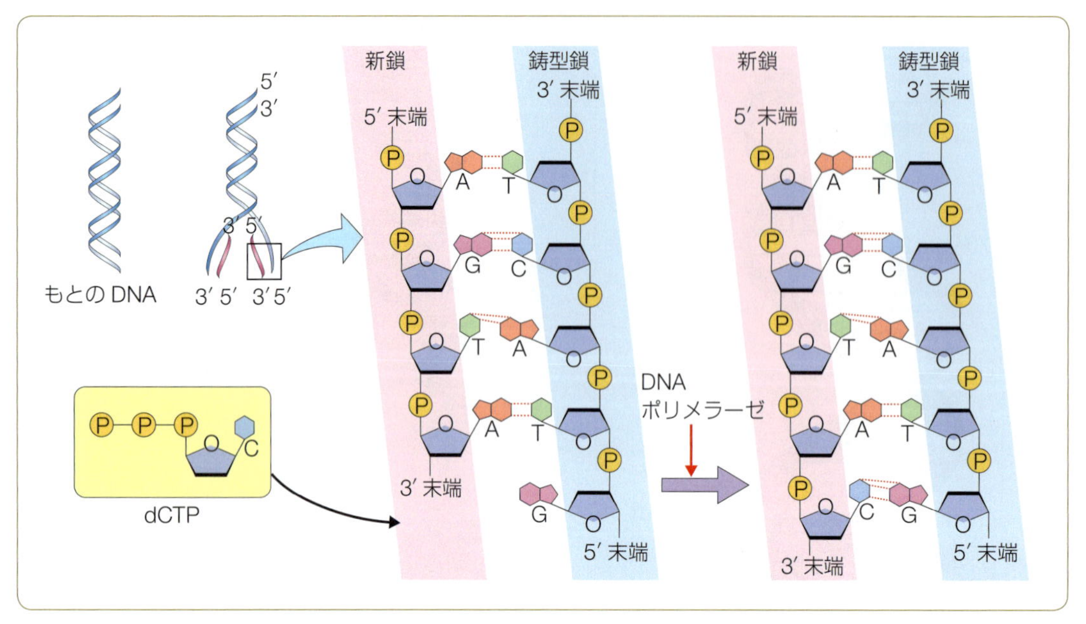

▶図 4-13 DNA ポリメラーゼによる DNA の合成

DNA鎖を3′から5′の方向に読み，新生鎖の合成はつねに5′から3′への方向に進行する。なお，合成を開始するには，鋳型DNA鎖に相補的に結合した短い核酸の鎖(**プライマー** primer)が必要であり，プライマーからDNA新鎖が合成される(▶94ページ「NOTE」)。

後年になって，実際のDNA複製に関与している酵素は，コーンバーグらの発見したDNAポリメラーゼⅠとは別のDNAポリメラーゼⅢとよばれる酵素であることが判明したが，合成に関する基本的な機構は前述のとおりである。

③ DNA 複製の分子機構

1 原核生物における DNA の複製

多くの原核生物のゲノムは環状である(▶図4-14-a)。通常，1つの複製起点でDNAの二重鎖がほどけて複製が開始し，二方向に同時に複製が進行していく。そして，複製起点の反対側(複製終了領域)でDNA鎖は解離し，複製が完了する。

ゲノム
古典的には，二倍体の生物では生殖細胞に含まれる染色体の1組をさし，原核生物などの一倍体の生物やウイルスでは全遺伝情報を含むDNA(またはRNA)をさす。最近では，その生物のもつ全遺伝情報(全塩基配列)という意味でも用いられる。

DNAの新鎖が合成されているところ(**複製フォーク**)では，一方は親鎖の5′から3′の方向へ，他方は親鎖の3′から5′方向へと合成されなければならない(▶図4-15)。しかし，DNAポリメラーゼは，新鎖を5′から3′の方向にしか合成できない。それにもかかわらず，同時に両鎖の合成が達成されているのはなぜだろうか。

岡崎フラグメント▶ 岡崎令治らは，DNA複製のごく初期には1,000〜2,000塩基の短鎖DNA(岡

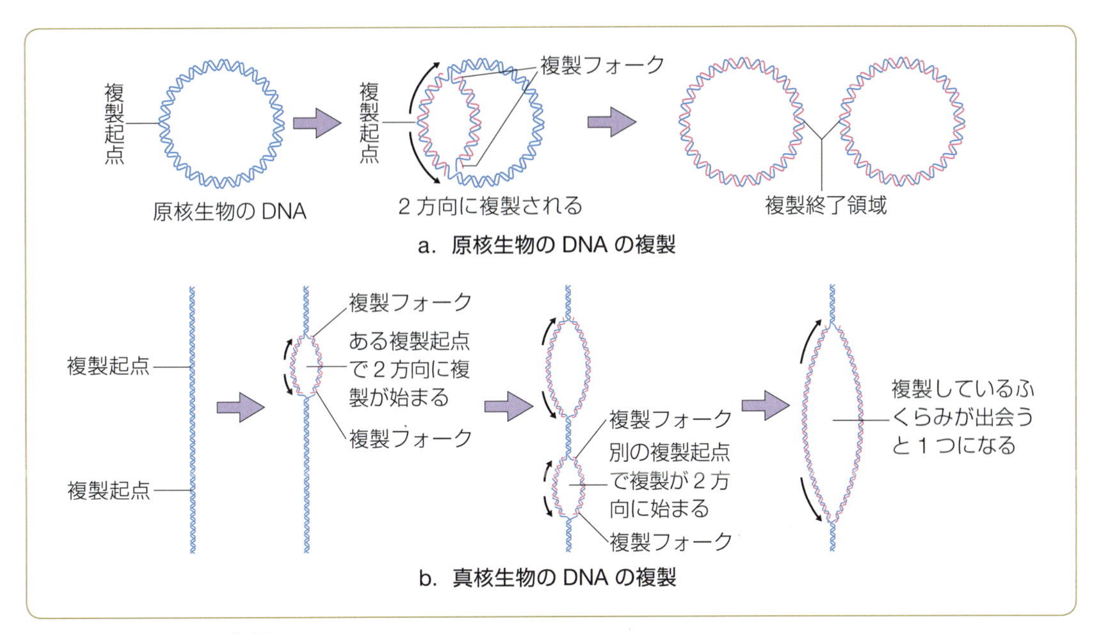

▶図 4-14　DNA の複製

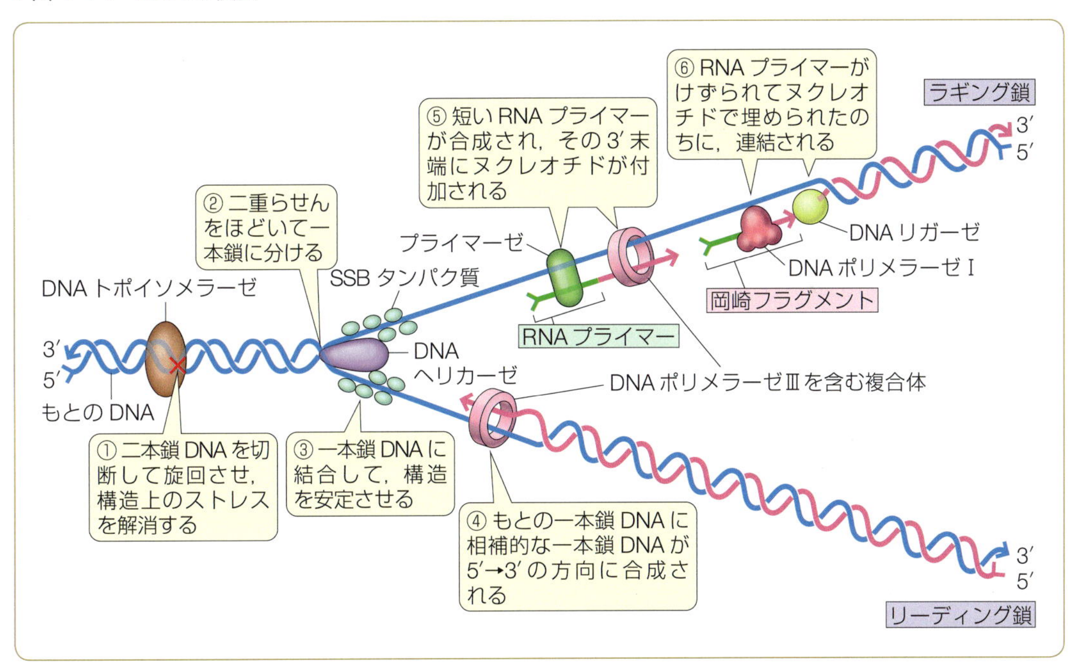

▶図 4-15　大腸菌における DNA の複製過程

崎フラグメント)がつくられ，複製の進行に伴いこれらが連結されて高分子 DNA となる「不連続合成」であることを示した(1967 年)。また，岡崎フラグメントの先端には RNA が結合していることから，RNA が DNA 複製のプライマーとなっていることを推察した。このように，連続的に合成される鎖(**リーディング鎖**)と不連続的に合成される鎖(**ラギング鎖**)があり，岡崎フラグメントはラギング鎖でつくられている。

DNAの複製過程▶ DNAの複製は，DNAポリメラーゼのほかに多数の酵素やタンパク質が関与する複雑な反応である。

大腸菌では，まず，DNA上の複製起点を開始タンパク質複合体が認識し，ここにDNAヘリカーゼという酵素が結合して二重らせんをほどく。ほどかれた一本鎖DNAに一本鎖DNA結合タンパク質 single-strand DNA binding protein (SSBタンパク質)が結合して，安定化する。

なお，DNAヘリカーゼによりほどかれた二本鎖DNAは，らせんのねじれが巻き戻されるために，構造に無理が生じている。この無理は，DNAを切断して再結合させる酵素(DNAトポイソメラーゼ)が，DNAをいったん切断して再びつなぐことにより解消される。

次に，**プライマーゼ**が，リーディング鎖のプライマーとなるRNAを合成する。このプライマーに続いて，リーディング鎖では，DNAポリメラーゼⅢにより連続的な複製が行われる。ラギング鎖では，RNAプライマーの合成に続いて，DNAポリメラーゼⅢによる岡崎フラグメントの合成が進む。RNAプライマーはDNAポリメラーゼⅠによりけずられ，ギャップを埋められたのち，**DNAリガーゼ**により連結される。

NOTE ポリメラーゼ連鎖反応(PCR)法

DNAの変性・再会合の性質と，DNAポリメラーゼによる反応の特質を組み合わせ，特定のDNA塩基配列を増幅させる方法が，ポリメラーゼ連鎖反応 polymerase chain reaction(PCR)法である。

① 増幅したい試料DNAの目的とする領域をはさむように，各鎖に相補的なプライマーDNAをそれぞれ化学合成する。

② DNAの二本鎖は加熱すると一本鎖にわかれる(変性)。この一本鎖DNAと，大量のプライマーを混合してから冷却すると，プライマーは各鎖の相補領域と対合して二本鎖DNAを形成する(アニーリング)。

③ DNAポリメラーゼと4種のデオキシヌクレオシド三リン酸(dATP・dCTP・dGTP・dTTP，4種を混合したものをdNTPという)を加えると，試料DNAの各鎖を鋳型としてプライマーよりDNAが伸長する。これで1サイクルとなる。

以後，②と③の操作を20～30サイクル繰り返すことにより，試料DNAの目的領域を10^5倍にも増幅することができる。

なお，プライマーとDNAポリメラーゼは1サイクル目に加えたままであり，温度と反応時間を自動的に制御する装置を使用して増幅を行う。また，1サイクルごとに反応温度を上げDNAを変性する必要があるため，温泉などに生息する好熱細菌より単離された耐熱性のDNAポリメラーゼを使用する。

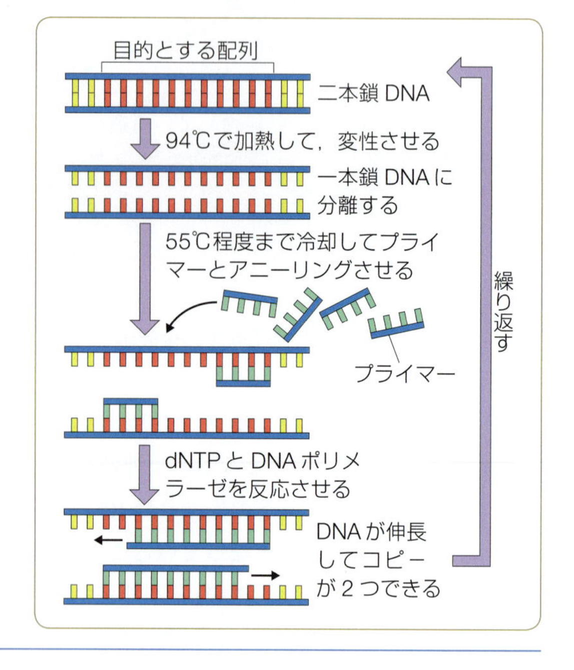

2 真核生物における DNA の複製

多くの真核生物のゲノムは複数の染色体からなり，染色体は直鎖状の DNA をもっている(▶93 ページ，図 4-14-b)。ヒト染色体のような長大な DNA では，なるべく短時間で複製が完了できるように，同時に多数の複製起点から DNA 複製が開始され，両方向に進行する。これにより，細胞周期の S 期(▶63 ページ)の間に完了できるように適応している。

真核生物における DNA 複製のしくみは，基本的には原核細胞での場合と同様である。しかし，真核生物での岡崎フラグメントは短く，100～200 塩基である。これは，染色体ではヒストン 8 量体が平均 200 塩基対ごとに結合してヌクレオソーム(▶61 ページ)を形成していることと関係があると考えられている。

複製時には，ヌクレオソームを形成するため，大量のヒストン(▶61 ページ)の供給が必要とされる。そこで，ほとんどの真核生物は，多数のヒストン遺伝子をもっている。ヒストンの合成は DNA 複製と密接に関連しており，S 期には細胞内のヒストン mRNA 量が 50 倍以上に上昇し，DNA 複製の終了とともに急激に低下する。真核生物の複製フォークの近くには，**クロマチン会合因子** chromatin assembly factor(CAF)というタンパク質が待機しており，DNA 新鎖に次々とヒストン 8 量体を付加し，ヌクレオソームが形成される。

D 遺伝情報の伝達── RNA

① 遺伝情報の伝達の流れと RNA の役割

生体内の RNA は，その機能により，① リボソームを構成する**リボソーム RNA**(ribosome RNA，**rRNA**)，② タンパク質合成の際に核酸情報からタンパク質情報に移しかえる分子(アダプター分子)として機能する**転移 RNA**(transfer RNA，**tRNA**)，③ タンパク質のアミノ酸配列を指令する**伝令 RNA**(mes-

NOTE 直鎖状 DNA 末端の複製

真核生物の染色体の末端には，塩基配列の繰り返しが縦列に長く連なっているテロメアとよばれる領域がある(▶74 ページ)。直鎖状の DNA では，複製が進み，複製フォークが DNA の末端(テロメアの末端領域)に達すると，ラギング鎖のプライマーの合成に必要な鋳型がなくなるため，完全な複製ができなくなる。この状態で DNA の複製を繰り返すと，DNA 鎖はしだいに短くなってしまう。

直鎖状 DNA のラギング鎖末端の複製は，特殊な酵素，テロメラーゼを用いることで解決している。この酵素は RNA をもっており，その RNA にリーディング鎖の合成をのばすための鋳型となる配列が含まれている。この配列を鋳型としてリーディング鎖を伸長することにより，ラギング鎖の末端まで合成に必要な鋳型が形成される。

senger RNA, mRNA)の 3 種に大別される。量比にして全 RNA の 85%以上を rRNA が占め, tRNA が約 10%, mRNA は数%以下である。これらの RNA は, すべて DNA の塩基配列の一部がコピーされたものである。

生体における遺伝情報の流れは, ふつう以下のように一方向である。

DNA → RNA →タンパク質

このことはクリックにより予言され(1958 年), セントラルドグマ(中央指令)といわれている。

② RNA の合成(転写)

DNA の情報を RNA に写しとる過程を, **転写**という。原核生物の細胞抽出液や真核生物の核抽出液には, DNA を鋳型として RNA を合成する酵素, **RNA ポリメラーゼ**が存在する。

RNA ポリメラーゼは, 鋳型 DNA 鎖を 3′から 5′方向に読み, RNA 鎖を 5′から 3′方向に伸長させる。RNA 合成にはプライマーを必要としない点が DNA 合成と異なる。また, RNA 合成の基質はデオキシリボヌクレオチドではなくリボヌクレオチドである。そして RNA 合成が終了すると, DNA は RNA 鎖から離れてしまい, 一本鎖 RNA が合成されることになる。

では, RNA が合成されるとき, 二本鎖 DNA のどちらの鎖が鋳型となるのであろうか。

1 原核生物の転写

転写開始▶ 原核生物では, DNA 上の転写開始点から約 10 塩基上流域(−10 領域)に, 5′-TATAAT-3′という塩基配列が, また約 35 塩基上流(−35 領域)には, 5′-TTGACA-3′という配列がある。これらの特定の塩基配列を含む領域を, **プロモーター**といい, ここに RNA ポリメラーゼが結合する(▶図 4-16)。また, DNA のどちらの鎖を鋳型として RNA を合成するかは, プロモーターの位置により遺伝子ごとに決められている。

プロモーターの塩基配列
プロモーターの塩基配列は, 遺伝子により多少異なるが, 基本的には本文で示したようなものである。

大腸菌などの原核生物では, 1 種類の RNA ポリメラーゼですべての種類の RNA が合成される。この酵素は, RNA 合成を行う酵素本体(**コア酵素**)と, これにゆるく結合した **σ 因子**(シグマ因子)とよばれるタンパク質により構成されている。このような DNA 上の調節領域に結合して転写を制御するタンパク質を**転写因子**とよぶ。

コア酵素に σ 因子が結合した状態の RNA ポリメラーゼ(**ホロ酵素**)は, プロモーター領域でのみ結合することができ, DNA を巻き戻して鋳型を露出させ, 約 10 塩基下流の転写開始点より RNA 合成を開始する。RNA の転写開始とともに σ 因子が酵素より離れると, RNA ポリメラーゼはプロモーター以外の領

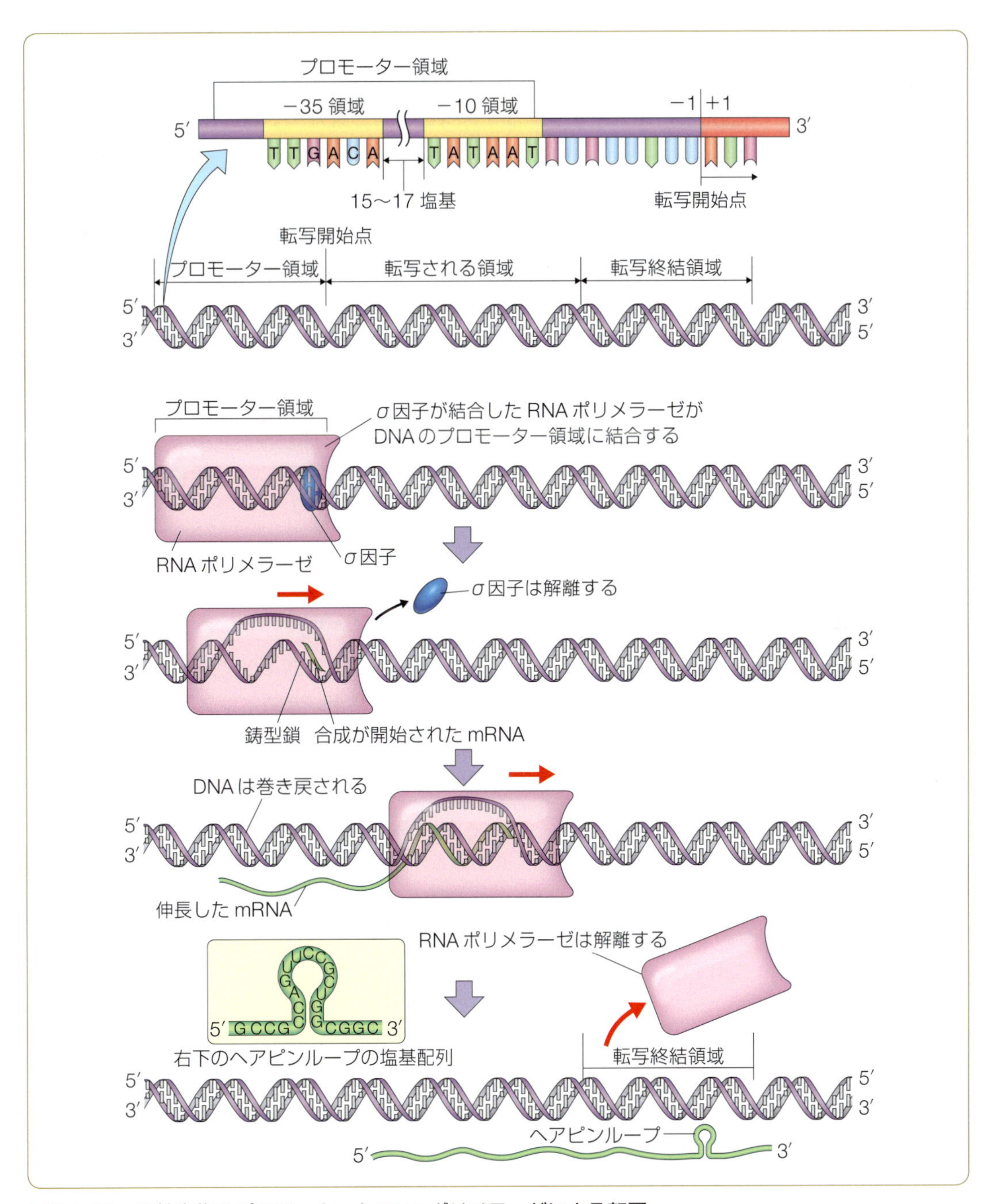

▶図 4-16　原核生物のプロモーターと RNA ポリメラーゼによる転写

域とも DNA と親和性をもつことができるようになり，伸長反応が進行する。コア酵素による伸長後，DNA はもとの二本鎖に巻き戻る。

転写終結▶　転写の終了は**転写終結**とよばれ，転写された mRNA 上の転写終結配列で規定されている。そこでは相補的な塩基配列が逆向きに並んでいるので，RNA ポリメラーゼ内の合成 RNA が DNA 鋳型から離れ，立体的なヘアピンループの形をとる。

このヘアピンループは，RNAポリメラーゼを一時停止させ，合成RNAはDNA鋳型と4塩基程度のUでしか水素結合していないため，DNAからRNAとRNAポリメラーゼが解離するものと考えられている。また，転写終結にρ因子(ロー因子)とよばれる特殊なポリペプチドが必要な転写終結の例も知られている。

2 真核生物の転写

rRNAの大きさ

5SrRNAのSは沈降係数を意味し，超遠心機を利用しての沈降速度から測定する。沈降係数は分子の大きさの目安であり，rRNAではほかに，16Sや23S(原核生物)，18Sや28S(真核生物)などが知られている。

真核生物のRNAポリメラーゼは3種類あり，それぞれ多くのサブユニットからなるタンパク質で，いずれも核内にある。RNAポリメラーゼⅠ(PolⅠ)はrRNAを，RNAポリメラーゼⅡ(PolⅡ)はmRNAを，RNAポリメラーゼⅢ(PolⅢ)はtRNA(▶104ページ)および5SrRNA，その他の低分子RNAを，それぞれ合成する。これらの酵素は，原核生物の場合と同様に，二本鎖DNAの片方を鋳型として転写する。

転写開始点の20〜30塩基上流には，**TATAボックス**(TATA box)とよばれるTATAAAの塩基配列があり，またそれ以外でもさまざまな種の間で一致する配列が見つかっており，プロモーターの中心を構成している(▶図4-17)。

転写開始における原核生物との大きな違いは，RNAポリメラーゼがプロモーターに結合するには，以下のような多くの**基本転写因子**を必要とする点である。まず，TATAボックス結合タンパク質を含んでいるTFⅡD(RNAポリメラーゼⅡの転写因子transcription factorという意味でTFⅡと表記する)が，プロモーターと結合する。続いて，TFⅡE，TFⅡF，TFⅡA，TFⅡB，TFⅡHが結合し，さらに転写関連因子であるTAFという複数の補助タンパク質も集合したのちに，RNAポリメラーゼが結合して転写が開始される。

このように真核生物の転写開始は複雑であるが，これでも基底レベルとよばれる最低限の転写レベルしか保障されない。高レベルの転写を開始するために

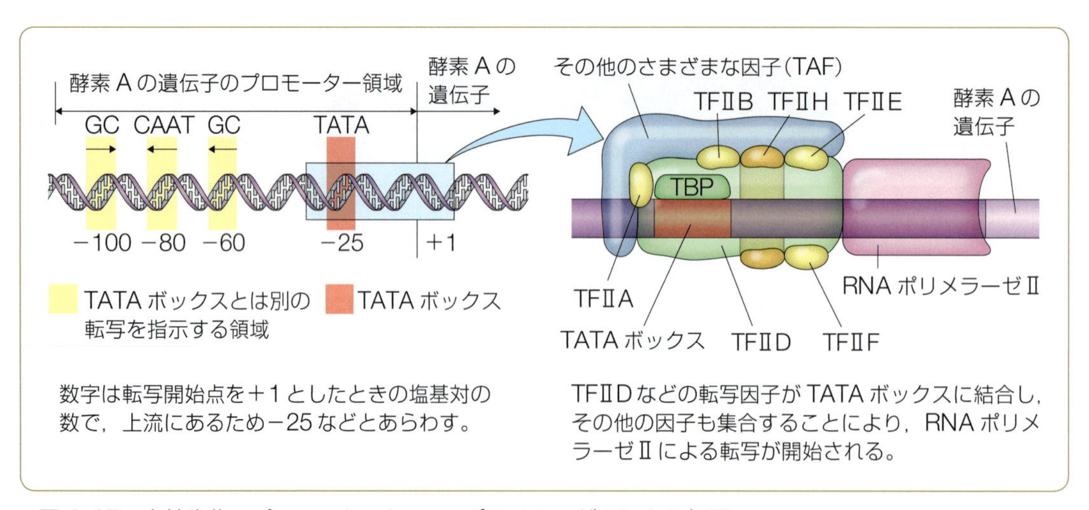

▶図4-17 真核生物のプロモーターとRNAポリメラーゼⅡによる転写

は，特異的転写因子やエンハンサーが必要となる(▶111 ページ)。

● RNA の転写後修飾

エキソンと▶イントロン

修飾
核酸やタンパク質などが，化合物の付加や一部の切断を受け，その構造が変化すること。

真核生物の遺伝子およびその発現過程にみられる最も顕著な特徴の1つが，タンパク質を指令する遺伝子がこま切れになっていることである。さまざまな真核生物の遺伝子について，対応する mRNA との塩基配列の比較により，遺伝子には mRNA 塩基配列に相補的な配列(**エキソン** exon)と，mRNA には存在しない配列(**イントロン** intron)が混在していることが判明した。イントロンの数と長さは遺伝子により異なるが，100 か所以上の多数のイントロンや，数千塩基対にもわたる長いイントロンをもつ遺伝子なども知られている。

RNA▶スプライシング

真核生物の核内では，まずエキソンとイントロンを含む遺伝子の全長が RNA ポリメラーゼにより転写され，一次転写産物ができる(▶図 4-18)。次に，一次転写産物よりイントロンが切り取られ，隣接したエキソンがつなぎ合わされ mRNA ができる。この過程を **RNA スプライシング**という。生成された mRNA は核膜孔より細胞質に放出される。

選択的▶スプライシング

RNA スプライシングにおいて，通常は隣接したエキソンどうしが連結されるが，組織や発生段階に依存して，隣接していないエキソンが連結される**選択的スプライシング**の例も多く知られている。選択的スプライシングにより，1つの遺伝子に由来する複数種の mRNA と，それらが翻訳(▶101 ページ)された複数の異なるタンパク質が生じることになる。

キャップ構造▶

真核生物の mRNA は，5′末端と 3′末端にも修飾を受けている。一次転写産物は，核内で遺伝子が転写された直後に，その 5′末端に 7-メチル GTP が結合

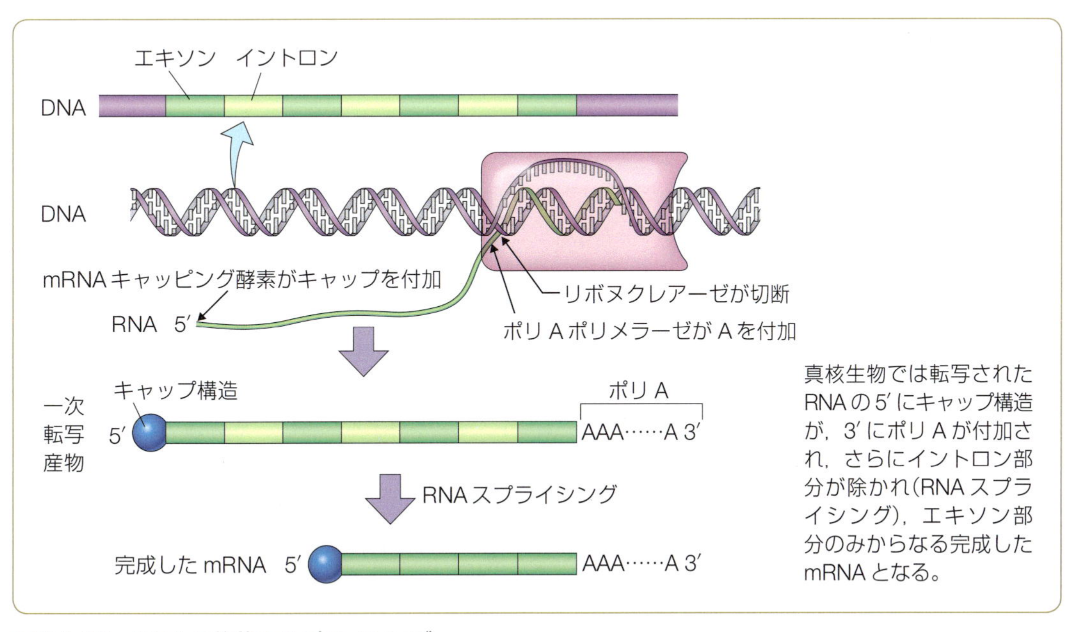

▶図 4-18　RNA の修飾とスプライシング

してキャップ構造を形成する。キャップ構造は，mRNAがタンパク質に翻訳されるときの効率を高めるのに必要と考えられている。

ポリA▶ また mRNA の3′末端には，ポリAポリメラーゼという酵素の作用により，約200塩基のAのみの連続した配列(**ポリA**)が付加される。ポリAの生理的な機能はよくわかっていないが，mRNAの安定化に関係している可能性も考えられている。

● DNAのメチル化とヒストンの修飾による転写の調節

脊椎動物のような真核多細胞生物では，組織によってある遺伝子が転写されていたり，転写されていなかったりする。これにはDNAのメチル化が関係している。

DNAのメチル化と転写▶ シトシンの5位の炭素原子(▶89ページ，図4-10)に結合している水素原子(H)がメチル基($-CH_3$)に置換されることを**DNAのメチル化**とよぶ。転写されていない遺伝子では，プロモーターやその近くに存在するシトシンがメチル化されていることが多い。以前は，脊椎動物の細胞においては，このようなDNAのメチル化がおもに遺伝子の発現を調節していると考えられていたが，現在は，転写されていない遺伝子が偶発的に転写を始めるのを防ぐ補助的な役割を担っていると考えられている。

ヒストンの修飾と転写▶ 近年，転写されている遺伝子のエンハンサー(▶111ページ)や，プロモーター領域におけるヌクレオソームのヒストン(▶61ページ)が，アセチル化していることが明らかとなった。現在では，ヒストンのこのような修飾によりクロマチンの構造が変化し，特異的転写因子(▶111ページ)がエンハンサーやプロモーターに結合しやすくなったり，しにくくなったりすると考えられている。

細胞の分化とDNA・ヒストンの修飾▶ 未分化の細胞が徐々に不可逆的に分化していく様子は，谷を転がり落ちる球の運命として描かれることがあり，ワディントン地形とよばれる(▶図4-19)。たとえば，ES細胞(▶112ページ)のような未分化な細胞では，*Sox2*，*Nanog*，

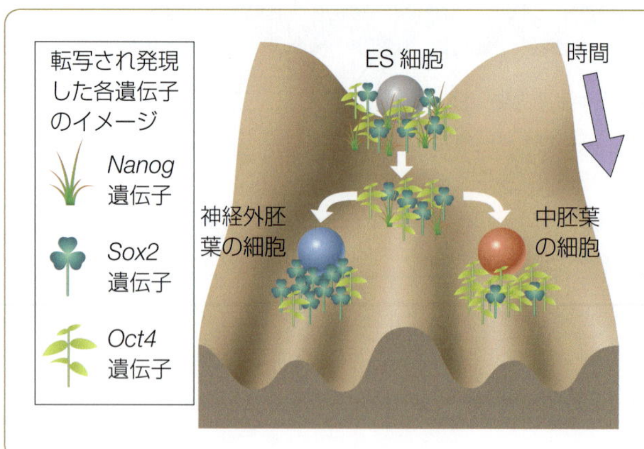

▶図4-19 ES細胞の分化と遺伝子の発現

アセチル化
有機化合物に結合している水素がアセチル基(CH_3CO-)に置換されることをさす。

Oct4 の各遺伝子がバランスよく転写され，発現している。しかし，各遺伝子のエンハンサーにおけるヒストンの修飾が変化すると，遺伝子の発現のバランスが次のように変化する。

まず，分化が進行するにつれ，*Nanog* 遺伝子の発現が減少する。そして，神経外胚葉(将来，神経などになる外胚葉〔▶148 ページ〕)では，*Sox2* 遺伝子が強く発現するようになる。一方，中胚葉(▶148 ページ)では，*Oct4* 遺伝子が強く発現するようになる。DNA のメチル化やヒストン修飾は通常，細胞分裂後も継承されるため，遺伝子の発現の変化も継承される。そのため，分化の過程は不可逆なものになる。しかし，配偶子の形成過程などの例外もあり，この過程ではヒストンの修飾などが初期化されるため，どのような細胞にも分化できる全能性が回復する。

一般に，遺伝情報は DNA の塩基配列として保持されるととらえられているが，DNA の塩基配列以外にも，ヒストンのようなタンパク質に情報が蓄積されるものもあるのである。

E タンパク質の合成——翻訳

mRNA の情報をもとに決定されるアミノ酸配列に従ってポリペプチドが形成される過程を**翻訳**という。生命の現象や活動，たとえば代謝や生体防御，物質の輸送・貯蔵，構造を支持する物質，運動・調節の多くは，ポリペプチドからなるタンパク質によって担われている。すべてのタンパク質は遺伝情報に従って合成され，細胞内外の各所に配備される。DNA は線状の分子であるが，タンパク質の機能は，それぞれの立体構造(三次元構造)に強く依存している。

① タンパク質の構成単位と構造

1 アミノ酸

タンパク質を構成する単位は，20 種のアミノ酸である(▶図 4-20)。アミノ酸には光学異性体の L 型と D 型が存在するが，生体内で合成されるタンパク質を構成するのはすべて L 型アミノ酸である。

2 タンパク質の構造

あるアミノ酸のカルボキシ基と，別のアミノ酸のアミノ基の間で脱水縮合が生じるとペプチド結合が形成される(▶25 ページ，図 1-16)。タンパク質は，多数のアミノ酸がペプチド結合で長くつながった高分子，つまり**ポリペプチド**で

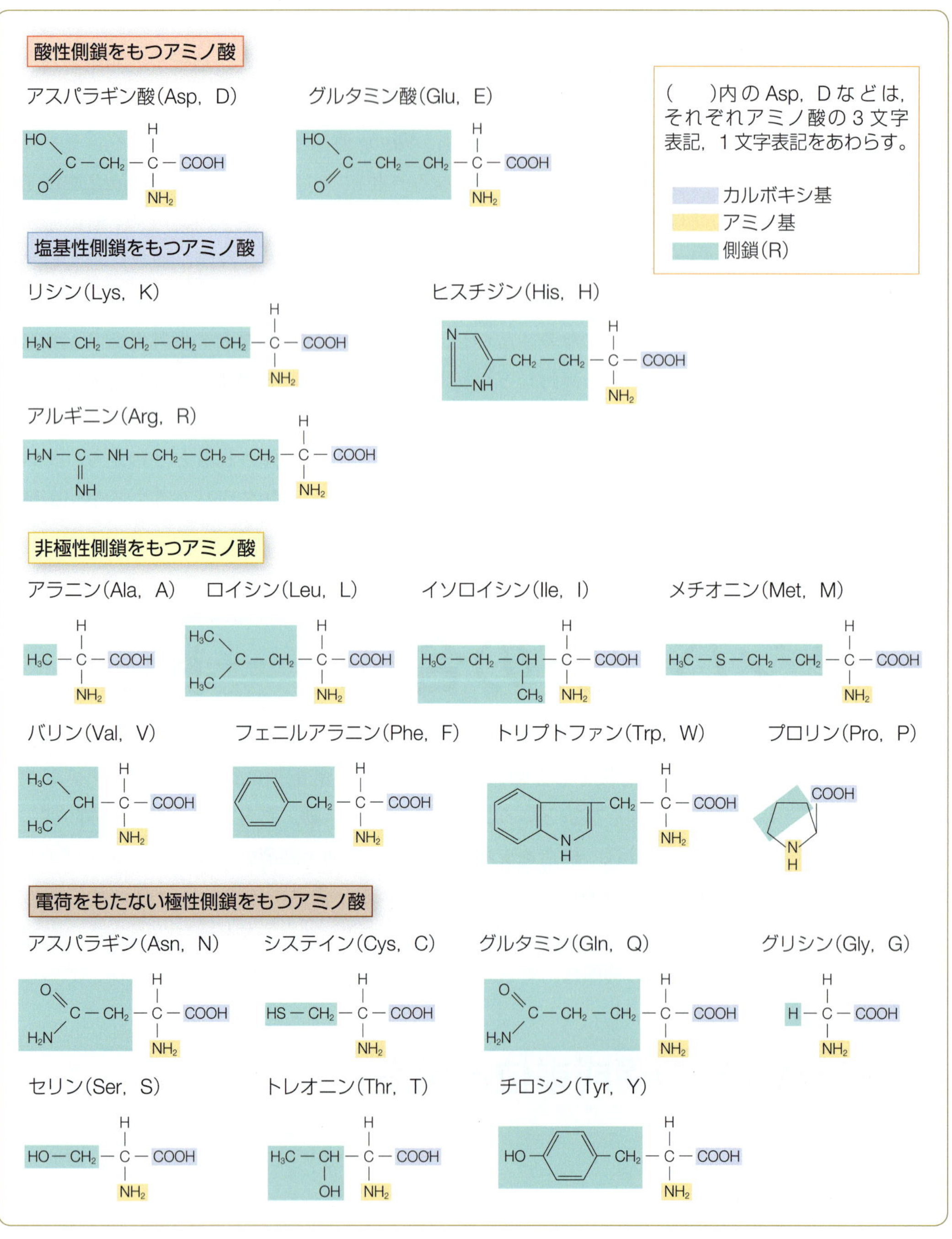

▶図4-20 タンパク質を構成するアミノ酸

ある。タンパク質の機能は構造に密接に依存しているが，二次・三次・四次などの高次構造を決定する基盤となっているのは，アミノ酸の配列，すなわち一次構造である(▶図4-21)。

一次構造▶ タンパク質のアミノ酸残基の配列を，**一次構造**とよぶ。ポリペプチド鎖において，アミノ基を保持しているアミノ酸を**アミノ末端**(**N末端**)，カルボキシ

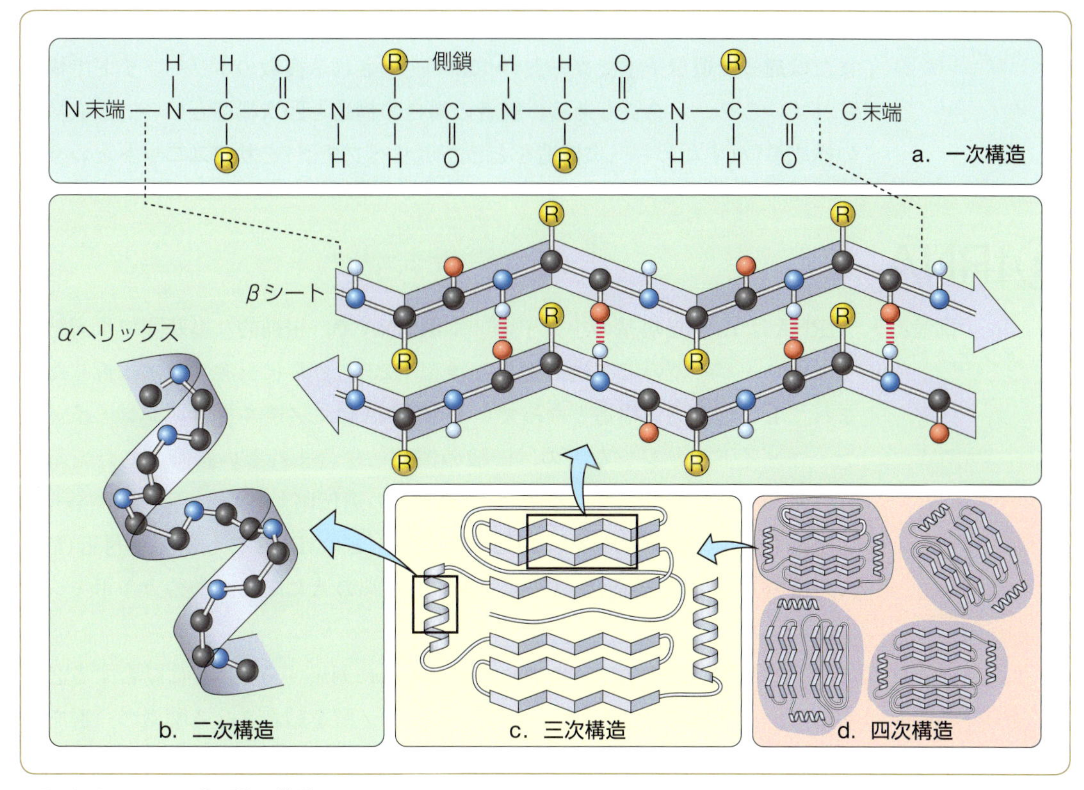

▶図 4-21 タンパク質の構造

基を保持しているアミノ酸を**カルボキシ末端(C末端)**という。

二次構造▶ ポリペプチドの長い鎖は，分子内の水素結合により折りたたまれて立体構造を形成する。上流と下流のアミノ酸の間で4アミノ酸ごとに水素結合が形成されると，らせん構造の**αヘリックス**が形成される。また，上流と下流のペプチド鎖間で水素結合するならば，ジグザグ構造の**βシート**ができる。このようなポリペプチド鎖の部分的な構造を**二次構造**という。

> **ペプチドの水素結合**
> ペプチド結合部分(－CONH－)が極性をもっており，CO部分と近くに存在する別のペプチド結合のNH部分で水素結合が形成されることが多い。

なお，αヘリックスのあとに折れ曲がり，再びαヘリックスの構造をとるペプチドは有名で，ヘリックス-ターン-ヘリックスモチーフとよばれる。このモチーフをもつタンパク質には，二本鎖を解離させることなくDNAの主溝にはまり込んで結合するものが多く，いくつかの特異的転写因子(▶111ページ)における部分的な構造として知られている。

三次構造と四次構造▶ 1つのポリペプチド鎖が形成する立体構造を**三次構造**という。三次構造の形成には，側鎖の性質が大きくかかわっている。生体の環境には豊富に水分子があるため，タンパク質の外部には親水性アミノ酸が多い領域が集まり，反対に内部には疎水性アミノ酸が多い領域が集まり，安定化しようとする。その後，酸性や塩基性アミノ酸の側鎖間でイオン結合を形成したり，複数のシステインの間で**ジスルフィド結合(S-S結合)**を形成したりする。このように，一次構造が決まると，ほぼ自律的に，安定化を目ざす方向で三次構造は決定される。

また，1本のポリペプチドで構成されるタンパク質もあるが，同じ遺伝子座または違った遺伝子座でコード(▶106ページ)される複数のポリペプチドで構成されているタンパク質もある。後者の場合の構造を**四次構造**といい，四次構造の構成単位(すなわち三次構造をとったポリペプチド)を**サブユニット**という。

② tRNA

構造とアンチコドン▶ tRNAは73〜93塩基の小分子の一本鎖RNAで，相補的な塩基間で水素結合してクローバー型の二次構造をとる(▶図4-22)。さらに三次元では，折りたたまれてL字型の立体構造となっている。tRNAは，メチルグアノシン・イノシン・プソイドウリジンなどの，一般の核酸には含まれない修飾された塩基をもっている。L字の一方の端には，mRNAの遺伝暗号(コドン，▶107ページ)に相補的な塩基配列(**アンチコドン**)がある。どのtRNAでも3′末端付近(L字のもう一方の端)の構造は−C−C−Aで，末端のAにアミノ酸のカルボキシ基が結合する。

タンパク質の合成には，各アミノ酸がそれに対応するtRNAに結合する必要がある。それぞれのtRNAに，対応するアミノ酸を結合させる酵素の一群を**アミノアシルtRNA合成酵素**とよび，結合したtRNAを**アミノアシルtRNA**とよぶ(▶図4-23)。アミノアシルtRNA合成酵素は，20種のアミノ酸に対して少なくとも1種は存在する。また，1種のアミノアシルtRNA合成酵素は，1種以上のtRNAに対応している。

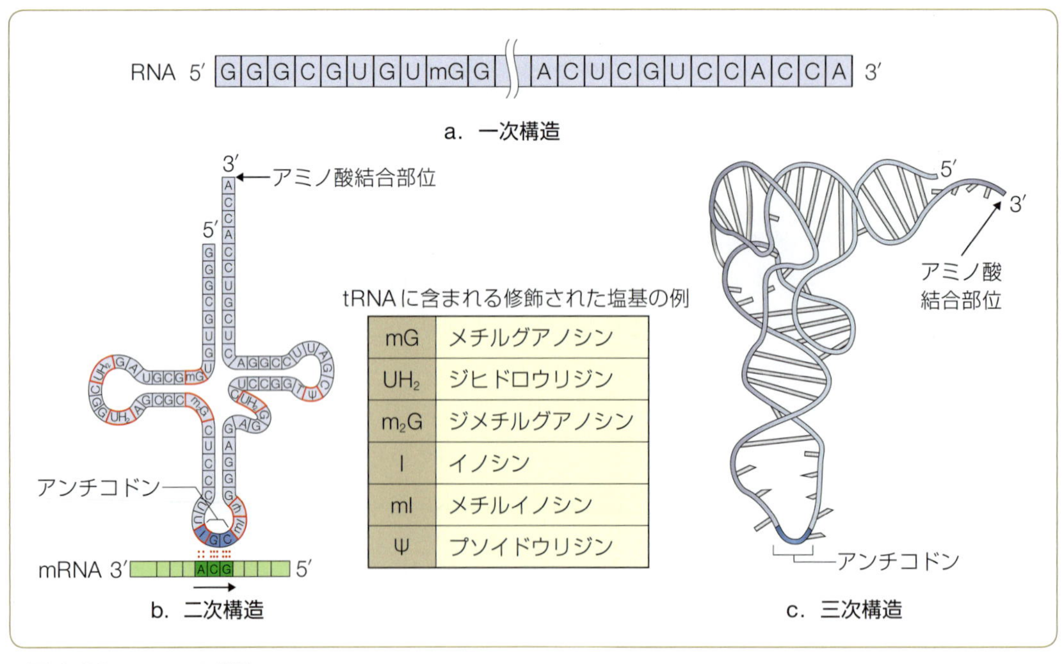

mG	メチルグアノシン
UH_2	ジヒドロウリジン
m_2G	ジメチルグアノシン
I	イノシン
mI	メチルイノシン
Ψ	プソイドウリジン

▶図4-22　tRNAの構造

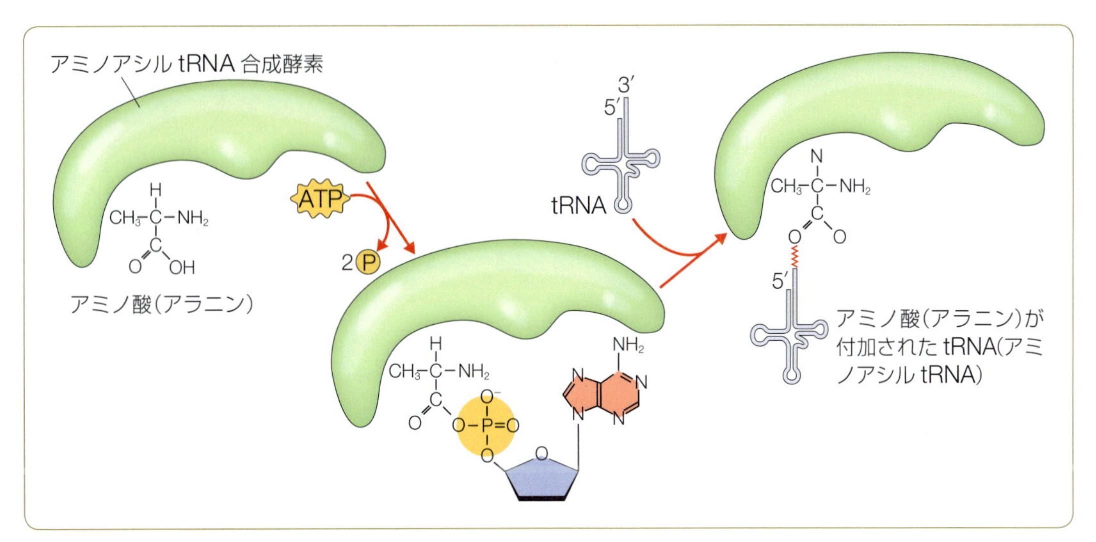

▶図 4-23 tRNA へのアミノ酸付加

③ リボソーム

リボソームは RNA とタンパク質の複合体で，タンパク質合成の場である(▶図 4-24)。リボソームは大小 2 つのサブユニットより構成されている。

原核生物のリボソームは，沈降係数(▶98 ページ)がそれぞれ 30S と 50S のサブユニットからなる。30S サブユニットには 16SrRNA と 21 種のタンパク質が，50S サブユニットには 23SrRNA と 5SrRNA および，34 種のタンパク質が含まれている。

真核生物のリボソームは原核生物のそれらより大きく，沈降係数はそれぞれ 40S と 60S であり，小サブユニットには 18SrRNA と約 33 種のタンパク質が，大サブユニットには 5SrRNA，5.8SrRNA，28SrRNA と約 50 種のタンパク質が含まれている。

④ 遺伝暗号

DNA の塩基配列にある核酸の情報が，どのようにしてタンパク質のアミノ酸配列を指令するかは，タンパク質合成に関する最大の課題であった。

ブレナーらの実験▶ ブレナー S. Brenner とクリックらは，変異をおこさせる薬剤を使ってウイルスの DNA の 1 塩基だけを欠失させたところ，欠失させた塩基以降の翻訳が正確におこらなくなることを発見した。2 塩基欠失させた変異体も同様であった。しかし，3 塩基欠失させた変異体では，下流の配列が正しく翻訳されるようになった。このようにして，核酸の遺伝暗号が隣り合った 3 塩基(トリプレット)

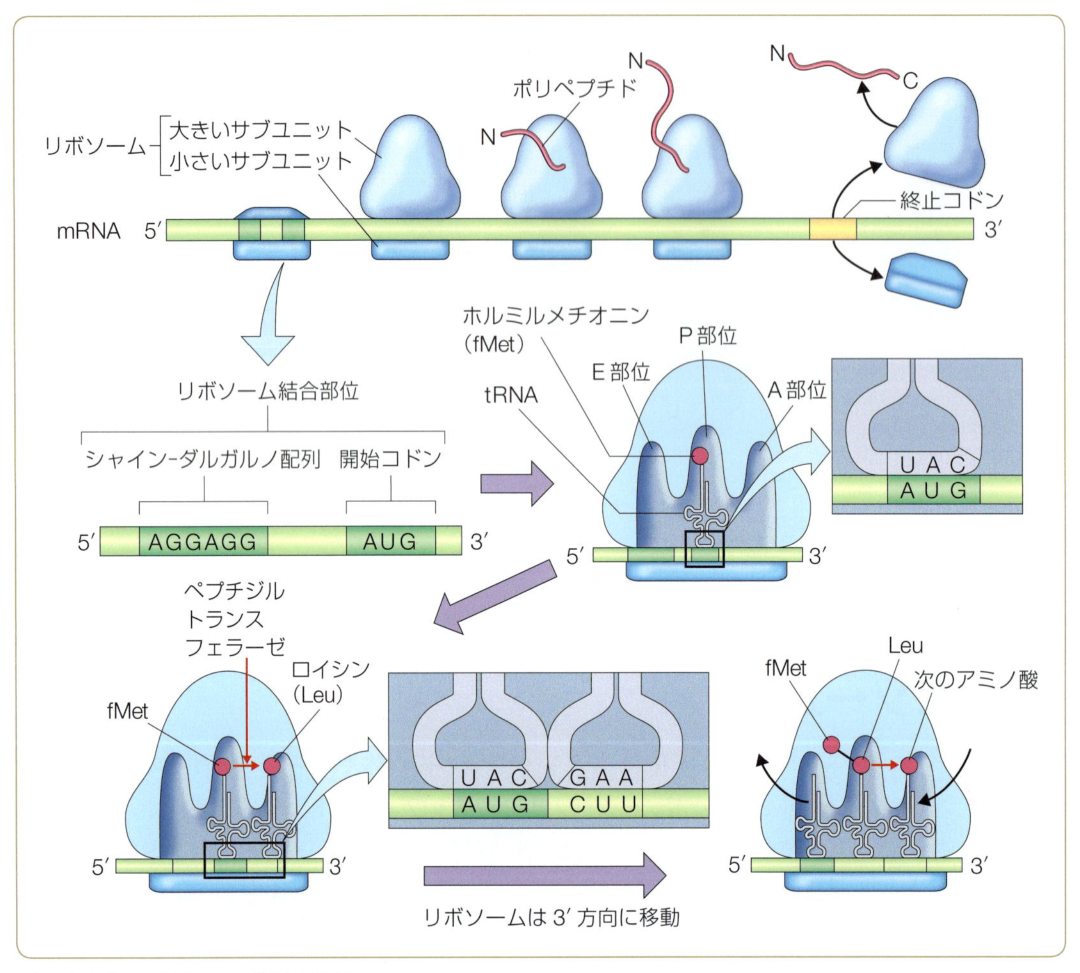

▶図 4-24　原核生物の翻訳の過程

の読み枠(リーディングフレーム)として読みとられていることが証明された(1961 年)。

ニーレンバーグらの実験▶ 同じ年に，ニーレンバーグ M. W. Nirenberg とマテイ J. H. Matthaei は，大腸菌の抽出液に人工のポリ U(5′UUUUUUUUUU……3′)を加えて反応させたところ，試験管内で翻訳がおこり，フェニルアラニンだけからなるポリペプチドが合成されることを発見した。すなわち，UUU という隣り合った 3 塩基の読み枠は，フェニルアラニンを指定している(**コード**している)ということである。同様に，AAA，CCC，GGG は，それぞれリシン，プロリン，グリシンをコードしていることが明らかとなった。

また，ニーレンバーグとリーダー P. Leder は，3 塩基の人工 RNA を添加した場合，短いために試験管内で翻訳はおこらないが，リボソームと tRNA を介してアミノ酸と結合することを見いだした(1965 年)。この方法を用い，どの塩基配列がどのアミノ酸をコードしているかを調べたところ，64 通りのうち 47 通りについては確定することができた。

コラーナの実験▶ 　コラーナ H. G. Khorana は，大腸菌から抽出した液に人工のポリ UC (5′UCUCUCUCUCUC……3′)を加えると，セリンとロイシンからなるポリペプチドができることを明らかにした。これは，UCU と CUC のいずれかがセリンとロイシンをコードすることを意味していた。さらに，ポリ UUC (5′UUCUUCUUCUUC……3′)を加えると，フェニルアラニンとセリンとロイシンからなるポリペプチドの混合物ができることを示した。また，ポリ UAUC(5′UAUCUAUCUAUC……3′)を加えると，チロシンとロイシンとセリンとイソロイシンからなるポリペプチドができることを示した。

　その一方で，ポリ GUAA(5′GUAAGUAAGUAA……3′)を加えた場合には，タンパク質が合成されなかった。この結果は，GUA，UAA，AAG，AGU のいずれかが，ポリペプチド鎖合成の終了(翻訳終止)を意味することを示唆していた。

コドン▶ 　これらの実験で示されたアミノ酸の配列を決定する 3 塩基からなる遺伝暗号の単位を**コドン**とよぶ。最終的に 64 通りすべてのコドンが解明された(▶表 4-1)。UAA・UAG・UGA の遺伝暗号には対応するアミノアシル tRNA がなく，ポリペプチド鎖合成の終了を意味する**終止コドン**である。

　例外はあるものの，コドンは細菌類から高等動植物までのすべての生物で同

▶表 4-1　コドン表

1 文字目の塩基	2 文字目の塩基 U	2 文字目の塩基 C	2 文字目の塩基 A	2 文字目の塩基 G	3 文字目の塩基
U	UUU, UUC: Phe UUA, UUG: Leu	UCU, UCC, UCA, UCG: Ser	UAU, UAC: Tyr UAA: 終止 UAG: 終止	UGU, UGC: Cys UGA: 終止 UGG: Trp	U C A G
C	CUU, CUC, CUA, CUG: Leu	CCU, CCC, CCA, CCG: Pro	CAU, CAC: His CAA, CAG: Gln	CGU, CGC, CGA, CGG: Arg	U C A G
A	AUU, AUC, AUA: Ile AUG: Met	ACU, ACC, ACA, ACG: Thr	AAU, AAC: Asn AAA, AAG: Lys	AGU, AGC: Ser AGA, AGG: Arg	U C A G
G	GUU, GUC, GUA, GUG: Val	GCU, GCC, GCA, GCG: Ala	GAU, GAC: Asp GAA, GAG: Glu	GGU, GGC, GGA, GGG: Gly	U C A G

〈アミノ酸の略号〉
Ala：アラニン
Arg：アルギニン
Asn：アスパラギン
Asp：アスパラギン酸
Cys：システイン
Gln：グルタミン
Glu：グルタミン酸
Gly：グリシン
His：ヒスチジン
Ile：イソロイシン
Leu：ロイシン
Lys：リシン
Met：メチオニン
Phe：フェニルアラニン
Pro：プロリン
Ser：セリン
Thr：トレオニン
Trp：トリプトファン
Tyr：チロシン
Val：バリン

一である。このことは，あらゆる生物が同じ言葉で書かれた設計図をもち，密接な類縁関係があることを示している。

コドンとアンチコドンとの対応▶ 表4-1に示したコドンはmRNAのものであり，A，U，G，Cの4つの塩基からなる。それに対応するtRNAのアンチコドンの塩基配列は，コドンに相補的なものであるが，4つの塩基とは構造が若干異なる修飾塩基が含まれていることもある(▶104ページ，図4-22)。

64通りのコドン

コドンは3塩基からなり，塩基には4種類がある。そのためコドンは，4×4×4=64通りとなる。

たとえば，イノシン(I)はU・C・Aに水素結合するため，3′-UAI-5′のアンチコドンをもつtRNAはそれ1つで，イソロイシンのすべてのコドンであるAUU，AUC，AUAに対応できる。このように，終始コドンを除いた61種の遺伝暗号に対応するすべてのtRNAが必要なわけではなく，たとえば大腸菌ではtRNAが41種類しかない。

⑤ タンパク質合成の過程

1 タンパク質合成の開始

すべてのタンパク質は，特定のアミノ酸がアミノ末端となって合成が開始される。この開始アミノ酸は，原核生物では，メチオニンのアミノ基にホルミル基(−CHO)が結合したホルミルメチオニン(fMet)である。なお，真核生物ではメチオニンが開始アミノ酸である。

原核生物においては，mRNAの最初のAUG配列(**開始コドン**)の5〜10塩基上流域に，rRNAの3′末端に相補的な塩基配列(**シャイン-ダルガルノ Shine-Dalgarno配列**，リボソーム結合配列)がある(▶106ページ，図4-24)。mRNAはさまざまなタンパク質(開始因子)の介助でリボソーム小サブユニットに結合し，開始アミノアシルtRNAが最初のAUG配列に結合する。これにリボソームの大サブユニットが結合し，開始複合体が形成される。

2 ポリペプチド鎖の伸長とタンパク質合成の終止

リボソーム上には，アミノアシルtRNAが結合できる**P部位**と**A部位**とよばれる溝(みぞ)がある(▶106ページ，図4-24)。P部位には，開始アミノアシルtRNAもしくはペプチドの結合しているtRNAが，A部位には，一般のアミノアシルtRNAが結合する。

P部位とA部位に，mRNAの遺伝暗号に対応したアミノアシルtRNAが結合すると，リボソームに存在するペプチジルトランスフェラーゼとよばれる酵素の作用により，P部位のアミノ酸のカルボキシ基とA部位のアミノ酸のアミノ基の間でペプチド結合が形成される。さらに，リボソームが3塩基分移動すると，**E部位**に入ったtRNAは離され，ペプチドを結合したtRNAがP部位に移る。空いたA部位には，対応したアミノアシルtRNAが新たに入る。

このサイクルを繰り返し，mRNA を 5′から 3′方向に読みながら，ペプチド鎖はアミノ末端からカルボキシ末端方向へと伸長していく。

ペプチド合成が進み，リボソームの A 部位に mRNA の終止コドンが来ると，**終結因子** releasing factor(RF)が A 部位に結合する。すると，ポリペプチド鎖のカルボキシ末端と tRNA の結合を加水分解され，合成されたポリペプチド，リボソームおよび mRNA が遊離する。

⑥ 遺伝子発現の調節機構

生体を構成する各細胞には，その生物に必要なすべての遺伝子が含まれている。しかし，これらの遺伝子がみな同時にはたらくのではなく，秩序正しく順を追って活動したり，休止したりしている。したがって，細胞内に遺伝子のはたらきを調節するしくみがなければならない。

1 大腸菌のラクトース代謝系の発現調節

大腸菌は，グルコースを炭素源として利用するが，ラクトースやガラクトースなどのほかの糖質(▶26 ページ)も利用することができる。しかし，培地中にグルコースとラクトースの両者が含まれていると，大腸菌はグルコースを優先的に利用し，ラクトースを代謝する酵素群の合成はおこらない。また，培地中に炭素源としてラクトースのみを加えておくと，大腸菌はラクトース代謝系の酵素群を合成するようになる。これを酵素合成の誘導という。

オペロンモデル▶ 大腸菌のラクトース代謝系酵素合成の誘導のしくみは，ジャコブ F. Jacob とモノー J. Monod によって解明され，以下の**オペロンモデル**が提唱された(1961 年)。

大腸菌にはもともとグルコースを代謝する酵素群の遺伝子も，ラクトースを代謝する酵素群の遺伝子も備わっている。このように形質の発現に直接関与する遺伝子を**構造遺伝子** structural gene という。

オペレーターとプロモーター▶ ラクトース代謝系には，β-ガラクトシダーゼ・ラクトース輸送体・β-ガラクトシド-トランスアセチラーゼの 3 つのタンパク質がかかわっており，それらの構造遺伝子，*lacZ*・*lacY*・*lacA* は DNA 上に一群となり存在している(▶図 4-25)。これらの遺伝子群に近接した上流側(5′側)には，**オペレーター** operator(*o*)という DNA 領域があり，構造遺伝子群の発現調節にかかわっている。また，その上流には RNA ポリメラーゼが結合する**プロモーター** promoter 部位(*p*)がある。

リプレッサー▶ プロモーターから離れた位置には，**リプレッサー遺伝子**(*lacI*)があり，リプレッサーという調節タンパク質をコードしている。細胞内にラクトースが存在しないときには，リプレッサーはオペレーターに結合し，その支配下の 3 つの構造遺伝子の転写を抑制している。

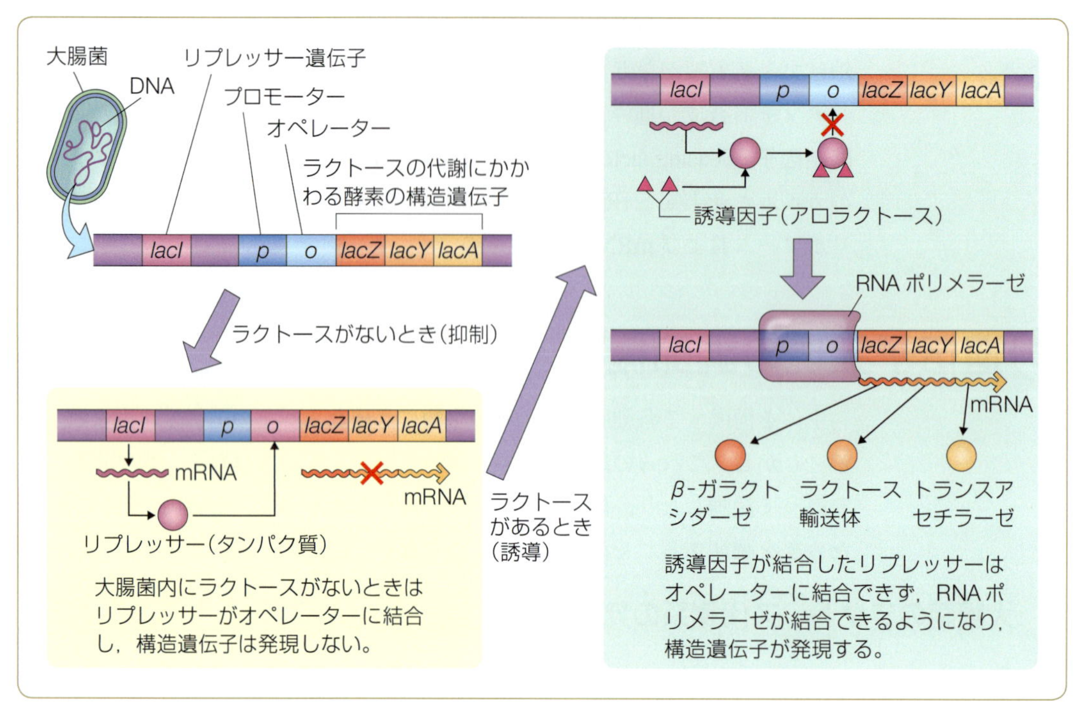

▶図 4-25　大腸菌のラクトースオペロンの調節

一方，細胞内にラクトースが存在すると，代謝産物のアロラクトースが生成される。リプレッサーは，誘導因子として機能するアロラクトースと結合して構造が変化し，オペレーターから離れる。そのため転写の抑制が解除され，構造遺伝子群の mRNA の合成がおこる。

オペロン▶ これらの構造遺伝子群と，それに隣接する制御領域(プロモーター・オペレーター)は，まとめて**オペロン** operon とよばれる。

オペロンを構成している構造遺伝子群は 1 本の mRNA に転写され，その mRNA から複数のタンパク質が合成される。このような複数の構造遺伝子領域をもつ mRNA を**ポリシストロン性 mRNA**(polycistronic mRNA)，1 つの構造遺伝子領域のみからなる mRNA を**モノシストロン性 mRNA**(monocistronic mRNA)という。

大腸菌では，ラクトース代謝系と同様に，ガラクトース代謝系などの糖代謝系や，ヒスチジン合成系・トリプトファン合成系などのアミノ酸合成系など，一連の物質代謝に関与する構造遺伝子群はオペロンを構成しているものが多い。

2 真核生物の遺伝子発現調節

真核生物の遺伝子発現調節は，原核生物と比較して複雑である。とくに多細胞生物においては，決められた時期および場所において，正確に遺伝子を発現させる必要がある。そのために，以下のような遺伝子の発現調節機構をもっている。

[1] 特異的転写因子 specific transcription factor　基本転写因子は，基底レベルの転写を引きおこす(▶98ページ)。しかし特定の組織や，発生の特定の時期などに，高いレベルでの転写が必要となる場合がある。そのような調節をするのが特異的転写因子である。特異的転写因子には多くの種類があり，たとえばヒトでは1,800個ほどが存在する。異なる種類の特異的転写因子が存在し，それぞれが転写レベルを調節することにより，さまざまな組織が構築されているのである。

いずれの特異的転写因子もDNA結合領域をもっており，DNA上の転写因子結合領域と結合することができる。また，DNA結合領域とは別に，RNAポリメラーゼなどの転写装置と相互作用できる領域をもっていることも共通している。

[2] エンハンサー　エンハンサーは，高レベルの転写に必要なDNAの**制御配列**と定義される。原核生物の制御配列は遺伝子のすぐ上流に存在するが，真核生物のエンハンサーは，遺伝子の上流のみならず，下流あるいはイントロン(▶99ページ)内にもあり，遺伝子から50,000塩基対以上も遠方にあるものもある。

NOTE

RNA干渉 RNA interference(RNAi)

RNAが遺伝子発現を抑制する現象が存在し，RNA干渉(RNAi)とよばれる。RNAiを担うRNAは，21～24ヌクレオチドの一本鎖のマイクロRNA(miRNA)である。miRNA遺伝子の転写物(短くなる前の転写物)の特徴は，ヘアピンループをもつことである。ドローシャという特別なリボヌクレアーゼ(RNAを分解する酵素)がこの転写物を認識して，このループが切り出される。

切り出されたRNAは細胞質に移行したのち，ダイサーという別のリボヌクレアーゼで先端のループが切り離され，21～24ヌクレオチドの二本鎖RNAとなる。その後，RNA誘導型サイレンシング複合体RNA-induced silencing complex(RISC)とよばれるタンパク質複合体にとらえられ，一方の鎖が分解されると，RNAi活性をもったmiRISCとなる。活性をもったmiRISCは，相補的なmRNAを切断することができ，切断されたmRNAはすみやかに分解され，残ったmiRISCは次のmRNAを切断する。このようにして，遺伝子発現の低下が引きおこされる。

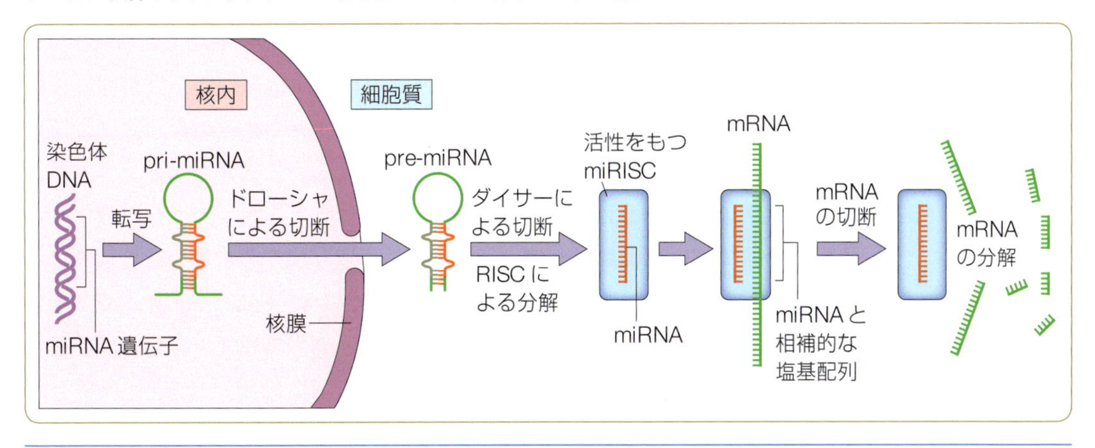

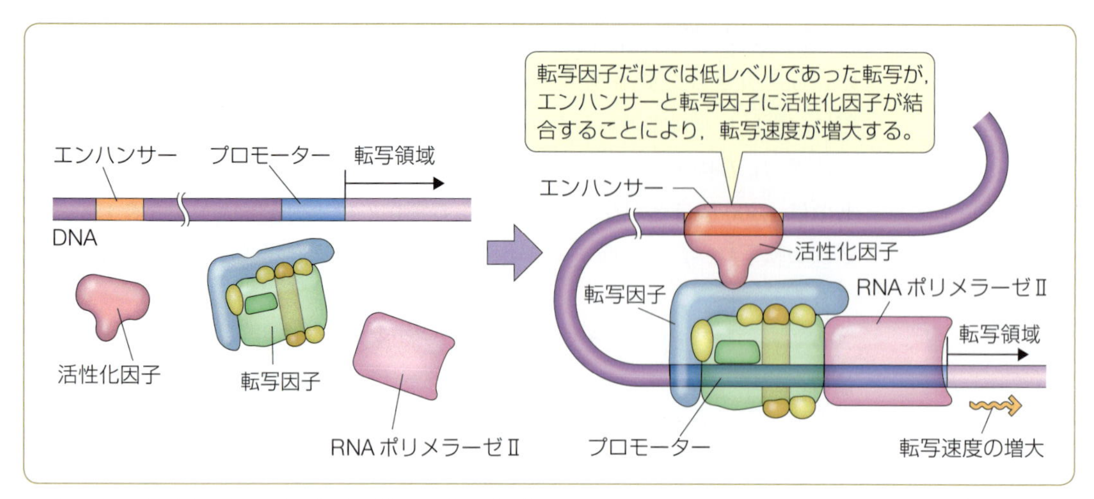

▶図 4-26 活性化因子による高レベルの転写の調節

非常に離れてはいるものの，DNAは柔軟性に富んでおり，折れ曲がりやループを形成することにより，エンハンサーと特異的転写因子が結合している(▶図4-26)。なお，抑制するシスエレメントは，**サイレンサー**とよばれる。

● 転写因子とES細胞・iPS細胞の作成

ES細胞▶ 胚性幹細胞 embryonic stem cell(ES細胞)は，哺乳動物の胚盤胞期の胚から，将来胚の本体に分化する内部細胞塊を取り出して作製した幹細胞である。ES細胞は，無限に増殖できる能力および，すべての組織に分化できる能力をあわせもつ。ES細胞では，この2つの特殊な能力に必要な遺伝子がうまく発現しているのであろう。うまい具合の遺伝子発現には，特異的転写因子が活躍しているに違いない。

受精卵はすべての組織に分化できるが，分化した体細胞はそのような能力はもたない。それでは，分化に伴いゲノムが変化したのであろうか，それともゲノムは不変だが遺伝子発現の状態だけが変化したのであろうか。ガードンJ. Gurdonは，アフリカツメガエルのオタマジャクシの体細胞の核を，核を除いた受精卵に移植し，低頻度だが成体まで発生させることに成功した(1962年)。ウィルムットI. Wilmutは，ヒツジの体細胞の核を，核を除いた受精卵に移植し，羊を誕生させた(クローン羊ドリー，1996年)。これらから，分化に伴いゲノムは不変だが，遺伝子発現の状態だけが変化したことがわかる。

iPS細胞▶ 京都大学の山中伸弥は，ES細胞で特異的に発現する転写因子を，分化した体細胞で強制的に発現させれば，分化多能性を取り戻すのでないかというアイデアを試した。マウスの胚性繊維芽細胞に，*Oct3/4*，*Sox2*，*c-Myc*，*Klf4* とよばれるわずか4つの転写因子を導入するだけで，無限増殖性・分化多能性をもつ人工多能性幹細胞 induced pluripotent stem cell(iPS細胞)の作成に成功した(2006年)。

iPS 細胞は，再生医療などの臨床への応用が期待され，注目を集めている。

F 遺伝子組換え技術とゲノムの構造解析法

1970 年代以降，生命科学分野における膨大な知識集積の原動力となったのが遺伝子組換え技術である。この技術を駆使することによりゲノムの構造を解析することも可能となり，現在では，ヒトを含む多くの生物種で全ゲノムの塩基配列が決定されている。

① DNA クローニング

DNA クローニングとは，特定の DNA のみを選んで増幅させることである。それには，巨大な DNA 分子を切断する**制限酵素** restriction enzyme と，DNA を生きた細胞(宿主)の中で増幅させる**ベクター** vector が必要である。

NOTE

iPS 細胞を用いた再生医療

これまで臓器移植医療は多くの成果を上げてきた。しかし臓器移植には，①提供者が必要，②通常はほかの人(他家)からの移植となるため，拒絶反応を防ぐ免疫抑制が必要，という問題があった。

iPS 細胞は，自己複製能をもつため大量培養が可能であり，またさまざまな組織に分化させることができるため，①は解決される。また，患者自身の細胞から iPS 細胞を作製すれば自家移植となるため，②も解決される。そのため，細胞や組織レベルの移植医療では，iPS 細胞を用いた再生医療が非常に期待されている。

山中が 2006 年に作製した iPS 細胞は，レトロウイルスベクター(宿主に DNA を挿入する性質をもつウイルス)を用いて，*c-Myc*(原がん遺伝子)などを用いていた。そのため腫瘍となる危険性があったが，現在では *Oct3/4*，*Sox2*，*Klf4*，*LIN28*，*L-Myc*，p53shRNA という 6 つの因子を，あとで消失するプラスミドにより導入する方法が開発され，安全性が高まっている。

また，腫瘍につながりかねない未分化の iPS 細胞が分化後に混在しない方法も開発されつつある。

2014 年 9 月，先端医療センター病院(神戸市)にて，世界初の iPS 細胞を用いた再生医療の臨床試験が実施された。それは，既存の治療では十分な効果が得られない眼疾患(滲出型加齢黄斑変性)の患者に，患者の皮膚から作製した iPS 細胞を分化させてつくった網膜色素上皮細胞を移植した，というものである。移植から 2 年半後も，腫瘍形成や拒絶反応は観察されず，移植前の視力を維持しており，安全性が確認された。

現在，脊髄損傷，重症心不全などに対しても，iPS 細胞による再生医療法の研究が進められている。また，再生医療の一般化のために，拒絶反応が生じにくい iPS 細胞を整備する研究も進められている。これは完全な自家移植とはならないが，移植部位によっては免疫抑制が不要になるなど，迅速で安価な再生移植医療の実現につながると期待されている。

2018 年 11 月，京都大学医学部附属病院にて，他人に由来するが拒絶反応が生じにくい iPS 細胞から分化したドーパミン(▶228 ページ)神経前駆細胞が，パーキンソン病患者の脳に他家移植された。

制限酵素	酵素の由来となる微生物	認識する塩基配列	末端の種類
*Rsa*I	紅色細菌の一種 *Rhodopseudomonas sphaeroides*	切断 5′ GTAC 3′ 3′ CATG 5′	平滑末端
*Sau*3AI	黄色ブドウ球菌 *Staphylococcus aureus*	切断 5′ GATC 3′ 3′ CTAG 5′	
*Eco*RI	大腸菌 *Escherichia coli*	切断 5′ GAATTC 3′ 3′ CTTAAG 5′	5′ 粘着末端 5′ 突出部
*Kpn*I	肺炎桿菌 *Klebsiella pneumoniae*	切断 5′ GGTACC 3′ 3′ CCATGG 5′	3′ 粘着末端 3′ 突出部
*Not*I	放線菌の一種 *Nocardia otitidiscaviarum*	切断 5′ GCGGCCGC 3′ 3′ CGCCGGCG 5′	

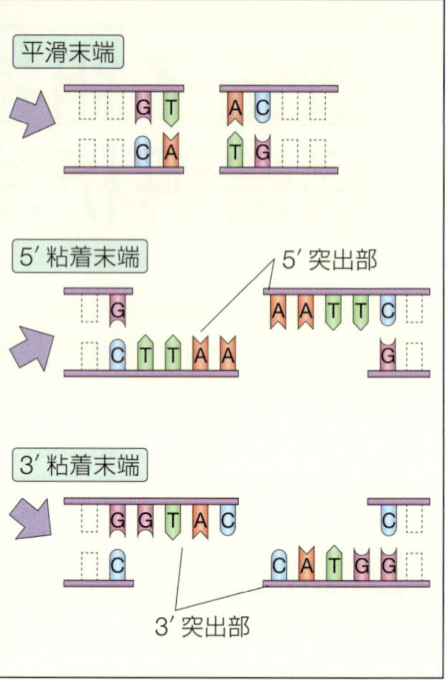

▶図 4-27 制限酵素の例と末端の種類

制限酵素▶ 制限酵素は，異種のDNAが細菌内に侵入するのを制限している酵素として発見された。これらの酵素は，DNA中の特定の4〜8塩基対の塩基配列を認識して切断する(▶図4-27)。たとえば，GAATTCという6塩基配列を認識する制限酵素*Eco*RIは，平均4^6すなわち4,096塩基対ごとに切断することができ，手ごろな大きさのDNA断片を得ることができる。

ベクター▶ 多くの細菌は，主染色体(自己のDNA，大腸菌では約400万塩基対)のほかに，自律的に複製が可能な小さな環状DNAをもっている。このDNAを**プラスミド** plasmid という。プラスミドを改変した多くのベクターが作成されており，選択マーカーが組み込まれている。たとえば，ある抗生物質への耐性遺伝子を組み込まれたプラスミドをもった細菌は，その抗生物質がある環境中でも死滅せず，生き残ることになり，プラスミドをもっていない細菌と選別することができる。

DNAの増幅▶ ヒトのDNAとプラスミドベクターを*Eco*RIで切断すると，同じ切り口をもった断片ができる(▶図4-28)。そこで，切断されたヒトDNAとベクターをDNAリガーゼという酵素で結合させ，組換えプラスミドを作成する。これを宿主の大腸菌に導入(形質転換)し，アンピシリンなどの抗生物質を含む培地で増殖させることにより，組換えプラスミドを増殖させることができる。

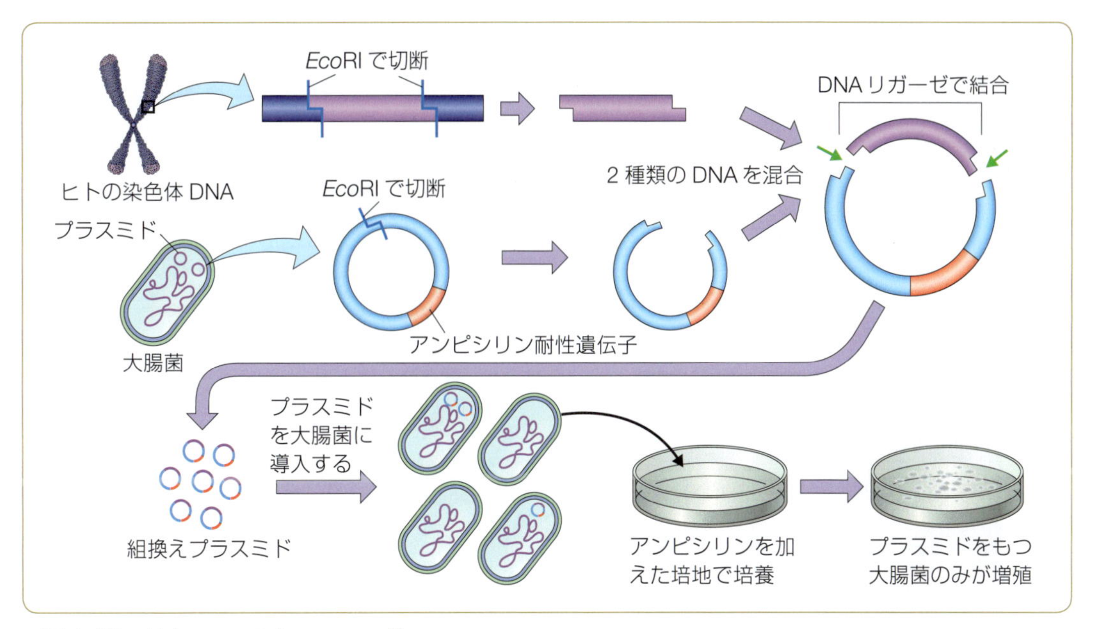

▶図 4-28　外来 DNA のクローニング

② ゲル電気泳動法とサザン-ハイブリダイゼーション

ゲル電気泳動法▶ 核酸の分子はリン酸基をもつため，溶液中では電気的に負に荷電している。DNA や RNA の溶液を電場の中に置くと，分子表面の負の電荷のため陽極(＋極)のほうへ引かれて移動する。このように，電場に置いた分子の荷電状態の差によって物質を分離する方法を**電気泳動法**という。

制限酵素で切断するなどして得られた，さまざまな鎖長の核酸の混合物を，アガロース(寒天)やポリアクリルアミドなどの親水性の多孔性ポリマー(ゲル)で濾過(ろか)するように電気泳動で展開すると，分子が大きいほどゲルの網目に妨げられて移動が遅くなるため，DNA のサイズに応じた分離ができる(▶図 4-29)。これを**ゲル電気泳動法**という。

サザン-ハイブリダイゼーション▶ サザン E. Southern により開発された，DNA 集団中より特定の DNA 断片を検出する方法である(1975 年)。DNA を制限酵素で切断し，断片をアガロースゲル電気泳動法により分けたのち，変性させ，ニトロセルロース膜やナイロン膜に移す。膜に結合した DNA を放射標識あるいは蛍光標識した DNA 断片(**プローブ**)と再会合(**ハイブリダイゼーション**)させ，過剰なプローブを洗い落としたのちにプローブを検出することで，プローブと再会合した特定の DNA 断片を判定することができる。

③ DNA 塩基配列の解析法

DNA 塩基配列の解析法には，化学的切断法(マクサム－ギルバート法)と生

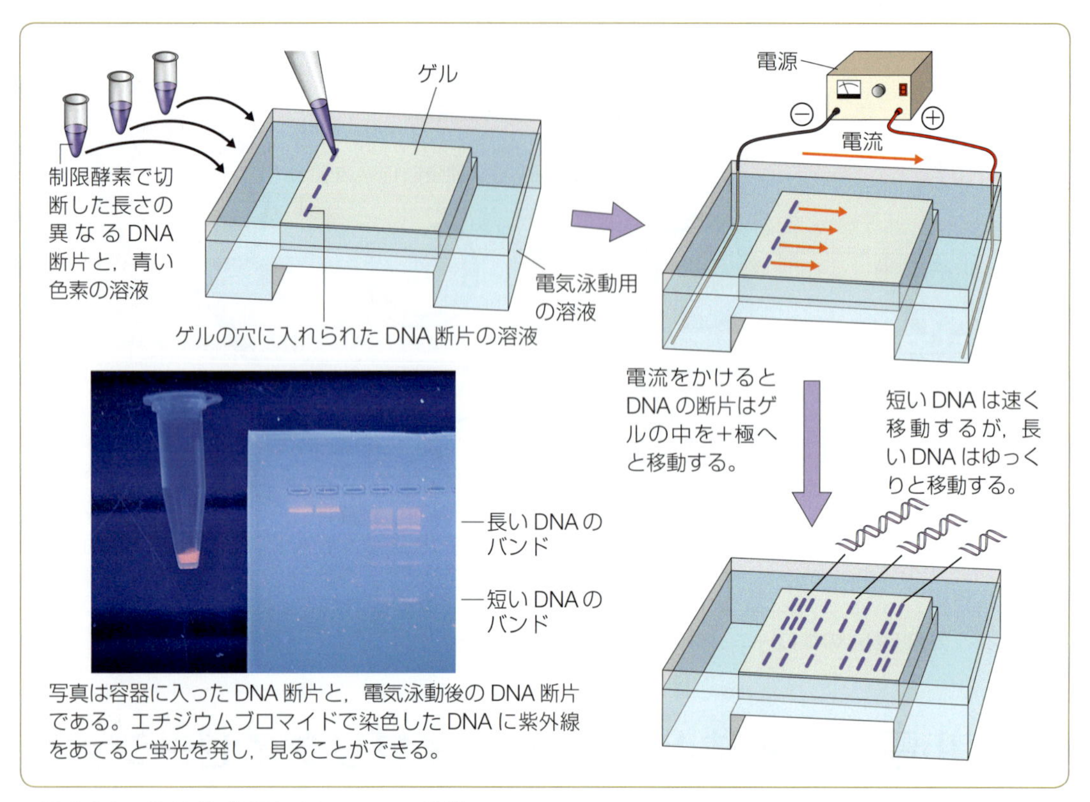

▶図4-29 ゲル電気泳動によるDNAの分離

合成法(サンガー法)があるが，現在，最も一般的となっているのはサンガー法から発展したジデオキシ法である。

dNTPとddNTP▶ DNA複製の基質は4種のデオキシリボヌクレオシド三リン酸である。dATP・dCTP・dGTP・dTTPの4種があり，まとめてdNTPとあらわされる(▶図4-30-a)。また，dNTPの3′炭素に結合しているのが−OHでなく−Hになっている4種のジデオキシリボヌクレオシド三リン酸とよばれる，dNTPと似た構造の物質がある(▶図4-30-b)。これにもddATP・ddCTP・ddGTP・ddTTPの4種があり，まとめてddNTPとあらわされる。

塩基配列の解析法▶ dNTPとddNTPはともにDNAポリメラーゼによって認識され，伸長中のDNA鎖に取り込まれるが，DNA鎖にddNTPが結合すると，3′位がOHでないため次のヌクレオチドが結合できずDNA合成はそこで停止してしまう(▶図4-30-c)。

ヒトゲノムプロジェクト
21世紀初頭，約31億塩基対からなるヒトゲノムの全塩基配列が明らかになった。それまでヒトの遺伝子は10万個ほどと予想されていたが，実際はわずか2万個強であり，驚きであった。

解析したい塩基配列と相補的な一本鎖DNA(鋳型DNA)にプライマーをつけ，4種のdNTPと，異なる色調の蛍光色素を結合させた少量のddNTPを加えてDNAポリメラーゼによる合成反応を行う。すると，鋳型の塩基配列に相補的にDNAの伸長がおこるが，たまたまddNTPを取り込んだところでDNA合成が停止する。ddNTPの取り込みは，鋳型DNAの相補的な塩基と遭遇するたびに一定の頻度でおこるので，3′末端にジデオキシヌクレオチド(ddN)をも

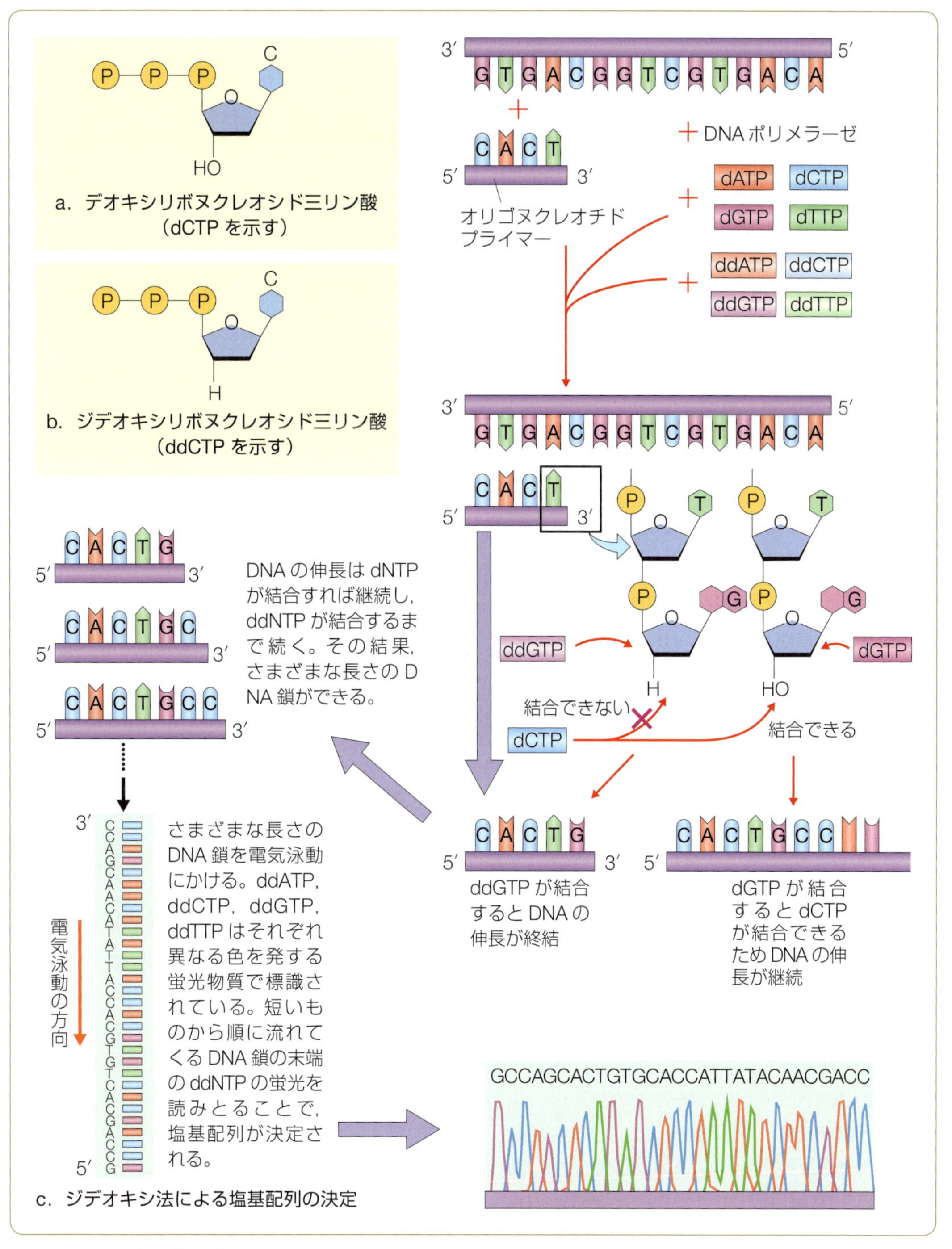

▶図 4-30　塩基配列の決定法

つさまざまな長さの DNA ができる。

こうしてできた反応生成物を電気泳動法で展開すると，DNA の鎖長にしたがって 4 種の色素の泳動パターンが得られる。鎖長の短いほうから長いほうへたどれば，解析したい塩基配列の 5′ から 3′ 方向への配列がわかる。現在では，電気泳動のパターンを蛍光の波長の違いで自動的に分別検出する装置(DNAシークエンサー)により解析されることが多い。

G 変異

遺伝子は，世代を重ねても安定してその形質を維持する保守的な性質を備えているが，低い確率ではあるが，変化することがある。

① 染色体変異

変異体▶ ド=フリースは，オオマツヨイグサを栽培した 13 年間のうちに，基本種とは非常に違った 7 種類の品種があることに気がついた。彼はこの変異に遺伝性があることを確かめ，**変異体** mutant と名づけ，変異体が発生することを**変異** mutation(**突然変異**)とよんだ(1901 年)。

染色体変異▶ 変異の特色は非連続性である。ド=フリースは遺伝子の変化によってこれらの変異体が発生したと考えたが，研究が進むにつれ，オオマツヨイグサの基本種の染色体は 2 倍体の 24 であるが，変異体のオニマツヨイグサは 4 倍体の 48，ヒロハノマツヨイグサとよばれるものは正常の染色体数より 1 個多い 25 であった。このように，染色体におきた変異を**染色体変異** chromosomal mutation

NOTE 次世代シークエンサー

2010 年ごろまでの DNA シークエンサーは，1 回に 96 個程度の DNA 断片しか塩基配列を決定することができなかった。2015 年ごろに，同時並行的に数千万～数十億個の DNA 断片の塩基配列を決定できる技術が一般化され，次世代シークエンサーとよばれている。

現在主流の方法は，ガラス基板上にランダムに切断した DNA 分子をはりつけ，その基盤上で検出可能な量にまで DNA を増幅し，サンガー法の変法で基盤上のすべての増幅 DNA 分子に対し 1 塩基ずつ DNA を合成しながら塩基配列(蛍光)を読みとっていくものである。

この方法では，大腸菌とプラスミドを使って DNA クローニングする手間が不要であり，また電気泳動も不要となり，従来の方法から大きく効率化がはかられた。これにより，前処理したヒトゲノム DNA を次世代シークエンサーにかければ，全自動にてわずか 2 日で，約 10 万円程度の価格で 1 人分の正確なゲノム配列を得ることができるようになっている。

ヒトゲノムでは，個人間で違いが存在し，塩基配列にも 0.1%程度の塩基置換(一塩基多型，▶129 ページ)のあることが知られている。このような違いが，顔の形，身長や知能指数ばかりでなく，高血圧のような疾患の発症のしやすさ，薬の作用・副作用の出やすさにもかかわっていると考えられている。

次世代シークエンサーで患者のゲノム配列を検査することで，どのような疾患にかかりやすいかがあらかじめわかり，予防することができ，また疾患にかかった場合でも患者ごとに最適な「オーダーメード医療」を行うことが期待されている。しかし，ヒトゲノム情報は究極的な個人情報でもあり，その取り扱いには注意が必要となる。

▶表 4-2　染色体変異の分類

数の変異	倍数性	染色体の基本数の整数倍に染色体が増加した状態
	異数性	染色体の基本数の整数倍よりいくつか染色体が増加した状態
構造の変異	逆位	染色体の一部が切り出され，180°回転してつながっている状態
	転座	染色体の一部が，その染色体またはほかの染色体に付着した状態
	欠失	染色体の一部が欠落した状態
	重複	染色体の一部が重複している状態

という（▶表 4-2）。

倍数性と異数性▶　有性生殖で他家受精する生物はふつう 2 倍体（$2n$）であるが，3 倍体（$3n$），4 倍体（$4n$）などのように，染色体数の基本数の整数倍に増加する変異がある。これを**倍数性**といい，基本数の整数倍にならない倍数性を**異数性**という。倍数性は自然界で多く見られ，ナス科の植物ではアカナスは 2 倍体（$2n=12$），ジャガイモは 4 倍体で 24，イヌホオズキは 8 倍体で 48 である。

染色体の対合を利用してゲノム間の相同性を調べ，進化の過程でおこる変化や種の由来などを研究する方法をゲノム分析という。木原均によるコムギの祖先に関する研究が有名である（1930 年）。

② 遺伝子変異

1 塩基の変化による変異

あらゆる遺伝子変異は，DNA を構成する塩基の変化に起因している。最も単純な変異は，DNA を構成している塩基が置きかわること（**置換**）であり，1 塩基の置換による変異を**点変異** point mutation（点突然変異）という。置換以外にも，塩基が欠落する**欠失**や，塩基が入り込む**挿入**もみられる。

● 変異原

遺伝子変異は，さまざまな化学的・物理的要因で引きおこされる。さらに，自身がもつ生物学的要因によっても引きおこされる。このような遺伝子変異を誘発させる要因を**変異原** mutagen とよぶ。

[1] 化学的変異原　細胞内の水ですら変異原となり，A や G のようなプリン塩基を加水分解させる。これを**脱プリン**とよぶ（▶図 4-31-a）。脱プリンで片方の DNA 鎖から塩基がなくなると，その鎖からの複製時に相補的な塩基を指定できず，ランダムな塩基を導入してしまうことから，置換が生じる。また，亜硝酸のような酸化剤は，C を U に変化させる**脱アミノ化**を引きおこす（▶図

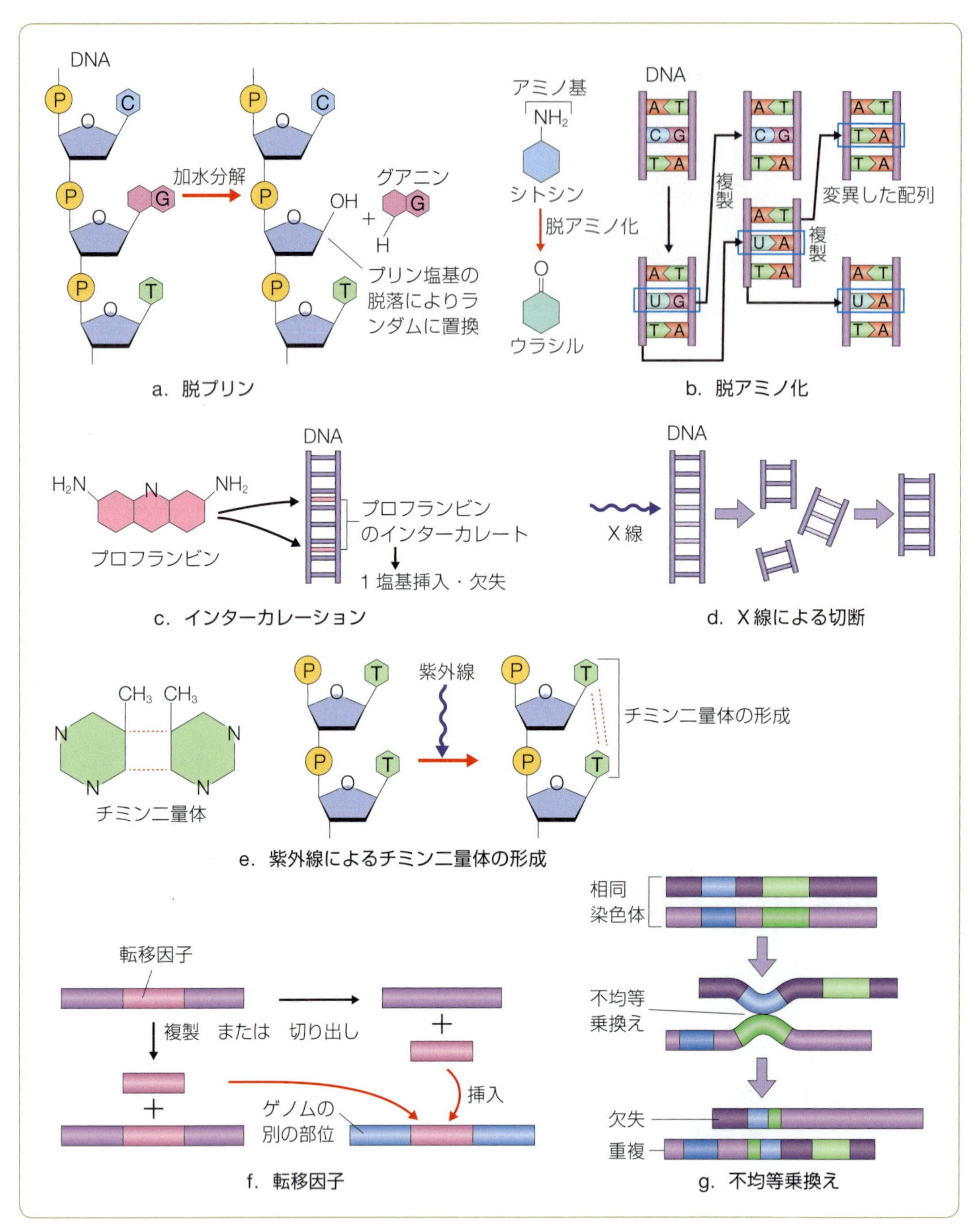

▶図4-31 さまざまな突然変異発生のしくみ

4-31-b)。そうすると複製時には，Uに相補的なAが指定されることになり，C：GからT：Aへの置換がおこる。

また，エチルメタンスルホン酸のようなアルキル化剤は，塩基にエチル基を付加し，たとえばグアニンからO^6-エチルグアニンに変化させる。O^6-エチルグアニンはチミンと不適正な対合をおこし，複製時にはG：CからA：Tへの置換がおこる。5-ブロモウラシルのようなチミンに構造が類似している物質は，複製の際にDNAに取り込まれるが，まれにグアニンとの不適正な対合をおこす。そうすると再複製時には，T：AからC：Gへの置換がおこる。

アナログ
構造が似ている物質のことをアナログとよぶ。5-ブロモウラシルのように塩基に似た物質を塩基アナログとよぶ。

プロフラビンに代表される数個の環が平面状に連結した分子は，DNAの塩基が平面構造で積み重なっている間に入り込み(**インターカレーション**)，DNAの複製の際に生じた一本鎖が押し出されてループ状になった塩基と結合し，これを固定してしまう(▶図4-31-c)。そうすると複製時には，1塩基欠失や1塩基挿入が生じる。

[2] 物理的変異原　放射線やX線は，DNAの二重鎖を切断する(▶図4-31-d)。これを修復する際に，欠失がおこる場合が多い。また，紫外線は隣り合ったチミンに作用してチミン二量体(**チミンダイマー**)を形成させる(▶図4-31-e)。これを修復する際に，置換が引きおこされる場合がある。

[3] 生物的変異原　私たちのゲノムには，**転移因子** transposable elements(TE)とよばれる変異原が存在する。TEがほかの遺伝子中に割り込むと，その遺伝子の機能を失う。

相同組換え
染色体の乗換え(▶86ページ)が生じている場所(キアズマ)で，2本の相同染色体上のDNA鎖が切断されて両者間で交換することにより，父と母由来のDNA鎖が組換わる現象をいう。染色体の乗換えを伴わない相同組換えも存在する。

転移因子には，**トランスポゾン**と**レトロトランスポゾン**の2種類がある。トランスポゾンは，トランスポザーゼとよばれる組換え酵素の遺伝子をもっている。この酵素が，両端にある逆向きの塩基配列を認識することにより，トランスポゾンがゲノムから切り出され，新たな位置に挿入される(▶図4-31-f)。レトロトランスポゾンでは，一度RNAに転写され，**逆転写酵素**によりそのRNAを鋳型としてDNAを合成し(これを**逆転写**という)，ほかの箇所に挿入する。

また，細胞に備わっているDNA修復機構の1つである相同組換え修復が誤っておこると(不均等乗換え)，遺伝子の欠失や重複が引きおこされる(▶図4-31-g)。

● 変異の影響

大きな塩基の欠失や転移因子の挿入は，そこにあった遺伝子機能を消失させ，表現型に影響を与える。塩基置換はアミノ酸置換を引きおこす場合があり，その場合はタンパク質の構造が変化することにより表現型に影響を与える場合がある。1塩基の欠失や挿入が遺伝子のエキソン内におこれば，それより下流のコドンの読み枠がずれてしまい，異常なタンパク質をコードすることになる。このような変異を**フレームシフト変異** frameshift mutationという。

塩基置換とアミノ酸置換
コドン表(▶107ページ)からわかるように，1塩基が置換されても同じアミノ酸をコードしている場合もあれば，別のアミノ酸にかわる場合もある。

2 DNAの変異の修復

生体の細胞では，熱・化学物質・放射線・その他の環境因子などにより，何千もの偶発的な変異がDNA上におきている。しかし，これらの変異のうち残るのは1/1,000程度であり，その他の変異は，以下のようなしくみにより効果的に修復されている。

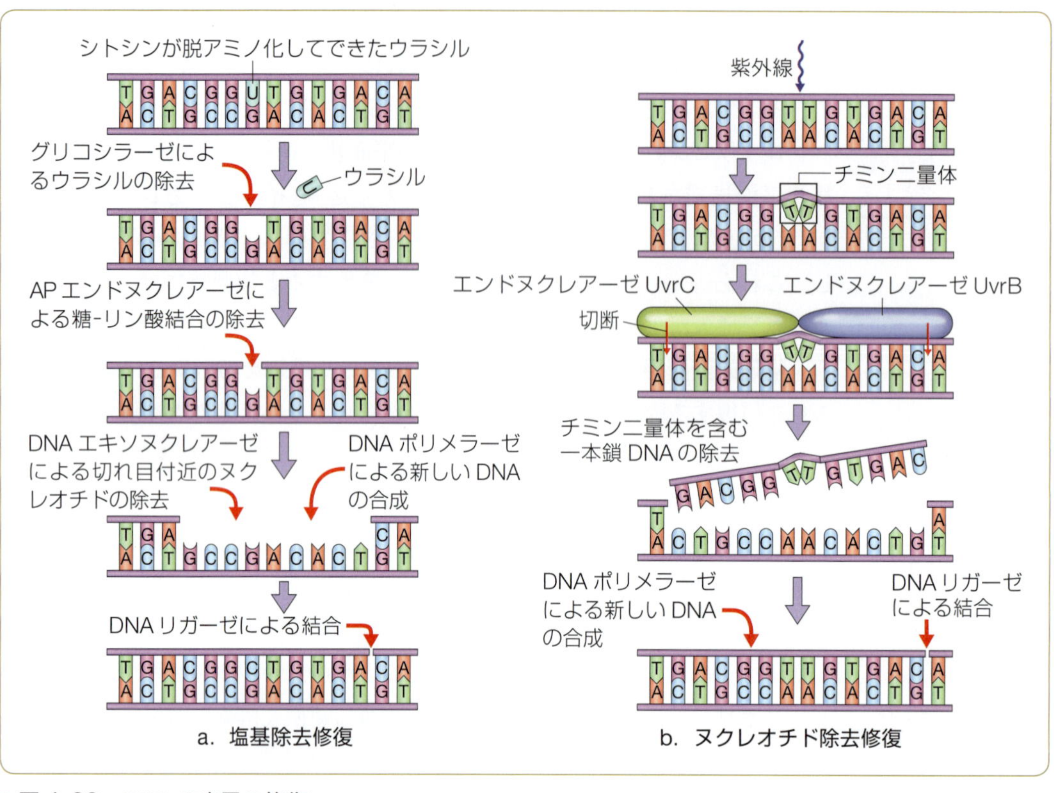

▶図 4-32　DNA の変異の修復

[1] 塩基除去修復　シトシンより脱アミノ化で生じたウラシルのような異常塩基は，酵素により糖から切り離される(▶図 4-32-a)。塩基の取り除かれた糖－リン酸結合は，**AP エンドヌクレアーゼ**という酵素により切断され，異常ヌクレオチドは完全に除去される。この穴は，反対鎖を鋳型として，DNA ポリメラーゼと DNA リガーゼにより修復される。

[2] ヌクレオチド除去修復　チミン二量体が形成されたときなどには，変異を含む鎖の約 30 塩基の両端が，**エンドヌクレアーゼ UvrB** と **UvrC** とよばれる二量体からなる酵素で切断される(▶図 4-32-b)。次に修復に関与する DNA ヘリカーゼとよばれる酵素が傷害部位を含む一本鎖を除去し，このギャップを

NOTE

転移因子

1940 年代後半に，マクリントック B. McClintock がトウモロコシの斑入りに関する遺伝実験を行った。この実験により，それまで染色体上の特定の箇所に固定されているものと思われていた遺伝子のなかには，染色体上のいろいろな位置に動きまわるもの，つまり転移因子が存在することが明らかになった。

転移因子は大腸菌からヒトまで広く存在が確認されており，ヒトゲノムの実に 45%は，転移因子によって占められている。多くは過去のレトロトランスポゾンのなごりであり，これらが長い進化の過程でさまざまに変異し，転移因子として動く機能を失ったものと考えられている。

DNAポリメラーゼ・DNAリガーゼで修復する。ヒトでもヌクレオチド除去修復が備わっているが，それが破綻すると色素性乾皮症となる。この疾患では，紫外線による皮膚細胞の破壊が高頻度におこり，皮膚がんになりやすくなる。

[3] 光修復　多くの生物では，チミン二量体は光修復酵素である**ホトリアーゼ** photolyase による可視光を利用した光化学反応によって，チミン二量体を再び2分子のチミンに戻すことでも修復される。

3 抗体産生における体細胞遺伝子組換え

抗原抗体反応の特徴は，特定の抗原を特定の抗体が認識するという著しく高い反応特異性である。この特異性を担っているのが抗体分子の抗原結合領域(可変部)の構造である(▶188ページ，図6-26)。どのような抗原が侵入しても，それに対応して特異的な抗体分子を産生するためには，それぞれに対応する膨大な数の遺伝子が必要となる。しかし，ヒトの遺伝子の数は全部あわせても約2万程度と推定されていることから，多様な抗体分子を産生するには特別の機構が必要となる。

利根川進らは，抗体を産生していないマウス胎児のDNAと，同じマウスから得られたミエローマ細胞(1種類の抗体のみを産生するようになったがん化したB細胞)のDNAを比較した(1976年)。その結果，胎児のDNAではIgGのL鎖の可変部の遺伝子と定常部の遺伝子が離れているが，ミエローマ細胞では両遺伝子が近接していることを発見し，B細胞の成熟の過程で遺伝子組換えがおこり，多様な抗体分子が生じることを提唱した。

多様な抗体をつくるしくみ▶

その後のDNAの構造解析から，L鎖・H鎖ともにV領域とC領域はそれぞれ別の遺伝子によりコードされているが，L鎖ではV遺伝子群とC遺伝子の間に複数のJ領域があること，また，H鎖ではこれらの領域に加え，さらに複数のD領域があることが判明した。

ヒトでは，L鎖は約40のV遺伝子，5つのJ領域，1つのC遺伝子をもつ。L鎖では，V・J・Cから1つの遺伝子が選択されるV-J-C組換えがおこり，約200種(40×5×1)の遺伝子の組み合わせがあることになる。また同様に，H鎖では約50のV遺伝子，27のD領域，6つのJ領域，1つのC遺伝子からの

NOTE
体細胞の変異

通常，変異という用語は生殖細胞でのDNA変化を意味するが，広い意味では体細胞でのDNA変化に対しても使用される。放射線は，体細胞のDNAに欠失を引きおこすため，さまざまな放射線障害を引きおこす。

早発性障害としては，白血球や血小板の減少，下痢などの症状があげられ，それぞれ，ある閾値(いきち)に達すると症状があらわれる。一方，晩発性症状としては，^{131}I(ヨウ素の同位体)などによる甲状腺がんをはじめとした悪性腫瘍があげられ，一般的に被曝放射線量の増加に伴い発症頻度も増加する。放射線は診断や治療といった医療に有益なものであるが，その取り扱いには十分な注意が必要である。

V-D-J-Cの組換えにより，約8,000種(50×27×6×1)の遺伝子をつくり出すことが可能である。さらに，L鎖のC遺伝子はκ鎖・λ鎖の2種があるため，これらL鎖とH鎖の自由な組み合わせにより3×10^6種以上のIgG分子がつくられる。さらに，各領域間の組換えの際には塩基の挿入や欠失があるため，成熟したB細胞群が産生できる抗体の種類はさらに多くなる。

利根川らの発見は，それまで「正常な体細胞では遺伝子は不変である」と信じられていた神話を打破したため，大きな衝撃をもたらした。

H ヒトの遺伝

① ヒトの遺伝学

遺伝学の対象としてのヒトは，生殖を制御できない，1組の夫婦から生まれる子どもの数が少ない，といった制約や問題点もあるが，次のような利点もある。① 正常の状態が形態的・生理的によくわかっているので，わずかな異常も確認できる，② 個体の識別が完全である，③ 身体が大きく，血液・組織片・尿などをとって精密検査ができる，④ 夫婦・親子・同胞など類縁関係が正確にわかり，交配の型がわかる，⑤ 家系図などで古い祖先についてもわかる場合がある，⑥ 一卵性双生児は遺伝による影響を双生児間で比較できる。

1 ヒトの染色体

ヒトの染色体数を最初に研究したのはフレミングW. Flemmingである(1882年)。彼はヒトの体細胞の染色体数を24〜32本と報告した。チョオJ. H. TjioとレバンA. Levanは，従来と違った方法を用いて，疑う余地のない標本を作成し，ヒトの正常な体細胞では，染色体数は46本であることが確定した(1956年)。その後の研究により，22対の常染色体は長い順に1から22の番号がつけられ，またA〜Gのグループ分けが行われ，性染色体のXとYを含め，染色体のすべてを特定できるようになった。

その後，さまざまな処理法が開発され，染色体を部分的に染め分けることができるようになり，さらに詳細に変異が検出されるようになった。

2 血液型の遺伝

ヒトの血液型の分類は，赤血球の凝集源(抗原)と血清(▶185ページ)中の凝集素(抗体)の反応を指標として分類されたABO式をはじめとして，Rh式など全部で15以上の分類法が知られている。

ABO 式血液型

ABO 式血液型は，ラントシュタイナー K. Landsteiner によって発見された(1900 年)。ABO 式では，赤血球に含まれている凝集原の種類によって，O 型・A 型・B 型・AB 型に分類される。A 型には A の，B 型には B の凝集原(抗原)が 1 種ずつ含まれ，AB 型には A および B の 2 種の凝集原が含まれている。O 型にはどちらの凝集原も含まれていない(▶図 4-33)。

また，A 型の血清には抗 B 抗体(β 凝集素)が，B 型には抗 A 抗体(α 凝集素)があるが，AB 型にはどちらもなく，O 型には抗 A および抗 B 抗体が含まれている。異なる血液型の血液をまぜると，抗 A 抗体が A 抗原と，抗 B 抗体が B 抗原と反応して凝集する。

ABO 型は，赤血球の細胞膜にある糖鎖に糖を結合させるグリコシルトランスフェラーゼとよばれる酵素の活性の違いにより決定される。血球表面にはガラクトースとフコースの糖鎖が出ているが，A 型のヒトはこのガラクトース残基に *N*-アセチルガラクトサミンを付加する酵素があり，B 型はこの酵素の変異でガラクトース残基にガラクトースを付加するようになっている。

血液型	O 型	A 型	B 型	AB 型
抗原と赤血球の細胞膜の糖鎖	H 抗原	A 抗原(A 型糖鎖) *N*-アセチルガラクトサミン	B 抗原(B 型糖鎖) ガラクトース	A 抗原と B 抗原の両方をもつ
血清中の抗体	抗 A 抗体 抗 B 抗体	抗 B 抗体	抗 A 抗体	抗 A 抗体も抗 B 抗体ももたない
遺伝子型	ii	I^AI^A I^Ai	I^BI^B I^Bi	I^AI^B

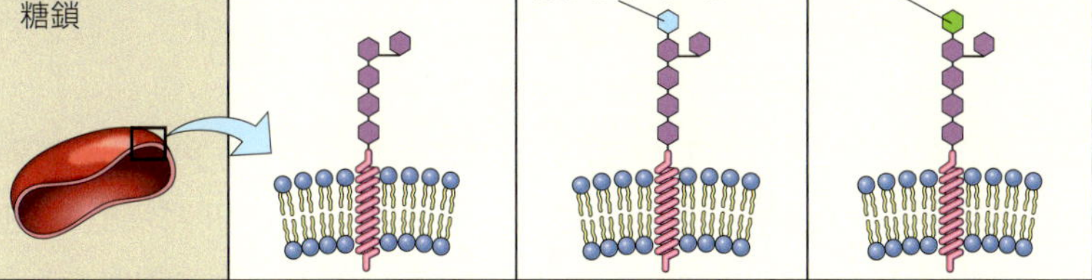

血液型	A × B	A × B	A × B	A × B
P	I^AI^A × I^BI^B	I^Ai × I^BI^B	I^AI^A × I^Bi	I^Ai × I^Bi
配偶子	I^A　I^B	I^A　i　I^B	I^A　I^B　i	I^A　i　I^B　i
F_1	I^AI^B	I^AI^B　I^Bi	I^AI^B　I^Ai	I^AI^B　I^Bi　I^Ai　ii
血液型	AB	AB　B	AB　A	AB　B　A　O

▶図 4-33　ヒトの ABO 式血液型と遺伝様式

これに対してO型では，グリコシルトランスフェラーゼ遺伝子にフレームシフト変異があり，活性のない短い酵素ができるため，糖鎖になにも付加されない。AB型は，A型およびB型の両方のグリコシルトランスフェラーゼをもっているため，ガラクトース残基に*N*-アセチルガラクトサミンでもガラクトースでも付加することができる。

グリコシルトランスフェラーゼ遺伝子は，第9染色体の長腕(q)バンド34に位置する。タンパク質をコードする部分は，354個のアミノ酸(1,062塩基が対応)からなっている。A型遺伝子(I^A)とB型遺伝子(I^B)は，354個のアミノ酸のうち4個が異なっている。O型遺伝子(i)はA型遺伝子と基本的には同じ構造をしているが，258番目のアミノ酸に対する3つの塩基のうちグアニン(G)が欠如していて，フレームシフト変異のために，それより下流の300近い塩基の遺伝情報が無意味になっている。

染色体のバンド
酵素処理のあとでギムザ染色という方法で染色体を染めるとGバンドとよばれる縞模様があらわれ，このバンドにはセントロメア(▶61ページ，図3-1)から番号がつけられている。染色体の番号および染色体の短腕(p)と長腕(q)と合わせて表記することで，染色体上の位置を示すことができる。

A型遺伝子とB型遺伝子はO型遺伝子に対して優性であり，図4-33に示すように遺伝する。しかし，1997年にO型の父とB型の母から，生まれるはずがないA型の子どもが生まれた。DNA鑑定の結果，本当の親子であることが確認されたが，これは，BOの遺伝子型をもつ母親の2つの遺伝子の一部で遺伝子変換とよばれる組換えがおこり，O型遺伝子がA型遺伝子のはたらきをするものに変化したことによると説明されている。

● Rh式血液型

1939年，流産した妊婦の血清中からABO式とは異なる抗原が報告された。その後，アカゲザルを用いた実験によりこの抗原が発見され，これをアカゲザルの英名(rhesus macaque)にちなんでRh因子とよんだ。

Rh因子をもっているヒトをRh^+，もっていないヒトをRh^-と表現する。通常は，Rh^+のヒトの体内にもRh^-のヒトの体内にもRh因子に反応する抗体(抗Rh抗体)はない。しかし，Rh^+のヒトの血液をRh^-のヒトに輸血すると，Rh^-のヒトの体内にRh因子に対する抗体ができてくる。2回目に再びRh^+の血液を輸血すると，受血者の抗Rh抗体が輸血された血球のRh抗原と反応して血球が凝集したり，溶血(赤血球がこわされること)がおこったりして，生命の危機をまねくことになる。

この血液型もメンデル式の遺伝をする。Rh^+の遺伝子はRh^-の遺伝子に対して優性であり，Rh^+の男性とRh^-の女性の間にできた子どもは，Rh^+になる可能性が50%以上ある。胎児と母体の間に血液の直接の交流はないが，出産の際に臍帯(さいたい)(臍(へそ)の緒(お))より子どものRh^+の血液が母体に入り込むことがあり，その結果，母体に抗Rh抗体ができる。

この子どもは抗体ができる前に生まれるので問題はないが，次の妊娠のときに胎児がRh^+であると，母体内にあらかじめできていた抗Rh抗体が胎盤を通って胎児に入り，Rh^+抗原をもった胎児の赤血球と反応する。その結果，溶血が生じ，赤血球中のヘモグロビンがビリルビンに分解されて胎児は重症の黄疸(おうだん)(ビリルビンのため全身が黄色となる)になる。かつては，このような胎児は流産になることも多く，無事に生まれても，貧血のために生存が困難であった。しかし現在では，このような胎児は血液を交換することによって救うことができるようになった。

わが国では Rh^- のヒトは約 0.5％で，上に述べたようなことがおこるのはまれであるが，ヨーロッパでは Rh^- のヒトが 20％にも達し，医学上の大きな問題であった。

3 ヒトのX連鎖性遺伝

前述したように，ヒトは常染色体を 44 本，性染色体を 2 本もっており，男性は 44＋XY，女性は 44＋XX である。減数分裂で卵を生じると，卵の染色体数は半数性となり 22＋X であるが，精子には 22＋X，22＋Y の 2 種ができる。22＋X の精子が受精すれば，子は 44＋X＋X となって女性となり，22＋Y の精子が受精すれば，44＋X＋Y となって男性となる。

X 染色体には性以外の形質に関する遺伝子も含まれているため，男女で遺伝形質のあらわれ方が異なる。

たとえば，緑と赤の区別ができない色覚異常は，日本人では，男性で 5％，女性で 0.3％ぐらいである。それは，この色覚異常の遺伝子が劣性であり，男性では色覚異常遺伝子をもった X 染色体 1 本だけで色覚異常が発現するが，女性では，X 染色体が 2 本ともに色覚異常遺伝子をもったとき(ホモ接合体)だけに発現し，1 本だけのとき(ヘテロ接合体)は正常となるからである(▶図 4-34)。しかし，後者の場合も色覚異常遺伝子をもっているので保因者となる。

また，血液が凝固するにはさまざまな要因がはたらく(▶185 ページ)が，これらの要因のなかには数種の酵素が含まれている。これらの要因のいずれかが欠けると血友病になる。血友病患者の約 75％では，凝固第Ⅷ因子が欠けており，25％では，第Ⅸ因子(クリスマス因子)が欠けている。これらの因子の遺伝子は X 染色体上にあるため，発病者は男性がほとんどである。

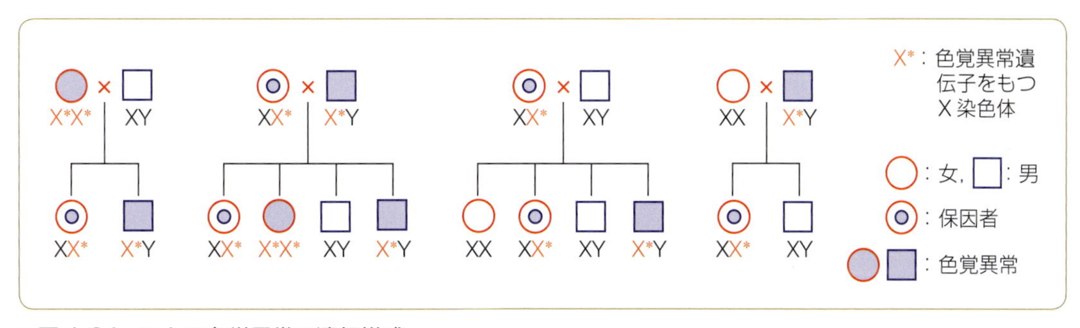

▶図 4-34 ヒトの色覚異常の遺伝様式

② 先天性異常

1 遺伝性疾患

先天性の遺伝子異常による疾患(遺伝性疾患)のなかには，原因となる分子レベルの変異が明らかになっているものがある。現在では数多く知られているが，そのうちおもな2例について述べる。

● フェニルケトン尿症

フェニルケトン尿症は，常染色体にある劣性遺伝子の変異により，アミノ酸の一種であるフェニルアラニンをチロシンに代謝するフェニルアラニン水酸化酵素の先天的欠損によりおこる。尿・血中のフェノール値が高く，知的障害や重度の心身障害を伴う。乳幼児のときから低フェニルアラニン食とすることで正常に発達するため，わが国はフェニルケトン尿症を含めた17の先天性代謝異常などについて，新生児での集団検査(マススクリーニング)が行われている。

● 鎌状赤血球貧血症

正常な赤血球は中央がくぼんだ円形であるが，鎌状赤血球貧血症のヒトの赤血球は鎌のように変形している。鎌状赤血球は酸素運搬能が低下するため，先天性の悪性貧血となる。

ポーリング L. C. Pauling は，この症状のヒトではヘモグロビンの電気泳動像が異なることを発見した(1949年)。その後，イングラム V. M. Ingram がヘモグロビンの β 鎖(β グロビン)の146個のアミノ酸配列を決定し，6番目のアミノ酸は，健常者ではグルタミン酸であるが，この患者ではバリンになっていることを報告した(1957年)。

グルタミン酸の遺伝暗号はGAAとGAGであるのに対して，バリンはGUX(XはA・U・G・Cのどれでもよい)である。鎌状赤血球貧血症は，DNAの塩基配列がたった1個置換されたために，赤血球の形態から機能までまったく異なってしまった極端な例の1つである。

鎌状赤血球貧血症をおこす遺伝子を S，正常対立遺伝子を A であらわすと，S/S のホモ接合体のヒトは重症の貧血となり，適応度が低く，子どもを多くは残せない。また，A/S のヘテロ接合のヒトは軽度の貧血となる。

その一方，S/S では，マラリア原虫が赤血球中で繁殖しにくいためマラリアに対する抵抗力が強く，A/S でも，ある程度のマラリア抵抗性があることが知られている。したがって，マラリアの流行している地域では，ヘテロ接合のヒトは，A/A の正常のホモ接合のヒトよりも子どもを残す機会が大きくなる。

アフリカのマラリア感染症が流行している地域では，集団中の S 遺伝子の頻度が最高で30%をこえている。わが国ではマラリアの危険がないので，S

遺伝子は貧血をおこすだけで不利なため，強い自然選択(▶277ページ)を受け，*S*遺伝子をもつヒトはほとんどいない。

2 遺伝子診断と遺伝子治療

集団中に複数種類の対立遺伝子が存在する状態を**多型**とよぶ。具体的には，同一種の集団でゲノムの塩基配列に多様性が存在する状態が多型である。多型が1つの塩基の変異によるものを**一塩基多型** single nucleotide polymorphism (SNP)という(複数形でSNPs〔スニップス〕ということも多い)。遺伝子診断は，これらの多型の検出により行われることも多い。

● 遺伝子診断

遺伝子診断の目的として，① 病原微生物などの自己に存在しない外来遺伝子の検出(存在診断)，② 悪性腫瘍などの体細胞の一部に生じた遺伝子変異(体細胞変異)の検出，③ 遺伝性疾患の原因と考えられる個体を構成するすべての細胞にみられる遺伝子変異(生殖細胞変異)の検出，④ DNA塩基配列の個体差についての解析(DNA多型解析)，などがあげられる。これらの検査は，DNAの塩基配列に基づく変異を直接解析するため，正確な結果が期待でき，また劣性遺伝子の変異についても検出が可能である。

一方，その適用にあたっては，個人のプライバシー保護などの問題について，倫理的判断が要求される。以下に遺伝子診断の2例について述べる。

◉ 制限酵素切断片多型(RFLP)による変異の検出

制限酵素，たとえば*Eco*RⅠであればGAATTCという配列を認識し，その部位を切断する。ところがGAATTCという配列が1塩基だけ置換されてGAGTTCとなれば，もはやその部位は切断されない。したがって，サザン-ハイブリダイゼーション(▶115ページ)を利用したDNAの同定法(サザン-ブロッティング)による解析により，プローブによって検出される断片に応じて，遺伝子型が決定できる(▶図4-35)。この手法を用いて検出される多型を，**制限酵素切断片多型** restriction fragment length polymorphism (RFLP)という。

RFLP解析は，PCR法(▶94ページ「NOTE」)と組み合わせて実施することも可能である(PCR-RFLP)。鎌状赤血球貧血症をおこすβグロビン遺伝子の中には，制限酵素の一種である*Mst*Ⅱによって切断される部位の1か所に変異がある(▶図4-36)。PCR産物を約500塩基対となるよう設計されたプライマーでPCRを行ったのちに，*Mst*Ⅱで反応させる。正常な対立遺伝子*A*からのPCR産物には*Mst*Ⅱ切断部位が含まれているので，電気泳動により300塩基対と200塩基対の産物が観察されるが，変異対立遺伝子*S*からのPCR産物には*Mst*Ⅱ切断部位が含まれていないので，電気泳動により500塩基対の産物が観察される。これにより，遺伝子型(*AA*，*AS*，*SS*)の判断が可能である。

PCR-RFLPは，サザン-ブロッティングを用いず簡便である。また，PCR法

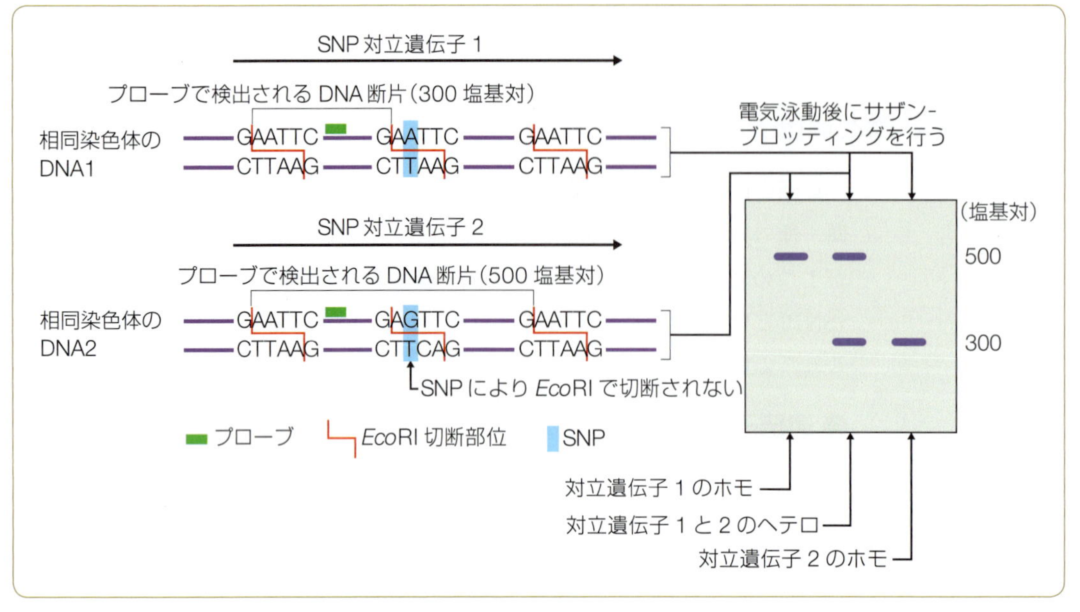

▶図 4-35　RFLP 法による一塩基多型(SNP)の検出の例

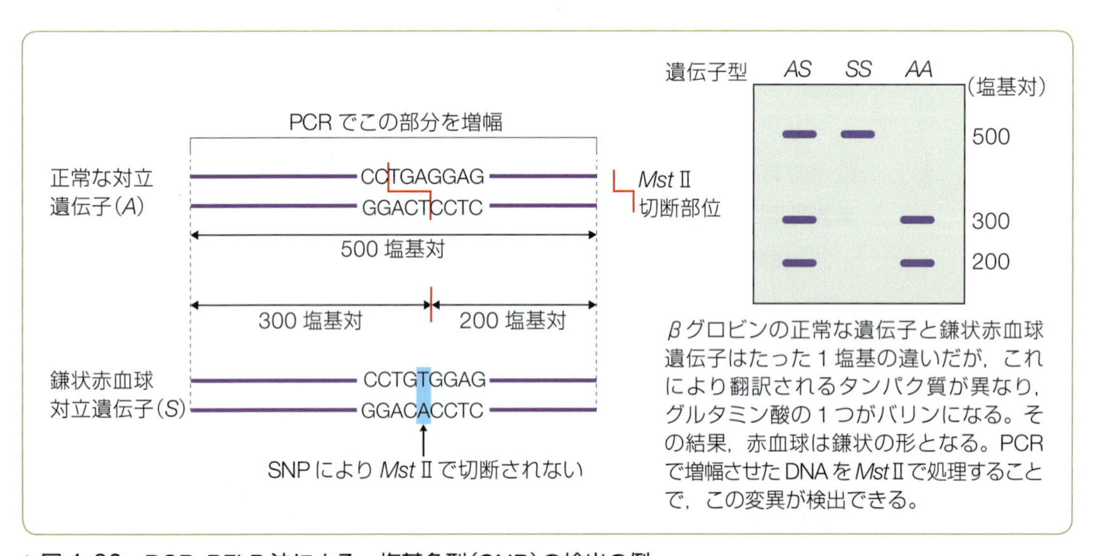

▶図 4-36　PCR-RFLP 法による一塩基多型(SNP)の検出の例

を用いるため少量の検体でも検出が可能であることから，羊水穿刺で得られた胎児細胞の遺伝子診断に適しており，実用化されている。

◉ マイクロサテライト多型による変異の検出

ヒトの DNA には，CACACA……のような単純な繰り返し塩基配列が随所に存在しており，この配列を**マイクロサテライト**とよぶ。この繰り返しの回数には個人差，つまり多型がみられ，**マイクロサテライト多型**とよばれる。

マイクロサテライトをはさむようなプライマーを設計して，PCR で DNA 断片を増幅し，電気泳動法で解析すると，図 4-37 のようにマイクロサテライト

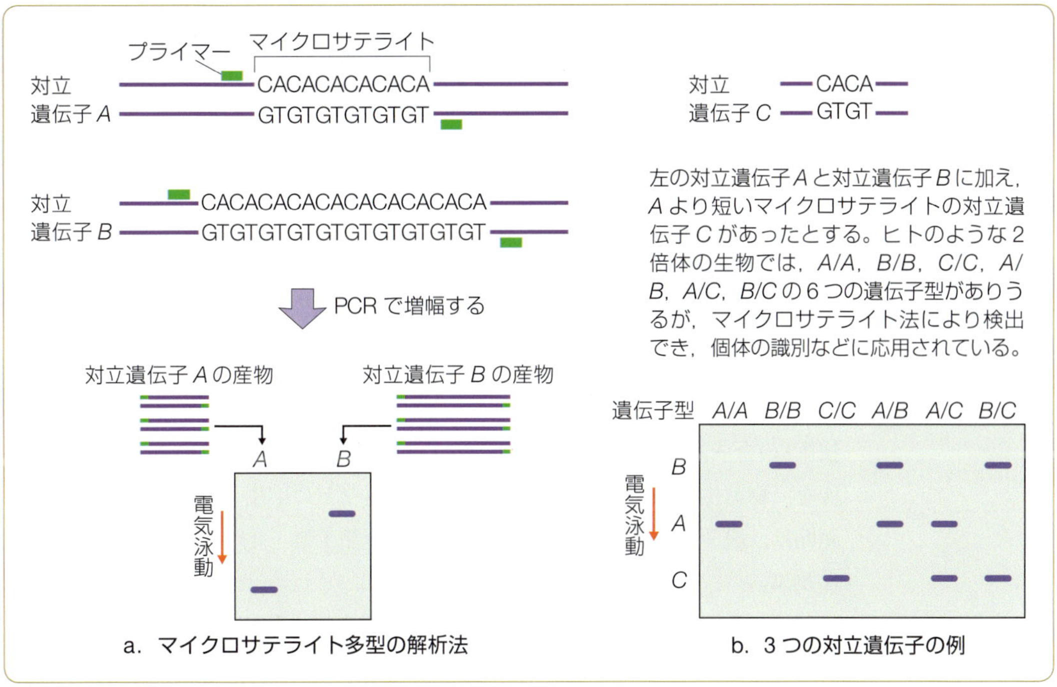

プライマー　マイクロサテライト

対立遺伝子 *A*　CACACACACACA / GTGTGTGTGTGT

対立遺伝子 *B*　CACACACACACACACACACA / GTGTGTGTGTGTGTGTGTGT

PCR で増幅する

対立遺伝子 *A* の産物　対立遺伝子 *B* の産物

A　*B*

電気泳動

a. マイクロサテライト多型の解析法

対立遺伝子 *C*　CACA / GTGT

左の対立遺伝子 *A* と対立遺伝子 *B* に加え，*A* より短いマイクロサテライトの対立遺伝子 *C* があったとする。ヒトのような 2 倍体の生物では，*A/A*，*B/B*，*C/C*，*A/B*，*A/C*，*B/C* の 6 つの遺伝子型がありうるが，マイクロサテライト法により検出でき，個体の識別などに応用されている。

遺伝子型　*A/A*　*B/B*　*C/C*　*A/B*　*A/C*　*B/C*

B　*A*　*C*

電気泳動

b. 3 つの対立遺伝子の例

▶図 4-37　マイクロサテライト法による多型検出

多型が，バンドの長さとして検出される。たとえば，*A*・*B*・*C* の 3 つの対立遺伝子がある集団で検出を行うと，2 倍体では理論上 6 種類存在する遺伝子型(*A/A*，*B/B*，*C/C*，*A/B*，*A/C*，*B/C*)を判別することができる。

● 遺伝子治療

遺伝子治療は，病気におかされている人の細胞に遺伝子や遺伝子の断片を導入し，病気を克服あるいは軽減することを目的とする。遺伝子治療はそれ以外には有効な治療法がない疾患に対処する必要性から発展してきたが，治療対象が感染症・がん・遺伝性疾患など，そのいずれかによりそれぞれ異なった戦略がとられている。

遺伝子治療のために，遺伝子を運ぶためのベクターが研究・開発されている。多くはアデノウイルスやレトロウイルスなどのウイルスを改変して作成されて

NOTE
マイクロサテライト多型の応用例

ヒトの集団はマイクロサテライトの多型性が高く，きわめて多くの対立遺伝子が存在する。したがって，複数のマイクロサテライト座位を解析することにより，個人の特定が可能となる。この解析法は，犯罪捜査に使われるほか，2001 年のアメリカ同時多発テロ事件や，2011 年の東日本大震災においても，損傷した遺体の個体識別を行うため多用された。

いる。しかしながら，アデノウイルスベクターは，免疫反応を引きおこし，遺伝子導入しても結局は拒絶されること，また激しい免疫反応による死亡例が報告されている。また，レトロウイルスベクターでは白血病発症の副作用が多発したことから，現在でも研究段階にあり，実用化されているわけではない。

I 遺伝子組換えの応用

バイオテクノロジー biotechnology とは，biology（生物学）と technology（科学技術）の合成語である。バイオテクノロジーは生物のもっているさまざまな機能を，物質生産やエネルギー変換，情報伝達などに応用することであり，その範囲は，農業・資源・エネルギー・医薬・食品工業・化学工業といった広範囲に及ぶ。

バイオテクノロジー（あるいは略してバイオ）という表現が盛んに喧伝されるようになったのは，1970 年代の DNA クローニング技術と DNA 塩基配列の解析技術の開発に端を発している。これらの技法は基礎生命科学の急速な進歩に多大の貢献をしたのみならず，応用分野へ，さらに一般社会へとその影響を拡大しつつある。

ここでは，遺伝子組換え技術により可能となった新しい薬品・食品について述べる。

● 有用タンパク質の生産

インスリン▶ これまで注射薬として使用されていたインスリンは，主としてブタの膵臓より精製されていた。しかし，ブタのインスリンとヒトのインスリンとではアミノ酸配列が 1 か所異なるため，長期にわたる注射により，約 20 人に 1 人にブタのインスリンに対する抗体の産生がみられた。そのため，ヒトのインスリン製剤の開発が待たれていた。

発現ベクター
大腸菌や酵母の細胞内において，組み込んだ遺伝子を発現させることができるベクターをよぶ。

そこで，インスリン A 鎖と B 鎖に対応する DNA を化学合成し，それぞれを発現ベクターにつなぎクローニングした。大腸菌あるいは酵母に，A 鎖と B

NOTE

遺伝子治療の第 1 号

1990 年に，アデノシンデアミナーゼ（ADA）とよばれる酵素の欠損症に対する遺伝子治療が行われた。この酵素が欠失すると dATP（▶116 ページ）の蓄積により T 細胞の成熟阻害がおこり，重篤な免疫不全をまねく。患者から骨髄細胞を採取し，正常な機能をもつ *ADA* 遺伝子を導入したのちに，患者に移植した。酵素補充療法の併用であったが，一定の効果がみられ，成功例の 1 つとされている。

NOTE

ゲノム編集

近年，ゲノムの塩基配列中のねらった遺伝子を破壊したり，ねらった部位のDNAの塩基配列を変化させたりする技術が開発され，ゲノム編集技術とよばれている。この技術は，標的となる塩基配列のみでDNAの二本鎖を切断するヌクレアーゼ(核酸分解酵素)を作用させたのち，細胞のもつDNAの変異の修復(▶121ページ)作用を利用して，結果的に遺伝子を機能できなくしたり，塩基配列を変化させたりするものである。

この技術は大きく，①非相同末端結合 non-homologous end joining(NHEJ)修復の経路によるものと，②相同組換え homology directed repair(HDR)修復の経路によるものに分けられる(▶図)。

ヒトを含む脊椎動物の多くの組織(受精卵も含む)では，DNAの二本鎖が切断された際，無理やり結合させるNHEJで修復される場合が多い。そのとき，高頻度で欠失や挿入がおこり，フレームシフト変異(▶121ページ)などが生じる。

また頻度は低くなるが，DNAの二本鎖が切断された際に外来のDNA断片を細胞に導入すると，HDR修復によりねらった部位に外来の遺伝子を導入したり，塩基の置換・変異を引きおこしたりすることも可能である。

現在，最も利用されている技術は，A群レンサ球菌に由来するCRISPR/Cas9システムである。CRISPR/Cas9システムは，バクテリオファージの特異的な塩基配列のみでDNAの二本鎖を切断するという細菌の獲得免疫システムであり，これを遺伝子組換え技術に応用したものである。標的となるゲノム配列と相同なガイドRNAがゲノムDNAと結合すると，ヌクレアーゼであるCas9がその領域で切断する。そのあとは，NHEJまたはHDRの修復経路の性質を利用して遺伝子を改変する。

この技術は，応用力が高いばかりでなく，必要なコストや期間を低減させることができるため，医学や生物学の研究に革命的な変革をもたらした。また，さまざまな家畜や作物にも応用可能であるので，将来が期待されている。

一方，2015年に，ヒトにおけるCRISPR/Cas9によるゲノム編集の効率や，オフサイトターゲットとよばれる予期しない変異の出現頻度が発表され，倫理的関心を集めることとなった。

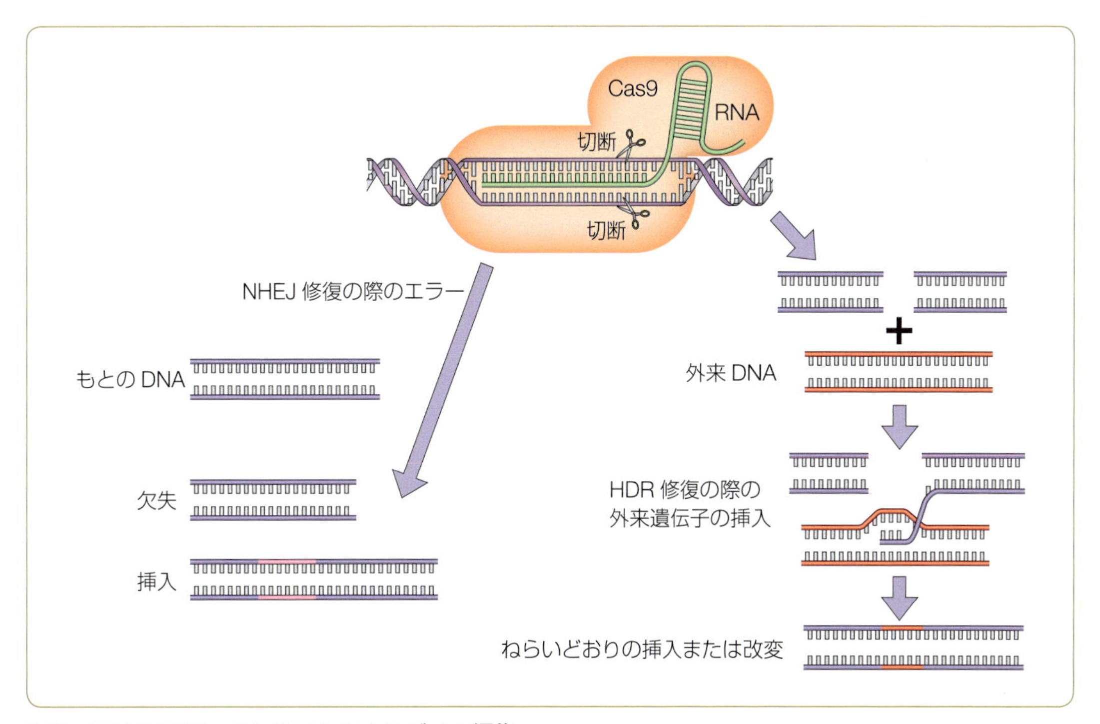

▶図　CRISPR/Cas9システムによるゲノム編集

鎖に対応するポリペプチドをつくらせて精製したのちに，それらを S-S 結合させることにより，ヒト型のインスリンをつくることが可能となっている。

遺伝子組換え作物

最初に市場に出た遺伝子組換え作物は，1994 年にアメリカでつくられたフレーバーセイバートマトである。1997 年に厚生省(現厚生労働省)は，除草剤耐性・害虫抵抗性などを付加されたダイズ・ジャガイモ・トウモロコシなど 5 種 15 品種の農作物について，安全性に問題はないとして輸入を認めた。

遺伝子組換え作物の安全性については，「遺伝子組換え作物は従来の育種技術の延長線上にあり，新しく付加される性質について安全性を確認すればよい」とする立場と，「種の壁をこえて遺伝子を操作することは，従来の品種改良とは本質的に異なる」という両方の主張があり，議論の決着はついていない。消費者である私たちも含め，科学的な知識に基づいた検討が必要である。

ゼミナール

復習と課題

❶ 下記の用語を説明しなさい。
対立遺伝子(アレル)，相同染色体，優性と劣性，連鎖，乗換え

❷ エンドウの豆の色で，黄色が緑色に対して優性である理由を，クロロフィル分解酵素を想定して考察しなさい。

❸ DNA が遺伝情報を担う物質であることは，どのような根拠に基づいているか。

❹ DNA の 2 重らせんは，遺伝情報の保存・複製・修復にきわめて有利な構造である。その理由を考えよ。

❺ PCR と塩基配列解析法の原理を説明せよ。

❻ 原核生物と真核生物を比較して，mRNA の生成過程にみられる類似点と相違点について述べよ。

❼ タンパク質合成における tRNA の役割について解説せよ。

❽ 制限酵素とはなにか。遺伝子のクローニングと構造解析に制限酵素はどのように役だっているか。

❾ 赤緑色覚異常および血友病が男子に多い理由を述べよ。

❿ 遺伝子診断における一塩基多型の検出のされ方をまとめよ。

生物学

生殖と発生

生物個体は，**生殖** reproduction により自分と同じ種類の個体を生産して残す。生殖は生命現象の特徴の１つであり，生殖により生物は個体の寿命をこえて種の存続と繁栄をはかることができる。

生物の生殖は，そのための特別な細胞が関与しない様式と，配偶子とよばれる生殖細胞が関与する様式との２通りに大別される。前者の場合，単細胞性の生物では，細胞分裂によって生じる細胞がただちに新しい個体となる。多細胞性の生物では，個体の一部が出芽して新たな個体をつくる。

後者では，雄性および雌性生殖細胞の接合により単細胞の受精卵が生じるが，個体となるためには，細胞分裂によって増殖して，からだの各部分や各器官をつくらなければならない。この過程を**発生** development または**個体発生** ontogeny とよぶ。また，細胞が，それを含む器官に特有の形態と機能を発現するようになることを，細胞の**分化** differentiation とよぶ。

本章では，生殖の方法と発生・分化のしくみを，おもに動物について学ぶ。

A 無性生殖と有性生殖

生殖は，配偶子が関係しない**無性生殖**と，配偶子をつくることで生殖を行う**有性生殖**とに分けることができる。無性生殖は，海綿動物や刺胞動物，扁形動物，環形動物など(▶267 ページ，図 8-12)でみられるが，動物界全体のなかでは少数派である。多くの動物は有性生殖を行う。

① 無性生殖

1 分裂と出芽

分裂▶ 単細胞の生物は，細胞分裂によって個体が２つに分裂することで増殖する(▶図 5-1-a)。たとえば，原核生物の細菌はからだが横断して２個体になり，真核生物のアメーバも核膜は消失しないが，有糸分裂で増殖する。このような生殖法を**二分裂**という。

また，クラゲなどの刺胞動物は通常，雌雄異体であり，有性生殖と無性生殖を交互に行う。受精は，海水中に放出された精子と卵子によって，あるいは海水中の精子が雌に取り込まれることでおこる。受精卵からプラヌラ幼生を経て成長した多細胞性のポリプは，からだに横裂ができてストロビラとなり，ストロビラの上方からエフィラとなって分離する(▶図 5-1-b)。エフィラは成長してクラゲとなる。これは発生の途上でからだが分裂して，多数の新しい個体をつくる方法である。

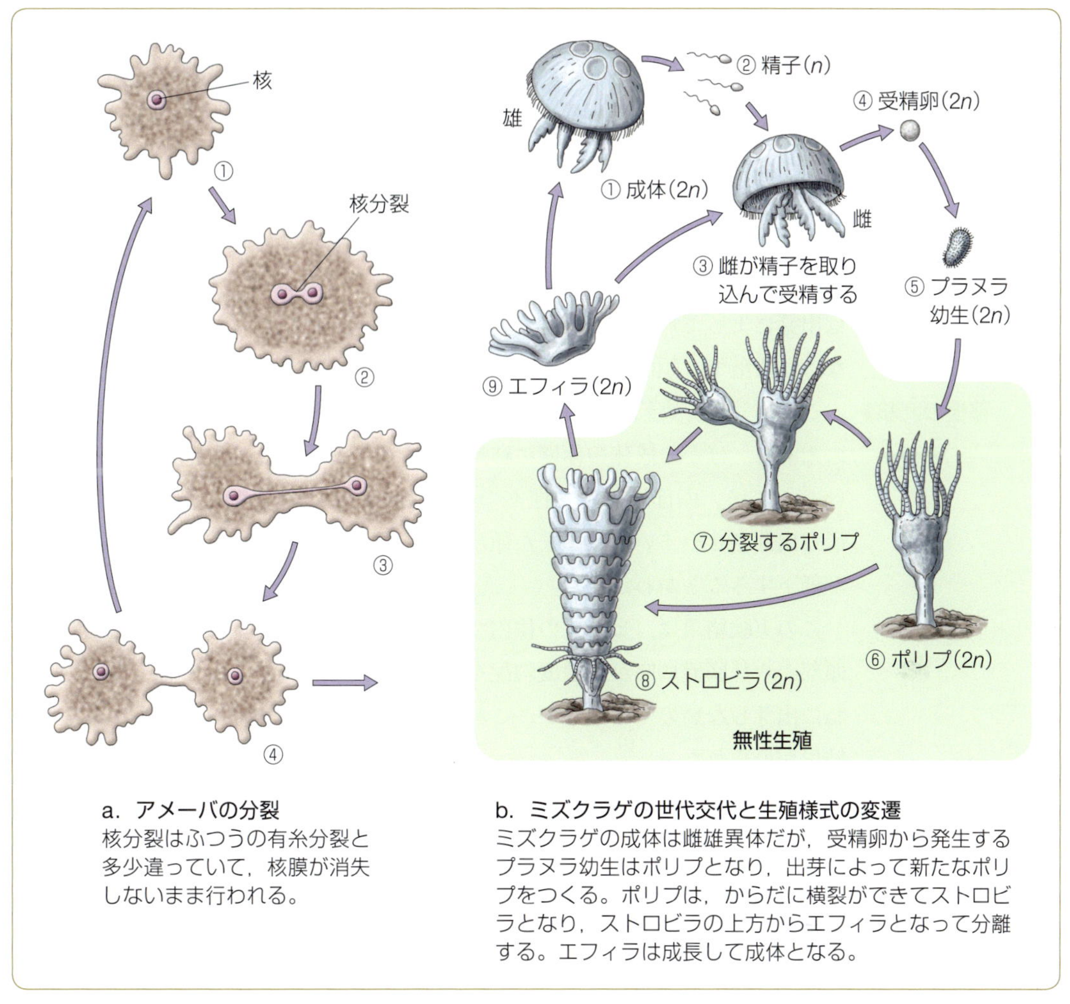

a．アメーバの分裂
核分裂はふつうの有糸分裂と多少違っていて，核膜が消失しないまま行われる。

b．ミズクラゲの世代交代と生殖様式の変遷
ミズクラゲの成体は雌雄異体だが，受精卵から発生するプラヌラ幼生はポリプとなり，出芽によって新たなポリプをつくる。ポリプは，からだに横裂ができてストロビラとなり，ストロビラの上方からエフィラとなって分離する。エフィラは成長して成体となる。

▶図 5-1　無性生殖

出芽▶　無性生殖には，分裂以外にも，個体の一部にふくらみができ，それが独立する様式もある(▶図 5-2-a)。これは，**出芽**とよばれ，動物では，海綿動物や刺胞動物に多くみられる。

系統進化上，脊椎動物に最も近い原索動物のホヤは，有性生殖を行うが，群体をつくるホヤは，有性生殖を行う一方で，個虫の血管の一部がふくらみ，出芽により新個体が生じる無性生殖も行う。

いずれの方法でも，無性生殖は有性生殖より生殖速度は速く，繁殖に有利であるが，一般に子は親と遺伝的に同一であるため，環境が変化した場合に適応できずに種が全滅する危険性が高い。

2 再生

出芽による無性生殖は，生物界で広くみられる**再生** regeneration の一形態である。一般に再生とは，幼体ないし成体において，発生過程を再現することによって，失われた組織・器官を回復する現象をさすが，たとえば刺胞動物では，正常の生活環のなかで再生が生殖の様式として用いられている。

ヒドラの出芽(形態調節)

ヒドラ *Hydra* は，体長 5 mm ほどの淡水産の刺胞動物で，頭部に触手をもち，足の部分(基底盤とよばれる)で水中の石や植物に付着する。ヒドラは，低水温や生息密度が高いなど，環境の条件がわるいときには有性生殖をするが，通常は出芽によって無性生殖を行う。出芽は，ヒドラが成長して，ある程度大きくなった段階で，頭部から全長の 2/3 ほどの部位の体壁からおこる(▶図 5-2-a)。

移植の実験▶ この出芽は，実験的に引きおこすこともできる。たとえば，ある成体の頭部の組織を，ほかの成体の体壁に移植すると，その部分から頭部の出芽がおこる(▶図 5-2-b)。頭部以外にも種々の組織を移植して調べた結果，頭部の組織が最も出芽させやすいこと，また頭部から基底盤に向かうほど，出芽させる能力が低下することがわかった。

この実験結果は，ヒドラの体内では，出芽を引きおこすなんらかの物質が，頭部から基底盤に向かう濃度勾配をもつことを示している。それでは，なぜつねに出芽しないのであろうか。これを確かめるために実験を行い，次のような結果が得られた。

頭部から少し下の部分を，ほかの個体の頭部に移植したところ，出芽はおこらなかった(▶図 5-2-c)。しかし，同じ移植片を，頭からより離れた部位に移

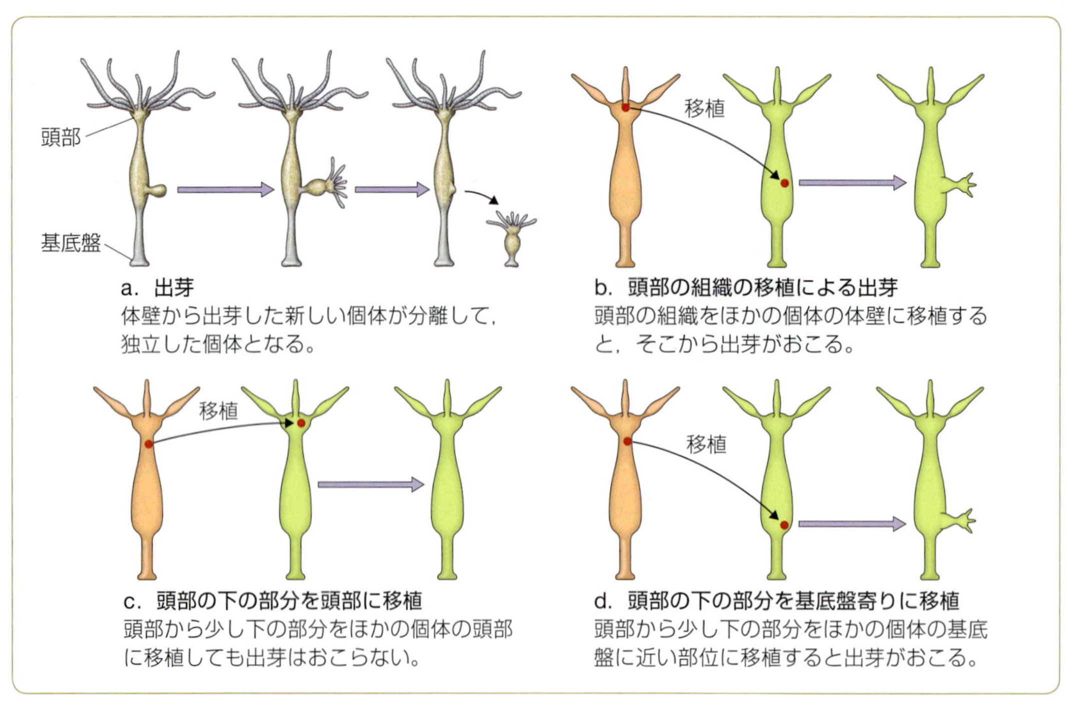

a．出芽
体壁から出芽した新しい個体が分離して，独立した個体となる。

b．頭部の組織の移植による出芽
頭部の組織をほかの個体の体壁に移植すると，そこから出芽がおこる。

c．頭部の下の部分を頭部に移植
頭部から少し下の部分をほかの個体の頭部に移植しても出芽はおこらない。

d．頭部の下の部分を基底盤寄りに移植
頭部から少し下の部分をほかの個体の基底盤に近い部位に移植すると出芽がおこる。

▶図 5-2 ヒドラの出芽と再生

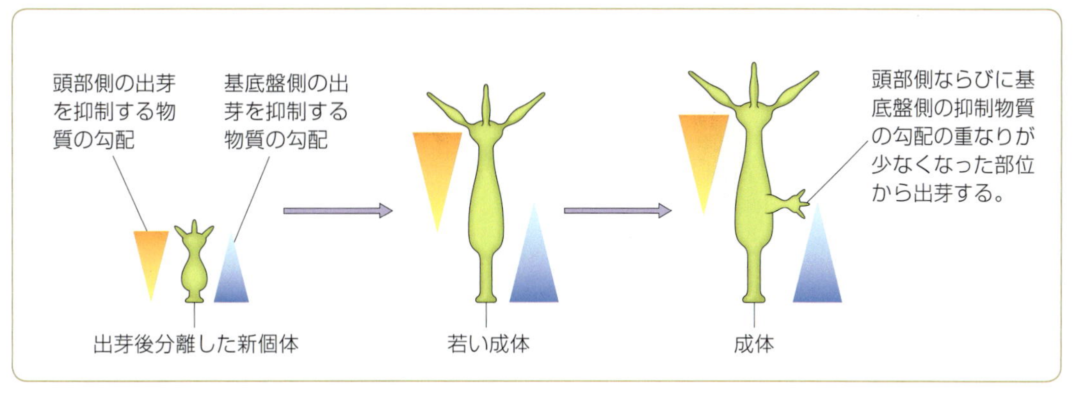

▶図 5-3　出芽を抑制する物質の勾配と出芽時期・部位

植すると，出芽がおこった(▶図 5-2-d)。このことは，出芽を抑制するなんらかの物質が，頭部から基底盤に向かう濃度勾配をもつことを示す。すなわち，頭部の組織は，出芽をおこす能力と，それを抑制する能力をもっている。そのため，ヒドラの成体では，頭部は1つしか存在しない。

このような出芽の誘引性および抑制性の物質は，基底盤の出芽についても存在し，基底盤から頭部に向かう濃度勾配をもつと考えられている(▶図 5-3)。新しく出芽したポリプは，体長が短く，その全域にわたって頭部および基底盤の抑制勾配が存在する。成長して時を経るとともに，この勾配が重ならない部位が生じる。ここで新たな出芽が生じると考えられるのである。

● さまざまな再生方法

再生現象は，程度の差こそあれ，すべての動物でみられる。再生の方法は4種に大別される。

[1] 幹細胞由来の再生　**幹細胞** stem cell は，発生過程において，特定の細胞に分化することなく，分裂能力を保持している細胞である。たとえば，ヒトの骨髄には造血幹細胞が存在しており，その分裂によって新たな造血幹細胞がつくられると同時に，血液の細胞成分(血球：赤血球，白血球，血小板)に分化する細胞もつくられる(▶184 ページ，図 6-22)。

[2] 付加形成　からだの一部を損失した場合，残された部位の細胞がいったん脱分化して未分化状態に戻り，細胞の増殖と再分化によって，あらためて損失した部分を再生することを付加形成とよぶ。たとえば，サンショウウオでは，付属肢を実験的に切断すると，失われた部分が再生する(▶図 5-4)。

> **脱分化**
> すでに分化している細胞が，その形態的・機能的特徴を失って未分化の状態に戻ること。

[3] 形態調節　すでに存在する組織の編成がえによる再生を，形態調節とよぶ。前述のヒドラの場合，体壁の組織が，新しい頭部・触手や体壁，基底盤となる(▶図 5-2-a)。

[4] 補償的な再生　哺乳類の肝臓が損傷したときには，肝細胞が分裂してつくる新たな肝細胞によって損傷部位が再生される。このように補償的な再生では，

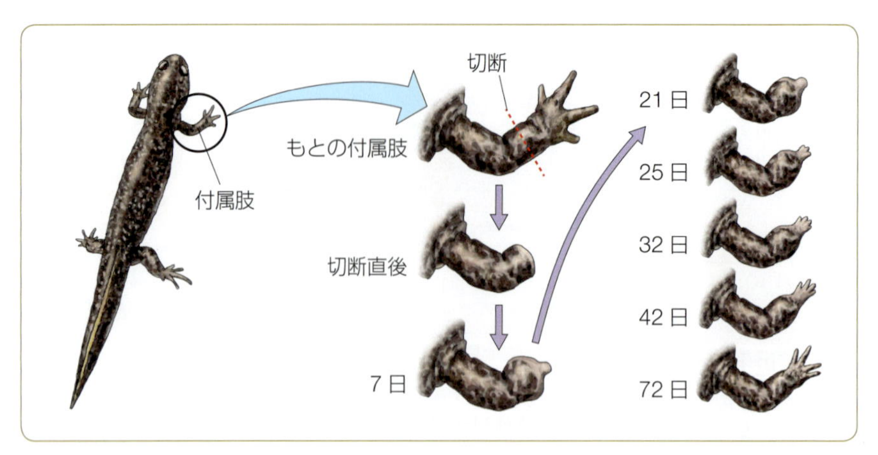

▶図 5-4　サンショウウオの付属肢の再生

すでに分化した細胞が分裂して，母細胞と同じはたらきをもつ新しい細胞がつくられる。

② 有性生殖

1 両性生殖

遺伝的に同一なものを増やす無性生殖に対し，有性生殖では**配偶子**とよばれる生殖細胞をつくり，多くの場合，配偶子の合体により新個体がつくられる(▶図 5-5)。これを雄と雌による**両性生殖**という。雄がつくる雄性配偶子は**精子**，雌がつくる雌性配偶子は**卵**(卵子，卵細胞)とよばれる。両性生殖では，配偶子が合体して 1 つの細胞になることを**接合**とよび，できた細胞は**接合子**(**接合体**)とよばれる。卵と精子の接合は**受精**とよばれ，受精で生じた接合子が受精卵である。

2 生活環

半数体と一倍体
動物のなかには，体細胞が 4 倍体や 8 倍体などの倍数体の系統も知られている。これらの生殖細胞は，半数体ではあるが，一倍体ではない。

個体が出生してから死ぬまでの過程を**生活史**とよび，世代ごとの生活史を，生殖細胞を介する循環過程として表現した図式を**生活環**とよぶ(▶図 5-5)。動物では，一般に，成体の体細胞は父親由来と母親由来の 2 セットの染色体をもつ。このような細胞を**二倍体**とよぶ(▶図 5-1-b，5-5 の $2n$)。これに対して，配偶子は減数分裂によって相同染色体が別々の細胞に分かれるため，1 セットの染色体のみをもつ。このような細胞は**半数体**または**一倍体**とよばれる(▶図 5-1-b，5-5 の n)。

動物では，半数体の時期と二倍体の時期が交互に繰り返される(**核相交代**)ことで，世代が交代していく。植物や藻類では，半数体の時期が相対的に長いが，動物の場合は一般に，一生の大半を二倍体の状態で終える。

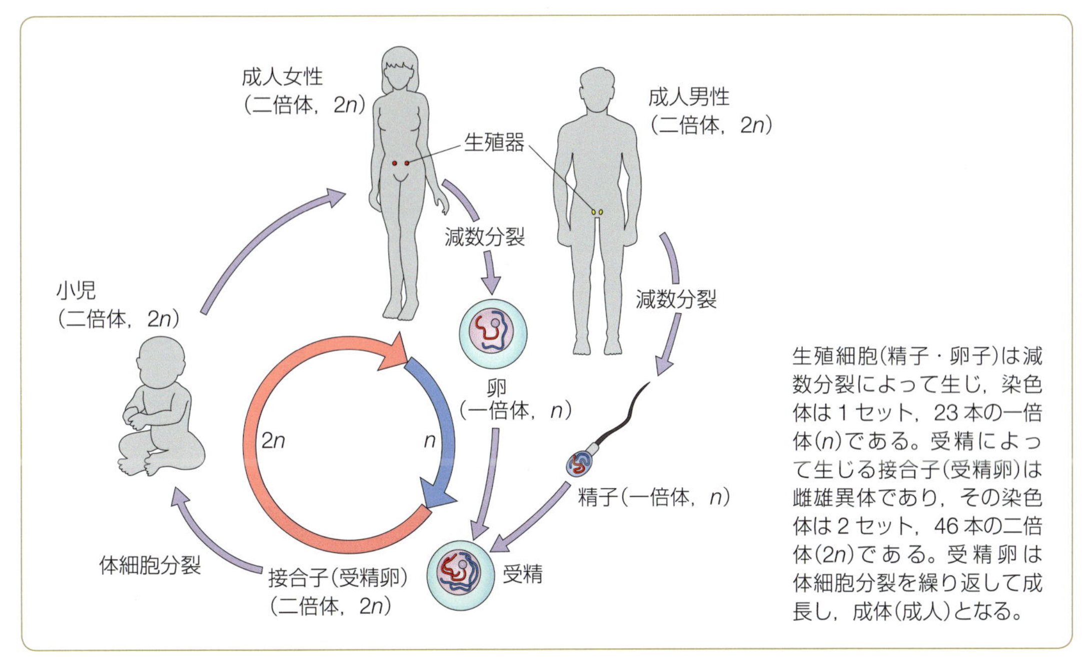

▶図 5-5　有性生殖(ヒトの生活環)

3 雌雄異体と雌雄同体

一般に雄と雌とは別個体であり，それぞれ精子と卵をつくる。精子をつくる器官である精巣をもつ個体と，卵をつくる器官である卵巣をもつ個体とが明瞭に区別される場合を**雌雄異体**とよぶ。それに対して，一個体で精子と卵がつくられる場合を**雌雄同体**とよぶ。ヒトを含む脊椎動物の大部分は雌雄異体を示すが，無脊椎動物では，ほとんどのグループに，雌雄同体を示す種が存在する。

雌雄同体には，同時的雌雄同体と継時的雌雄同体がみられる。前者では，雌雄同体の個体が同時的に複数存在し，交尾行動によって受精がおこる(▶図 5-6)。後者では，個体の生活史のなかで雄状態と雌状態が時間とともに変化し，やはり交尾行動が行われる(▶図 5-7)。

雌雄同体の利点▶

自家受精

雌雄同体の個体において，自分がつくった精子と卵子の間で受精がおこること。

多くの動物は進化の過程で雌雄異体であることを選んだ。では，なぜ雌雄同体の動物が存在するのだろうか。たとえば，条虫(サナダムシ；扁形動物)のように単独で寄生主体内で生殖しなければならない動物では，自家受精を行う。また，交尾相手を見つけにくい環境に生息しなければならない動物では，同時的雌雄同体のほうが雌雄異体より交尾相手を見つけられる確率が高くなる。継時的雌雄同体の場合，生まれてくる個体がすべて雄または雌になることにより，近親交配を避けている種もある。

4 単為生殖

ハチなどでは，半数性の未受精卵が発生して個体となる生殖が見られ，これ

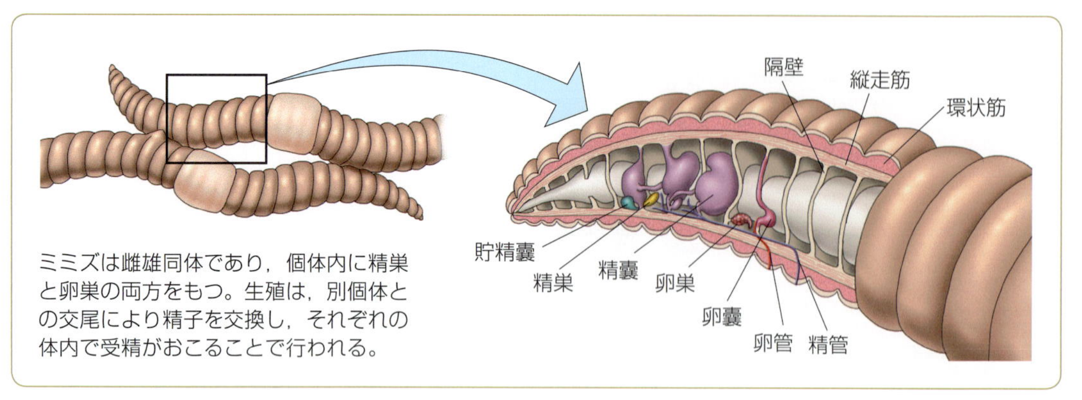

ミミズは雌雄同体であり，個体内に精巣と卵巣の両方をもつ。生殖は，別個体との交尾により精子を交換し，それぞれの体内で受精がおこることで行われる。

▶図 5-6 ミミズの生殖行動と生殖器官

1 匹の個体を中心として数匹ないし十数匹の集団で生活する。生まれたときにはすべての個体は雄であるが，集団の中で最も大きい個体が雌化する。2 番目に大きい個体は，集団内では唯一の交尾可能な状態にある雄である。雌がいなくなるとこの雄が雌となり，次の雄個体が交尾可能となる。

▶図 5-7 からだの大きさが性を決めるクマノミ

を**単為生殖**(**単為発生**)という。

ミツバチの体細胞の染色体は 32 本で，減数分裂によって生じたこの卵は染色体数が 16 本である。ふつうは受精した卵が発生し，発生個体は雌となり，食物とフェロモン(▶246 ページ)の関係で，女王バチと働きバチになるものとに分かれる(▶図 5-8)。しかし，ときに未受精卵もそのまま発生して雄となる。この場合，雄は半数性で精巣では減数分裂はおこらず，2 回の不等分裂によって，半数性の 1 個の精母細胞から 1 個の精子ができる。

人工単為生殖▶ ふつうは受精しなければ発生しない半数性の卵でも，適当な人工的処置によって発生を始めることがある。カイコガの未受精卵を針で突いたり，カエルやメダカの未受精卵を血清をつけた針先で突いたりすることにより，発生を始めさせることができる。また，ウニの卵を酪酸(らくさん)を含む海水に 1 分，正常海水に 10〜15 分，さらに高張海水に 30〜50 分浸すと正常に発生し，成体となる。これらを**人工単為生殖**(**人工単為発生**)という。

これらのことから，胚発生そのものにとって受精は必須条件ではなく，受精は卵に，発生のきっかけとなる刺激を与えるという意義があることがわかる。

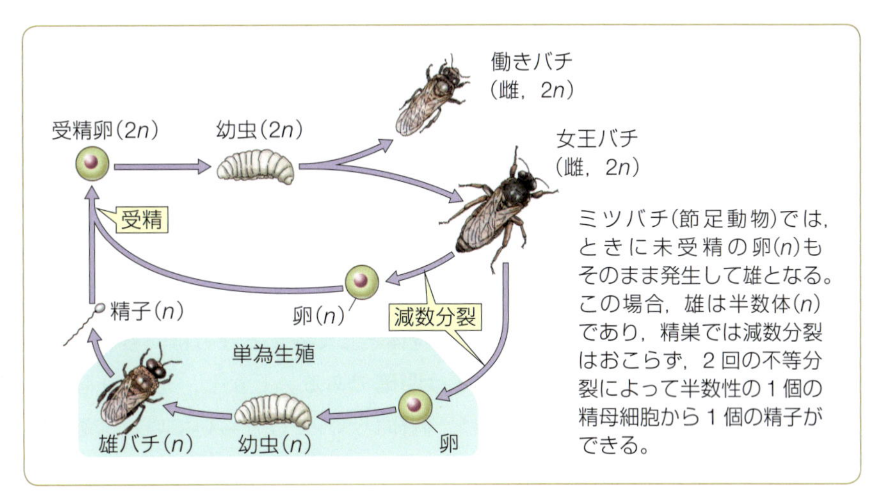

▶図 5-8　ミツバチの単為生殖

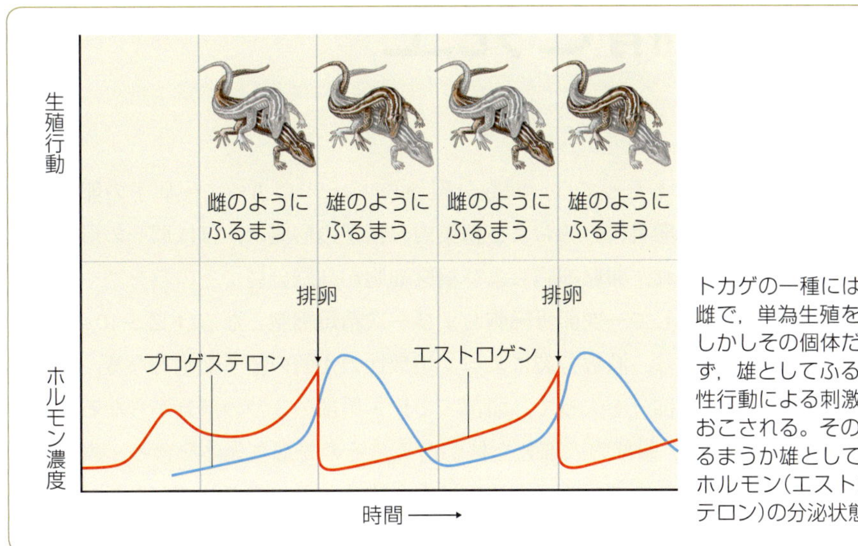

▶図 5-9　トカゲの一種で観察される単為生殖

単為生殖においては，受精がおこらないので，一般に，そのための行動(生殖行動)は必要でない。しかし，動物によっては，交尾行動がないにもかかわらず，性的な行動が生殖に必要である場合がある。あるトカゲの一種は，単為生殖によって増え，すべての個体が雌である。しかし排卵のためには，雄としてふるまう他個体との性行動による刺激が必要となる(▶図 5-9)。

5 有性生殖の意義

新たな個体をつくるだけならば，無性生殖でその目的は達成されるが，多くの動物が有性生殖を選んで進化してきたという事実は，有性生殖の生物学的な優位性を示唆している。しかし，残念ながら今日においても，なぜ有性生殖なのか，という問に明確な答えは得られていない。すでに学んだように，配偶子がつくられる減数分裂では，染色体が互いに独立に分配され，また，染色体間で乗換えがおこる(▶86 ページ)。さらに，これら多様な配偶子どうしが任意の組合わせで接合することで，さらに多様な子孫がつくられることになる。

多様な子孫の形成は，変動する環境に適応するためには有利に思われるが，そのなかには有利な個体だけではなく，不利な個体も生じる。厳しくても安定した環境に生息する場合は，むしろ，ほんの少しの変異でも生存に大きく不利になるであろう。種全体として考えるならば，もとより多様性は，進化にとって有利であることは明確である。しかし，進化の基礎となる自然選択(▶277 ページ)は，一般に，個体レベルではたらいている。そしてその個体のレベルでは，有性生殖の利点は必ずしも明確ではないのである。

B 動物の受精と発生

① 配偶子形成

動物の生殖にあたっては，減数分裂(▶68 ページ)によって配偶子の**卵**と**精子**が形成される。卵巣内の卵および精巣内の精子の形成は，ほぼ同一の形式で進行する。それぞれ，卵原細胞および精原細胞が細胞分裂でその数を増やし，その後，肥大成長して**一次卵母細胞**および**一次精母細胞**となる(▶図 5-10)。

精子の形成▶ 一次精母細胞は，減数分裂によって半数性の 4 個の精子細胞となる。精子細胞は細胞質の大部分を失って，頭部・中片・尾部の 3 つの部分からなる精子となる(▶図 5-11)。頭部の大部分を核が占め，その先端に先体を含み，表面は薄い細胞質でおおわれている。中片には中心体やミトコンドリアがあり，この部分から尾部の中心となる細い繊維が出る。

卵の形成▶ 一次卵母細胞は，減数分裂の第一分裂で染色体数の半減した 2 つの核ができるが，細胞質の分裂は不均等で，大部分の細胞質は二次卵母細胞側に残り，他方は核の周囲にわずかの細胞質をもった**第一極体**となる。第二分裂でも細胞質の分裂は不均等で，一方は卵となり，一方は**第二極体**となる。先にできた第一極体も分裂するので，減数分裂の結果，1 つの卵とやがて消失する 3 個の極体ができる。

卵ができるとき，このような細胞質の不均等な分裂がおこるのは，発生に必要な栄養を卵に集中して確保するためと考えられる。

② 受精

卵および精子が接合することを**受精** fertilization という。受精の研究は，棘(きょく)

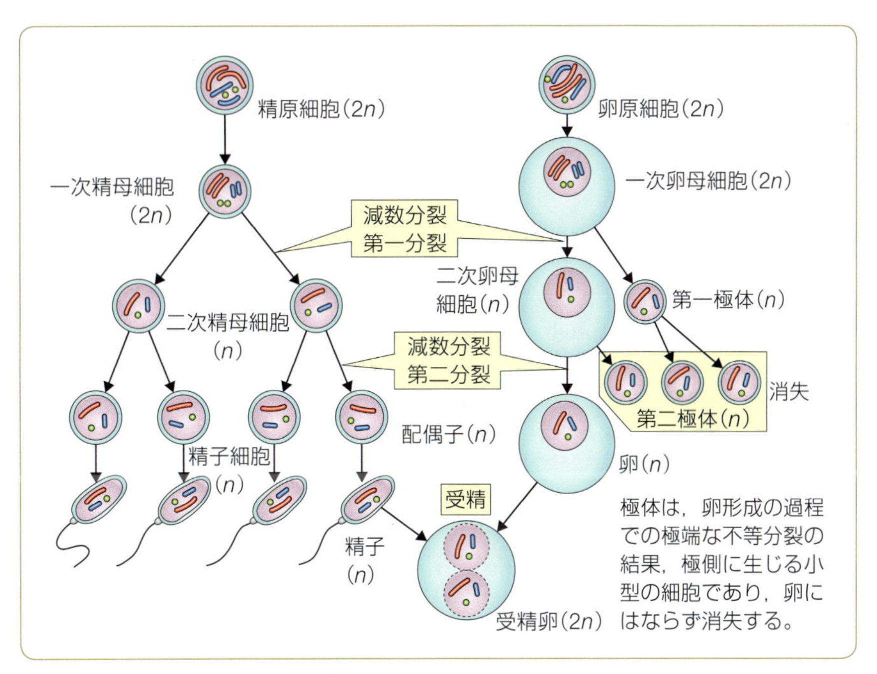

▶図 5-10　精子および卵の形成

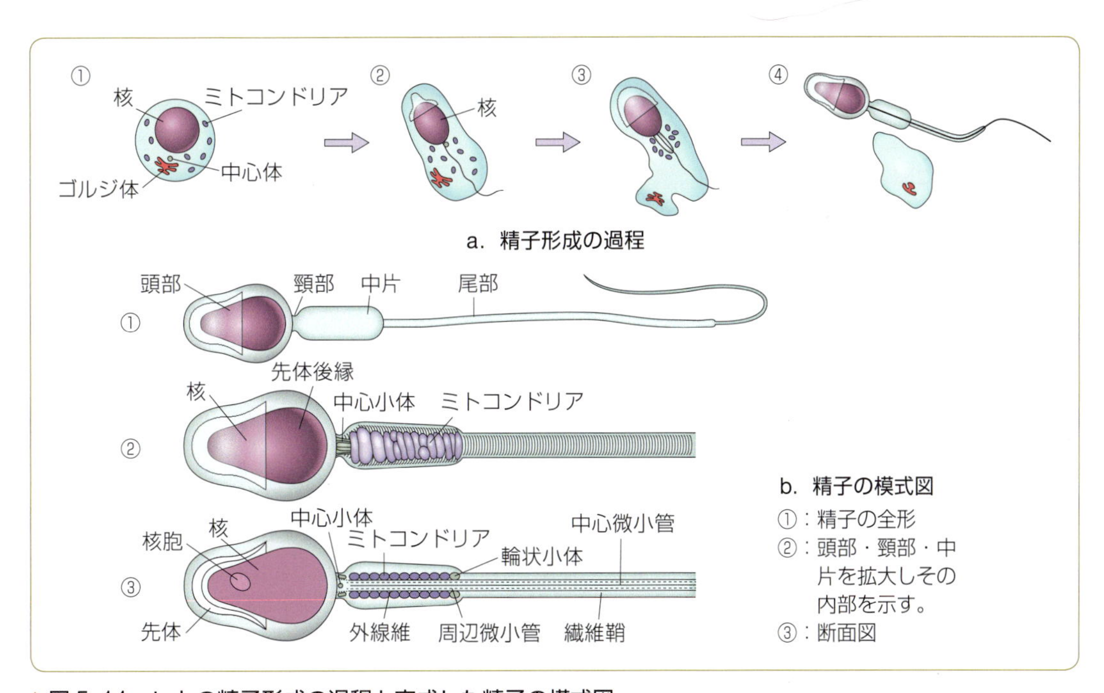

▶図 5-11　ヒトの精子形成の過程と完成した精子の模式図

皮動物のウニやヒトデ，脊椎動物では魚類・両生類など，体外で受精が行われる動物について最もよく研究されてきた。

精子の進入▶　ウニ卵の周辺に精子が接近し，ある距離まで近づくと，精子先端の**先体**がこわれ，先体内から放出される酵素によって卵表の**卵黄膜**がとける（▶図 5-12）。

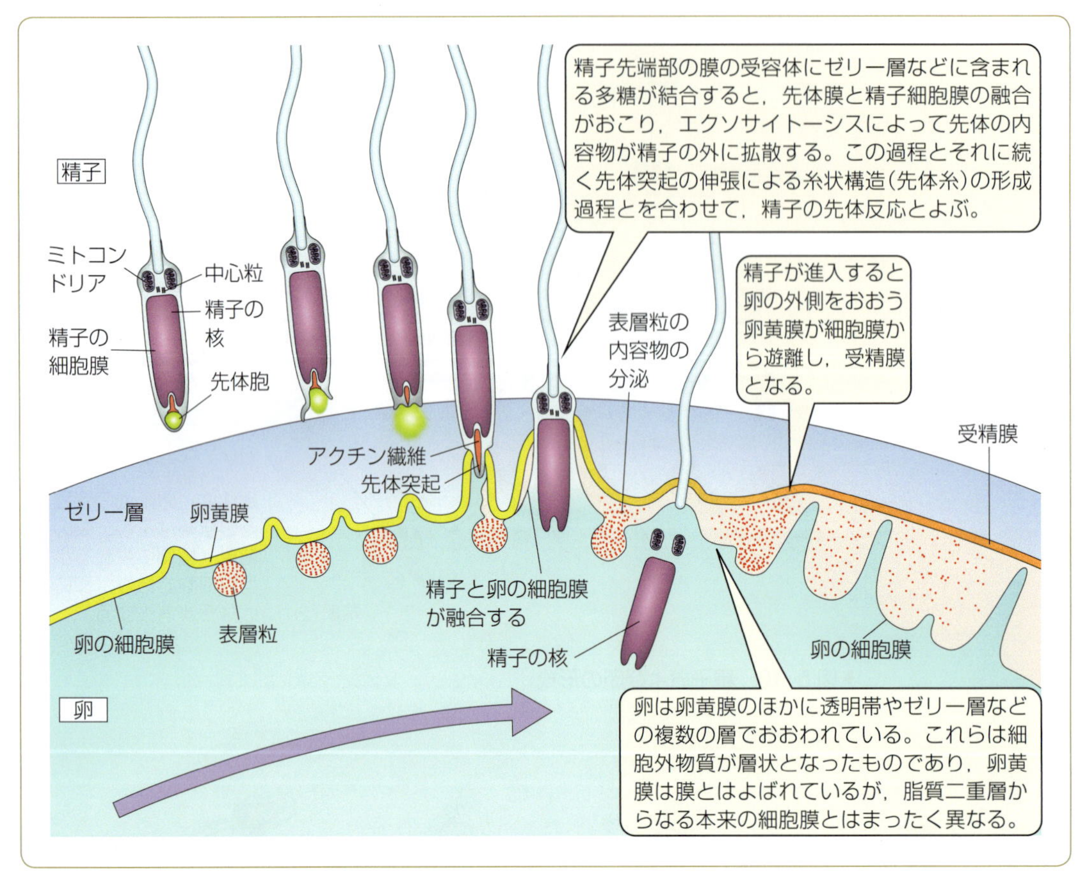

▶図 5-12 ウニ卵の受精

引きつづき，精子先端前方に向かって，アクチン繊維がのび，これが先体膜内部を前方に押し出して行く。この突起構造は**先体突起**とよばれる。

先体膜は精子の細胞膜と融合しているので，先体は精子の細胞膜の突出部であり，これが卵の細胞膜に到達して，接着・融合することによって，精子と卵の融合が成立する。この融合部から，精子核と中心体が卵内に入る。この際，尾部は卵の表面に残る。精子が入った部分を中心として，卵の外側をおおう卵黄膜(卵膜)が卵の細胞膜から遊離する。この遊離した膜は**受精膜**とよばれる。

核の融合▶ 精子の中心体からは星状体が発生し，精子の核はこれに伴われて卵の核に近づき，これと融合する。こうして，半数性の卵核と半数性の精核の融合によって倍数性に戻り，受精は完成する。受精卵は細胞分裂を始め，発生過程に入る。

受精には本来，遺伝子の組み合わせをかえるという生物学的意義があるが，同時に卵の発生に刺激を与える意義もある。なぜなら，前節で学んだように，卵にいろいろな刺激を加えると発生が開始されることがあるからである。

③ 卵割から胞胚への発生

受精卵はすぐ細胞分裂を始める。この分裂を**卵割**という。分裂は急速に繰り返しおこるため，細胞の成長が伴わず，分裂のたびに細胞は小さくなる。卵割で生じた個々の細胞を**割球**という。

卵割の様式▶ 卵割の様式は，動物の種類によって定まっているが，これは卵の中の卵黄分布の違いによるものである(▶図 5-13)。卵黄粒子は発生の際の養分となるものであるが，それが細胞質内に均等に分散しているものを**等黄卵**，一極に集まっているものを**端黄卵**，中央に集まっているものを**心黄卵**という。

等黄卵の発生▶ 等黄卵であるウニの卵では，第1回の分裂は，**動物極**(極体を生じる側の極)から**植物極**(動物極の反対極)に通じる卵軸を含む面でおこり，第2回の分裂はやはり卵軸を含む前の分裂と直角の面でおこる(▶図 5-13)。第3回目は，卵の赤道面でおこり，8細胞期となり，さらに分裂が続いてクワ(桑)の実状の**桑実胚**となる。桑実胚は，内腔ができて中空となり，割球が胚の表面に並んだ**胞胚**になる。内腔は**胞胚腔**とよばれる。

端黄卵の発生▶ 両生類の卵は，卵黄粒子が卵の植物極側に偏在している端黄卵であり，卵割の進行はウニ卵と同じであるが，植物極側の割球のほうが，動物極側のものより大きな桑実胚ができる(▶図 5-13)。

魚類や爬虫類，鳥類，軟体動物の頭足類(タコやイカなど)では，卵黄粒子が卵の大部分を占めていて，原形質は動物極付近にわずかしかない。このような卵では細胞全体が分裂しないで，動物極の近くだけが分裂する。このような卵割を**盤割**という。内腔は小さく，かつ偏在する。

心黄卵の発生▶ 甲殻類や昆虫では，多量の卵黄粒子が卵細胞の中央にある心黄卵であるため，卵割にあたっては核が先に分裂し，卵の表層に移動して卵の表層だけが分裂す

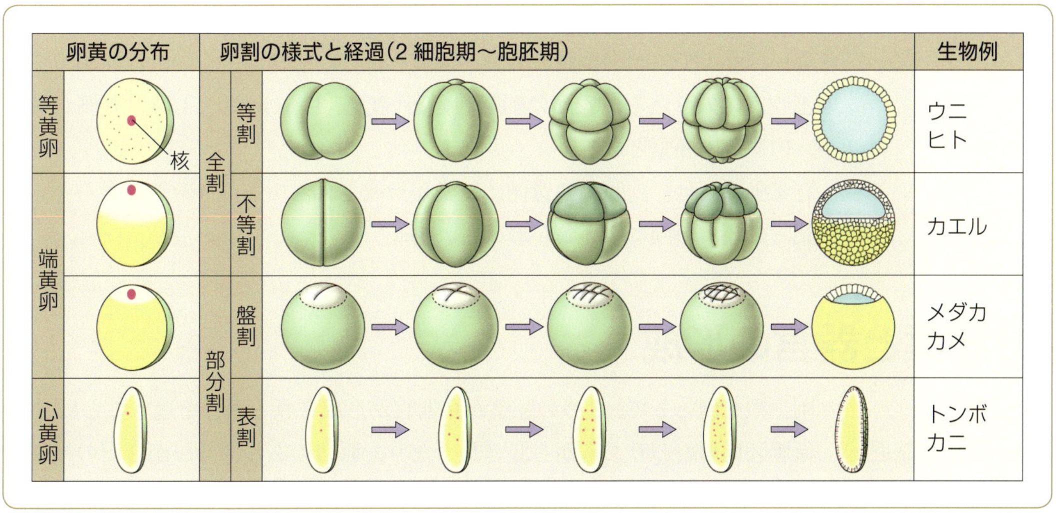

卵黄の分布		卵割の様式と経過(2 細胞期～胞胚期)			生物例
等黄卵	核	全割	等割		ウニ ヒト
端黄卵		全割	不等割		カエル
端黄卵		部分割	盤割		メダカ カメ
心黄卵		部分割	表割		トンボ カニ

▶図 5-13　卵黄の分布と卵割様式

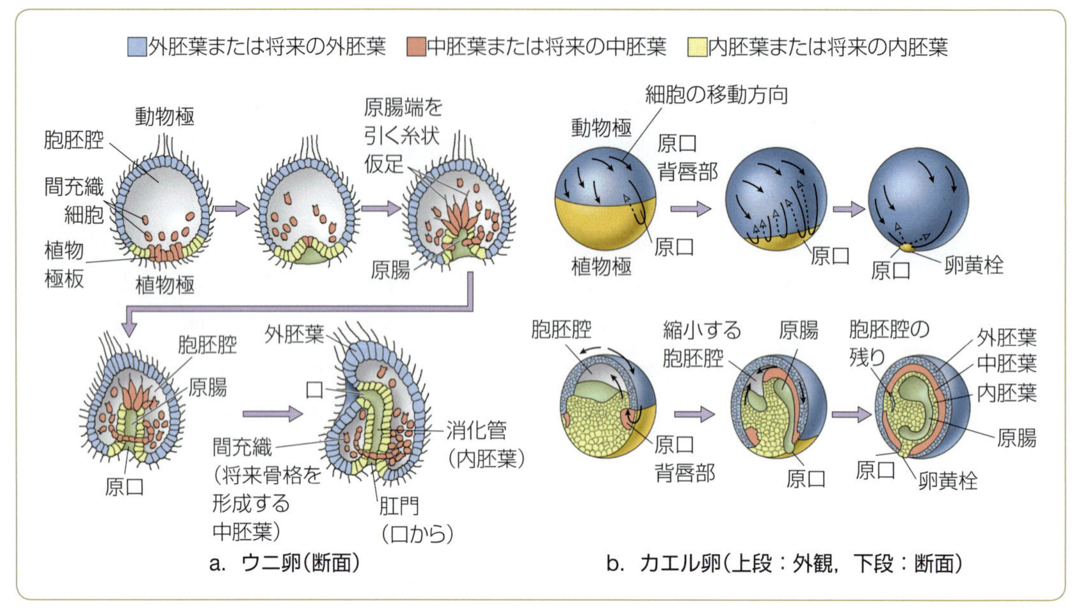

▶図 5-14　ウニ卵とカエル卵の発生

る。このような卵割を**表割**という。心黄卵では内腔はできない。

④ 原腸胚と胚葉の形成

原腸胚▶　広い内腔（胞胚腔）をもったウニの胞胚では，植物極が胞胚腔内に陥入して内外二重の細胞層（胚葉）をもつ**原腸胚**（嚢胚）ができる。外側の細胞層を**外胚葉**，内側を**内胚葉**という。そして，新しくできた内腔を**原腸**といい，その入口を**原口**という。さらに，ウニ類では胞胚腔内の遊離細胞が内・外両胚葉の間に並んで**中胚葉**となる（▶図 5-14-a）。

カエルなどの両生類の胞胚では，割腔が狭いので植物極が内折することができない。そこで，動物極側の細胞が分裂を続け，植物極近くで折れ曲がって狭い割腔内に入り込み，表面の細胞層の裏づけをする（▶図 5-14-b）。外側が外胚葉，内側が内胚葉となる。

脊索動物では，内胚葉の背側に**脊索**が形成される。また脊索をはさんで，内胚葉と外胚葉の間に中胚葉が形成される。

⑤ 胚葉と器官の形成

両生類を例として，3 つの胚葉から器官が形成される過程を追うことにする。

神経胚▶　原腸胚期の終わりごろから胚は長くなり，原口のある部分がからだの後端となる。そして，原口から外胚葉背側に向かって溝（みぞ）ができ，溝の両側が隆起して胚の背側に**神経板**ができる（▶図 5-15）。この時期の胚を**神経胚**という。

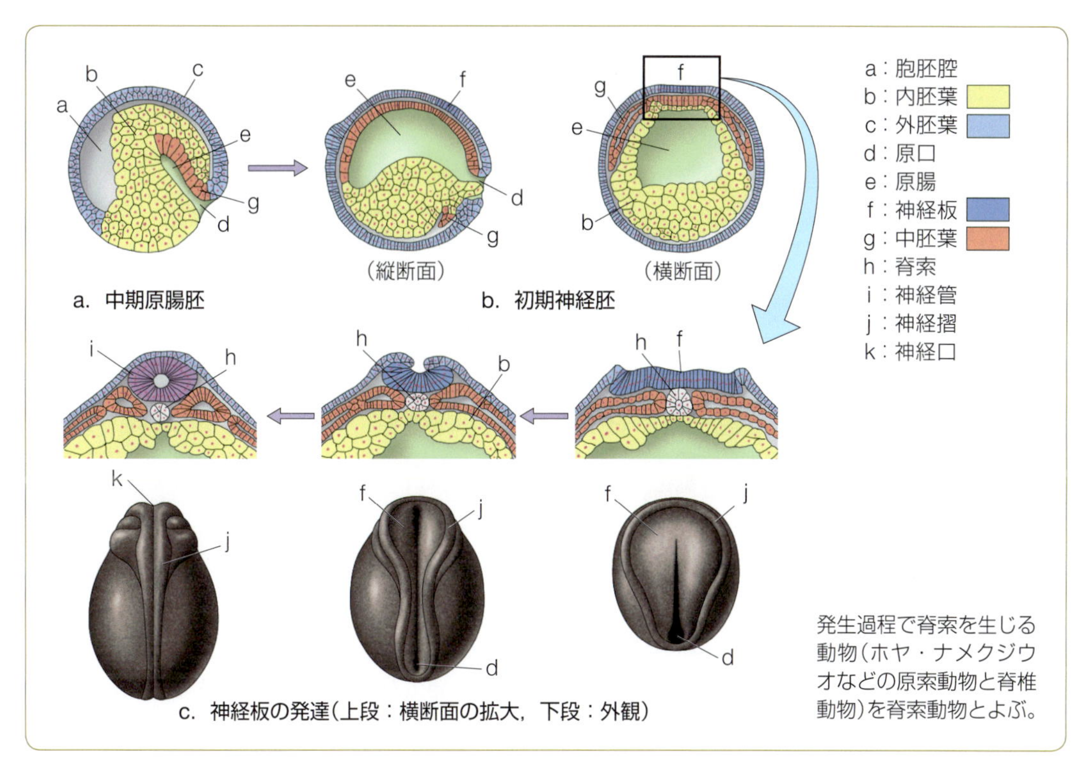

▶図 5-15　カエルの原腸胚と神経板の発達

外胚葉が形成する器官▶ 両側の隆起はさらに高くなり，両側から内側に曲がって連結されて**神経管**ができる。神経管の前端は大きくなって**脳胞**となり，後方はのびてやがて**脊髄**となる（▶図 5-16）。それぞれ内側に腔所をもち，成体で，脳では**脳室**，脊髄では**中心管**とよばれることになる。脳胞から眼・鼻・耳などの原基ができ，その他の外胚葉は体表をおおう上皮となる。

内胚葉が形成する器官▶ 内胚葉は長い管となり，消化管となる。その先端は外胚葉が陥入して口ができる。後端の原口は閉じるが，外胚葉と消化管の後端が連絡して肛門ができる。

中胚葉が形成する器官▶ 脊索の両側には中胚葉の体節ができ，体節からは筋肉や骨ができる。脊索は，ホヤでは幼生でのみ見られ，円口類（えんこう）（ヤツメウナギの類）やナメクジウオでは終生残るが，その他の脊椎動物では退化して，中胚葉性の脊椎骨ができる。体側から腹面にかけての中胚葉は2層の細胞層からなり，この2層の細胞層の間がのちに体腔になり，外層から腎臓や生殖器ができる。心臓や血管，血球も中胚葉からでき，各部分でできた血管は互いに連絡して循環系が形成される。

⑥ 動物の発生分化

前成説と後成説▶ 受精卵から，どのようにして複雑な体制の動物ができてくるのかという問いに対して，古くは受精卵にはすでに成体と同じ小さな動物がひそんでいて，これがしだいに姿をあらわしてくるのが発生であると信じられていた。これを**前**

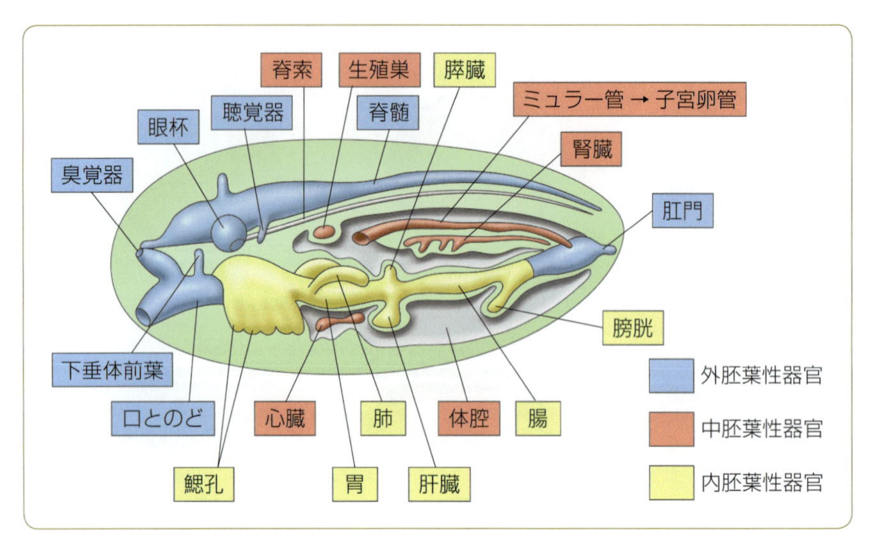

▶図5-16 胚葉の形成する器官

成説という。しかし受精卵には，核や細胞質など，一般の細胞に備わっているもの以外に分化している構造はなく，発生が進むにつれてさまざまな器官が順に分化してくることが知られ，**後成説**が当然になった。

卵細胞では，発生にかかわる遺伝子が組み込まれている一方，卵の細胞質も極性が決まっているなど，遺伝子と細胞質の相互関係で発生する設計図ともいうべきものは備わっており，その設計図に基づいて発生が進む。

1 胚表の発生予定域

発生にあたって，胚のどの部分が成体のどの部分になる運命をもっているかを知るには，胚の表面の細胞をいろいろな色素で染色し，その色のついた細胞が成体のどの部分におさまるかを調べればよい。20世紀はじめ，フォークト W. Vogtはイモリの胞胚を用いて胞胚染色の実験をし，器官を形成する部分が胚の表面に予定されていることを明らかにした。これをもとに胚表の器官や組織の予定域の分布図(原基分布図)を作成した(▶図5-17)。これは，あとで述べるシュペーマンの形成体の発見のために重要な基礎となった。

調節卵▶ 胞胚上部の大部分は，神経予定部と表皮予定部で占められ，下半分は体節・尾・脊索をつくる部分，内胚葉となる部分などが予定されている。しかしこのような発生の予定域が，はじめから決まっているわけではない。2細胞期のウニの受精卵を，カルシウムイオン(Ca^{2+})を除いた海水中に移すと割球が分離するが，各割球はそれぞれ正常な発生を続けて完全なウニになる。4〜16細胞期まで卵割が進んだ割球を分離しても，各割球は完全に発生する。

これは，卵には分化が生じておらず，割球には事態に応じて発生が正常に進行するように調節する能力があることを示すもので，このような能力をもった卵を**調節卵**という。しかし，ウニ卵でも32細胞期の割球を分離したものでは

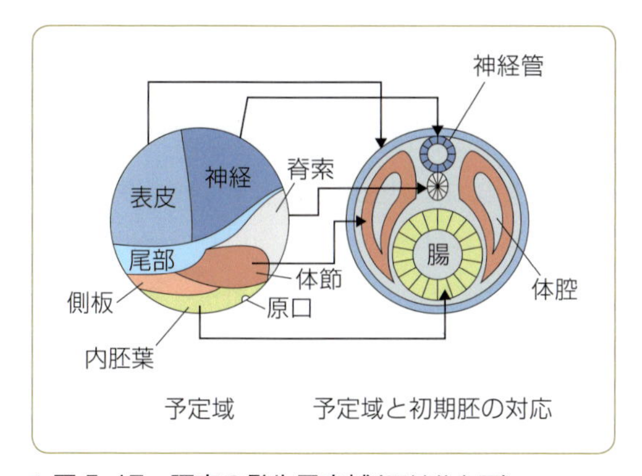

▶図 5-17　胚表の発生予定域(原基分布図)

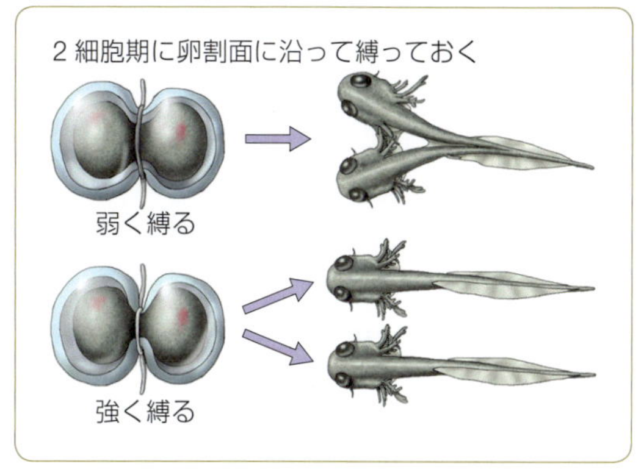

▶図 5-18　イモリの重複奇形

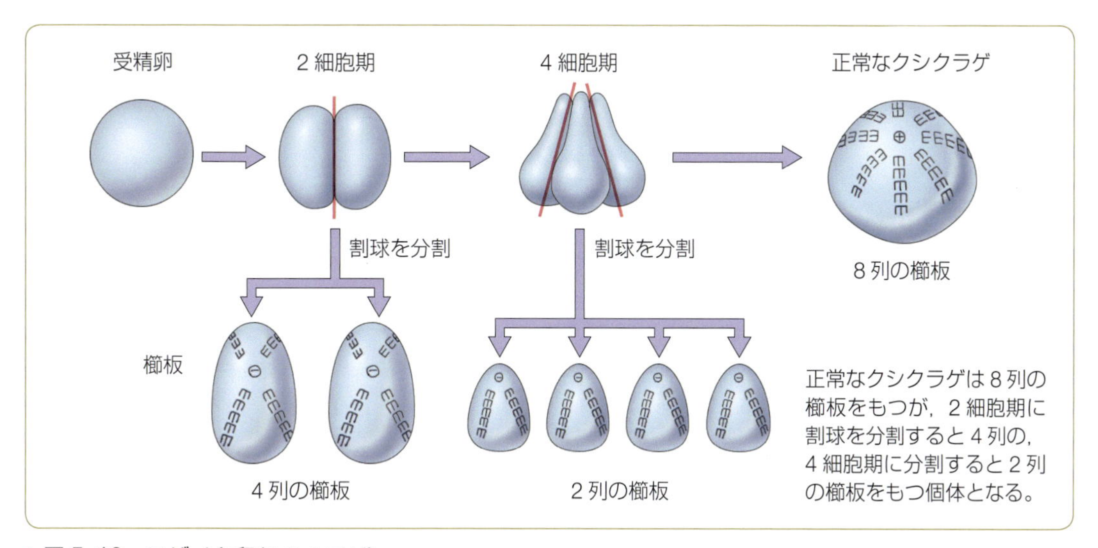

▶図 5-19　モザイク卵(クシクラゲ)

調節性が失われ，各割球は完全な個体を形成することができない。

イモリやカエルの卵にも調節性がある。2 細胞期に割球の境を糸で弱く縛ると 2 匹の個体が連結した奇形が生じ，強く縛る，あるいは 2 割球を分離すると，各割球から完全な個体が発生する(▶図 5-18)。また，哺乳類の卵にも調節性がある。ヒトの一卵性双生児も，1 個の受精卵が 2 細胞期になんらかの原因で分離して生じる。

モザイク卵▶　卵の調節性は動物の種類によって大きな差があり，クシクラゲの卵では比較的この能力が弱い。正常なクシクラゲには体表に 8 列の櫛板(くしばん)があるが，2 細胞期に割球を分離すると 4 列の櫛板をもった個体ができ，4 細胞期に分離すると 2 列の櫛板をもった個体ができる(▶図 5-19)。このように早期に分化が進んでいると考えられる卵を**モザイク卵**とよぶ。

このように程度の差はあっても，卵には最初は調節性があり，発生が進むにつれて分化がおこり，調節性が失われていく。

2 オーガナイザー

イモリの原腸胚の原口背唇部を切り取って，ほかの原腸胚の胞胚腔にはさみ入れると，この胚が発生した場合，2 つの個体が重複して二重胚ができてくる(▶図 5-20)。このことから，原口背唇部にはほかの組織に作用して分化を促し，器官形成を**誘導**する能力があることが知られた。これを発見者のシュペーマン H. Spemann は，**オーガナイザー**(形成体)とよんだ。

オーガナイザーは，発生が進むにつれて分化し，あとになると原口背唇部の前部は頭部だけを，後部は胴と尾部だけを誘導するようになる(▶図 5-21)。

誘導による眼の形成▶ 誘導されてできた器官は，次にできる器官を誘導する。たとえば，間脳の左右に眼胞とよばれる隆起ができる(▶図 5-22)。眼胞は中がくぼみ，椀(わん)状の眼杯になる。そして眼杯が表皮に接触すると，表皮は陥入して水晶体ができ，眼杯の入口にはまって眼球ができる。これは眼杯が表皮に水晶体の形成を誘導した結果で，眼杯を切り取ってしまうと水晶体はできなくなる。

決定▶ 胚の組織は一定時間誘導作用を受けると，その後は自律的に分化して器官になる。たとえば，眼杯の誘導を受けて，まだ水晶体を形成する前の状態にある胚の表皮を切り取ってほかの部分に移植すると，移植片から水晶体ができてく

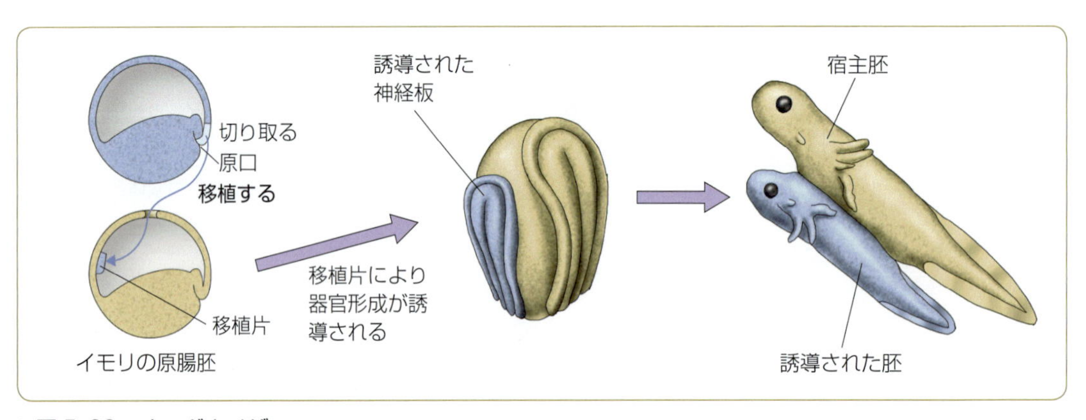

▶図 5-20 オーガナイザー

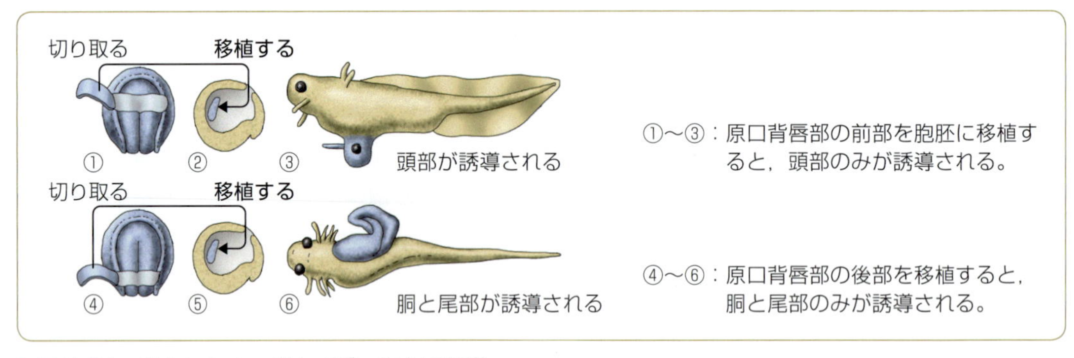

▶図 5-21 分化したオーガナイザーによる誘導

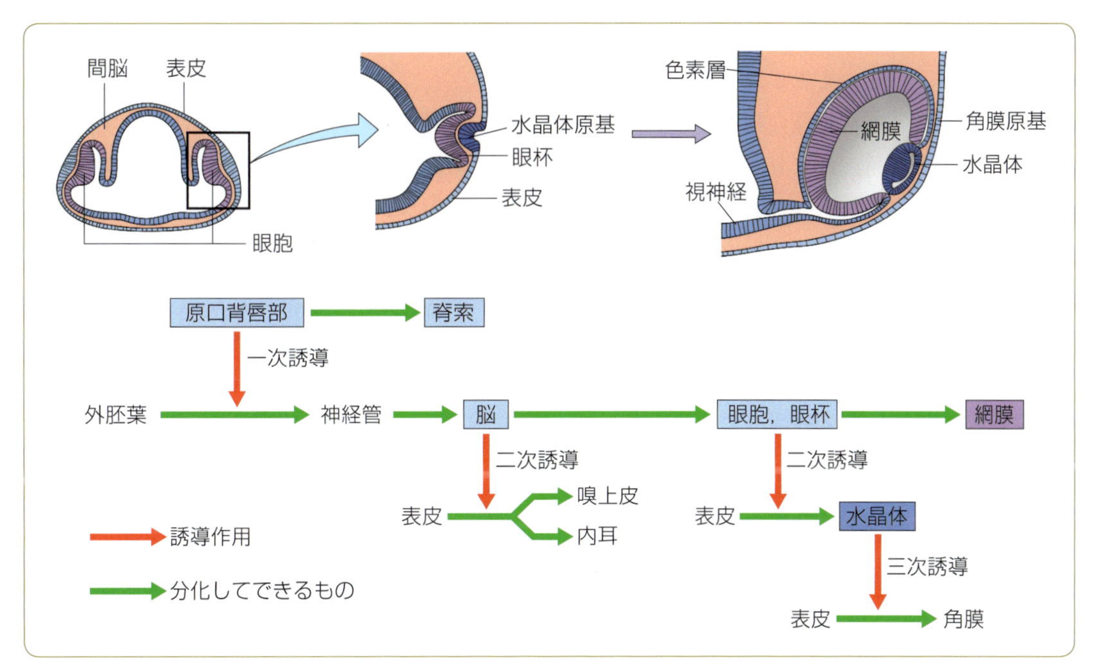

▶図 5-22　眼球の発生

る。このように，胚組織において誘導作用によって分化の方向が決まることを**決定**という。

胚表の発生予定域は，正常発生の場合にはそうなるという予定域であって，決定が行われる前にほかの場所に移植すると，その組織の予定とは違った，その場所にふさわしい器官ができる。たとえば，尾の表皮に予定された組織を水晶体発生部位に移植すると，尾の表皮になるべき組織から水晶体ができる。

しかし，一度決定が行われると，その組織はほかの場所に移植されても決定された器官を実現する。たとえば，水晶体の決定を受けた組織を腹部に移植すれば，その場所に水晶体ができる。

原口背唇部の誘導作用は，ここから分泌される化学物質によるものと考えられる。脳にある下垂体からの濾胞(ろほう)刺激ホルモン(▶201 ページ)の分泌を刺激する α-アクチビンなどの，TGF-β ファミリーとよばれる一群の物質が，中胚葉性器官を誘導する作用をもつことが知られている。

3 細胞分化と遺伝子

遺伝子のはたらきと分化▶ 多細胞動物は，もともと1個の細胞である受精卵から生じた細胞の集まりであり，すべての細胞に父方と母方の対の同じ遺伝子が含まれている。しかし，発生ではこれらの遺伝子が同時に一斉にはたらくのではなく，一定の順序にしたがって活動する。

ウニ卵には，動物極から植物極にかけて物質が不均等に含まれている。このため，卵割で生じる割球間には含有物質の違いが生じる。この違いから遺伝子のはたらきに違いが生じ，細胞分化がおこる。これがさらに遺伝子の作用に違いを生じ，一層分化を促進する。

胚葉の起源▶ 組織の発生をさかのぼると，細胞は外胚葉・中胚葉・内胚葉性のいずれかの起源に分けられる。アフリカツメガエルの動物極側の細胞と，植物極側の細胞を分けて培養すると，動物極側は外胚葉になり，植物極側は内胚葉になる。両者を一緒に培養すると植物極側の細胞から特別なタンパク質が放出されて，動物極側の細胞から中胚葉が誘導される。

このように，細胞の分化は，自分自身のもつ物質ばかりでなく，ほかの細胞の物質によっても進む。細胞の分化の過程は，個体としての形態が整っていく**形態形成**の過程でもある。

ショウジョウバエのパフ▶ 遺伝子は染色体に含まれているが，微小な構造であるためにその活動状態を直接観察することはできない。しかし，ショウジョウバエの唾腺細胞の染色体は巨大で，横の縞（しま）模様があり，これと遺伝子座とは一定の関係がある（▶図 5-23）。ショウジョウバエが変態するときに，この縞模様が秩序正しい一定のパターンでふくらんだりもとに戻ったりする。このふくらんでいるものを**パフ** puff といい，遺伝子の活動に基づくものと推定されている。

パフは，横縞を構成する遺伝子の DNA が活発に活動している部分で，mRNA が盛んに合成されている。パフの位置や大きさは発生の進行によってかわるので，遺伝子，すなわち DNA ごとにその活性化が，発生の段階によって逐次変化していることを示している。

発生にあたっては，つぎつぎに特定の遺伝子が順序にしたがって活動し，その間，順番以外の遺伝子は抑制されていると考えられる。誘導は，被誘導組織の遺伝子が，誘導組織のはたらきで抑制されたり活性化されたりする過程であるといえる。

細胞死▶ 古い建物はいつもどこかしら修復されて，建物の形やはたらきを維持している。生物も個体の命が続いているなかで，個体を構成する無数の細胞は，つねに少しずつがその死と再生を繰り返している。この動的な平衡関係が，細胞群

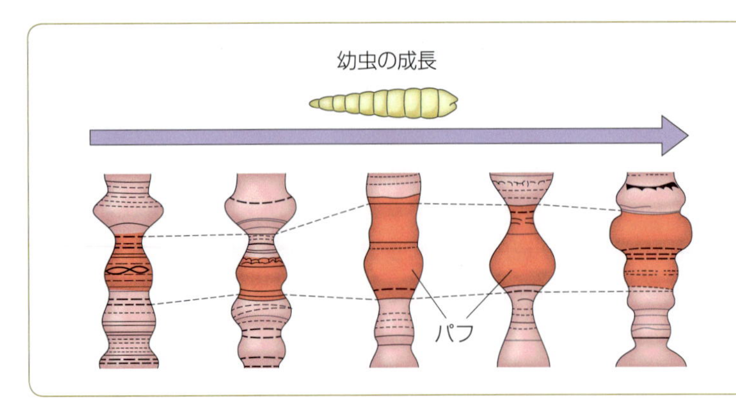

ショウジョウバエなどの双翅目の昆虫の唾腺に見られる染色体は，複製を重ねた約 1,000 本の染色糸が分離せずに並行しており，多糸染色体ともよばれる。唾腺染色体では，遺伝子が活発に活動している部分がほどけてふくらんだパフが観察できる。パフの位置は，発生に伴って変化していく。

▶図 5-23　ショウジョウバエの唾腺染色体のパフ

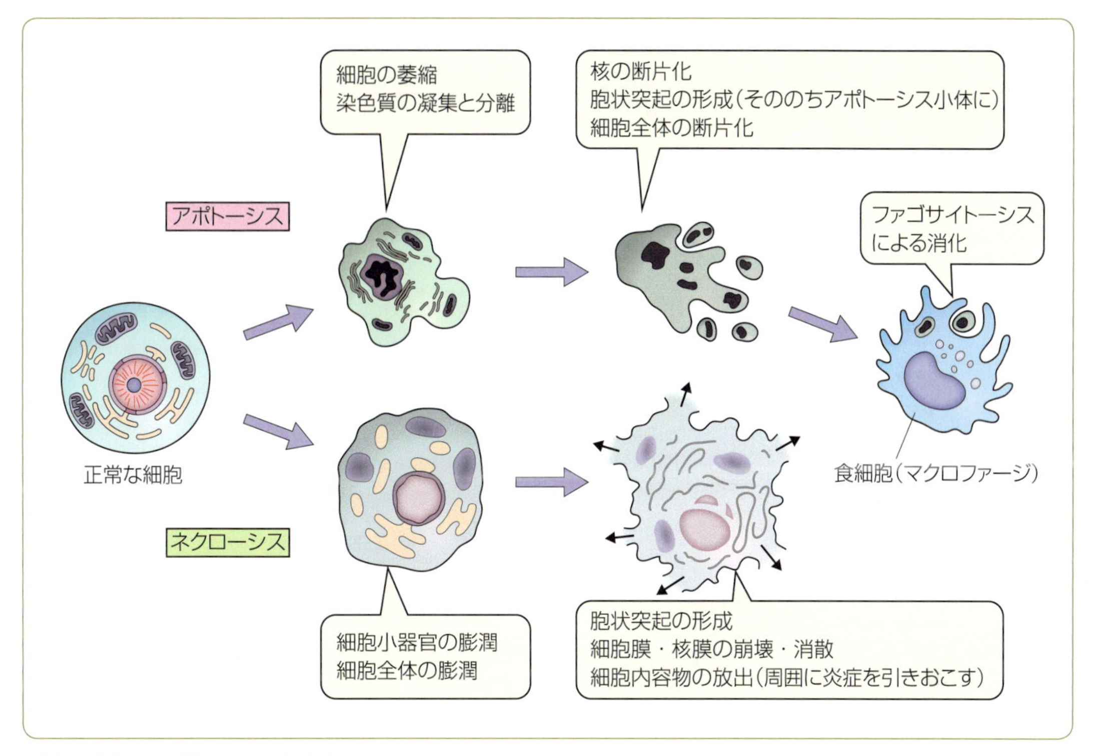

▶図 5-24　アポトーシスとネクローシス

全体としての個体の構造や機能，すなわち命を連続させている。

しかし，組織によっては，死んだ細胞のかわりに新しい細胞が分化してくるものや，分化してこないものがある。細胞はどのようにして死ぬのか，すなわち**細胞死**を調べることは，病気の原因や治療，老化のしくみなどを明らかにするうえで大切である。

細胞の死に方には大別して2通りある。1つは**壊死**(えし)(**ネクローシス**)である(▶図 5-24)。壊死は細胞の膜や内部の構造がしだいにこわれていく死に方で，疾病や傷害が原因である。他方は，**アポトーシス**という。細胞の核が分散して，細胞自身に備わった遺伝子のプログラムによって細胞全体が断片化する死に方(プログラムされた細胞死とよばれる)である。

アポトーシス
遺伝子の活動で制御される生理学的な細胞死で，正常な発生過程や形態形成で見られる。カエル幼生の成長に伴う尾の消失や，ヒトの指の形成などがその例である。

4 形態形成と遺伝子発現

動物発生における細胞分化の遺伝子支配機構は，キイロショウジョウバエを対象とした研究で明らかにされてきた。

キイロショウジョウバエの卵は，卵形成の際に母体から供給された細胞質中の mRNA の不均等な分布により，からだの前後軸が決定される。たとえば，前後体軸を決定する遺伝子の1つであるビコイド *bicoid* 遺伝子から転写された mRNA は，卵の前端部に局在する(▶図 5-25)。このような mRNA を指令する遺伝子を**母系効果遺伝子**という。

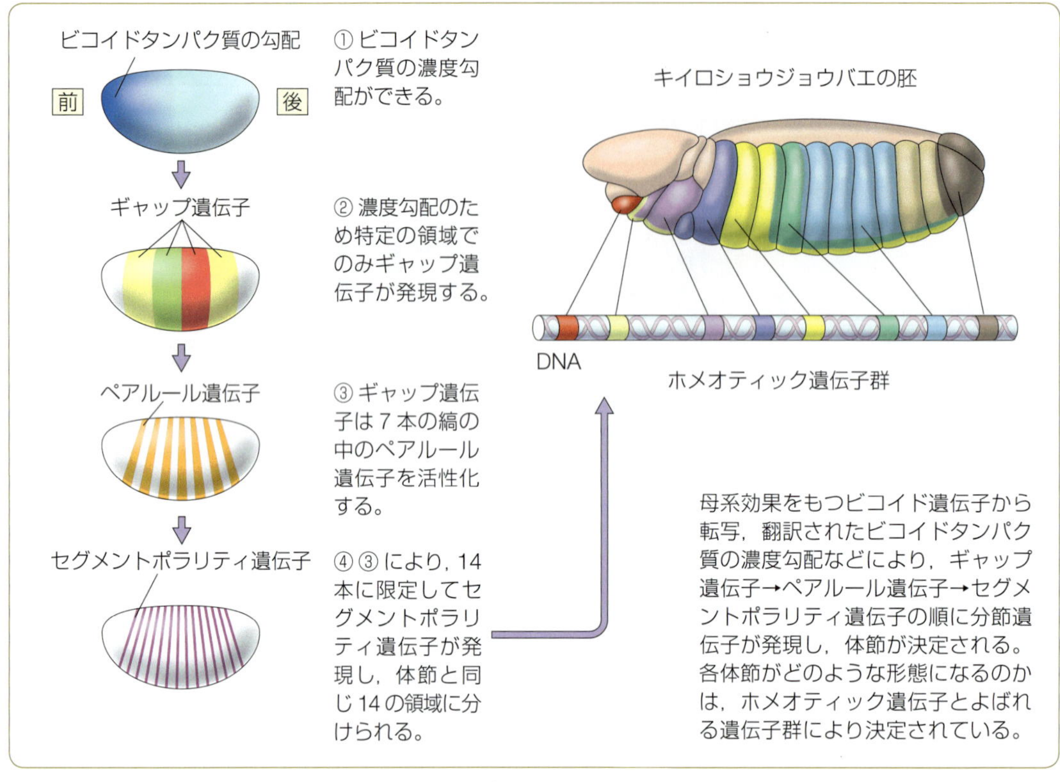

▶図5-25 キイロショウジョウバエの体節と形態の決定

体節の形態形成は，次のような過程で進行する。

(1) 受精によりビコイド遺伝子から転写されたmRNAの翻訳が始まり，前後軸に沿って卵内にビコイドタンパク質の濃度勾配が形成される。
(2) ビコイドタンパク質の濃度勾配に依存して，3群の分節遺伝子が次々に発現する。
(3) 分節遺伝子の発現の結果，しだいに詳細なからだの分節(体節)が決定されていく。

ホメオティック遺伝子▶

個々の体節の最終的な形態は，**ホメオティック遺伝子**により決定されている(▶図5-25)。

キイロショウジョウバエには，頭部の触角が肢になる変異(アンテナペディア *antennapedia* 変異)や，4枚の翅(はね)をもつ変異(バイソラックス *bithorax* 変異)のような変異体がある。これらのように，からだのある領域の構造がほかの領域の構造にかわってしまう変異をホメオティック変異という。この変異はホメオティック遺伝子の変異によっておこる。

ホメオティック遺伝子がつくるタンパク質は転写調節タンパク質であり，分子内に60アミノ酸残基で構成される**ホメオドメイン**というDNA結合領域を共通にもっている。このホメオドメインを介して標的遺伝子の発現を制御している。ホメオドメインを指令するDNA塩基配列は，**ホメオボックス** homeobox(Hox)といわれる。

ホメオボックスをもつ遺伝子は昆虫のみならず，哺乳類を含むこれまでに調べられたほとんどの動物で存在が確認されており，体軸に沿ったパターン形成に重要な役割を果たしているものと考えられている。

C 哺乳類の発生

① 性ホルモン

生殖器▶ ヒトを含む哺乳類の生殖器は，男性では精子を形成する精巣，精子を輸送する精管・尿道・陰茎，およびこれに付属する精囊・前立腺・尿道球腺などからなりたっている(▶図5-26-a)。女性では卵巣・卵管・子宮・腟，および腟に付属する分泌腺のバルトリン腺などからなりたっている(▶図5-26-b)。

哺乳動物の生殖と発生には**性ホルモン**が深くかかわっている。

雄性ホルモン▶ 雄では，精巣および副腎皮質から分泌される雄性ホルモン(男性ホルモン)物質である**アンドロゲン**が，雄の形質の発現にかかわっている。精巣から分泌される**テストステロン**はアンドロゲンの代表例で，体内ではアンドロステロンなどに変化する(▶図5-27-a)。

胎生期にもアンドロゲンは分泌されて男性の性器を発達させ，思春期には男性の二次性徴を発現させて維持するはたらきがある。また，代謝作用として，細胞内のタンパク質合成を促進し，体内で窒素の蓄積を高めるはたらきをもつ。

雌性ホルモン▶ 雌では，雌性ホルモン(女性ホルモン)が雌の形質発現にかかわる。雌性ホルモンには，卵巣の**濾胞**(ろほう)(**卵胞**)から分泌される**エストロゲン**と，卵巣の黄体から分泌される**プロゲステロン**がある(▶図5-27-b，c)。エストロゲンには，エストロン・エストラジオール・エストリオールの3種がある。図からわかるように，これらはいずれも雄性ホルモンと類似の化学構造をもっている。エストロゲン

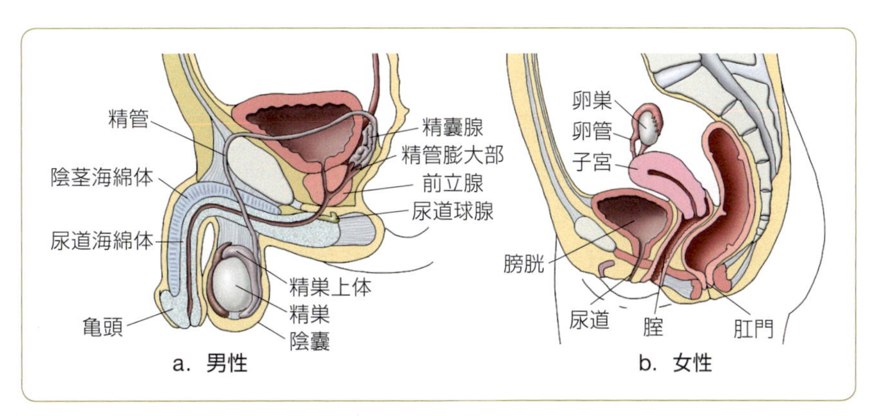

▶図5-26　男性と女性の生殖器

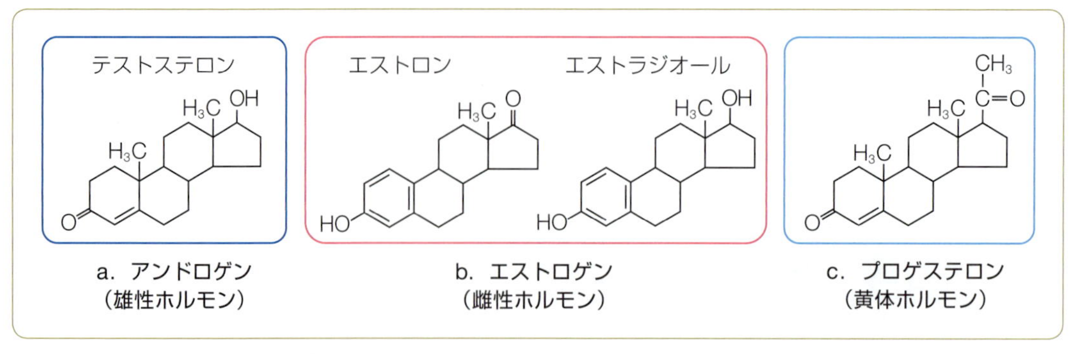

▶図 5-27　性ホルモンの構造例

は，胎生期には女性性器の分化にあずかり，思春期には女性の乳腺などの二次性徴を発現させ，子宮粘膜を肥厚させる。

黄体ホルモン▶ 黄体から分泌されるプロゲステロンは，エストロゲンとともに女性の性周期発現に重要な役割を果たす。

② 性周期

卵巣では，卵原細胞が減数分裂をして，周期的に成熟して卵管に放出され(排卵)，また子宮内膜(子宮粘膜)が周期的に肥厚して脱落する。これを性周期あるいは月経周期という。性周期は以下に述べるように，卵巣のホルモンおよび，下垂体前葉のホルモン，視床下部のホルモンのはたらきによっておこる。

GnRH と FSH，LH▶ 卵巣に作用して濾胞(卵胞)を発達させるのは，脳の下垂体前葉から放出される**濾胞(卵胞)刺激ホルモン** follicle-stimulating hormone(FSH)である。FSH は，視床下部から出る**性腺(生殖腺)刺激ホルモン放出ホルモン** gonadotropin-releasing hormone(GnRH)の刺激で分泌される(▶図 5-28)。卵は濾胞に包まれていて，濾胞では FSH と同様に GnRH の刺激で下垂体前葉から分泌される**黄体形成ホルモン(黄体化ホルモン)** luteinizing hormone(LH)のたすけでエストロゲンができ，子宮内膜を肥厚させる。

正のフィードバック▶ エストロゲンの濃度の上昇は，濾胞のエストロゲン産生細胞の増殖を促してエストロゲンをさらに増加させるとともに，下垂体前葉にフィードバックされ，下垂体前葉からの FSH および LH の分泌を正のフィードバック(▶164 ページ)により急増させる。LH が急増した結果，濾胞が破れて卵が卵管に向かって排出される。そのころ，血液中のエストロゲン濃度は最高に達する。

プロゲステロン▶ LH は，排卵と濾胞が破れたあとの組織の黄体化を引きおこし，ここからプロゲステロンが分泌される。プロゲステロンの作用により子宮内膜は厚くなり，多数の腺ができて分泌物が多くなり，受精卵が着床するのにつごうがよくなる。

プロラクチン▶ 下垂体前葉からはまた，黄体を維持し，乳腺の発達と乳の分泌を刺激するために**プロラクチン**も分泌される。プロラクチンはペプチドホルモンで，エスト

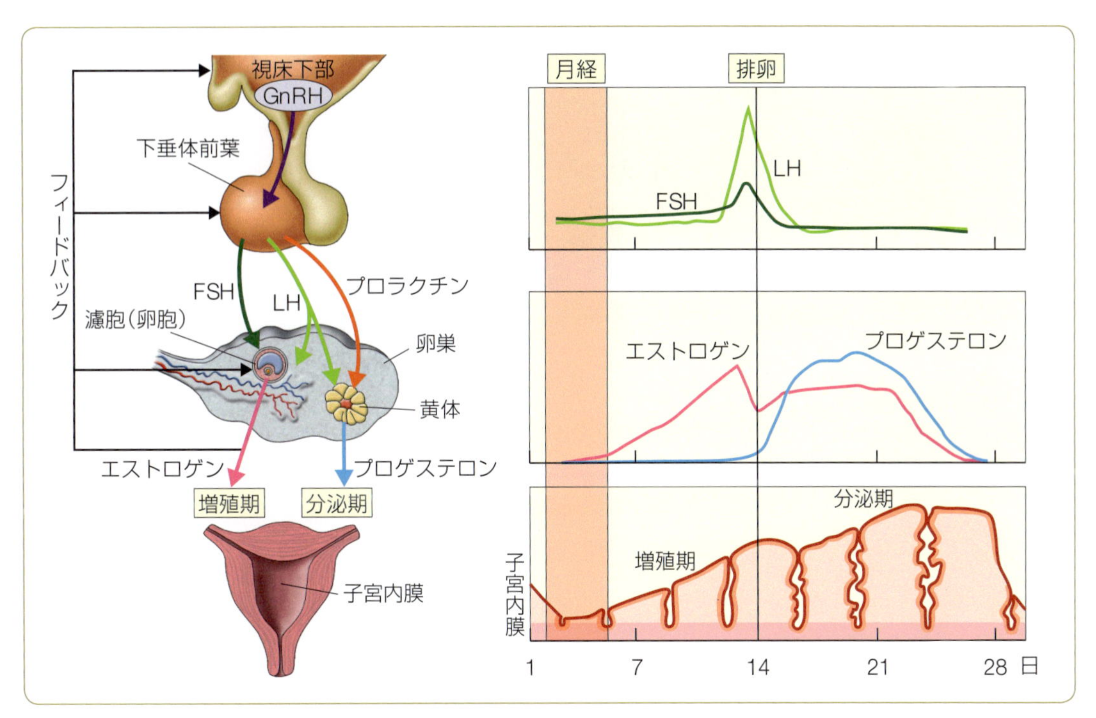

▶図 5-28　女性の性周期とホルモンの関係

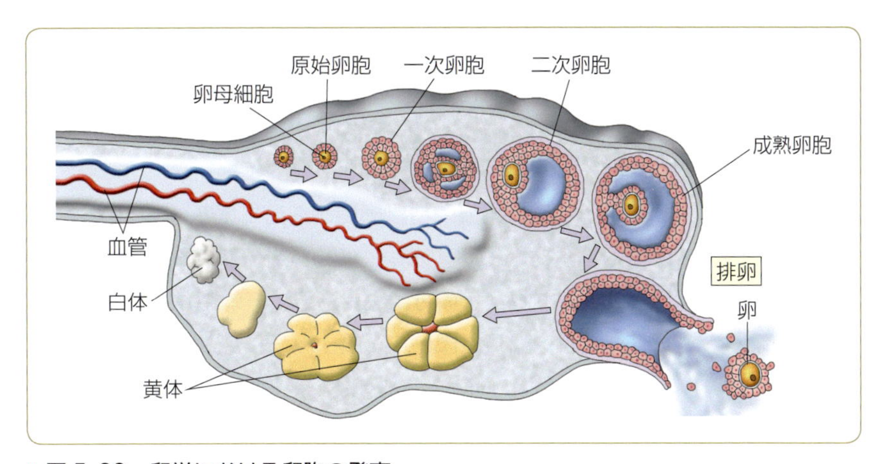

▶図 5-29　卵巣における卵胞の発育

ロゲンなどによってその分泌が調節されている。

負のフィードバック▶ 血液中のエストロゲンの濃度の上昇が視床下部に作用すると，GnRH の分泌が抑制されるため，エストロゲンの濃度は低下し，黄体の寿命が2週間で終わるとともにプロゲステロンの濃度も低下する。このようにしてエストロゲン・プロゲステロンがともに減少すると，子宮内膜が脱落して月経がおこる。

排卵▶ 排卵がおこるのは，月経と月経のほぼ中間の時期である。成熟した濾胞より卵が腹腔内に放出される(▶図 5-29)。女性の左右の卵巣では，生後3か月くらいまでは卵母細胞が合わせて3万個ほど含まれているが，のちにはその多くが

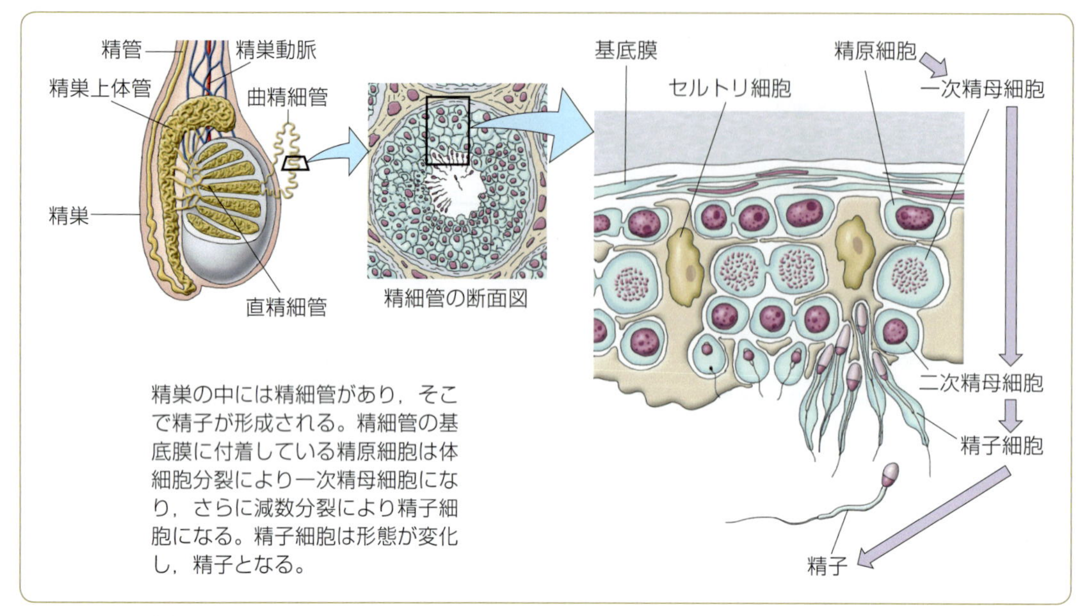

▶図 5-30 精巣での精子形成

退化して数が減る。減数分裂を経て成熟し，受精できるようになる卵は，女性の生涯で400個程度にすぎない。45〜55歳で卵の成熟はとまり，性周期も停止し，更年期になる。

③ 精子の形成

精子は，精巣内で精原細胞から発生する(▶図5-30)。精子の発生を促進するのは下垂体前葉ホルモンのFSHである。また，LHは精巣の間質細胞に作用してアンドロゲンの分泌を促進する。哺乳類の精巣が腹腔外に下垂しているのは，精巣内温度を腹腔内温度より1℃くらい低く保つためで，これは精母細胞が減数分裂をするために必要な条件である。

形成された精子は，はじめは運動力がなく(▶145ページ，図5-11-a)，精巣上体(副睾丸)から精管を通って受動的に精嚢に送られる。精子が精管・前立腺・尿道球腺などの分泌物にまじり精液ができる。陰茎先端の刺激によって反射的に精管・尿道の平滑筋の強い収縮がおこり，精液は体外に射精される。1回の精液量は2.5〜3 mLで，1 mL中に約1億個の精子が含まれている。

④ 胚発生

受精▶ 受精は卵管内でおこる。成熟卵胞から放出された卵胞細胞を伴った卵母細胞は，卵管に入り，その先端部付近で受精する。これに伴い，卵母細胞は第二極体を放出して卵核を形成する(▶145ページ，図5-10)。受精により卵の細胞質が活性化することにより，卵核および精子核は凝縮したクロマチンが拡散し，核がふくらんでくる。ふくらんだ核のうち，精子由来のものは**雄性前核**，卵由来のものは**雌性前核**とよばれる。

2つの前核は大きくなりながら互いに接近し，この間にDNAが複製されて凝縮され，染色体となる。それぞれの前核が最も接近したころに核膜が消失し(核膜の融合はおこらない)，紡錘体が形成され，細胞分裂の前期となる。受精卵は細胞分裂により，染色体は有糸分裂によって2個の割球に等分に分けられ，2細胞期の胚となる。したがって$2n$の核は，受精卵ではなく，2細胞期の胚になってはじめてみられることになる。

胚発生▶ 2細胞期以降は，一方の割球は分裂が速く，他方は遅れる。そして割球の大きさのかたよった桑実胚ができるが，桑実胚の外面は分裂の速い外細胞でおおわれ，分裂の遅れた細胞群は桑実胚の内細胞となる。ついで胞胚(ヒトでは**胚盤胞**とよばれる)になると，外細胞によってつくられた胞胚の動物極に**内細胞塊**が突出して，胚体をつくる細胞となる(▶図5-31)。

胞胚に達するまでには排卵後4〜5日かかり，この状態で子宮内に移行し，子宮内膜に着床する。胞胚の外膜には絨毛(じゅうもう)ができ，内膜から栄養を吸収するようになり，胞胚は原腸胚に移行する。

内胚葉は，胚結節の下面の割腔に面する側の細胞層からでき，これは胚結節の下にのびて袋をつくる。この袋の外側に中胚葉性の細胞が付着して，二重膜

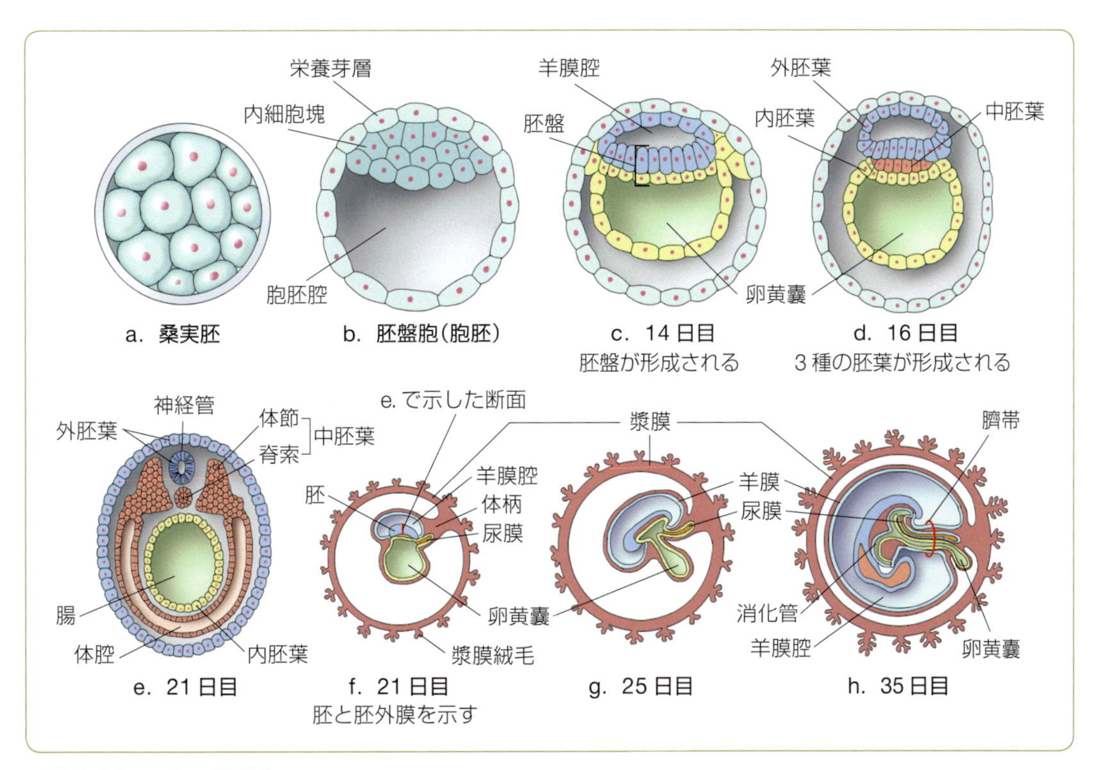

▶図5-31 ヒトの胚発生

となったものが**卵黄嚢**であるが，哺乳類では内部に卵黄は含まれていない。また，中胚葉が胞胚の外胚葉を裏づけすると漿膜ができる。漿膜には多数の絨毛(柔毛，柔突起)ができて，子宮内膜中に入り込んで**胎盤**ができる。

一方，胚結節の上側の細胞層が胚体からのび，これに遊離細胞が外側から裏づけをして**羊膜**を形成し，胚は羊膜腔内の羊水中で発生を続けることになる。羊膜は急速に発達して漿膜に付着する。このとき，卵黄嚢も一緒に包み込み，臍帯(さいたい)(臍(へそ)の緒(お))ができる。哺乳動物の胚体は胎盤を通して母体から栄養の供給を受ける点で，ほかの脊椎動物と異なるが，ほかの脊椎動物と類似の発生経過をたどって胎児が形成されていく。

⑤ 人工受精(人工授精)

体外に取り出したヒトの精子に少量のグリセリンなどの保存液を加え，ガラス管中に封入して，−196℃の液体窒素中で保存する。必要なときに，封管を液体窒素から取り出し，水槽に入れて室温であたためる。これを性周期の適当な時期に女性の子宮内に入れると，人工受精(人工授精)ができる。

女性の卵巣から成熟した卵を取り出し，男性から採取した精子とまぜて試験管内で受精させ，受精卵を女性の子宮内に入れて発生させ，誕生させることも行われている。いわゆる試験管ベビーである。1978年，イギリスではじめて成功し，わが国でも1983年から行われるようになった。

ゼミナール
復習と課題

❶ 有性生殖・無性生殖の差異を説明しなさい。
❷ 精子の形成と卵の形成の共通点および相異点を述べなさい。
❸ 受精の際，先体はどのような役割をするか。
❹ ウニの卵の受精膜ができるしくみを述べなさい。
❺ 卵細胞中の卵黄の分布の仕方で卵割はどのようにかわるか。
❻ 胚葉のそれぞれから形成される器官の名称をあげなさい。
❼ オーガナイザーのはたらきを述べなさい。
❽ ヒト卵はモザイク卵か調節卵か。
❾ ヒトの性周期のしくみを説明しなさい。

生物学

個体の調節

第2章で学んだように，同化や異化エネルギーの蓄積と放出により生命は維持されている。ヒトなどの多細胞動物では，分化した各器官系が生命を維持するためにはたらいている。さらに生物は，たえまなく変動する**外部環境**にさらされていながら，体内の**内部環境**では体液の浸透圧や体温などの生理的条件の恒常性が保たれていて，物質とエネルギーの代謝が行われ，個体の生命活動が維持されている。生体の恒常性を維持するはたらきを，**ホメオスタシス** homeostasis とよぶ(▶図6-1)。また，個体が生命活動を行うためには，からだの各部の組織や器官などの機能が全体として適応的な調節を受ける必要がある。

本章では，器官系のはたらきと，個体全体として統一のとれた生理機能を営むための相関のしくみについて学ぶ。

A ホメオスタシス

負のフィードバック▶

個体としての生物体の内部環境は，外部環境とは独立して，比較的一定に保たれる。この恒常性の維持には，**負のフィードバック(負帰還調節)**が重要な役割を果たす(▶図6-2)。活動の結果がその原因を減少させることで活動を一定に保つはたらきをする負のフィードバックは，分子から器官系にいたる生命現象のさまざまなレベルで，生命機能の安定化に役だっている。

正のフィードバック▶

なお，これとは逆に，活動の結果がその原因を増大させて活動を急速に進める調節を**正のフィードバック(正帰還調節)**という。血液凝固におけるプロトロンビンからトロンビンへの分解(▶185ページ，図6-23)や活動電位の発生におけ

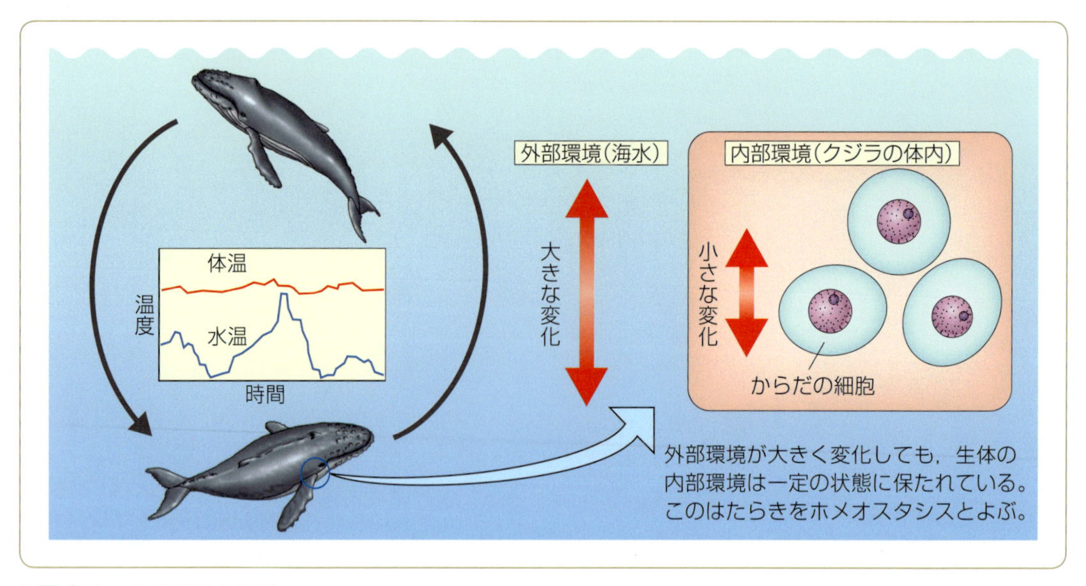

▶図6-1 ホメオスタシス

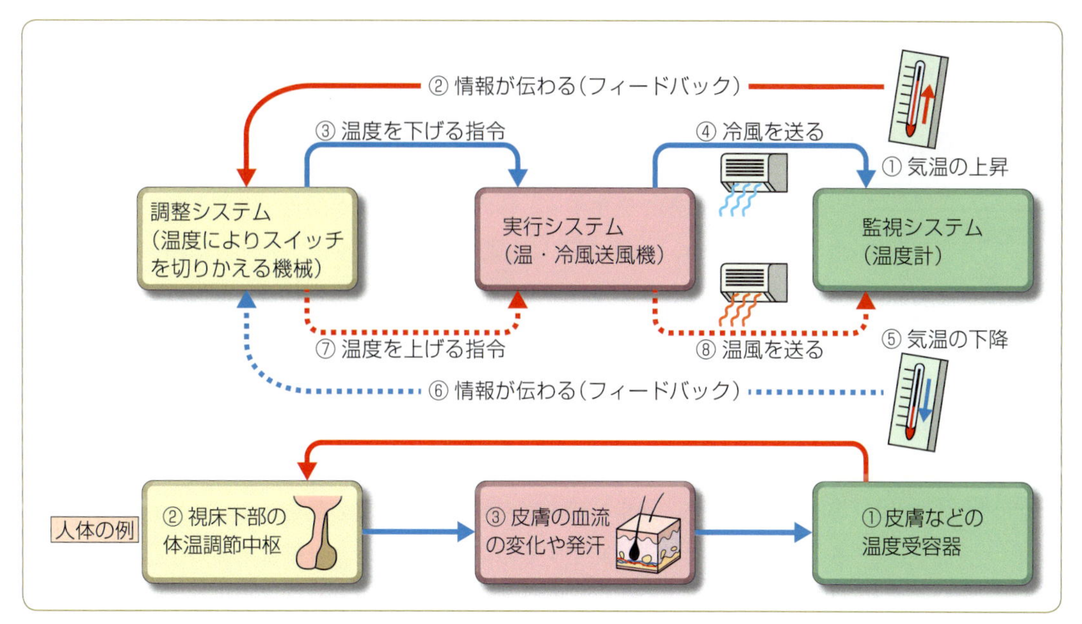

▶図 6-2 負のフィードバックによる調節

る Na^+ の細胞内流入(▶212 ページ)などは，この調節に基づく。

一致動物と調節動物▶ すべての生物が内部環境と外部環境とを独立させているわけではない。魚類の体温は，周囲の水温によって影響され，ヒトデの体液の浸透圧は周囲の海水のそれによって影響されている。外部環境の変化に応じて内部環境も変化する動物を**一致動物**とよぶ。それに対して，外部環境とは独立に内部環境を維持する動物は**調節動物**とよばれる。魚類では，体温は外部によって影響されるが，体液の浸透圧は外部とは独立に調節されている(▶194 ページ)。

① 負のフィードバックの例――体温調節の場合

哺乳類や鳥類は恒温動物であり，体温は外界の温度とかかわりなく一定に保たれている。これは，体内で発生する熱と体外に放出される熱とが平衡関係にあるからである。冬期には，外部環境の温度が低下して熱の放出が著しくなるため，熱の放出を少なくするとともに熱の発生量が増す。逆に夏期には，外部環境の温度が高くなるため，できるだけ熱の放出を容易にする一方で，熱の発生量を少なくする。これを**体温調節**という。

体温調節中枢▶ 体温調節には，全身の多数の器官が関与するが，**体温調節中枢**は視床下部(▶199 ページ)にある。皮膚の冷点や温点などの温度受容器が，図 6-2 の監視システムとしてはたらき，その信号によって外界の温度情報が脳に伝えられる。調節システムとしての視床下部の体温調節中枢が活動して，自律神経(▶195 ページ)の反射作用によって，実行システムとして，次に述べる産熱および放熱の生理機構を活性化する。

② 産熱と放熱の生理機構

1 生体の熱発生

恒温動物と変温動物
環境が変化しても体温を一定に保つ動物を恒温動物といい，哺乳類と鳥類を含む。体温が変化する動物を変温動物といい，哺乳類・鳥類以外の脊椎動物とすべての無脊椎動物を含む。

生体はつねに熱を発生する。体内で有機物質が酸化・分解されて放たれる自由エネルギーは，一部ATPにもたくわえられるが，大部分は熱となる。ATPにたくわえられたエネルギーも，生命活動に利用されると最後は熱に転じる。生体が外部的な活動をしないときでも，体内では生体を維持するための活動が持続されているので熱を発生する。このために，変温動物・恒温動物ともに，体温は環境温より高い。

ヒトの体内では1日に2,000〜3,000 kcalの熱が発生する。ヒトを含めた高等動物において，通常の活動において最も多量の熱を発生する器官は筋肉である。ついで熱を多量に発生するのは肝臓である。肝臓は生体の化学工場といわれるほどさまざまな化学反応が進行する場所であり，この化学反応に伴って熱が多量に発生する。肝臓についで熱の発生量が多いのは腎臓である。尿の濃縮や，一度濾過(ろか)した血液成分を能動輸送によって再吸収するため，多くのエネルギーが必要とされるからである。

2 哺乳類の体温調節

哺乳類の体温は，代謝による熱産生のような化学的調節，および血流増減や発汗のような物理的調節によって一定に保たれている。

化学的調節▶ 環境温度が低下すると，皮膚の立毛筋が収縮して鳥肌(とりはだ)を生じ，同時に筋収縮による熱を発生する。さらに寒さが厳しくなると，全身の筋肉のふるえにより多量の熱を発生する(**ふるえ産熱**)。また，甲状腺(▶198ページ)からチロキシン(サイロキシン)が分泌され，細胞内の酸化過程が促進される。さらに，副腎髄質が刺激されてアドレナリンが分泌され，血液中のグルコースが増加し，酸化・分解の材料が供給されることになり，熱の発生がさかんになる(**非ふるえ産熱**)。

褐色脂肪組織▶ ブタを除く哺乳類の新生児や，冬眠中の哺乳類の成体では，**褐色脂肪組織**とよばれる脂肪組織が体内に分布する。交感神経からノルアドレナリンがこの組織で放出されると，脂肪細胞内の脂肪の酸化燃焼作用が活発になり，放出されるエネルギーがミトコンドリアの膜間部にくみ上げられるプロトンの電気化学エネルギーとしてたくわえられる(▶56ページ)。その一方で，ミトコンドリア内膜の**脱共役タンパク質**が活性化し，その遺伝子の発現も促進される。

褐色脂肪組織
脂肪組織を構成する脂肪細胞は多くのミトコンドリアを含み，組織としても多くの毛細血管の供給を受けているため，通常の白色脂肪組織と比べて茶褐色を呈する。

脱共役タンパク質は，ミトコンドリア内膜でATP合成酵素(▶56ページ，図2-14)に並列するプロトンチャネルとしてはたらくことで，膜間部にたくわえられたプロトン(H^+)の電気化学エネルギーをATP合成から切り離し(脱共役)，熱として放出する(▶図6-3)。褐色脂肪組織は，非ふるえ産熱で重要な役割を

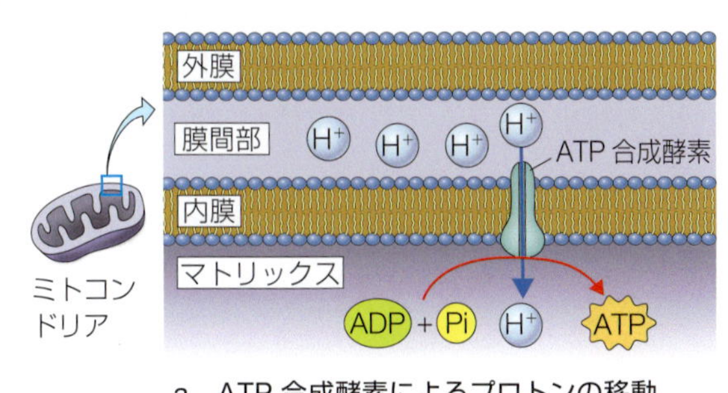

a. ATP 合成酵素によるプロトンの移動
ミトコンドリア内膜の電子伝達系によって膜間部にくみ上げられたプロトンの電気・濃度勾配としてたくわえられたエネルギーは ATP 合成酵素を駆動して ATP 合成に用いられる。

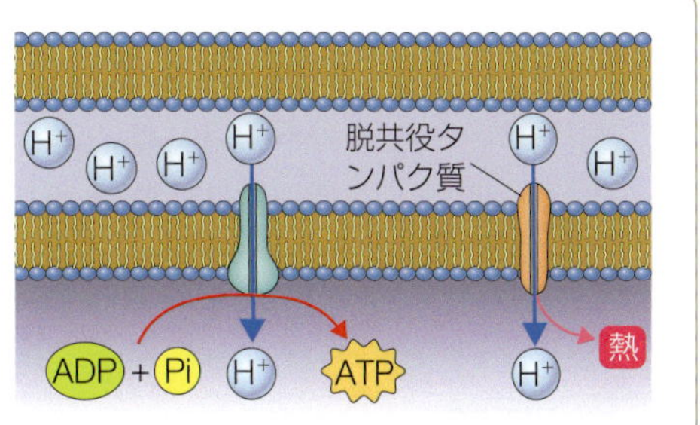

b. 脱共役タンパク質によるプロトンの移動
脱共役タンパク質は，ATP 合成酵素にかわるプロトンのチャネルとしてはたらき，たくわえられたそのエネルギーを ATP として捕捉するかわりに熱として放出する。

▶図 6-3 脱共役タンパク質のはたらき

果たす。

物理的調節▶ また環境温度が低いときは，皮膚の毛細血管が収縮して体表を流れる血液量を減少させ，皮膚からの熱損失を減少させる。反対に，環境温度が高いときは，毛細血管が拡張して皮膚の血流量を増し，熱放出を促進する。環境温度が体温に近づくと，伝導や放射・対流などで体温を放出することが困難となるため発汗がおこり，水分が気化熱を奪って蒸発することで体熱が放出される。

B 各器官系のはたらき

個体としての内部環境を維持し，生命活動を維持するためには，それぞれ固有の機能をもつ器官系(▶71 ページ)が協調してはたらかなくてはならない。たとえば，呼吸系で取り込まれた酸素は，循環系によってからだの各部に運ばれる。この呼吸のための筋肉や，循環系のポンプとなる心臓がはたらくためには，消化系によって取り込まれる栄養が必要であり，呼吸系によって取り込まれる酸素が必要である。

ヒトを含む動物の個体は，器官系が互いに協調し，全体としてはたらくことによってはじめて存在できるのであり，個々の器官系のはたらきの単なる総和以上のものである。そして，個々の器官系はこの相互協調のもとで進化をとげてきた。

① 呼吸系——酸素の取り込みと二酸化炭素の排出

動物は体内の代謝を維持するために，呼吸によって酸素(O_2)を取り入れて二酸化炭素(CO_2)を排出する。取り込まれた酸素は，血液中を運搬されて体内各部の細胞に運ばれ，エネルギー(ATP)の獲得に用いられる(▶52ページ)。酸素の取り込みおよび二酸化炭素の排出は，それぞれの気体が，濃度の高い側から低い側に拡散(▶28ページ)することによって行われる。

なお，生体と外界との間での酸素と二酸化炭素の交換は**外呼吸**，細胞内での酸素を用いた化学反応における ATP の合成は**内呼吸**とよばれて区別される。

1 皮膚呼吸

拡散は，拡散の面積が大きいほど，また，拡散の距離が短いほど，短時間で完了する。体表面積と比べて体容積が小さい単細胞性の原生動物や，多細胞性の海綿動物，刺胞動物，環形動物は，体表全体で酸素を吸収し，二酸化炭素を排出している(▶図6-4-a)。肺などの呼吸器官や血管系をもたなくても，十分な速さでこれらの気体がからだ全体に拡散するからである。このように皮膚などの体表で外界とのガス交換を行うことを**皮膚呼吸**とよぶ。呼吸器官をもつ動物では，例外的に両生類で皮膚呼吸はみられる(▶図6-4-b)。

2 呼吸器官による呼吸

一般に動物の体表は，無制限な水分の蒸発(陸生)ないし流出(海水中)・流入(淡水中)を防ぐため，外皮(皮膚)によっておおわれている。しかし，外皮は気体の移動も妨げることになる。したがって，呼吸のためのガス交換は，多くの動物では，特別に分化した**呼吸器官**で行われる。

呼吸器官の構造は，生活している環境，進化の度合い，運動能力によってさ

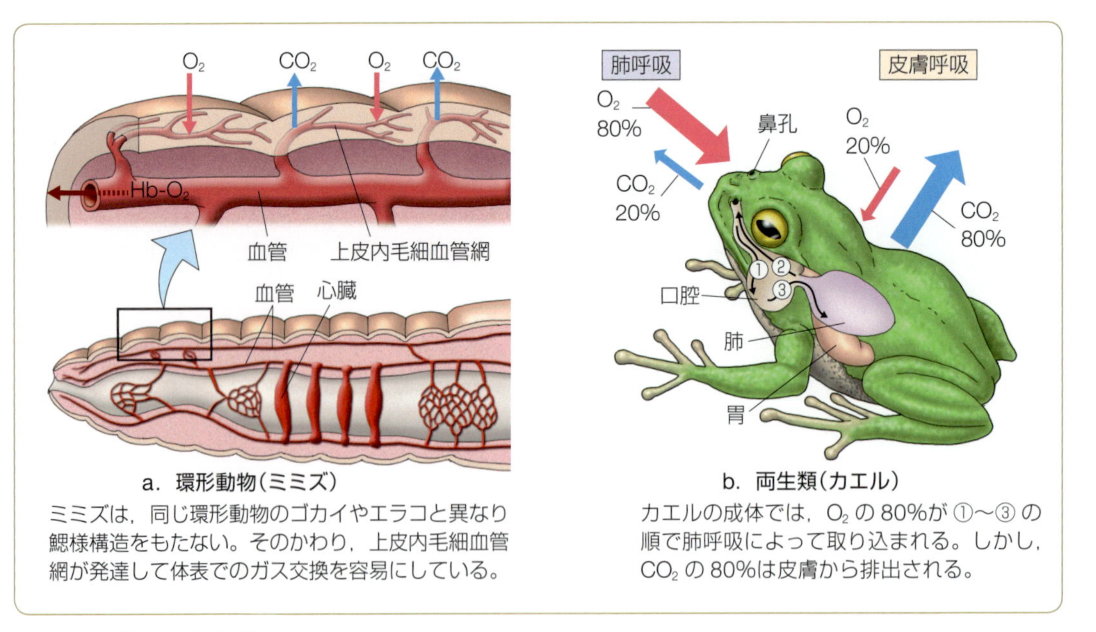

a. 環形動物(ミミズ)
ミミズは，同じ環形動物のゴカイやエラコと異なり鰓様構造をもたない。そのかわり，上皮内毛細血管網が発達して体表でのガス交換を容易にしている。

b. 両生類(カエル)
カエルの成体では，O_2 の80%が①〜③の順で肺呼吸によって取り込まれる。しかし，CO_2 の80%は皮膚から排出される。

▶図6-4 動物の皮膚呼吸

まざまであるが，大きく次の3種類に分類できる。

[1] えら(鰓)　水中生活をする動物の大部分がもっている。

[2] 気管　空気中の酸素を取り入れるものとしてえらから進化した器官で，主として昆虫やクモをはじめとした陸生節足動物がもつ。

[3] 肺　哺乳類などの陸生脊椎動物がもつ。

3 呼吸系の比較

えらによるガス交換

動物体での対向流配置

互いに逆方向に流れる2つの流れが接すると両者の間で物質やエネルギーの交換が効率的に行われる。魚類のえら以外にも哺乳類の腎臓の尿細管，付属肢や頭部の血管系，鳥類の塩腺など，動物体に広く見られる共通原理である(▶192ページ)。

水中生活をする動物に一般的にみられる呼吸器官が**えら**である。最も原始的なえらは環形動物の多毛類のもので，皮膚が変形した非常に単純なものである。

甲殻類(エビ・カニ)の羽状のえらやシャコの房状のえら，軟体動物(カイ・タコ)の葉状のえら，巻き貝・二枚貝の櫛状のえらはよく発達しており，えら全体の体積に比べて，表面積が広くなるように複雑な形状をしている。

無脊椎動物のえらは皮膚の一部が変化したものであるが，脊椎動物の魚類ではその構造も複雑になり，毛細血管床に富み，血液の流れは水流と逆(対向流)になってガス交換の効率が増大するしくみになっている(▶図6-5および，171ページ，図6-8-a)。このしくみを対向流交換系とよぶ。

気管系による呼吸

血管系のかわりに空気を直接組織へ送り込む細管が**気管**である。カギムシ(有爪類)や昆虫類，クモ類でよく発達している(▶図6-6)。細管は各体節の表皮で気門を形成して，外界に開口している。細胞や組織の呼吸(O_2とCO_2の交換)は，気管を介して直接行われるため，血液によるO_2とCO_2の運搬は必要

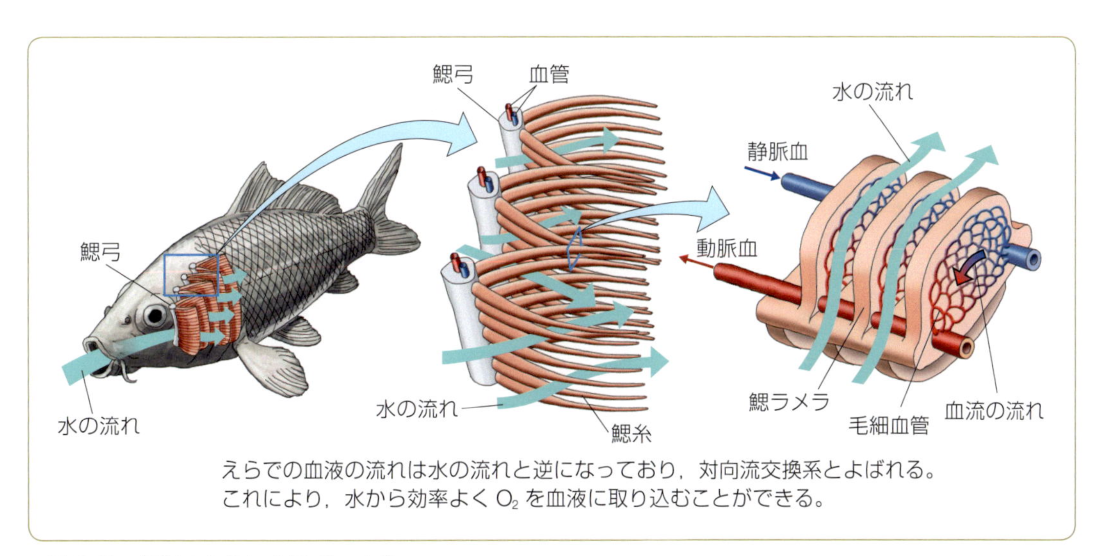

▶図6-5　魚類のえらによるガス交換

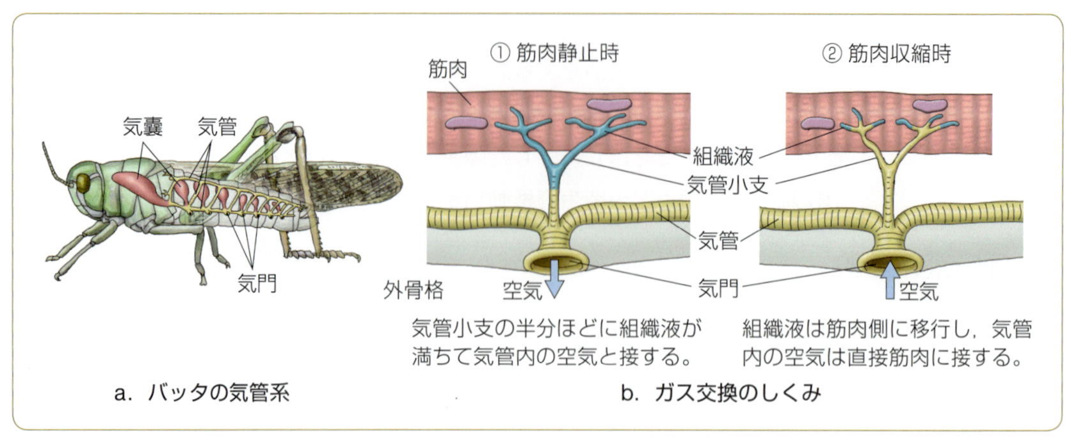

▶図6-6 昆虫の気管系によるガス交換

性が小さく，心臓・血管系の構造は比較的簡単である。

● ヒトの肺呼吸

ヒトの外呼吸では，鼻・口から取り入れられた空気は，気管から枝分かれした左右の**気管支**に送られる(▶図6-7)。気管支は**肺**に入ってさらに分枝し，細気管支を形成する。これらの構造を**気管支樹**とよんでいる。気管支樹の分枝は，**肺胞**とよばれる空気の袋が，ブドウの房(ふさ)のような形をしたもので終わっている。

肺胞の壁は薄くなっており，そのまわりを毛細血管が非常に密に取り囲んでいる。ヒトの肺には約3億もの肺胞があり，その形状から表面積を拡大させるのに役だっている。

肺胞では呼気と吸気がまざり合って，酸素分圧(Po_2，酸素濃度に比例)は約100 mmHg(水銀柱ミリメートル)であるが，肺動脈血のPo_2は40 mmHg程度である(▶図6-8-b)。この圧力差によって，酸素は毛細血管の壁を通って血液中に拡散し，肺から心臓に戻る肺静脈中の血液は，そのPo_2が約95 mmHgとなる。この血液は，心臓からからだにのびる動脈へ送り出される。

4 酸素・二酸化炭素の運搬

一般に酸素は，血液中に含まれる呼吸色素とよばれるタンパク質-金属原子複合体によって運ばれる。二酸化炭素は，血液中に二酸化炭素(CO_2)または炭酸水素イオン(重炭酸イオン，HCO_3^-)としてとけ込んで運ばれる。

● 呼吸色素

体液中にあって酸素の運搬体としてはたらいているのが呼吸色素である。特定の波長の可視光線を吸収する性質があり，一定の色を呈するために色素とよばれる。呼吸色素には，次のようなものがある。

[1] **ヘモグロビン** hemoglobin(Hb) 脊椎動物のすべてと，ミミズなど一部の

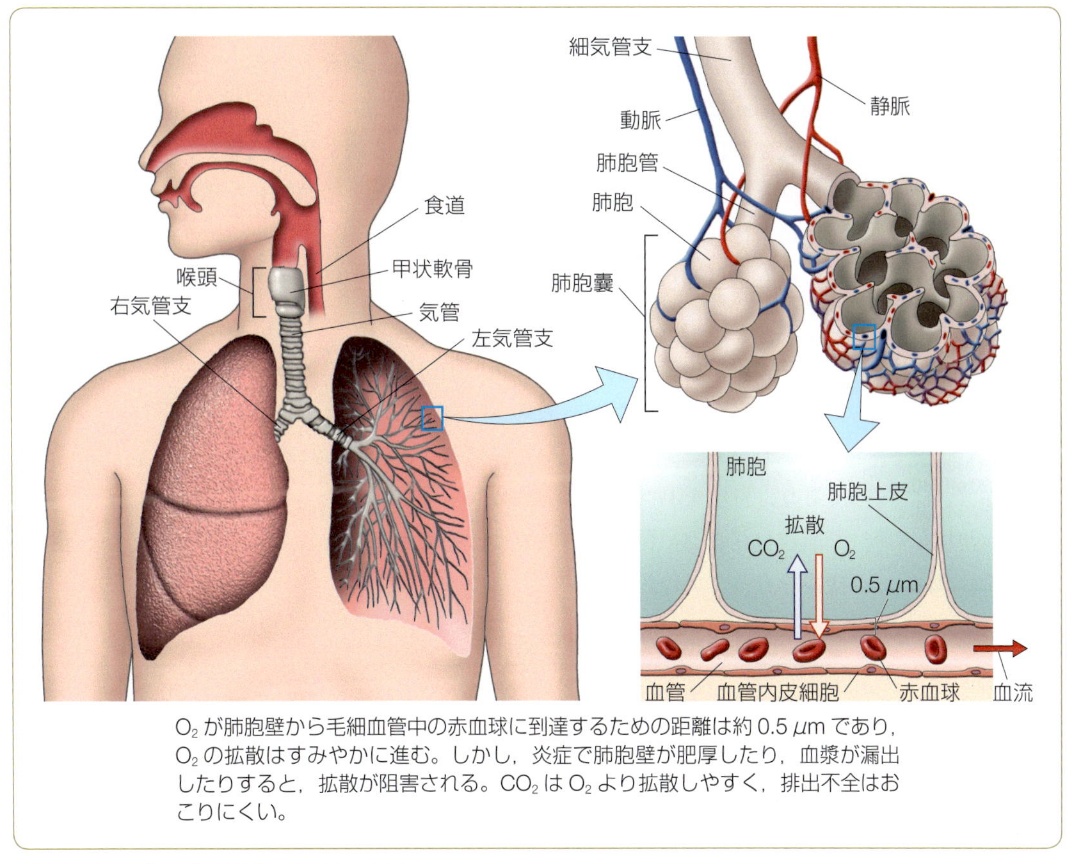

O_2 が肺胞壁から毛細血管中の赤血球に到達するための距離は約 0.5 μm であり，O_2 の拡散はすみやかに進む。しかし，炎症で肺胞壁が肥厚したり，血漿が漏出したりすると，拡散が阻害される。CO_2 は O_2 より拡散しやすく，排出不全はおこりにくい。

▶図 6-7　ヒトの肺と肺胞でのガス交換

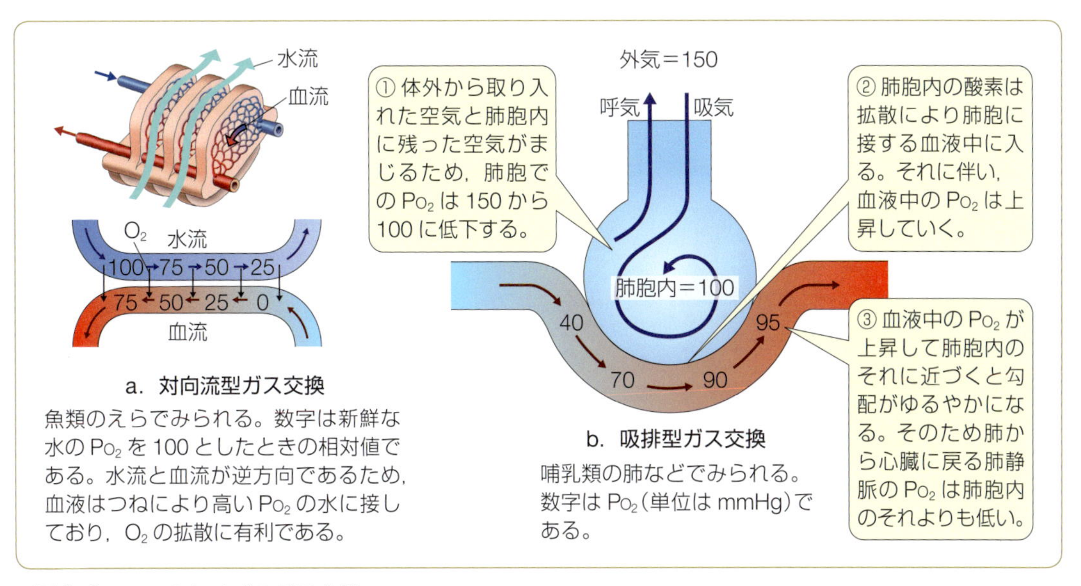

a. 対向流型ガス交換

魚類のえらでみられる。数字は新鮮な水の P_{O_2} を 100 としたときの相対値である。水流と血流が逆方向であるため，血液はつねにより高い P_{O_2} の水に接しており，O_2 の拡散に有利である。

b. 吸排型ガス交換

哺乳類の肺などでみられる。数字は P_{O_2}（単位は mmHg）である。

▶図 6-8　2 つのタイプのガス交換

無脊椎動物がもつ鉄を含む色素タンパク質であり，赤色をしている。4つのサブユニットからなる四量体として機能する。酸素と結合して鮮紅色を示し，解離して暗赤色を示す。

[2] ミオグロビン 脊椎動物の筋肉中にある鉄を含む色素タンパク質であり，赤色をしている。ヘモグロビンのサブユニットに類似した構造をもつが，そのまま単量体として機能する。

[3] ヘムエリトリン 海洋の無脊椎動物である星口(ほしくち)動物などの血中にあり，鉄を含み，赤紫色の色素である。

[4] クロロクルオリン 一部の環形動物の血中にある緑色の色素である。鉄を含むヘムタンパク質だが，酸素への親和性はヘモグロビンより低い。

[5] ヘモシアニン 甲殻類や軟体動物などにみられる銅を含む色素タンパク質であり，青色をしている。

前述したように昆虫類の血液には呼吸色素がないため，血液はガスの運搬の機能をもっていない。

呼吸色素のはたらき
血液中にとけ込める酸素の量は，ヘモグロビンを含まない血液では0.3 mL/100 mL(動脈での酸素分圧下)であるのに対し，ヘモグロビンを生理的濃度で含む場合は20 mL/100 mL，ヘモシアニンの場合は2〜5 mL/100 mLである。

● ヘモグロビンのはたらき

ヘモグロビンは赤血球を構成している色素タンパク質であり，その分子は4つのポリペプチド鎖(グロビンタンパク質)と4つのヘム基からなりたっている(▶図6-9-a)。各ヘムはそれぞれ1分子の鉄(Fe)を含んでおり，これに酸素1分子(O_2)が結合する(▶図6-9-b)。したがって，ヘモグロビン1分子は4個の酸素分子($4O_2$)と結合できる。酸素との結合と分離は可逆的である。

前述したように，ヘモグロビンはミオグロビン類似の単量体から構成される四量体であるが，両者の酸素結合の性質は異なる。ヘモグロビンは，末梢組織

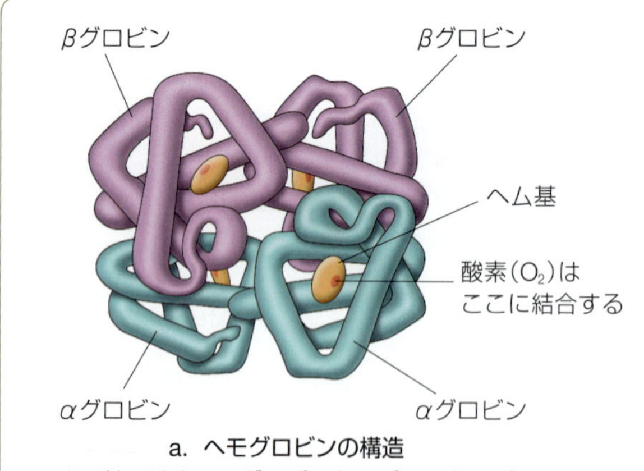

a. ヘモグロビンの構造
ヘム基と結合したグロビンとよばれるタンパク質が4つ集まった四量体である。グロビンにはαグロビンとβグロビンの2種類がある。

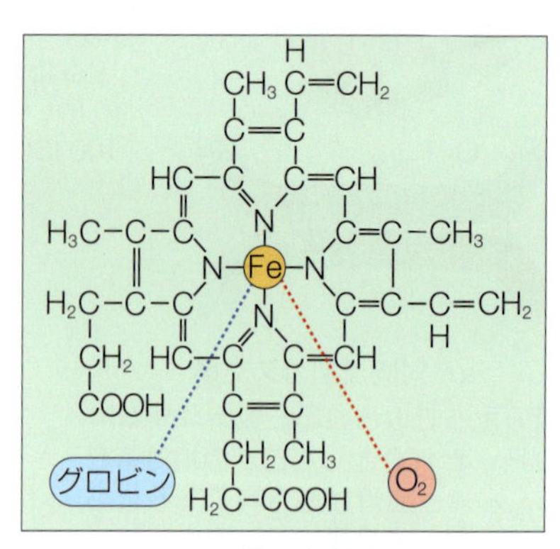

b. ヘム基の化学構造
4つの窒素原子(N)と結合した鉄原子(Fe)は，さらに2つの結合を形成できる。1つはグロビンと結合し，酸素の存在下では残りの1つに酸素(O_2)が結合する。

▶図6-9 ヘモグロビン

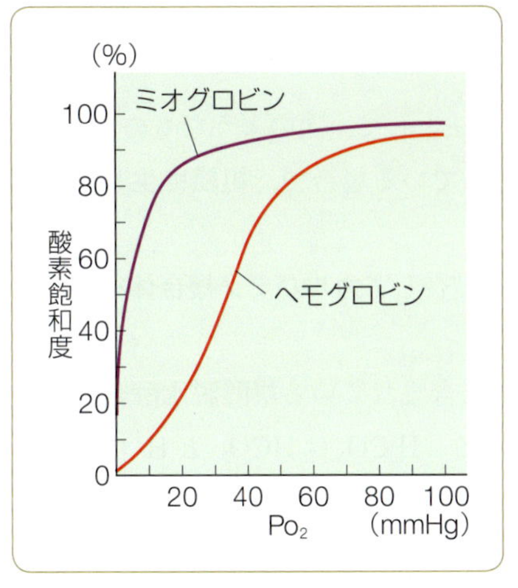

▶図 6-10 酸素解離曲線

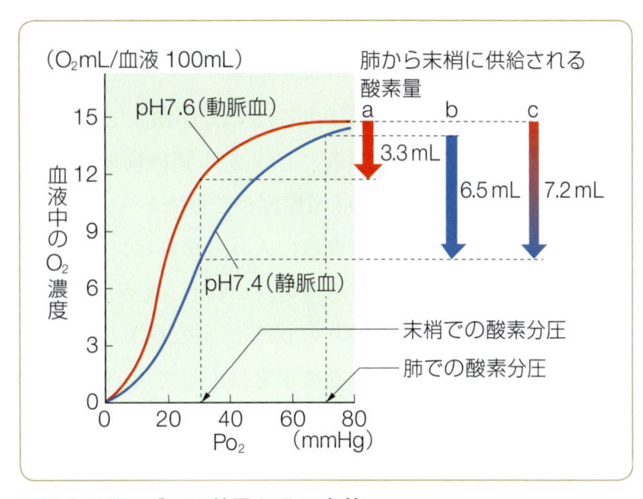

▶図 6-11 ボーア効果とその意義

のように Po_2 が低いときに結合しにくく，肺内部のように高いときに結合しやすい(▶図 6-10)。それに対して，筋細胞ではたらくミオグロビンは，Po_2 が低い状態でも酸素を確保する性質をもつ。

なお，ヘモグロビンと一酸化炭素(CO)との結合は，酸素より 200 倍以上強いため，血液に一酸化炭素が入り込むと，中毒症状を引きおこす。

ボーア効果▶ 血液中の CO_2 が増えると，次項で述べるように H^+ が増えて血液の pH は酸性になる。つまり，末梢組織のように CO_2 濃度が高いと，血液の pH は酸性に傾く。酸素とヘモグロビンの結合力は pH によって変化し，pH が酸性のほうが結合しにくい(▶図 6-11)。したがって，CO_2 濃度が高い末梢組織では，ヘモグロビンはより簡単に酸素を解離する。これを，この現象の発見者の名をとってボーア効果とよぶ。

ボーア効果が生じる理由は，グロビンタンパク質が H^+ と結合すると，ヘム基と酸素分子との結合が弱くなるためである。つまり，ヘモグロビンの酸素結合能力は，H^+ によってアロステリック(▶46 ページ)に調節されている。次の化学式は，H^+ とヘモグロビン(Hb)の化学反応を厳密にあらわすものではないが，両者の結合・解離を概念的にあらわしている。

$$HbH^+ + O_2 \rightleftharpoons HbO_2 + H^+ \quad \cdots\cdots ①$$

肺で O_2 が豊富にあれば反応は右に進み，末梢で H^+ が豊富にあれば左に進む。

ボーア効果の意義▶ もし血液の pH が，肺でも末梢でも動脈血のように高いままであるならば，肺で結合した酸素が末梢で解離する量はきわめて限られる(▶図 6-11 の a の矢印)。それに対して，静脈血のように低いままであれば，解離量は著しく増加する(▶図 6-11 の b の矢印)。さらに，動脈血で運ばれ，末梢の静脈血で解離する場合，解離量はさらに増加する(▶図 6-11 の c の矢印)。このように，肺から末梢に運ばれる O_2 の量は，ボーア効果によって最大限に高められる。

二酸化炭素の運搬

カルバミノ複合体

グロビンのアミノ基にCO_2が結合して形成される。すなわち，グロビン-NH_2+CO_2 ⟺ グロビン-NH-COO^-+H^+の右辺のグロビンをさす。グロビンがカルバミノ化されるともいう。

組織で生じたCO_2が血液で運搬される方法として，次のようなものがある。

(1) 血液にCO_2が単純に物理的にとけ込んでいる場合で，組織で生じるCO_2の5%程度がこれである。

(2) 赤血球に入り，グロビンのアミノ基と結合して**カルバミノ複合体**を形成するもので，これも5%程度である。

(3) 残りの90%ほどのCO_2は，赤血球中に含まれている炭酸脱水酵素のはたらきで水と反応して炭酸(H_2CO_3)となる。H_2CO_3はHCO_3^-とH^+に遊離し，血流とともに運ばれる。

$$CO_2 + H_2O \rightleftharpoons H_2CO_3 \rightleftharpoons HCO_3^- + H^+ \quad \cdots\cdots ②$$

ハンブルガー現象

赤血球内からのHCO_3^-の排出は，Cl^-の赤血球内への流入と共役した対向輸送(▶32ページ)による。これをハンブルガー現象，またはクロライドシフトという。

哺乳類の血液(pH7.4)では，CO_2：H_2CO_3：HCO_3^-＝1000：1：20000である。なお，赤血球内で遊離したH^+は，グロビンを構成するヒスチジンと赤血球内で結合する(①式右向き)。その結果，CO_2からH_2CO_3への反応がさらに進む(②式右向き)。

なお，赤血球内で遊離したHCO_3^-は，赤血球内に蓄積してCO_2のイオンへの解離を妨げることがないように，膜輸送によって赤血球の外に排出される。

肺では，毛細血管内皮に炭酸脱水酵素が分布しており，組織とは逆にH_2CO_3のCO_2と水への分解反応を触媒して，CO_2の排出を促す(②式左向き)。

ホールデン効果▶ 血液のCO_2含量は，ヘモグロビンの酸素飽和度が上がると，減少し，飽和度が下がると増加する。すなわち，いかなるCO_2分圧(P_{CO_2})においても，酸素化血よりも脱酸素化血のほうがCO_2含量が多い(▶図6-12)。これを，この現象の発見者の名をとって**ホールデン効果**とよぶ。

ホールデン効果が生じる理由は2つある。1つ目は，ヘム基の酸素結合に

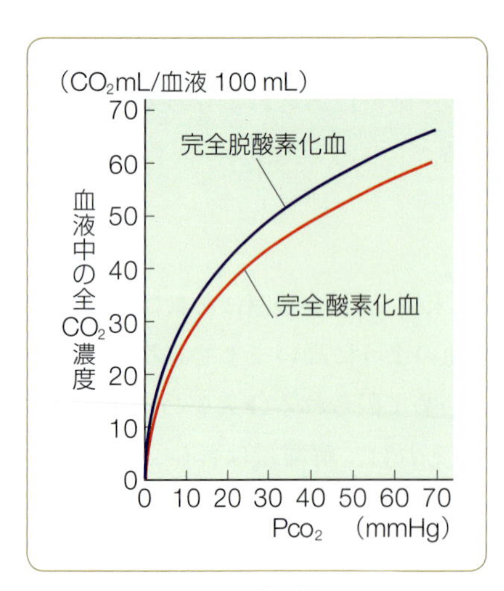

▶図6-12 ホールデン効果

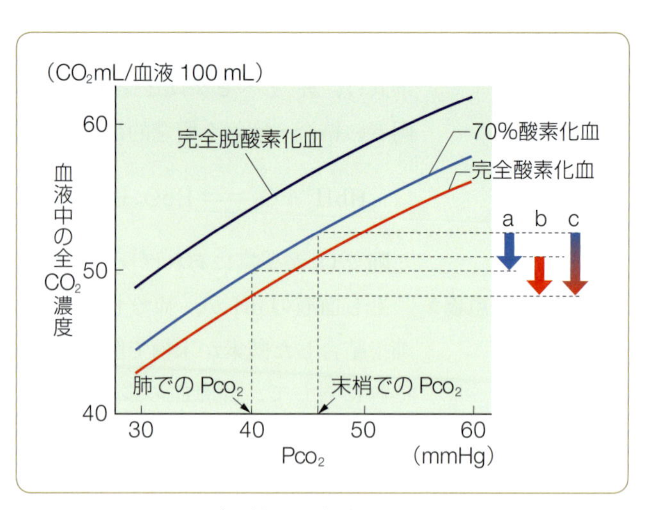

▶図6-13 ホールデン効果の意義

伴ってグロビンの CO_2 との親和性が低下する，すなわちグロビンがカルバミノ化しにくくなるためである。2つ目は，ヘム基の酸素結合の有無によってヘモグロビンがもつ緩衝作用もまた影響されるからである。すなわち，静脈血でヘモグロビンの脱酸素化が進むと，H^+がヘモグロビンと結合し，血液中の H^+ 濃度が減少する(① 式左向き)。すると，② 式が右に進み，HCO_3^-が生成される結果，血液中の CO_2 含量が増加する。逆に動脈血でヘモグロビンの酸素化が進むと，血液中の CO_2 含量は減少する。

ホールデン効果の意義▶ ボーア効果と同様，血液によって運ばれる CO_2 の量は，静脈血(70％酸素化血，▶図 6-13 の a の矢印)あるいは動脈血(完全酸素化血，▶図 6-13 の b の矢印)だけで運ばれる場合と比較して，静脈血で取り込まれて動脈血中で放出される場合に最大となる(▶図 6-13 の c の矢印)。

② 消化系——栄養物質と水の吸収

1 消化系のはたらき

動物が食物を体内に取り入れて分解・吸収する器官と，消化液を分泌する腺を合わせて**消化管**という。また**消化**とは，タンパク質・脂質・炭水化物(糖質)を小さな分子に分解して血管の細胞膜を通過させ，血液中に取り込むことである。大きな分子は，水を使って化学結合を切断して分解する加水分解酵素によって，小さな分子へと切断・分解され，小腸の絨毛(じゅうもう)(柔毛)から体内に取り込まれる。また，水も大部分が小腸から取り込まれる。

2 消化系の比較

● 原生動物

原生動物は，食物となるほかの微小生物や有機物などを体内の**食胞**に取り込み，それらは食胞内に分泌される消化酵素で分解される。原生動物にみられる食胞による消化は，細胞の中で行われるので，**細胞内消化**とよばれている。

しかし，食胞内は細胞外の物質をそのまま取り込んだものであり，細胞の外とみなせるため(▶198 ページ)，食胞から餌(えさ)に対して分泌される消化液は外分泌である。これは，後述する細胞外消化に相当するもので，厳密には両者の違いは食胞の形成の有無だけの差であるといえる。

食胞
食物を細胞内に取り込んで細胞内消化を行うための，一時的な細胞小器官である(▶70 ページ，図 3-7)。食胞内に分泌される消化酵素は不明である。

● 無脊椎動物

軟体動物▶ 軟体動物の消化器官は，口・そ嚢・胃・腸に区別される(▶図 6-14-a)。食物は口の歯舌(しぜつ)でかみとられ，そ嚢で咀嚼(そしゃく)されて機械的に砕かれる。

そ嚢や胃壁の細胞および中腸腺から消化管に消化酵素が分泌され，食物は化

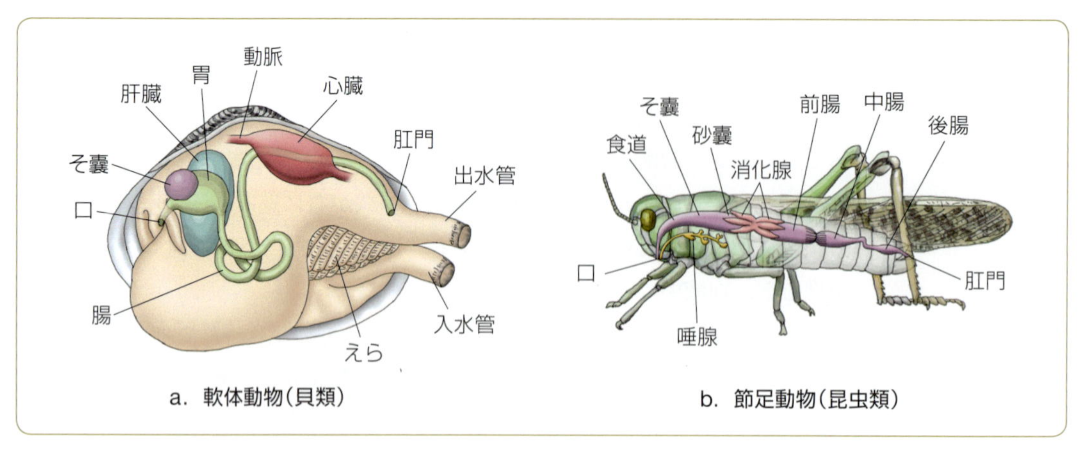

▶図 6-14　無脊椎動物の消化器官

学的に細胞の外で消化される。そのため**細胞外消化**とよばれ，分解された食物は細胞内に取り込まれる。

節足動物▶　昆虫類の消化液には，かなり特殊に発達したものが多くある。口器と付属肢の下にある**唾腺**(だせん)(唾液腺)の開口部からは，**唾液**が分泌される(▶図 6-14-b)。唾液には，デンプンの分解酵素であるアミラーゼやグルコシダーゼなどが含まれるが，動物の種によっては，タンパク質分解酵素のプロテアーゼや，脂肪分解酵素のリパーゼを含んでいる場合もある。ほかにも，吸血性のツェツェバエのように，唾液が消化酵素を含まず，血液凝固阻害物質を含むものもある。

発生が進み，変態などにより食性がかわる動物では，これに伴い消化酵素がかわってくる。たとえばハエの仲間のニクバエは，幼虫期においては前腸・中腸からプロテアーゼとリパーゼを分泌し，炭水化物分解酵素はほとんど存在しない。しかし成虫期では，唾腺からアミラーゼ，中腸からアミラーゼ・グルコシダーゼ・マルターゼが分泌される。

● 脊椎動物

消化管での分解▶　ヒトの消化系では，食物は口腔で歯によってかみ砕かれ，食道を通って胃に運ばれる(▶図 6-15)。口腔では，耳下腺・舌下腺・顎下腺の３種類の唾液腺(唾腺)から分泌される唾液によって，デンプンが二糖類(マルトース)に分解される。胃ではペプシノーゲンと塩酸(胃酸)が分泌され，タンパク質がさまざまな長さのペプチド断片に分解される。分解にかかわるのは，塩酸によってペプシノーゲンから転化される**ペプシン**とよばれるタンパク質分解酵素である。

食物は，胃から十二指腸を経て主要消化器官である小腸に進む。十二指腸に分泌される**膵液**(すいえき)によって，すべてのデンプンがマルトースに分解され，小腸で単糖類であるグルコースに分解される。ペプチド断片も，膵液のトリプシン・キモトリプシンなどによって単体アミノ酸およびオリゴペプチドに分解される。小腸ではまた，十二指腸に分泌される胆汁酸によって脂質が**乳化**され，膵液の

乳化
疎水性と親水性の部分をもつ分子が，疎水性部分に脂質分子を取り込み，これを親水性部分でおおう微細な小滴を多数形成して水中に分散する現象をよぶ。

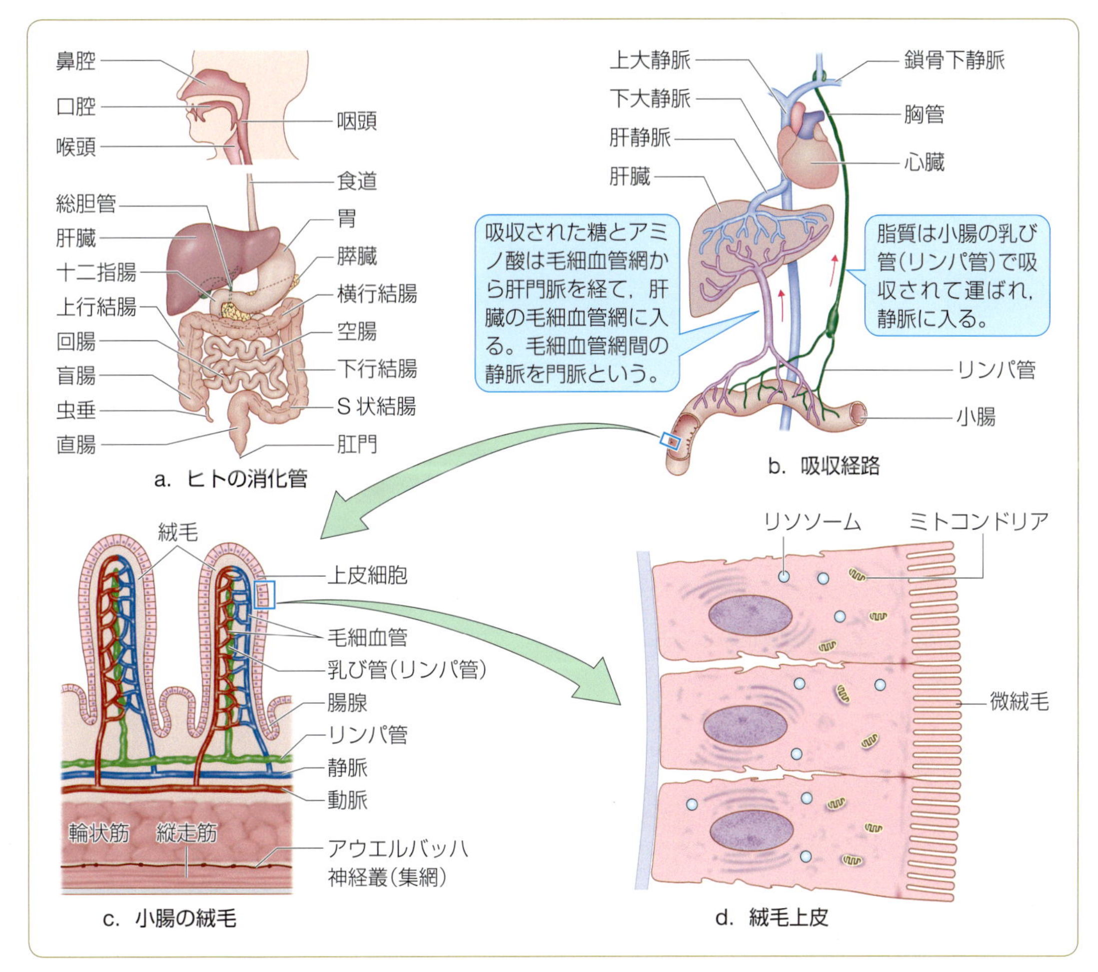

▶図 6-15 ヒトの消化系

リパーゼにより脂肪酸とグリセリンに加水分解される。

消化過程の大部分は小腸内で完了し，未消化の残留物が大腸に送られる。大腸では余分な水分が吸収され，老廃物は直腸を通って肛門から排泄される。

消化管での吸収▶ 栄養分と水分の吸収は主として小腸で行われる。小腸は管内壁に多くのヒダ状構造をもっているのが特徴である。ヒダの表面には，指状の小突起の**絨毛**(柔毛)とよばれる構造がみられる。絨毛は**微絨毛**(びじゅうもう)(**刷子縁**(さっしえん))をはり出して，食物の吸収のために分化している。乳び管はリンパ管につながり，そのまわりには毛細血管が密に分布している。

共輸送トランスポーター
共輸送担体ともいう。小腸でのグルコースやアミノ酸などの吸収は，Na^+と共役した担体輸送(▶30ページ)によって能動的に行われる。そのためのエネルギーはNa^+の濃度勾配によって供給される。

[1] 単糖類の吸収 グルコース，フルクトース，ガラクトースなどの単糖類は，アミノ酸やオリゴペプチドと同様に，微絨毛を構成する小腸上皮細胞膜にある共輸送トランスポーターによって細胞内に取り込まれる(▶図 6-16)。

[2] ペプチドの吸収 オリゴペプチドは細胞内でさらにアミノ酸に分解され，単体として取り込まれたアミノ酸とともに毛細血管内に入る。

[3] 脂質の吸収 脂肪酸とモノアシルグリセロール(モノグリセリド)は，脂質

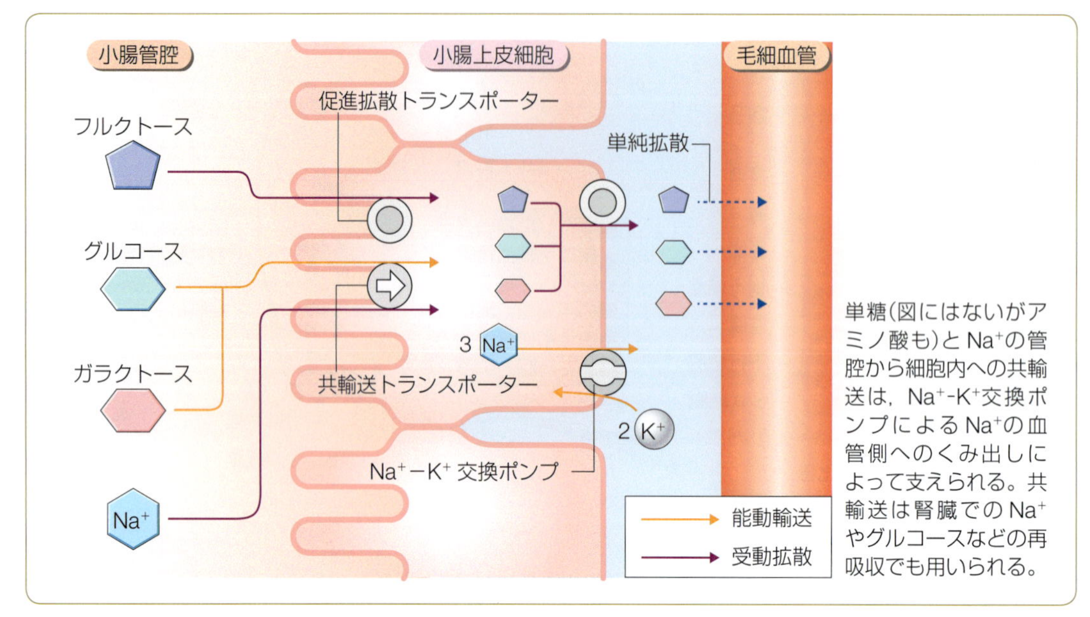

▶図 6-16　小腸での単糖類の吸収のしくみ

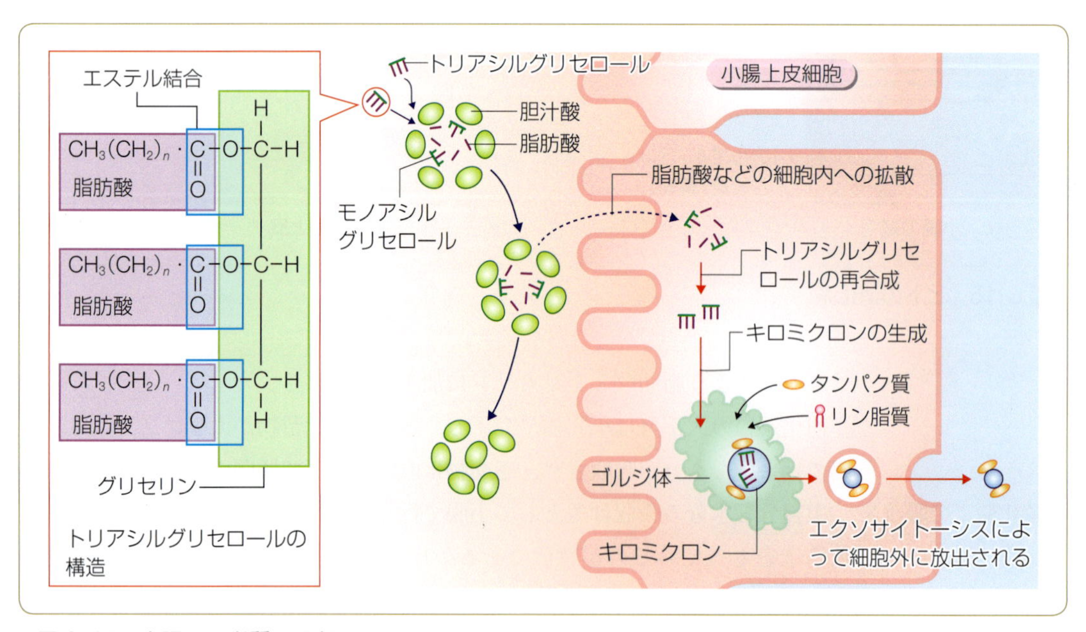

▶図 6-17　小腸での脂質の吸収のしくみ

二重層を通過して直接細胞内に入る(▶図 6-17)。そこでトリアシルグリセロール(トリグリセリド)となり，ゴルジ体でタンパク質と結合して可溶性のリポタンパク質である**キロミクロン**(カイロミクロン)となる。キロミクロンは，エクソサイトーシスで体内に放出され，乳び管からリンパ管を経て血流に入る。消化時，乳び管中のリンパ液は乳白色ににごっているので**乳び**とよばれる。

[4] 水の吸収　唾液や消化液として消化管内に放出された水は，飲み水ととも

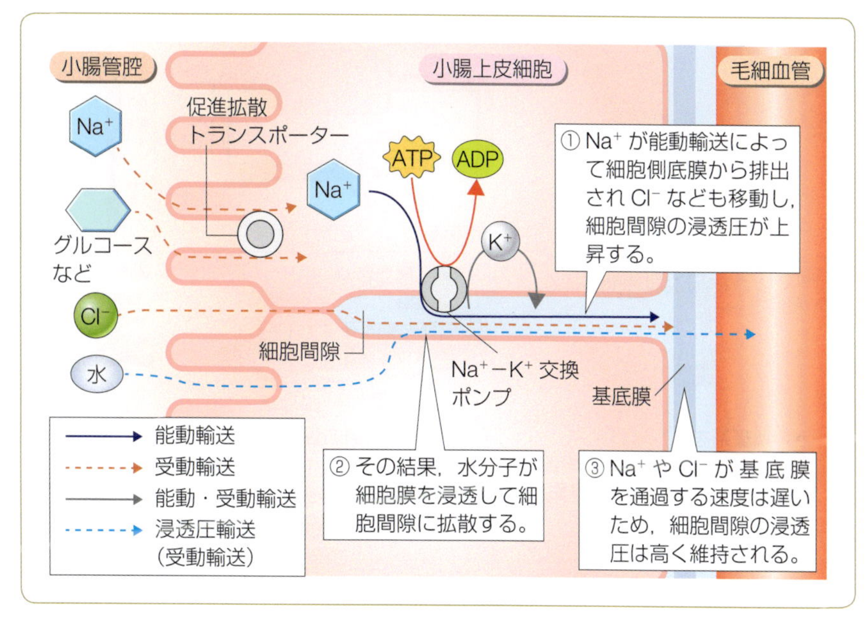

▶図 6-18　小腸での水の吸収モデル（溶質共役移動モデル）

に，その大部分が小腸で吸収される。その残りは，大腸から放出される水分とともに大腸で再吸収され，最終的に糞便中に排泄される。水は浸透圧差によって体内に浸透拡散するが，浸透圧差がない状態や逆勾配の状態でも，体内に移動することができる（**溶質共役移動モデル**，▶図 6-18）。

③ 循環系——体液とその循環

1 閉鎖血管系と開放血管系

循環系は，血液によって，生命活動に必要な酸素や栄養を全身の細胞に供給するとともに，二酸化炭素および老廃物を回収している。血液を送り出すポンプの役割をするのが**心臓**である。

閉鎖血管系▶　心臓から出た血液は，**動脈**→動脈枝→**毛細血管**を経て静脈枝→**静脈**に入り，再び心臓に戻る。この循環系のシステムを**閉鎖血管系**という（▶図 6-19-b）。環形動物（ミミズ・ヒル）や軟体動物の頭足類（タコ・イカ），脊椎動物の循環系は，閉鎖血管系からなっている。

開放血管系▶　閉鎖血管系に対して，心臓から出た血液は心臓→動脈→動脈枝と流れていくが，動脈枝と静脈枝との間に毛細血管が存在しない循環系もあり，**開放血管系**とよばれる（▶図 6-19-c）。節足動物のほか，頭足類以外の軟体動物にみられる。血液は動脈枝の末端から組織中に出たあと，えらなどの呼吸器を経たのち，軟体動物では静脈を経て心臓に戻る。一方，節足動物では呼吸器を経たのち，直接心臓に戻る。

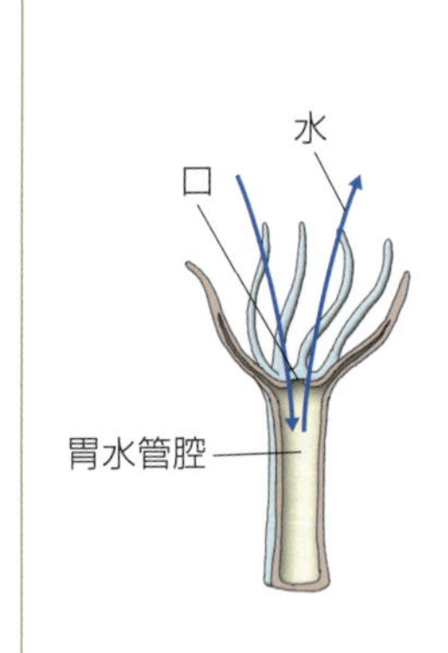

a．循環系をもたない動物
ヒドラは，胃水管腔が呼吸・循環，消化・排泄を行う。

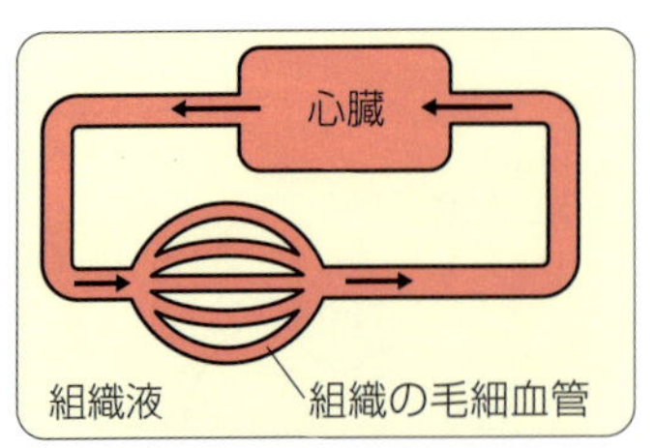

背血管（心臓）
側心臓
腹血管

b．閉鎖血管系
ミミズの血液は血管系内を循環している。ガス交換は体表で行われる。

翼状筋
囲心腔
心臓
動脈
心門
組織
えら
組織
動脈

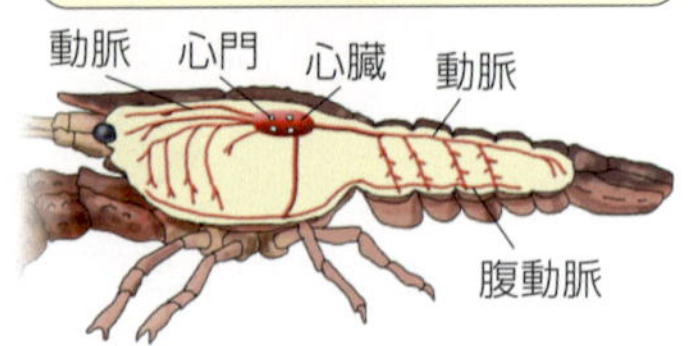

c．開放血管系
エビは毛細血管がないため，血液は動脈の末端から組織に入る。ガス交換はえらで行われる。

▶図 6-19　無脊椎動物の血管系

2 循環系の比較

● 無脊椎動物

毛細血管
毛細血管は単層の内皮細胞からなる細い管で，多くの場合，細胞間隙や膜孔を介して，血液の液体成分と細胞周囲の組織液とが血管内外を行き来している。

[1] 刺胞動物・扁形動物　刺胞動物や扁形動物などのからだが比較的小さい動物は，栄養分や老廃物，酸素・二酸化炭素を拡散により交換できるため，循環系をもたない（▶図 6-19-a）。

[2] 環形動物　環形動物のミミズ・ゴカイの仲間は，無脊椎動物のなかではよく発達した循環系をもつ（▶図 6-19-b）。これらの動物は閉鎖血管系であり，背側に心臓のはたらきをもつ脈動する背血管がある。この血管の蠕動（ぜんどう）（拍動）によって，血液は尾部から頭部に送られ，動脈→毛細血管→静脈を通って再び背血管へと戻ってくる。背血管と腹血管を結ぶ血管（側心臓）も脈動する。

[3] 節足動物　節足動物は開放血管系をもち，その心臓は，胸部から腹部に及ぶ長い管状（シャコなど）または袋状の構造（エビ・カニなど）である（▶図 6-19-c）。昆虫では背側にある大きな血管を背血管（背脈管）とよび，これが心臓である。蠕動（ぜんどう）運動によってこの血管が収縮する圧力で血リンパ（▶183 ページ）は血管に入り，そこから組織の中を自由に流れ，からだ中に浸透していく。そして細胞との物質交代を繰り返しながら背側へ戻り，心門から心臓へと戻る。

[4] 軟体動物　軟体動物のうち，腹足類（巻貝・アメフラシ）や二枚貝類（ハマグリ・アサリ）は開放血管系をもつ。それに対して，頭足類（タコ・イカ）は閉鎖血管系をもつ（▶図 6-20-a）。

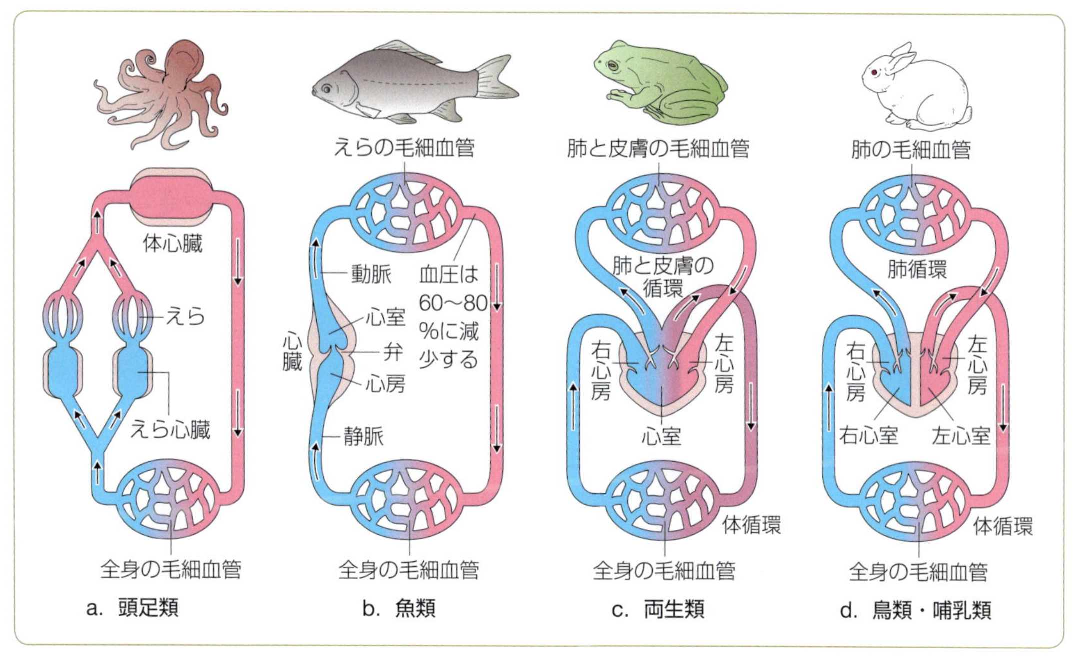

▶図 6-20　閉鎖血管系の比較

● 脊椎動物

脊椎動物の循環系はすべて閉鎖血管系であり，ガス交換のための循環と，酸素・栄養供給・老廃物収集のための循環を分離する方向に進化している。

[1] 魚類　魚類の心臓は1心房1心室で，心房と心室の間や心室と動脈の間には，血液の逆流を防ぐための弁がある(▶図 6-20-b)。心臓に入り，送り出される血液は，全身をまわったあとの酸素が少ない静脈血である。血液は，心臓から動脈を経てただちにえらに行き，えらの毛細血管を通って酸素を取り込んだ動脈血となる。そして血圧が下がったまま鰓動脈を経て，からだの各組織の毛細血管に送られるので，血圧が低いのが特徴である。そのあと静脈を経て，心臓へと再び戻ってくる。

> **組織液とリンパ液**
> 毛細血管の動脈側では血圧により液体成分が組織に漏出して組織液(間質液)となる。静脈側では浸透圧により血管に水分が戻る。一部はリンパ液となり，リンパ管を通って静脈に戻る。

[2] 両生類　両生類の幼生の循環系は魚類に似ているが，成体ではえらが消え，肺呼吸にかわる。心房は左右に分離されるが，心室は1つであり，静脈血と動脈血がまざる(▶図 6-20-c)。

[3] 爬虫類(はちゅう)　爬虫類では，両生類よりも，心室の左右分離が進むが，隔壁が完全ではないため，静脈血と動脈血がまざる。

[4] 鳥類・哺乳類　鳥類・哺乳類では，2心房2心室体制となり，左右の心房・心室はそれぞれ，右側が肺循環，左側が体循環に使われる(▶図 6-20-d)。

3 肺循環と体循環

血液と空気(または水)との接触面積が大きいほど効率的にガス交換が行える

哺乳類の肺循環

肺循環の血圧(ヒトでは20 mmHg程度)は，体循環の血圧(120 mmHg程度)と比較してかなり低い。肺循環の血流路は抵抗が小さいため，血圧が低くても循環が可能だからである。血圧が高いと，毛細血管からの水分の漏出により，肺胞(▶170ページ)でのガス交換が困難になる。

ため，呼吸器官では毛細血管が発達する。血液が毛細血管を流れると，摩擦により血圧が下がるため，全身をまわるためには不都合である。

たとえば魚類では，心臓から20〜90 mmHgの血圧(種により異なる)で静脈血が送り出されるが，えらを通ることで血圧がその60〜80%にまで減少してしまう(▶図6-20-b)。それに対して鳥類や哺乳類では，心臓の構造が，ガス交換のための**肺循環**のポンプと，全身の酸素・栄養供給・老廃物収集のための**体循環**のポンプとに分離することで，高い圧で全身に血液を送ることが可能となっている(▶図6-20-d)。

閉鎖血管系をもつ頭足類(軟体動物)でも，えらに血液を送り込む**えら心臓**と，全身の組織に血液を送り込む**体心臓**が分離されている(▶図6-20-a)。全身をまわって圧が低下した血液は，えら心臓で加圧されてえらに送り込まれ，えらで減圧されたあとは，体心臓で再度加圧されて全身に送り出される。

4 哺乳類の心臓の構造と機能

● 心臓の構造

哺乳類の心臓の内腔は4室に分けられており，まず上・下大静脈から右心房・三尖弁を通って右心室へと，酸素の少ない血液(静脈血)の流れがみられる(▶図6-21-a)。この血液は，肺動脈を経て，肺の毛細血管でガス交換を行い，二酸化炭素を放出して酸素を取り込み，肺静脈より左心房に戻る。そして僧帽弁を通って左心室に入り，左心室の収縮によって大動脈を経て全身に送られる。

心房は，静脈から戻った血液を一時的にとどめて心室に送る場所で，その壁，

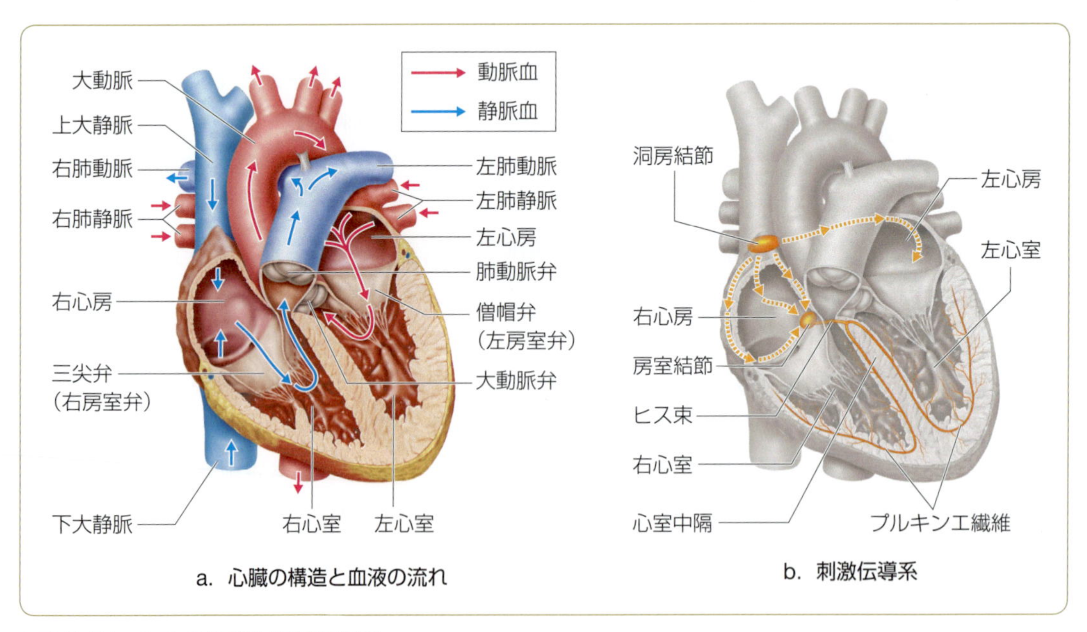

▶図6-21 ヒトの心臓と刺激伝導系

つまり**心筋**はあまり厚くない。しかし心室は，血液を動脈に送り出すポンプの役目をしているため，心筋は非常に厚くなっている。

心臓の壁は，心内膜，心筋層および心外膜の3つの層からなる。内膜と外膜は上皮細胞層とそれに接する結合組織層からなり，よく発達した筋層は心筋繊維からなる。心筋繊維には骨格筋と同様に横紋があり，収縮の強さ・速さも似ているが，単核であり，筋繊維が枝分かれして細胞どうしが網目状に連絡していることが特徴である(▶72ページ，図3-9)。

● 心臓の調節

心臓はすべての動物がもつとは限らないが，心臓をもつすべての動物において，例外なく心臓は自動性をもっている。甲殻類の心臓の中には周期的な活動を行う神経節があり，これがペースメーカーとなり心筋の収縮・弛緩が繰り返される。それに対して，軟体動物や脊椎動物のペースメーカーは，心臓の筋肉それ自身にある。前者を**神経原性心臓**といい，後者を**筋原性心臓**という。

脊椎動物の心臓収縮のリズムと頻度は，2つの方法で調節されている。1つは心臓の内からの内在性調節であり，もう1つは外からの外来性調節である。

刺激伝導系▶

内在性調節を担うペースメーカーとしてはたらいているのは，右心房の**洞房結節**の細胞群である(▶図6-21-b)。洞房結節には自動性があり，自発的に活動電位を発生し，これが両心房に伝えられ，両心房が収縮を引きおこす。活動電位はさらに房室結節にも達し，ヒス束を経てプルキンエ繊維に伝わり，心室の収縮を引きおこす。この洞房結節からプルキンエ繊維にいたる活動電位の伝わる経路を，**刺激伝導系**という。

一方，心臓は自律神経系の支配を受け，興奮性および抑制性の二重支配を受けている。すなわち，心拍数を増加させたり，心臓の収縮力を強めたりするノルアドレナリンを分泌する交感神経による支配と，それらと反対の拮抗的なはたらきをするアセチルコリンを分泌する副交感神経の支配である(▶195ページ)。

5 血液

動物の体内で細胞外にある溶液を**体液**という。広義には，細胞内と細胞外の液を総称して体液とよぶこともある。脊椎動物やその他の閉鎖血管系をもつ動物では，体液は血管内を流れている**血液**と血管外にある**リンパ液**(リンパ)に区別される。開放血管系をもつ動物では両者の区別がないので，体液を**血リンパ**という。

脊椎動物の血液は，結合組織(▶71ページ)に含まれ，赤血球・白血球・血小板などの細胞成分(**血球**)と，**血漿**(けっしょう)とよばれる液体の細胞間基質からなる(▶図6-22)。その役割は，① 酸素・二酸化炭素の取り込みと運搬，② 栄養素・代謝産物の運搬，③ 内分泌腺からのホルモンの運搬，④ 体内の一定温度保持などである。

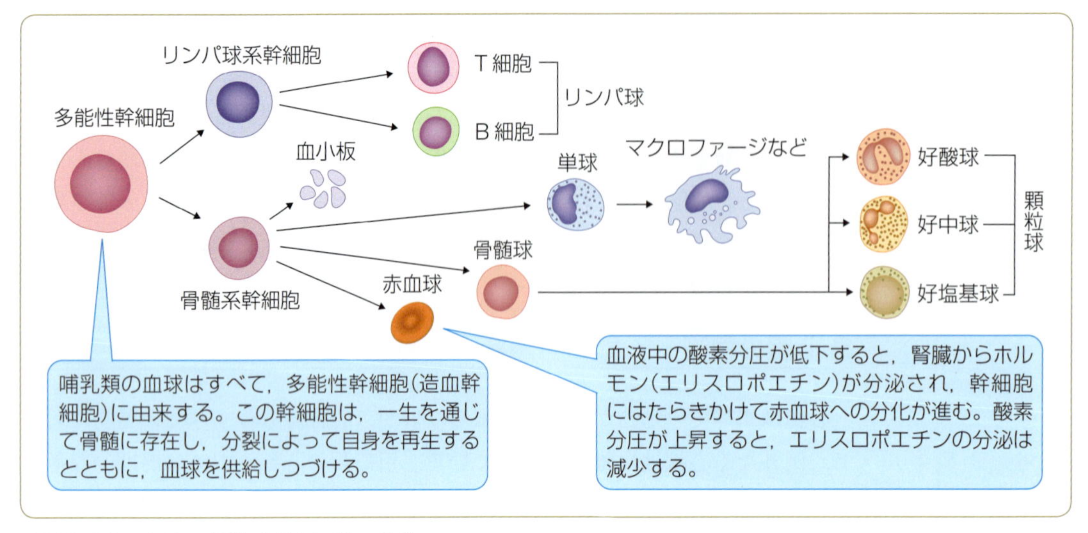

▶図6-22 血液の細胞成分(血球)の分化

● 血液の組成

赤血球の破壊
赤血球が破壊されると，ヘモグロビンは分解され，ビリルビンとよばれる代謝産物となる。ビリルビンは肝臓から胆汁中に排泄され，胆汁を黄色にする色素となる。

ヒトの血液では，血漿と血球の容積比はほぼ1：1である。水を主成分とする血漿には，これにイオン化した無機塩類をはじめ，細胞や組織内代謝に必要な基質，代謝産物，ホルモンなどが含まれている。血漿の浸透圧は細胞と同一である。血漿中には，**アルブミン・グロブリン・フィブリノーゲン**(フィブリノゲン)などのタンパク質があり，グロブリンの一種のγ(ガンマ)グロブリンは免疫に関与し，フィブリノーゲンは血液凝固に大きな役割を演ずる。

血球は，無脊椎動物ではアメーバ状の細胞であることが多いが，脊椎動物では赤血球・白血球・血小板に区別される。

[1] 赤血球 赤血球は，哺乳類以外の脊椎動物では有核で大型である。哺乳類では，骨髄で幹細胞から分裂してできた段階では有核であるが，循環系に入る前に核を失うため，無核の円盤状の細胞である。ヒトの赤血球は，直径7.5 μm，厚さ2.0 μmで，血液1 μL(1 mm^3)中に，男性では430万～570万個，女性では380万～500万個ほど存在する。赤血球の寿命は120日程度で，古くなった赤血球は肝臓や脾臓の食細胞に捕食されて破壊される。

[2] 白血球 血液1 μL中の白血球は，約4,000～8,000個程度である。白血球には，多形核で細胞質に顆粒を含む**顆粒球**と，顆粒のない**単球**と**リンパ球**の3種類がある。顆粒球には，顆粒が中性色素・酸性色素・塩基性色素でそれぞれ染まる好中球・好酸球・好塩基球がある。顆粒球の顆粒には細菌の細胞膜を分解する酵素やさまざまなプロテアーゼが含まれており，捕食した細菌の消化にはたらいている。単球は**マクロファージ**(大食細胞)などとなって細菌や異物を捕食し，リンパ球は免疫反応に関与する。

[3] 血小板 血小板は骨髄の巨核細胞の細胞質からつくられ，血液1 μL中に

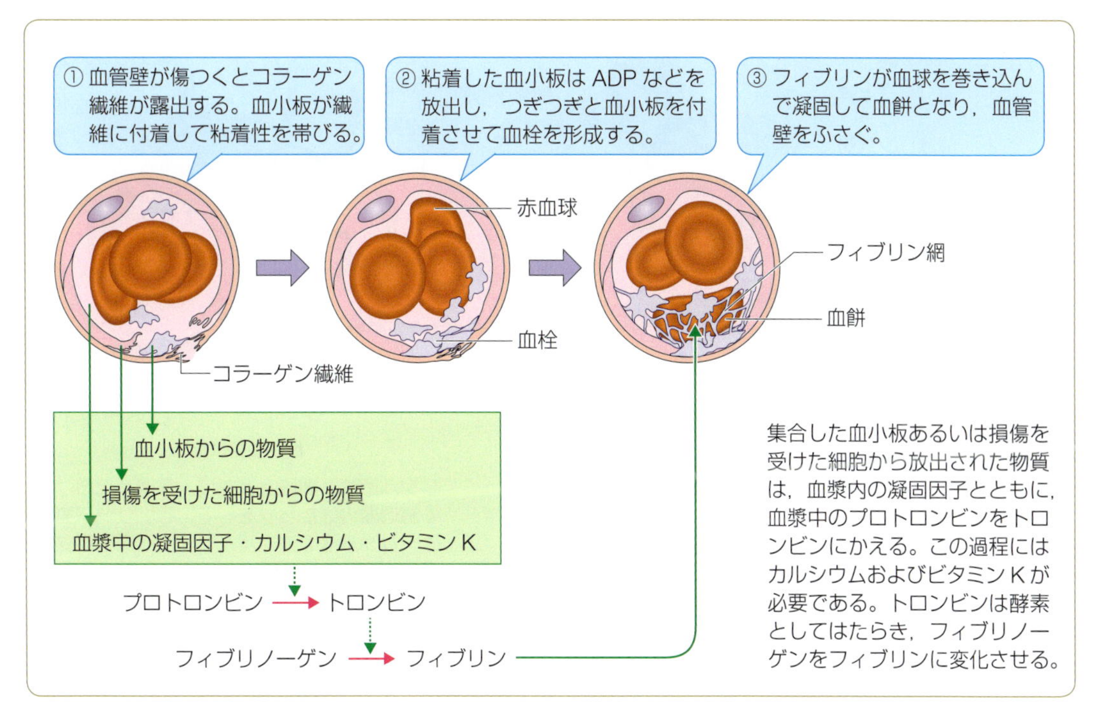

▶図 6-23　血液の凝固と血餅の形成

15 万〜35 万個くらいあり，血液の凝固に重要なはたらきをする。

血液凝固

体表を切ったりすりむいたりしても，通常は出血が原因で死にいたることはない。それは，損傷を受けた血管の穴をふさぐ止血のための物質が血液中に含まれているためである。この物質は**フィブリノーゲン**とよばれるタンパク質であり，通常は不活性な状態で血液中に存在している。

止血は次のような機序で進行する(▶図 6-23)。まず，損傷した血管壁に血小板が付着し，**血栓**を形成するが，これだけでは血栓は不安定である。フィブリノーゲンが活性化されて生じる**フィブリン**が集合して繊維状になり，血小板を凝集させることで血栓が安定化する。

また，網状になったフィブリンには赤血球が巻き込まれてからまり，**血餅**(けっぺい)が形成される。フィブリノーゲンからフィブリンへの変化は，血小板からの血液凝固因子の放出で開始される複雑な連鎖反応であり，**血液凝固**とよばれる。これまでに十数種類の凝固因子が見つかっているが，凝固のしくみについてはまだ不明の点も多い。なお，血液内では，凝固因子に拮抗するはたらきをもつ因子により，血液凝固は抑えられている。

血清
血液が凝固したあと，これを取り除いて残る透明な液体成分をいう。

6 リンパ系

毛細血管の動脈側から血管外に漏出した水分の一部は，毛細血管には戻らず，

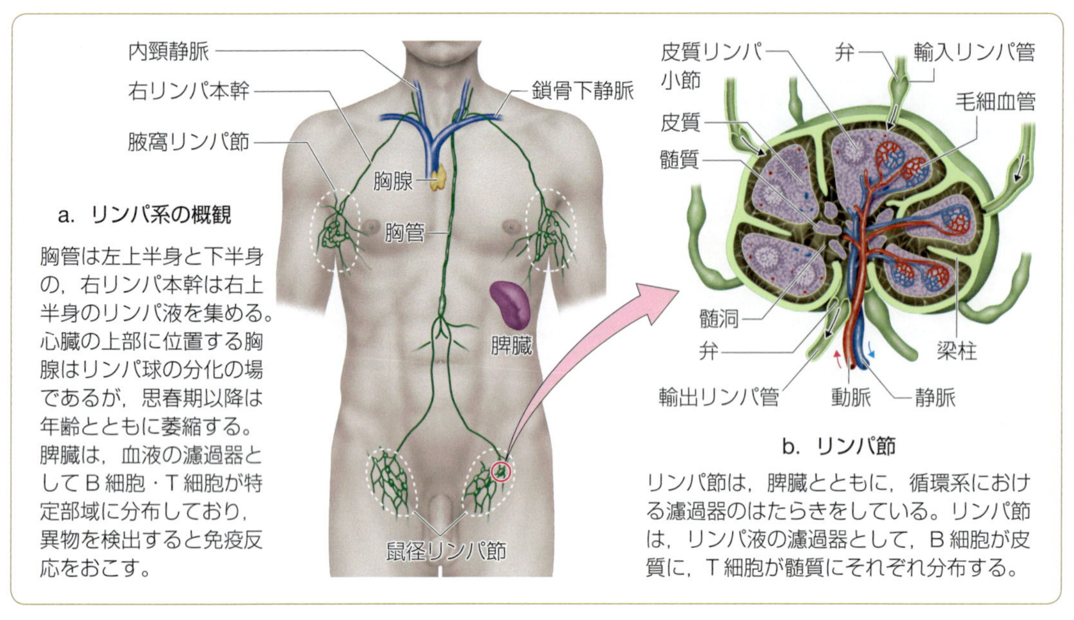

▶図 6-24　ヒトのリンパ系とリンパ節の構造

毛細リンパ管に入りリンパ液となる。その際，アルブミンなどの低分子量のタンパク質もともにリンパ管に入る。毛細リンパ管に入ったリンパ液は，左上半身と下半身では，**胸管**に集合してから左鎖骨下静脈に流入する(▶図 6-24-a)。それに対して，右上半身からのリンパ液は，**右リンパ本幹**に集まり，右鎖骨下静脈に注ぐ。

リンパ管内でのリンパ液の流れは，静脈血流の吸引や，太いリンパ管の律動的な収縮，骨格筋の収縮などによって生じる。リンパ管には弁があり，逆流することなく心臓の方向に流れる。

リンパ節▶　リンパ管のところどころには**リンパ節**がある(▶図 6-24-b)。マクロファージと，次項で述べるB細胞やT細胞などのリンパ球を多く含み，体内に入ってきた外来の物質・細菌・ウイルスをリンパ液から除去するためのフィルターとして機能している。

④ 免疫系——異物特異的反応と排除のしくみ

単球
白血球の一種で，マクロファージと樹状細胞に分化する。前者は食作用を，後者は飲作用をもち(▶33 ページ)，分解した異物を細胞表面に露出し，抗原として提示する。

動物のからだは，外部からの異物(細菌・真菌類などの微生物やウイルス，花粉，輸血血液，移植組織)の侵入に対して，三重の防御系によってまもられている。すなわち，① 皮膚および粘膜とその分泌物による障壁，② 白血球(好中球および単球)による食作用，③ 免疫である。

① 皮膚などの障壁と ② 白血球の食作用は，異物非特異的な防御であり，異物特異的な ③ 免疫ほど異物を完全に排除できないが，免疫が作動するまでの間，異物の体内への広がりを制限しておくはたらきがある。それは，血管損傷

時の血液凝固に先だつ血小板凝集による血栓の形成(▶185ページ)と同様に，生体の応急対処機能である。

1 免疫の概要

免疫 immunity とは，動物体の外部および内部由来の異物を選択的に認識して，これを体内から排除することによって恒常性を維持する生体機能をさす。免疫にかかわるおもな細胞は，**B細胞**[1](Bリンパ球)と**T細胞**[1](Tリンパ球)とよばれる2種類のリンパ球である。ともに骨髄の造血幹細胞から分化・成熟する(▶184ページ，図6-22)が，B細胞は骨髄で，T細胞はリンパ球系幹細胞の段階で胸腺に移動し，そこで分化・成熟する。

免疫の特徴▶ 免疫系の反応には，以下のような特徴がある。

(1) 免疫反応は特定の物質に対しておこる。免疫反応を引きおこす物質を**抗原** antigen とよび，免疫系によって認識される抗原分子の特定部位を**抗原決定基**または**エピトープ**とよぶ。
(2) 免疫系は自己由来の抗原と，非自己由来の抗原とを区別することができる。
(3) 免疫系は非常に多様な抗原に対して特異的に反応する。
(4) 一度ある抗原に免疫反応がおこると，免疫系はこの抗原を「記憶」し，再度の侵入に対して迅速に反応する。この現象は**免疫記憶**とよばれる。

液性免疫と細胞性免疫▶ 免疫系の防御のしくみには，**液性免疫**と**細胞性免疫**の2種類がある。前者はB細胞，後者はT細胞が中心となる免疫である。液性免疫では，特定の抗原と結合するタンパク質分子である特異的な**抗体** antibody がB細胞から産出され，抗体は抗原と結合して生体を防御する(▶図6-25)。細胞性免疫では，T細胞から産出される**パーフォリン**というタンパク質が，感染した細胞の細胞膜に組み込まれて膜孔が形成され，その結果，感染を受けた細胞は溶解して死滅する。

能動免疫と受動免疫
ワクチンなどの抗原の投与により，自分自身で抗体を産生して，抗原に対して免疫になることを能動免疫という。これに対して，ほかの動物につくらせた抗体を含む血清を与えて免疫することを受動免疫という。

抗体は，異物がもつ抗原に結合すること(抗原抗体反応)により，それらの機能部位を不活性化して毒性を中和したり，可溶性抗原の場合はこれを不溶化したりするのみならず，マクロファージによる食作用を促進する。また，**補体**とよばれるタンパク質を活性化して，パーフォリンと同様に，抗原をもつ細胞を溶解する。

2 免疫グロブリンとその多様性

免疫グロブリン immunoglobulin(Ig)は，抗体としての分子構造を有する5種類のタンパク質(血中濃度の高い順にIgG，IgA，IgM，IgD，IgE)の総称である。基本構造は，短い2本のL鎖(軽鎖)と長い2本のH鎖(重鎖)がジスルフィ

1) B細胞は，はじめ鳥類において，**ファブリキウス嚢** bursa of Fabricius とよばれる器官で成熟することが発見されたことから命名された。哺乳類では骨髄 bone marrow(胎児期には肝臓と脾臓)で成熟する。T細胞は，胸腺 thymus で成熟することから命名された。

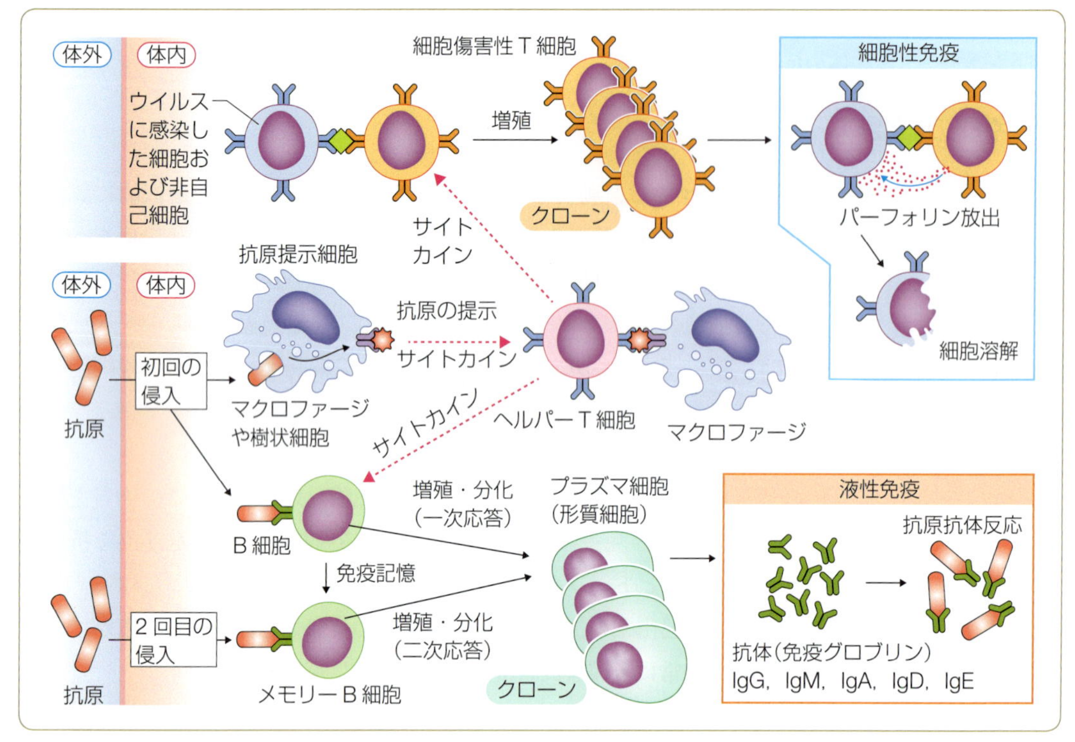

▶図6-25 免疫のしくみ

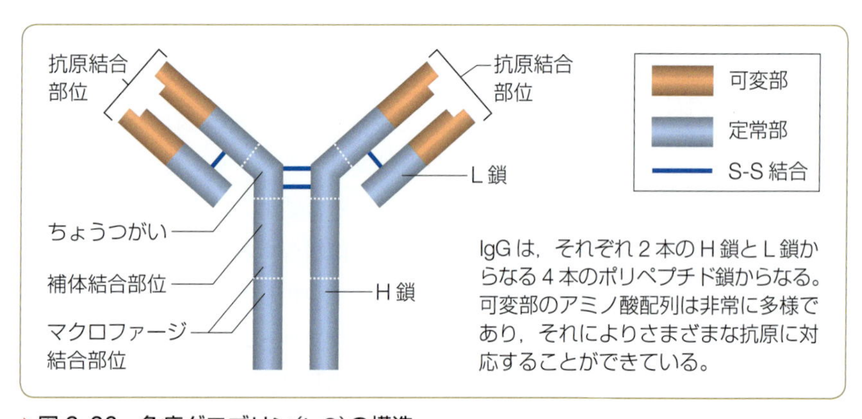

▶図6-26 免疫グロブリン(IgG)の構造

抗原提示細胞

マクロファージや樹状細胞は抗原提示細胞とよばれ，異物を摂取して分解し，抗原性の断片を特定のタンパク質とともに細胞表面に提示する。

ド結合(S-S結合)でつながったものである(▶図6-26)。5種は，それぞれ異なる生理機能を有している。

骨髄で造血幹細胞からB細胞とT細胞が成熟して生じるときに，DNAのIg遺伝子領域でランダムな再編成が行われる結果，それぞれの細胞は，多様な遺伝子型をもち，多様なIgを産生する(▶123ページ)。成熟した細胞が分裂して生じる娘細胞は，すべて母細胞と同一のIgを産生する。

3 B細胞と液性免疫

プラズマ細胞▶ 成熟したB細胞は，リンパ節などの特定の部位に存在しており，次項で学ぶサイトカインの作用により分化・成熟する(▶図6-25)。B細胞はその細胞表面に，特有な抗原に対する受容体をもっている。この受容体は，細胞が産生する抗体と同一のIgである。抗原が特定のB細胞に結合すると細胞は刺激されて活性化し，分裂して多数の**プラズマ細胞**(形質細胞)となる。抗原と結合して活性化したヘルパーT細胞が分泌するサイトカインが，B細胞のこの分裂をたすける。

クローン選択▶ 分裂で生じるすべての細胞は，親細胞と同じ遺伝子構成をもつため，同一の受容体をもち，同一の抗体を産生する。抗原によって特定のB細胞が活性化され，その結果引きおこされる同一ゲノムのB細胞の増殖を，抗原による**クローン選択**とよぶ。このようにして増殖したプラズマ細胞は抗体を産生し，血液中に分泌する。

メモリーB細胞▶ 分裂したB細胞の一部は，同じ抗原にすばやく応答するために**メモリーB細胞**となる。この免疫記憶を利用し，特異免疫をつくる目的で人体に接種される抗原が**ワクチン**である。ワクチンには，死菌や弱毒化した生菌(生ワクチン)，不活化した病原体や毒素(不活化ワクチン)，あるいは遺伝子組換え技術で作製した抗原タンパク質(組換えタンパク質ワクチン)や，その遺伝情報(核酸ワクチン)などが用いられる。

4 サイトカイン

B細胞やT細胞，マクロファージなどの免疫担当細胞や，繊維芽細胞，上皮細胞，血管内皮細胞などから分泌され，免疫反応の発現・調節や，細胞の増殖・分化などの因子として，細胞間の相互作用に関与する生物活性因子を**サイトカイン**と総称する。サイトカインの多くは糖タンパク質である。

サイトカインには，白血球から産出される各種インターロイキンや，白血球・T細胞・繊維芽細胞から産出される各種インターフェロンなどがあるが，抗体(免疫グロブリン)や低分子の古典的ホルモンは含まれない(▶図6-27)。サイトカインは標的細胞の受容体に結合し，さまざまな作用を発現する。

5 T細胞と細胞性免疫

抗原は，タンパク質分子や細菌，ウイルスなどのように血液・リンパ液・組織液内を浮遊するものだけでなく，ウイルス感染細胞やがん化した細胞などの膜表面に発現するものもある。これらの抗原は，それぞれに対応する特定のB細胞が産生する特異的抗体の攻撃も受けるが，抗原の種類によっては，T細胞だけが刺激されて活性化し，抗原を提示している細胞を攻撃することがある。活性化したT細胞は，膜表面に抗原と結合できる抗体様のタンパク質が出現

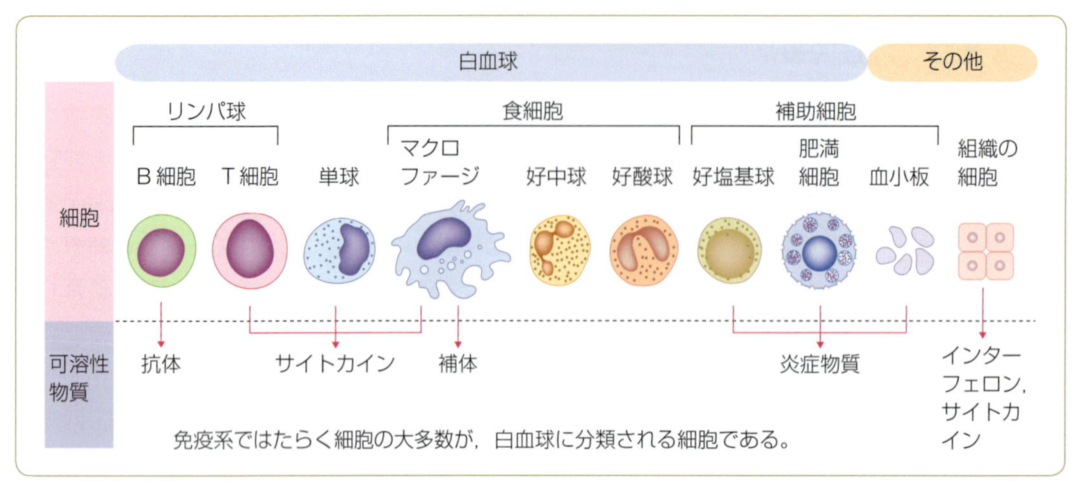

▶図6-27　免疫系にはたらく細胞と放出する可溶性物質

▶表6-1　T細胞の種類とその機能

T細胞の種類	機能
ヘルパーT細胞	サイトカインを産生してキラーT細胞を増やし，B細胞の分化を促進する。
制御性T細胞	サイトカインを産生し，自己抗原に反応するヘルパーT細胞および細胞傷害性T細胞にアポトーシスを誘引してこれらを傷害する。
細胞傷害性T細胞(キラーT細胞，CTL[1])	ウイルスに感染した細胞を傷害する。また移植された細胞などの自己以外の細胞も傷害する。
ナチュラルキラーT細胞(NKT細胞)	がん細胞やウイルスに感染した細胞などを傷害し，サイトカインを産生してマクロファージを活性化するなど，細胞性免疫にはたらく。
メモリーT細胞	細胞傷害性T細胞から派生する細胞で，抗原を記憶し，メモリーB細胞と同様に，2回目以降の同一抗原の侵入に対してすばやく対応する。

1) cytotoxic T lymphocyteの略。

して，**感作T細胞**とよばれる。T細胞は，さらに抗原提示細胞によっても刺激されて感作される。感作T細胞は増殖して細胞傷害性T細胞クローンを形成し，その一部は**メモリーT細胞**となる。

細胞傷害性T細胞による攻撃は，T細胞がその標的となる細胞と直接結合して行われるので，細胞性免疫とよばれる(▶188ページ，図6-25)。細胞傷害性T細胞は，抗原に出会うと，パーフォリンをはじめ，特殊な化学物質を産生して，生体にさまざまな反応を引きおこす。

T細胞は，細菌類や真菌類，ウイルスの感染に対する防御機構となり，さらに移植された他個体からの組織・器官に対する免疫を担う。また，自己抗原に対する免疫応答を抑える機能をもつT細胞も存在する(▶表6-1)。

⑤ 排出系――代謝老廃物の排出と浸透圧調節

動物の体内では，タンパク質・糖質・脂質などが代謝過程を経て，二酸化炭素や水，窒素化合物に分解され，核酸も窒素化合物に分解される。これらのうち排出器官を介して体外に出されるのは，窒素を含む老廃物である。

動物の種により窒素老廃物の種類は異なり，水生の無脊椎動物の大部分や硬骨魚類は，窒素老廃物をアンモニアとして排出し(**アンモニア排出型**)，軟骨魚類や哺乳類などは尿素のかたちで排出する(**尿素排出型**)。爬虫類と鳥類および昆虫は，尿酸のかたちで排出する(**尿酸排出型**)。

1 排出器官の構造と機能

排出器官は，血液(体液)の液体成分をいったん体外に濾(こ)し出したのちに，必要物のみを再吸収する濾過-再吸収型と，不要物のみを排出する分泌-再吸収型に分けられる。後述するように，甲殻類の触角腺(小顎腺)や脊椎動物の腎臓などは前者の例であり，昆虫・クモ類のマルピーギ管は後者の例である。環形動物の腎管や軟体動物のボヤヌス器などは，前者の原始的な形態を示す。

2 腎臓の構造と機能

腎臓の構造▶ 腎臓は，外側から**皮質**，**髄質**，尿管が腎臓と連絡する腔所である**腎盂**(う)の3つの部分に分けられる(▶図6-28-a)。皮質には，**糸球体**とよばれる毛細血管と，それを包む**ボーマン嚢**(ボウマン嚢)が含まれ，あわせて**腎小体**という。毛細血管壁と，これに接するボーマン嚢壁は微細なふるい構造を形成し，血球や高分子量のタンパク質は通さない。ボーマン嚢からのびる細い管を**尿細管**(細尿管)とよび，**集合管**を経て腎乳頭につながる(▶図6-28-b)。皮質には腎小体と尿細管の屈曲部が，また髄質には尿細管の直行部と集合管があり，それぞれにはそれを取り巻く血管がある。

ネフロン
腎小体から遠位尿細管までをあわせてネフロンまたは腎単位という。腎臓の構造・機能上の単位となっている。

尿生成の過程▶ 糸球体に入った血液のうち，血球と高分子量のタンパク質を除いた成分が濾過(ろか)されボーマン嚢に入り，**原尿**(糸球体濾液)となる(▶図6-28-cの①)。この濾過を可能とする力は毛細血管圧(約60 mmHg)である。これは，血管内に残る血漿の浸透圧および嚢内静水圧によって対抗され，最終的な糸球体濾過圧は10 mmHg程度である。

原尿が近位尿細管，**ヘンレループ**(ヘンレ係蹄(けいてい))，遠位尿細管を通過するときに，原尿中のNa^+は能動輸送(▶32ページ)により，またグルコースやアミノ酸は促進拡散(▶28ページ)により，近位尿細管壁からその周囲の毛細血管へと再吸収される(▶図6-28-cの②)。逆に，H^+・アンモニアなどは，毛細血管から遠位尿細管および集合管内へ分泌される(▶図6-28-cの③)。H^+の分泌は能動輸送に，アンモニアは脂質二重層の直接拡散による。集合管では水も再吸収されるが，その程度は，ホルモンによって調節される(▶193ページ)。

アクアポリン
集合管での水の再吸収は，水チャネルであるアクアポリン(▶29ページ)の管膜での発現密度によって調節される。抗利尿ホルモンはこのタンパク質の発現を増大し，水の再吸収を促進する。

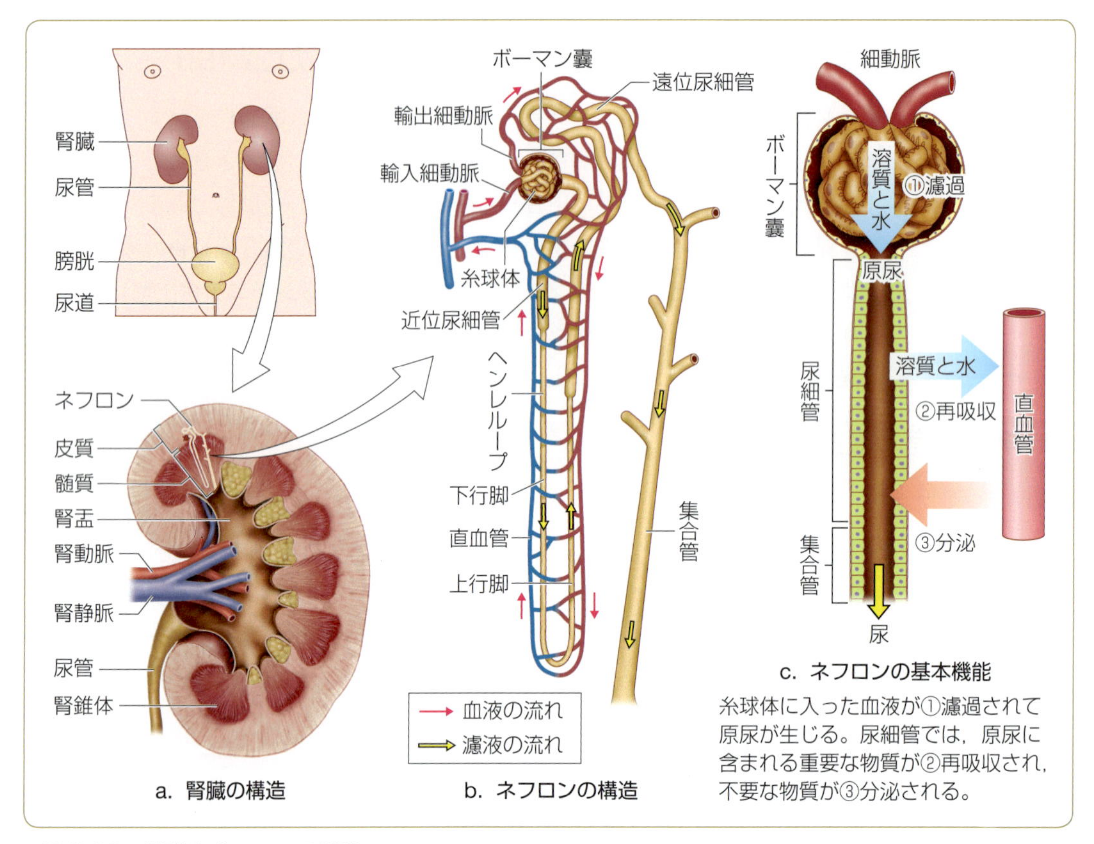

▶図 6-28　腎臓とネフロンの構造

これらの結果，尿素や尿酸などの老廃物が，体液の浸透圧に合わせて濃縮・希釈された尿ができる(▶図 6-29)。尿は，集合管・尿管を通って膀胱に送られ，体外へと排出される。

ヘンレループでは，下行脚と上行脚が並行し，各部位で Na^+ や尿素，水などが特定方向に移動する(▶図 6-29)。全体としては，たえず下行脚から上行脚への水の移動がおこるため，方向転換部では非常に高い濃度の原尿がつくられ，尿細管外の間質組織の浸透圧も非常に高くなる。このように互いに逆方向で並行して物質をやりとりする管系を**対向流増幅系**，または**対向流交換系**とよぶ。また，尿細管に沿って走行する血管系(直血管)もループを形成しており，血流がこの間質浸透圧に影響しないように工夫されている(▶図 6-28-b)。

対向流増幅系と対向流交換系

対向流の間での物質のやりとりに能動輸送が含まれる場合を対向流増幅系とよび，含まれない場合を対向流交換系とよぶ。ヘンレループは増幅系であり，直血管は交換系である。

次節で述べるように，腎臓が尿を濃縮できる上限は，ヘンレループの方向転換部の濃度である(▶図 6-29)。そのため，高濃度の尿をつくる必要がある乾燥地に生息する哺乳類は，長いヘンレループをもち，より濃度を高めている。逆に，淡水環境に生息する哺乳類は，一般に短いヘンレループをもつ。

3 腎臓による体液浸透圧の調節

消化管からは塩類や水分が吸収され，また体表や呼吸器官からはたえず水分

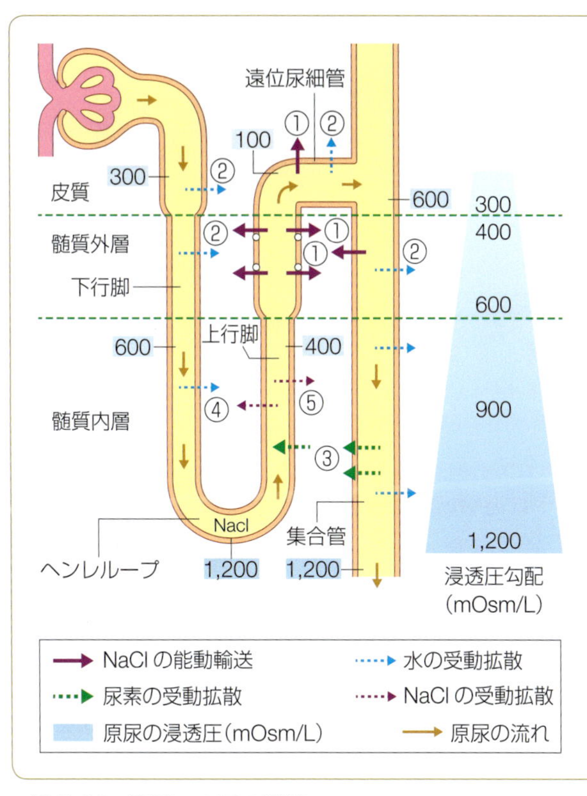

① 原尿中のNaClは遠位尿細管において能動輸送により間質に出る。

② 間質でのNaCl濃度の上昇により，下行脚・集合管内の水が間質に移動する。

③ 脱水により集合管での尿素濃度が上昇し，尿素透過性をもつ髄質の集合管から尿素が間質に拡散するため，髄質の浸透圧が上昇する。

④ 下行脚からはさらに水が間質に移動し，ヘンレループの折り返し部分では原尿が周辺組織と同じ高い浸透圧を示す。

⑤ 細い上行脚はナトリウムの透過性が高いため，NaClが組織へ移動する。

図中の①〜⑤により，皮質から髄質へ向かう浸透圧勾配が形成される。原尿の浸透圧は，集合管に入る段階では100 mOsm/L程度になっているため，このあとの水の再吸収を調節することにより，尿の濃度は，100〜1,200 mOsm/Lの範囲で調節可能となる。図中の数字の単位のOsm(オスモル)とは，溶液中のイオンなどの粒子の数を意味し，大きいほど浸透圧は大きくなる。

▶図6-29 腎臓での尿の濃縮

が蒸発している。これらの結果により変化する体液の浸透圧を恒常に保つ役割は，腎臓が担っている。

抗利尿ホルモン▶ 腎臓のはたらきを調節するのは，下垂体後葉から分泌される**抗利尿ホルモン**(バソプレシン，ADH)というホルモンである。血液中の水分が減少して浸透圧が高くなると，間脳の視床下部にある受容細胞がこれを感受し，その刺激によって視床下部内の**神経内分泌細胞**で多量の抗利尿ホルモンが合成される。

> **神経内分泌細胞**
> 神経細胞の形態をしていてホルモンの分泌活動をする細胞をよぶ。バソプレシンは細胞体でつくられたのち，軸索内を輸送されて末端から血液中に放出される。

血液中の抗利尿ホルモンは，腎臓の集合管に作用してその水分再吸収を促進させるので，血中の水分含有量が増して浸透圧が下がる。血液の浸透圧が低下したときは抗利尿ホルモンが分泌されないので，集合管の水分再吸収機能が低下して多量の水を含む尿が排出され，血液の浸透圧は上昇して正常に戻る。

アルドステロン▶ 副腎皮質ホルモンの**アルドステロン**は，集合管の塩類の再吸収機能を調節することによって，血液中の塩類の組成を一定に保つはたらきをしている。

4 腎臓以外の器官による体液浸透圧の調節

塩腺▶ 哺乳類以外の脊椎動物では，浸透圧調整のために腎臓以外の器官が発達していることが多い。たとえば，軟骨魚類や海鳥，一部の爬虫類は，**塩腺**によって塩化ナトリウム(NaCl)を排出する。塩腺は，ATPのエネルギーを用いて，NaClを能動的に体外に排出する。そのため，これらの動物は海水から水分を

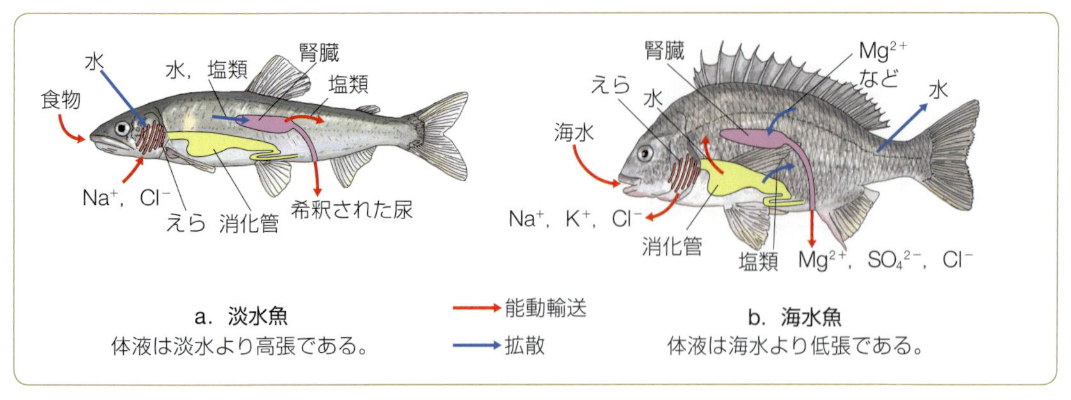

▶図 6-30 淡水魚と海水魚の体液浸透圧の調節

取り込むことができる。ヒトは海水以上に尿を濃縮できないため，海水から水分を摂取できない。

淡水魚▶ 魚類では，生息環境に適応したえらが浸透圧調節で重要な役割を果たす。淡水魚では，体表から侵入する水が浸透圧を低下させる。そこで，淡水魚は食物をとるが水は飲まず，水中の塩類をえらから吸収する(▶図 6-30-a)。また，腎臓でも塩類の再吸収が行われ，体内の塩類を失わないようにして体液の浸透圧を一定に保つ。

海水魚▶ 一方，海水魚では，海水のほうが体液より浸透圧が高いので，体表から水を失う(▶図 6-30-b)。そこで，食物とともに海水を胃の中に入れて水を吸収する。このとき塩類も取り込まれるので，えらからナトリウムイオン(Na^+)，カリウムイオン(K^+)，塩化物イオン(Cl^-)などを放出し，腎臓ではマグネシウムイオン(Mg^{2+})，硫酸イオン(SO_4^{2-})，Cl^-などを濃縮して排出することにより，体液の浸透圧の恒常性を保っている。

5 無脊椎動物の排出

扁形動物▶ 体腔のないプラナリアなどの扁形動物では，**原腎管**が体内を網状に走り，排出孔として体表に開口している(▶図 6-31-a)。原腎管の末端には焔(ほのお)のように揺れ動く数本の繊毛をもつ1個または数個の**焔(ほのお)細胞**があって，その繊毛群が管内に垂れている。老廃物は焔細胞にとらえられ，原腎管内に排出される。

環形動物▶ 体腔が発達しているミミズなどの環形動物の排出器官は，各体節に1対ずつある**腎管**である(▶図 6-31-b)。腎管は脊椎動物のネフロンと類似の構造をもっているが，糸球体がなく，体腔に開いて体腔内の老廃物を受け入れる。腎管は体節間膜を貫き，体側に開口して老廃物を排出する。

昆虫類▶ 昆虫類では，中腸と後腸の境近くにある，多数の糸状の管からなる**マルピーギ管**が排出器官である(▶図 6-31-c)。昆虫は，血管系のかわりに気管系を発達させてガス交換を行っている。そのため，マルピーギ管は十分な圧をもった血流供給を受けず，管内外に圧力差が存在しない。そのため，ほかの無脊椎動物

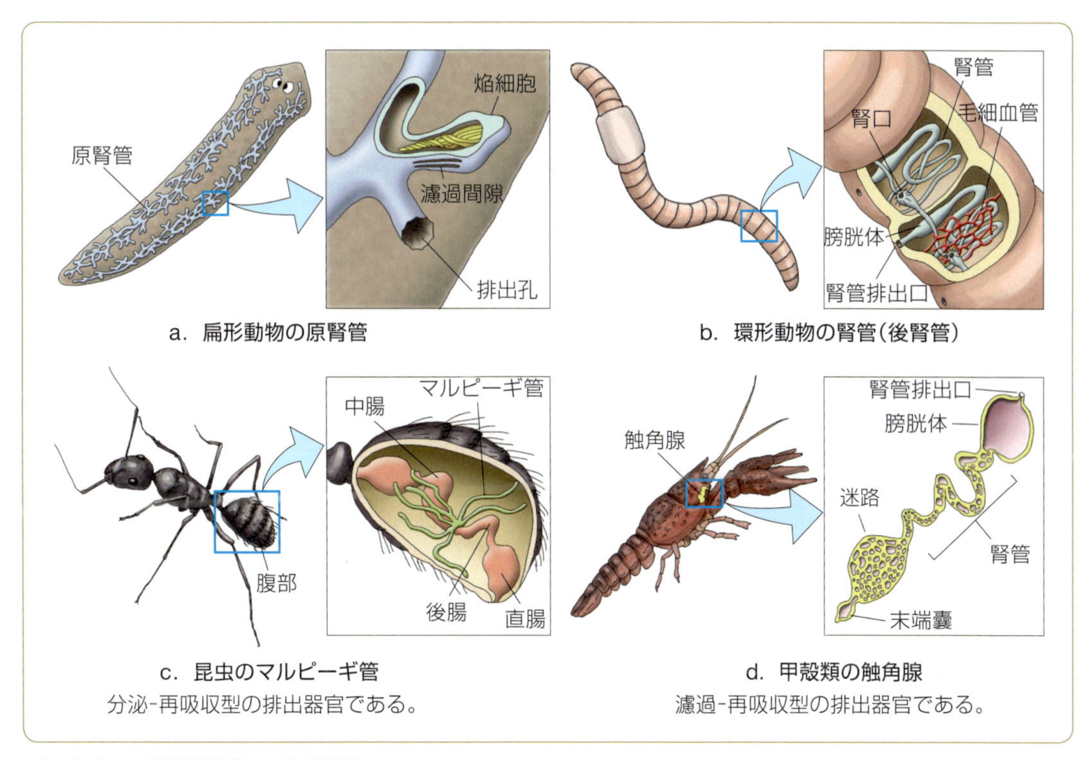

▶図 6-31 無脊椎動物の排出器官

のような濾過-再吸収のかわりに分泌-再吸収方式を用いて老廃物を排出する。

甲殻類▶ 昆虫類と同じ節足動物でも，甲殻類の排出は濾過-再吸収方式の**触角腺**による(▶図 6-31-d)。

C 神経性相関

これまで学んだ生体の各器官のはたらきが，個体として適応的に調節されているとき，これらの生理機能は**相関**しているという。この相関には，神経系とホルモンなどによる内分泌系が密接不可分にかかわるが，便宜的に神経系による相関のみに着目するとき，これを**神経性相関**とよぶ。

① 自律神経系のはたらき

動物の感覚や運動をつかさどる神経を**体性神経系**といい，内臓などの機能を調節する神経を**自律神経系**という。脊椎動物の自律神経系には，**交感神経系**と**副交感神経系**という2種類の神経系があり，器官に対して互いに拮抗的に支配する(▶図 6-32)。これらの神経系のはたらきにより，からだの各部は相互に連

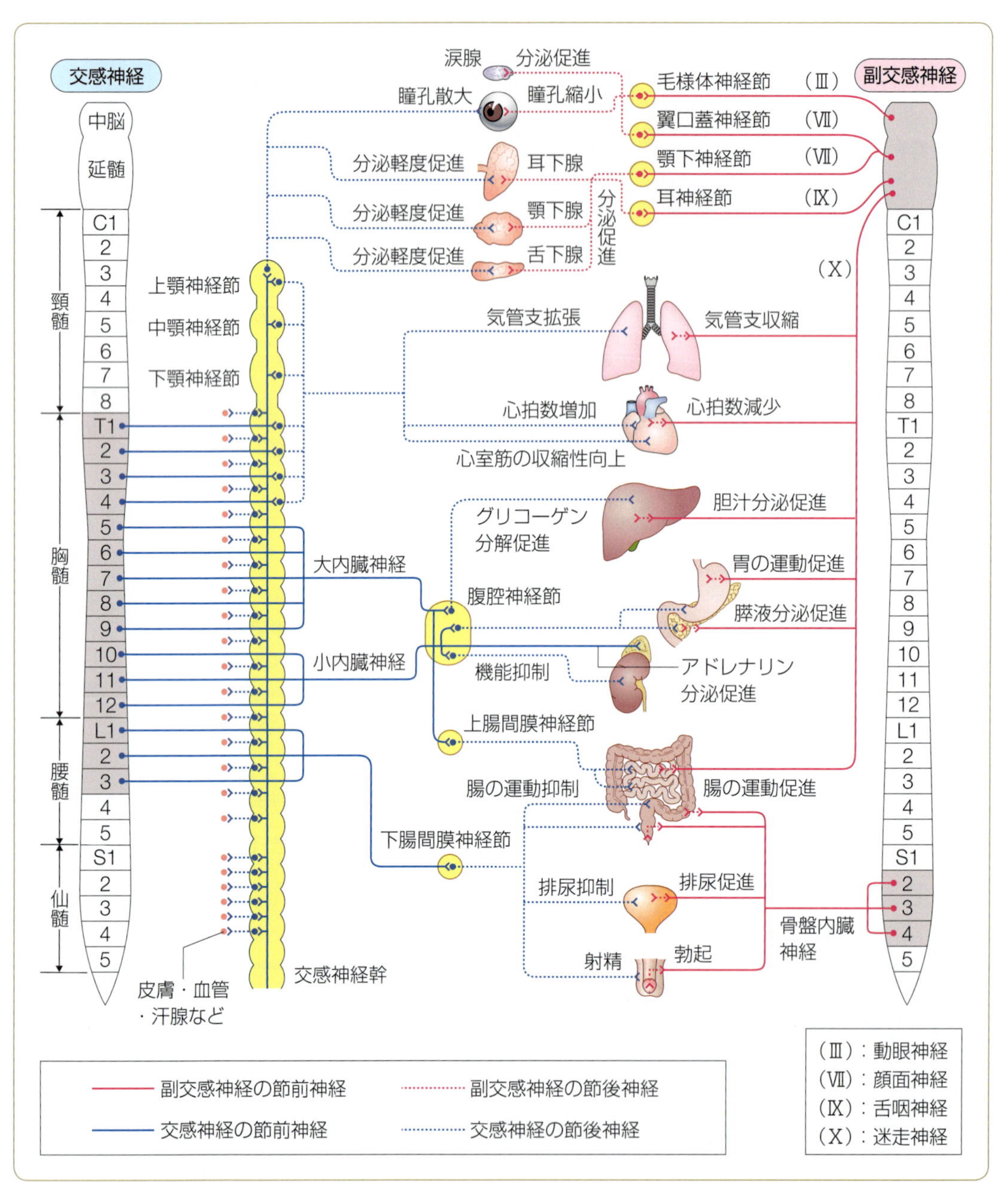

▶図 6-32　自律神経系

関した活動を行うことができる。

内臓の諸器官は，交感神経系と副交感神経系の支配を受けることによって機能が調節されている。脊椎動物の心臓では，**アドレナリン作動性神経**である交感神経が活動して交感神経末端から**ノルアドレナリン**が放出される。これにより心臓の収縮は力強くなり，心拍も高まる。これに対して，**コリン作動性神経**である副交感神経が活動すると，神経末端から**アセチルコリン**が放出される。これにより心臓の収縮は弱くなり，頻度も低下する。自律神経系は内臓だけでなく，血管や外分泌腺，瞳孔を囲む虹彩の平滑筋などを支配している。

無脊椎動物にも，自律神経機能をもつ交感神経と副交感神経に相当する神経が存在する。たとえば，ハマグリやカタツムリなどの軟体動物の心臓も，エビやカニなどの甲殻類の心臓も，興奮と抑制の2種の神経で調節されている。

このように，1つの器官を興奮性神経と抑制性神経とが二重に支配することを**二重神経支配**という。

② 自律神経系の配置

交感神経系▶ 交感神経系の神経細胞体は，胸髄・腰髄の灰白質にある前角と後角(▶234ページ，図7-28)の中間(側角)にあり，ここから出た神経繊維は，腹根を通って交感神経節に入る。交感神経節は，脊椎骨腹面の両側にあって，脊椎に沿って並んで交感神経幹を形成している。腹根から出た神経繊維はシナプス前細胞であり，交感神経節中でシナプス後細胞とシナプス結合する(▶226ページ)。このシナプス後細胞の神経繊維が内臓の諸器官にのびている。

副交感神経系▶ 副交感神経系は，交感神経系のように独立した系をつくっていない。脳神経(▶232ページ)中の動眼神経(第Ⅲ脳神経)，顔面神経(第Ⅶ脳神経)，舌咽神経(第Ⅸ脳神経)が頭部の血管や外分泌腺などを，迷走神経(第Ⅹ脳神経)が胸腔ならびに腹腔上部の内臓を支配する。腹腔下部を支配する副交感神経は，脊髄末端部の仙髄から出ている。これらの副交感神経のシナプス前繊維は長くのび，支配する器官，またはその近くにある神経節でシナプス後細胞に接続し，この神経細胞からのびる繊維が直接器官を支配する。

> **脳神経**
> 解剖学では，動眼神経は「Ⅲ」のようにローマ数字だけであらわすか，「第3脳神経」のようにあらわすことが多い。

このように自律神経系は中枢からの神経が別の神経に接続して支配しており，腹根から出た運動(遠心性)神経繊維が直接筋肉を支配する体性神経とは異なっている。

自律神経反射▶ 2つの自律神経系は，支配する細胞に送る交感神経と副交感神経からの活動電位の頻度の均衡関係によって器官の活動を調整する。その調節は，意思とは無関係に自律神経系の反射(▶234ページ)によって行われる。

たとえば血圧は，血圧を監視する感覚器，心臓拍動を調節する延髄，および心筋を支配する交感神経・副交感神経(迷走神経)がかかわる反射によるフィードバックで調節される。排便・排尿・生殖にかかわる器官の運動など，複雑な生理的過程も自律神経の反射によって行われ，その中枢は脊髄下部の仙髄にある。

自律神経系の最高の中枢は間脳の視床下部にあり，内臓の総合的な機能を調節している。

D 液性相関

生体の機能は，自律神経系とともに，血液中の化学物質によっても調節されている。たとえば，筋肉を激しく使う作業をすると血液中の二酸化炭素の濃度が上昇するが，この血中の二酸化炭素によって，延髄にある呼吸中枢が刺激されて呼吸運動が激しくなる。その結果，肺で血中から排出される二酸化炭素は多くなり，血中二酸化炭素濃度は正常に戻る。またこれにより，延髄の呼吸中枢の刺激が弱まるため，呼吸も正常に戻る。

このように，体内の代謝で発生する物質にも，からだの機能を調節するはたらきがある。一方，機能調節のためにとくに体内で合成され，血液によって組織に運ばれ，微量で生理活性をもつ物質を**ホルモン** hormone という。体液で運ばれ，器官や組織の機能を調節するホルモンや神経ペプチド(▶228 ページ)などによる機構調節を**液性相関**とよぶ。

① 内分泌腺

からだの内と外
消化管はからだの中にあるが，口と肛門で体外に開口しているため，消化管の内側は体外に相当する。

ホルモンを貯留・分泌する機構を**内分泌腺**という(▶図 6-33)。唾腺や胃腺，汗腺などは分泌物を外部に分泌するので**外分泌腺**とよばれ，分泌のための導管がある。内分泌腺には導管がなく，ホルモンは内分泌腺を包む毛細血管に入り，血液で全身に運ばれる。

脊椎動物の内分泌腺には，**下垂体**や**甲状腺**，**副甲状腺**(上皮小体)，膵臓中の**ランゲルハンス島**(膵島)，**副腎**，**精巣**(睾丸)および**卵巣**などの**性腺**がある

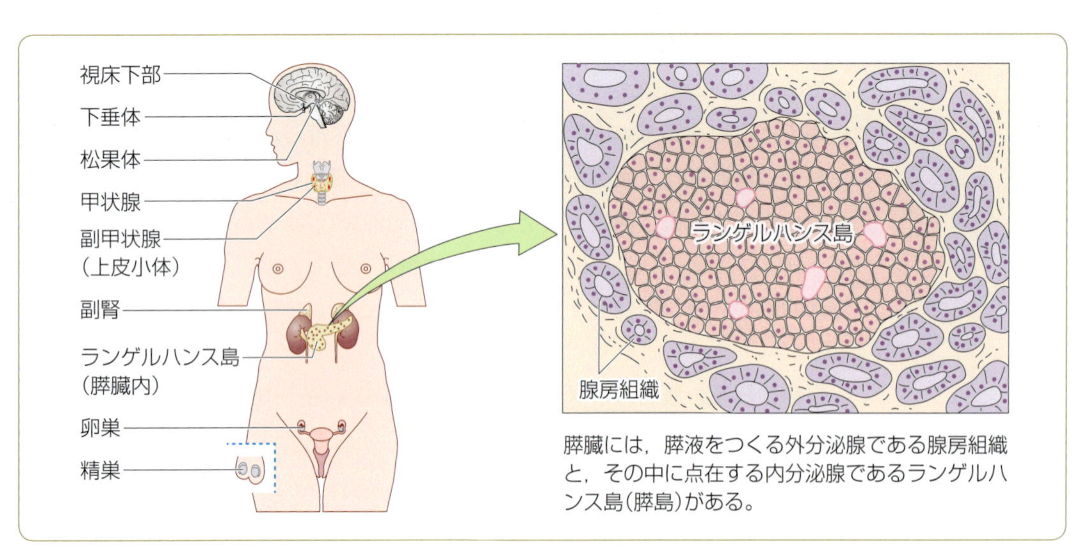

膵臓には，膵液をつくる外分泌腺である腺房組織と，その中に点在する内分泌腺であるランゲルハンス島(膵島)がある。

▶図 6-33　ヒトの内分泌腺

▶表 6-2 脊椎動物のホルモン

内分泌腺	ホルモン	作用
下垂体前葉	甲状腺刺激ホルモン(TSH) 副腎皮質刺激ホルモン(ACTH) 濾胞刺激ホルモン(FSH) 黄体形成ホルモン(LH) 成長ホルモン(GH) プロラクチン(PRL)	甲状腺を刺激してその発育・分泌を促進 副腎皮質を刺激して分泌を促進 卵巣の濾胞成熟を促進，精巣の精子形成を促進 卵巣の黄体形成と維持，精巣の間質細胞刺激 ソマトトロピンともいい，軟骨や硬骨の発育を促進 乳汁の分泌を促進
下垂体中葉	メラニン細胞刺激ホルモン(MSH)	両生類などのメラニン細胞を刺激
下垂体後葉	抗利尿ホルモン(バソプレシン，ADH) オキシトシン	集合管での水再吸収を促進 子宮筋の収縮
甲状腺	チロキシン	細胞内酸化の促進，両生類の変態の促進
副甲状腺	パラトルモン	体液中のカルシウム濃度の調節
ランゲルハンス島 A(α)細胞 B(β)細胞 D(δ)細胞	 グルカゴン インスリン ソマトスタチン	 グリコーゲン・脂肪分解促進，血糖増加 グリコーゲン・脂肪・タンパク質合成促進，血糖減少 グルカゴン・インスリン分泌抑制
副腎髄質	アドレナリン	グリコーゲン分解，心拍促進，毛細血管収縮，血圧上昇
副腎皮質	アルドステロン コルチコステロン	集合管でのナトリウムの再吸収 タンパク質を糖に転化，炎症抑制
精巣	アンドロゲン	雄の二次性徴の発現と維持
卵巣の卵胞	エストロゲン	雌の二次性徴の発現と維持，子宮内膜の肥厚化
卵巣の黄体	プロゲステロン	胎盤の維持
松果体	メラトニン	概日リズム形成

(▶図 6-33)。また，間脳の背側にある**松果体**にも内分泌機能がある。これらの内分泌腺からは，1 種または複数種のホルモンが分泌される(▶表 6-2)。

これらの内分泌腺のうち，下垂体は大きく**前葉**と**後葉**に分けられ，下垂体前葉の分泌活動は**視床下部**からの神経分泌細胞によって調節される(▶図 6-34)。また，副腎も大きく**皮質・髄質**に分けられる。副腎髄質と副腎皮質は隣り合っているが，発生の起源がまったく異なる。

② ホルモンの作用

ホルモンは，微量で強い効果を及ぼすことができる。ホルモンの分子量や化学構造は，簡単なものから複雑なものまで多様である。

アドレナリン▶ アドレナリン(エピネフリン)は，血液で運ばれて肝臓の細胞に接すると，肝臓の細胞膜にあるアドレナリン受容体と結合する。したがって，この受容体をもたない細胞には作用しない。アドレナリン-受容体結合体は，細胞膜内にあ

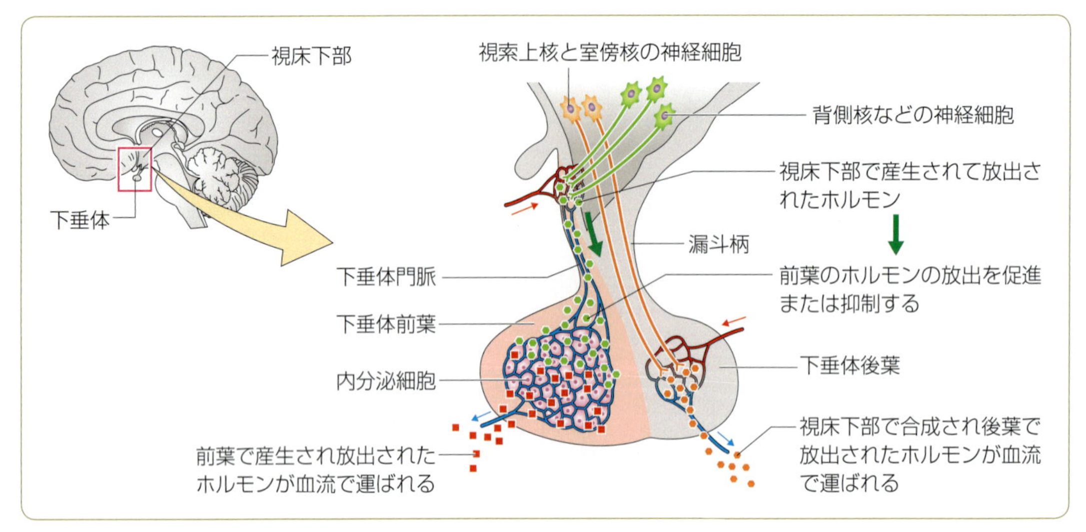

▶図 6-34　ヒトの視床下部・下垂体の構造とホルモンの分泌

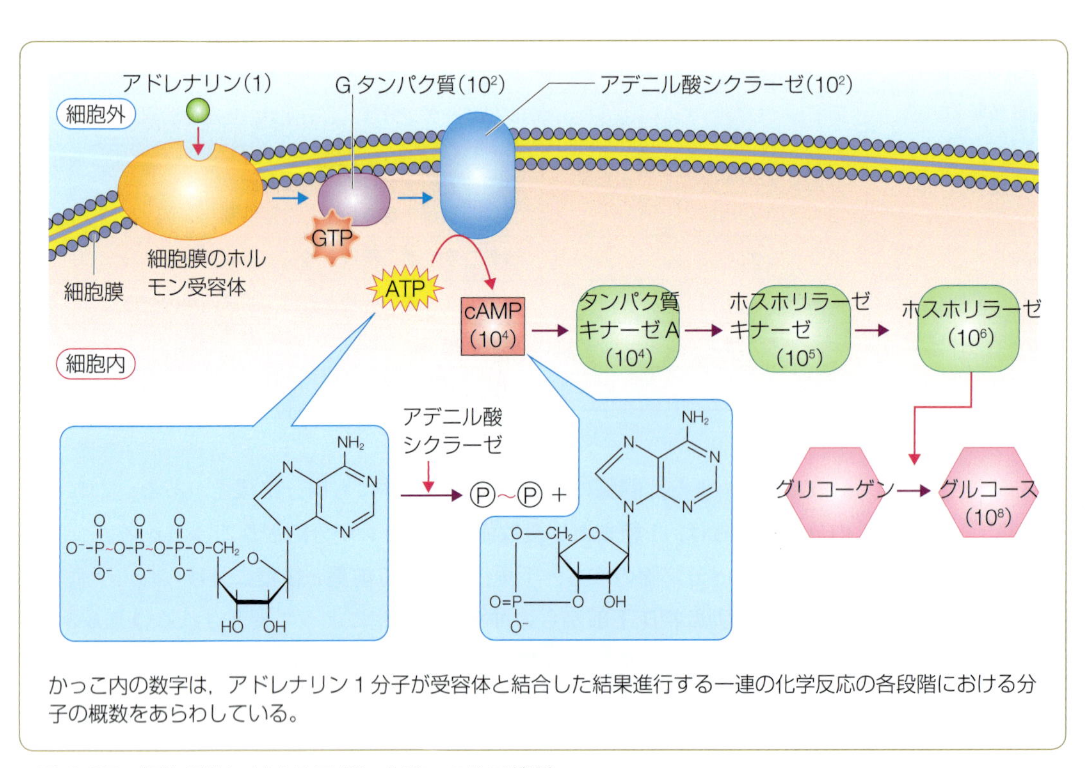

▶図 6-35　標的細胞に対するアドレナリンの作用機構

る酵素の**アデニル酸シクラーゼ**を活性化し，ATP を環状(サイクリック，cyclic)AMP(cAMP)にかえる(▶図 6-35)。cAMP は，肝細胞内のホスホリラーゼを活性化し，この酵素のはたらきによってグリコーゲンがグルコースに分解され，血液中に送り出される。このようにして，微量のアドレナリンの作用で血糖濃度(血糖値)が高められる。

インスリン▶ 膵臓のランゲルハンス島B(β)細胞から分泌されるインスリンは，長短2個のポリペプチドからなるホルモンで，血糖値の上昇が刺激になって分泌される。

インスリンも，筋肉やその他の細胞の膜にある受容体と結合して，この結合体がアデニル酸シクラーゼを活性化してcAMPの合成を促す。またインスリンは，細胞膜に作用してグルコースの細胞内への輸送を高めるので，細胞内でグルコースが消費されやすくなる。肝臓や筋肉の細胞でも，インスリンのはたらきでグルコースが細胞内に入り，グリコーゲンとして貯蔵される。

セカンドメッセンジャー▶ ホルモンはこのように，細胞内のcAMPなどを仲介者としてはたらくものが多いが，この細胞内の仲介者を**セカンドメッセンジャー**という。

脂溶性ホルモン▶ その一方で，**性ステロイドホルモンの**ような脂溶性の分子からなるホルモンは，脂質二重層を通り抜けて細胞内に入り，細胞質または核内の受容体と結合して複合体を形成する。この複合体は直接DNAにはたらきかけて，特定のタンパク質の合成を促進・調節する。

③内分泌系とホルモン

内分泌腺の種類は多いが，その分泌作用は大部分が下垂体の前葉に支配されており，前葉自体は間脳の視床下部の支配を受けている(▶図6-34)。このように，内分泌系は全体として調整されているまとまった器官である。

下垂体前葉ホルモン▶ たとえば，前葉から分泌される**副腎皮質刺激ホルモン** adrenocorticotropic hormone(ACTH)によって，副腎皮質から皮質ホルモンが分泌され，**甲状腺刺激ホルモン** thyroid stimulating hormone(TSH)によって甲状腺ホルモンの分泌が促進されている。また，**濾胞刺激ホルモン**(卵胞刺激ホルモン)follicle stimulating hormone(FSH)は，女性の卵巣を刺激して濾胞を成熟させ，濾胞からは**エストロゲン**が分泌される。FSHは，男性では精巣の精子の成熟を促進する。

前葉の**黄体形成ホルモン** luteinizing hormone(LH)は，卵胞を黄体にかえ，黄体ホルモンの分泌を促進する。さらにFSHは，精巣の間質細胞を刺激して**アンドロゲン**の分泌を促進する。

下垂体前葉ホルモンの調節▶ これら前葉のホルモンの分泌は，視床下部から分泌される4種類の**放出ホルモン** releasing hormone(RH)によって促進され，2種類の**抑制ホルモン** inhibitory hormone(IH)によって抑制されて調節される(▶表6-3)。

▶表6-3　視床下部ホルモン

放出ホルモン(RH)	標的ホルモン	抑制ホルモン(IH)	標的ホルモン
副腎皮質刺激ホルモンRH(CRH)	ACTH	成長ホルモンIH(GHIH)(ソマトスタチン)	GH
甲状腺刺激ホルモンRH(TRH)	TSH		
性腺刺激ホルモンRH(GnRH，黄体形成ホルモンRH〔LHRH〕)	FSH，LH	ドーパミン	PRL
成長ホルモンRH(GHRH)	GH		

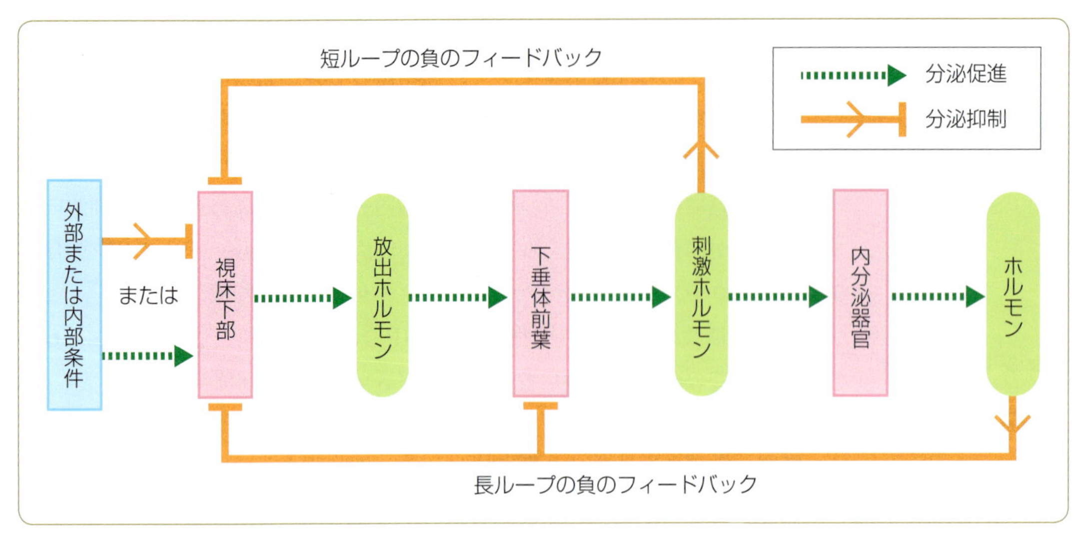

▶図 6-36 下垂体前葉の内分泌支配

負のフィードバック▶ 内分泌腺から分泌されたホルモンの血中濃度が，正常以上に高くなったときには，それを低下させる必要がある。たとえばエストロゲンの濃度が高まった場合には，視床下部のFSH放出ホルモンの分泌が抑制されて少なくなり，FSHの分泌が少なくなるためエストロゲンの分泌も減少し，血中濃度が正常に戻る。このような負のフィードバック(▶164ページ)によって，各種ホルモンの血中濃度がそれぞれ適正に維持される(▶図6-36)。なお，副腎髄質・ランゲルハンス島細胞・副甲状腺は，下垂体前葉の支配を直接受けない。

メラトニン▶ 松果体からは，松果体ホルモンである**メラトニン**が分泌される。この分泌は夜間に多く，昼間は少ないという**概日リズム**がある。メラトニンは性腺刺激ホルモンの分泌を抑制すると考えられている。

④ その他のホルモン

[1] エンドセリン endothelin(ET) 血管内皮から分泌される局所ホルモンで，血管を長時間にわたり収縮させるペプチドホルモンである。

[2] 心臓ホルモン 心房性ナトリウム利尿ペプチド atrial natriuretic peptide (ANP)と，脳性ナトリウム利尿ペプチド brain natriuretic peptide(BNP)がある。ANPはおもに心房から，BNPはおもに心室から分泌されるが，BNPはブタの脳から発見されたためこの名称となっている。ANPとBNPは腎臓でのナトリウムや水の吸収を抑え，排泄を促進する**ナトリウム利尿ホルモン**としてはたらき，利尿により血液の量を減らし，長期の血圧調節などに関与している。これらのポリペプチドの発見は，心臓がポンプの機能のみならず，内分泌の機能をももつことを示した。

[3] 生理活性脂質 細胞膜の不飽和脂肪酸から遊離される脂肪酸で，**プロスタ**

グランジンやトロンボキサンなどが知られており，平滑筋の収縮や，胃酸分泌，発熱，炎症など，幅広い生理現象に関与する。

E 無脊椎動物のホルモン

ホルモンを分泌する内分泌細胞は，すべての無脊椎動物で知られている。最も原始的な後生動物である刺胞動物（ヒドラなど）でも，成長促進ホルモンと考えられる物質を発芽・再生過程で放出することが知られている。最も詳しく調べられているのは，節足動物である。

① 節足動物のホルモン

1 昆虫の変態とホルモン

変態▶ 昆虫は受精卵から孵化（ふか）して幼生となり，幼生は**脱皮**を重ねて成長して蛹（さなぎ）となり，蛹はさらに脱皮して成体となる（**完全変態**）。ただし，バッタやコオロギの類では蛹の段階が省略される（**不完全変態**）。これらの脱皮と変態の過程は，ホルモンに支配されている。

エクジソン▶ 昆虫の幼虫では，脳の神経分泌細胞で**前胸腺刺激ホルモン** prothoracicotropic hormone（PTTH）とよばれるポリペプチドが合成され，これがホルモンとしてはたらく（▶図 6-37）。このホルモンは脳の後方にある**側心体**に入り，ここから体液である血リンパ中に分泌される。幼生の前胸部にある**前胸腺**が前胸腺刺激ホルモンの作用を受けると，**エクジソン** ecdysone というホルモンが分泌され，脱皮が促進される（▶図 6-38-a）。

幼若ホルモン▶ また，幼虫の脳にはホルモンを合成する神経分泌細胞があり，このホルモンは脳に接続する**アラタ体**に入り，ここから血リンパ中に分泌される。このホルモンは**幼若（ようじゃく）ホルモン**とよばれ，脱皮を遅らせるはたらきがある（▶図 6-38-b）。実際，カイコガの幼虫からアラタ体を除去すれば早く変態がおこり，繭（まゆ）をつむいで小型の蛹になり，幼若ホルモンを体表に塗布すると変態が遅れて大型の幼虫になる。

エクジソンと幼若ホルモンの互いに拮抗する作用下で，脱皮や変態が進行する。

2 甲殻類のホルモンと分泌器管

X 器官とサイナス腺▶ エビやカニの類では，複眼の眼柄内に**X 器官**とよばれる神経分泌細胞の集団があり，この細胞内でできたホルモンが，X 器官に接続している**サイナス腺**

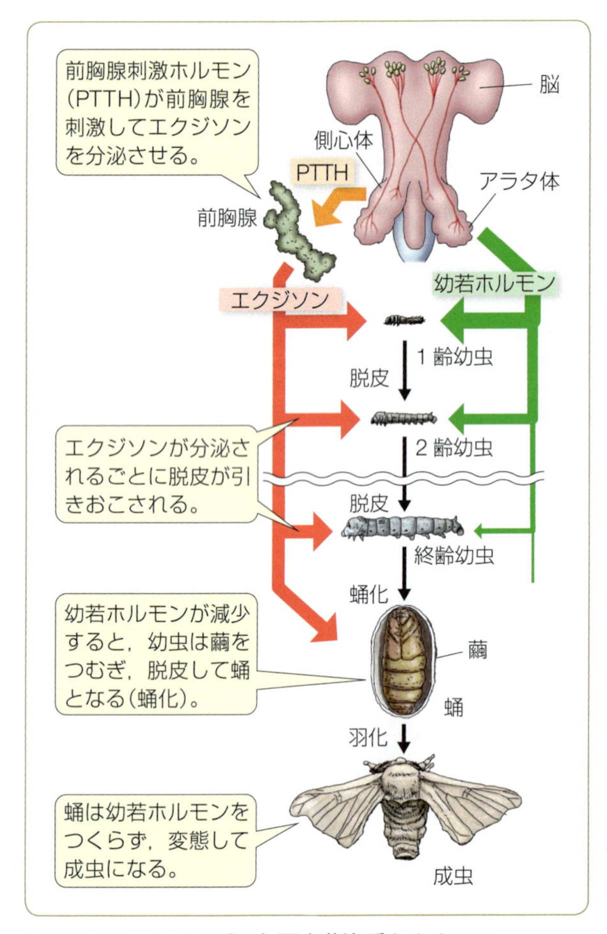

▶図6-37 カイコガの主要内分泌系とホルモン

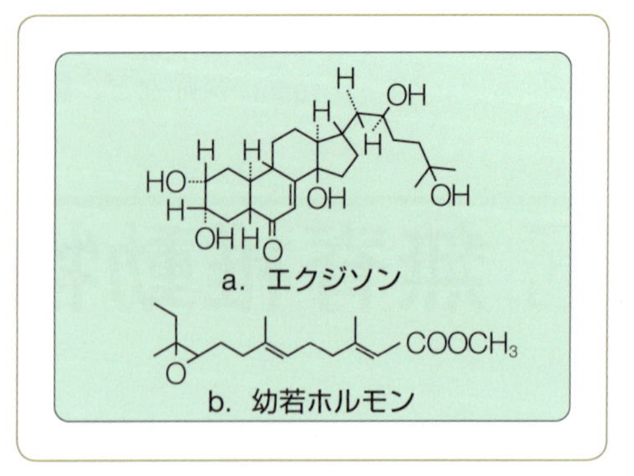

▶図6-38 エクジソンと幼若ホルモン

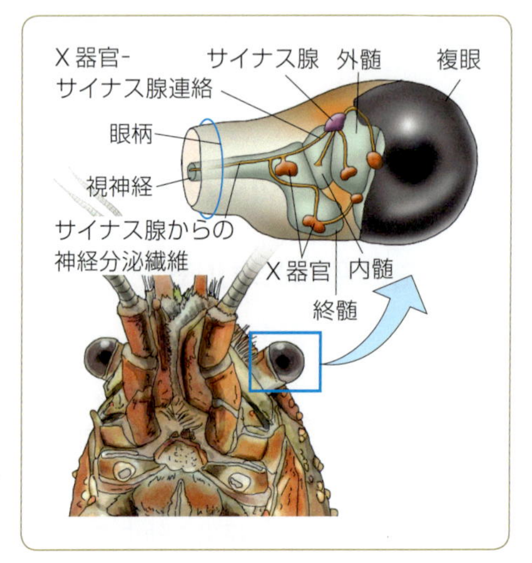

▶図6-39 ザリガニの内分泌腺

にたくわえられ，血リンパ中に分泌される(▶図6-39)。サイナス腺には数種類のホルモンが含まれ，脱皮を抑制している。したがって，眼柄を切り取ると，若いザリガニでは，ふつうは12日の脱皮間隔が8日に短縮される。このホルモンはほかに，卵巣の発達を阻止したり，体表の色素細胞に作用して体色変化を引きおこす。

Y器官▶ 一方，触角の基部には**Y器官**があり，ここで合成されるホルモンにはX器官-サイナス腺のホルモンに対して逆の作用があり，脱皮を促進する。そのため，Y器官を切除すると脱皮が停止する。

囲心器官▶ 甲殻類の心臓は，囲心嚢という袋状の構造で取り囲まれている。ここには**囲心器官**とよばれる神経分泌細胞がつくる網状構造があり，この器官から囲心腔(▶180ページ，図6-19-c)の血リンパ中にドーパミン・セロトニン・プロクトリンといった神経ペプチドなどのホルモンが分泌され，心臓の活動を活発にしたり，血液で運ばれてさまざまな細胞や組織の活動を高める。

② 無脊椎動物の神経ペプチド

プロクトリン▶ ヒドラの多数の活性ペプチドをはじめ，現在までに研究された原生動物を除くすべての門の動物から，百数十種のペプチドホルモンが発見されている。**プロクトリン**は，ゴキブリの神経系から抽出された5個のアミノ酸からなるペプチドで，そののちに調べられたすべての昆虫や甲殻類で見つかっている。プロクトリンは，筋肉や心臓の活動を増強する効果をもつホルモンである。

ELH▶ また，産卵行動を誘発するホルモンである **ELH**(egg-laying hormone)とよばれる神経ペプチドが，アメフラシの内臓神経節(▶231 ページ，図 7-27-b)にある多数の小型神経分泌細胞から抽出されている。

FMRF アミド▶ **FMRF アミド**は，二枚貝の神経節から最初に抽出された4個のアミノ酸(フェニルアラニン〔F〕，メチオニン〔M〕，アルギニン〔R〕およびフェニルアラニン)からなるペプチドホルモンである。現在までに，その他の軟体動物をはじめ，無脊椎，脊椎を問わず多くの動物の神経系から，これやその類縁のペプチドが，共通に見いだされている。その機能は多様で，神経系や筋肉の機能を亢進したり抑制したりするなど，動物の種類や標的とする細胞の種類によってさまざまな効果を引きおこす。

ゼミナール
復習と課題

❶ 非ふるえ産熱はどのようなときに，どのようにして発生するか。
❷ ヒトの血流が酸素と二酸化炭素を運搬するしくみを述べなさい。
❸ 人体における各栄養素の吸収経路を述べなさい。
❹ 哺乳類の循環系の大要を述べなさい。
❺ 心臓の刺激伝導系を説明しなさい。
❻ 血液凝固のしくみを説明しなさい。
❼ 液性免疫と細胞性免疫を概説しなさい。
❽ サイトカインの機能を述べなさい。
❾ 腎臓の機能を述べなさい。
❿ 淡水魚と海水魚の体液の浸透圧調節のしくみを述べなさい。
⓫ 器官の二重神経支配を，例をあげて説明しなさい。
⓬ ヒトの血液中の塩類を調節しているホルモンの名称，およびそのはたらきを述べなさい。

刺激の受容と行動

生物は環境の変化を刺激として受容し，これにたえず反応することで，環境に適応している。とくに動物では，細胞・組織・器官が分化していて，これらが刺激に反応するのみならず，みずからはたらきかけて，環境をかえていく能力がみられる。これらの生命機能を可能にしているのが神経系である。

動物の神経系では，神経細胞(ニューロン)が互いにシナプス(▶226 ページ)で連絡して神経回路網を形成しており，感覚器の受容細胞から送られるさまざまな入力信号を中枢神経系で集積・処理・統合し，その結果を筋肉などの効果器に出力して行動をおこさせる(▶図 7-1-a)。そして多くの場合，この入力から出力にいたる信号の流れは，記憶や学習，内部条件(ヒトでは感情や信念とよばれる)などによって影響される。また動物は，刺激を受けない状態でも，筋収縮にいたる出力信号をつくり出すこともできる(▶図 7-1-b)。

本章では，神経系がどのようにして，情報を受容・統合・貯蔵しながら，個体として協調された行動を発現するのか，そのしくみを神経系の構造と関連づけながら学ぶ。

A 神経系における情報処理の特徴——電気信号

① 細胞間の情報伝達

細胞間で情報を受け渡しするための信号は，一般に化学物質である。

ホルモン信号伝達▶ ある細胞から分泌された化学物質が血流を介して，目標となる標的細胞に到達する場合は，**ホルモン信号伝達**とよばれる(▶図 7-2-a)。

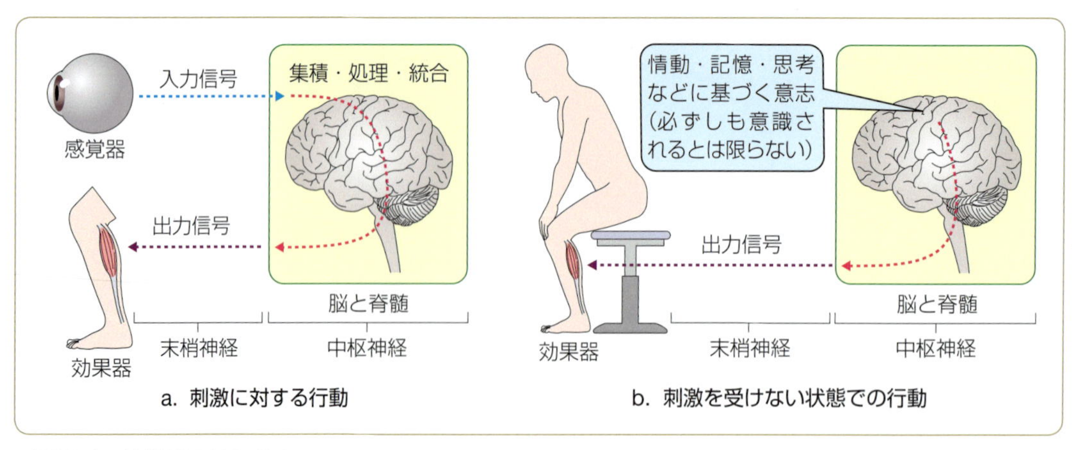

▶図 7-1　神経系のはたらき

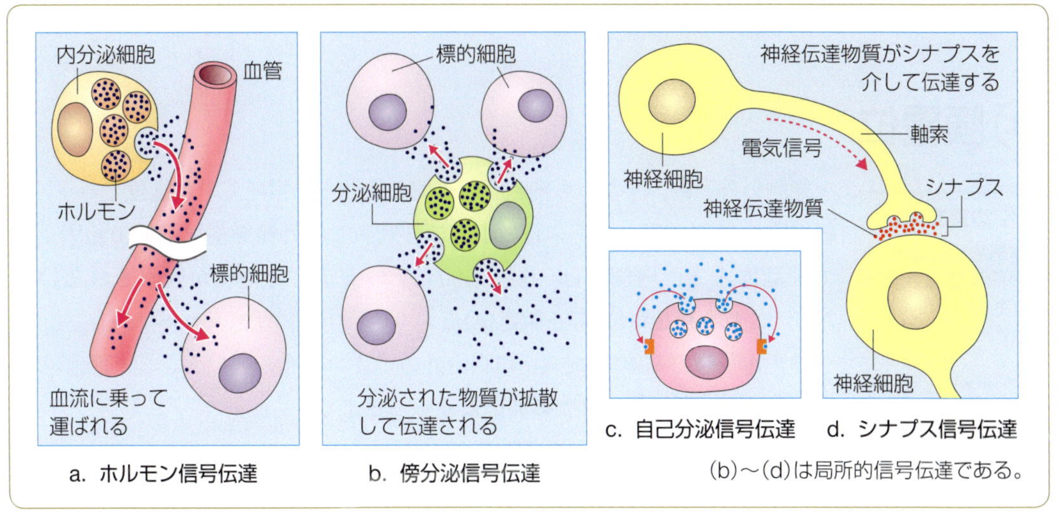

▶図 7-2　細胞間の信号伝達

傍分泌信号伝達・自己分泌信号伝達▶ 血流を介さない，近隣の細胞間での信号の受け渡しは，局所的信号伝達とよばれる。特別な分泌部位が分化しておらず，細胞からエクソサイトーシス(▶33 ページ)で細胞外に分泌された化学物質が，近隣の目標細胞に拡散して受容される場合を**傍分泌信号伝達**とよぶ(▶図 7-2-b)。分泌された化学物質が，分泌細胞自身の膜の受容体で受容される場合は**自己分泌信号伝達**とよばれる(▶図 7-2-c)。これらの信号伝達は，生体内で広く用いられている。

シナプス信号伝達▶ **神経細胞**(**ニューロン**)は一般に，細長い突起(**軸索**)をもつ(▶224 ページ)。隣接する神経細胞とは**シナプス**(▶226 ページ)で連絡しており，化学物質が軸索の末端から分泌されて目標細胞に受容される場合を**シナプス信号伝達**とよぶ(▶図 7-2-d)。また，この化学物質を**神経伝達物質**とよぶ。

化学物質を用いるという点では，神経系とほかの情報伝達系とに違いはない。しかし，神経系では，化学物質の分泌が，電気信号によって調節される点が特徴である。そして，この電気信号は，ほかの電気信号と複雑な相互作用をする。図 7-2-d に示される電気信号は，神経系の細胞の突起に沿って伝導していく神経信号で，**活動電位**(▶211 ページ)とよばれる。

② 興奮性細胞

顕微鏡下で泳いでいる 1 匹のゾウリムシを棒でつつくと，泳ぐ方向をかえてあと戻りして，逃れる反応を観察することができる。このような刺激に反応する性質は，いろいろな細胞で知られているが，電気の発生，とくに活動電位の発生を伴う反応を**興奮** excitation という。興奮する細胞を**興奮性細胞**，組織を**興奮性組織**という。ゾウリムシが逃れる際に発生する信号も活動電位である。

興奮性細胞には，受容細胞・神経細胞・筋細胞などがあり，それぞれ刺激の受け入れ，刺激信号の伝達，収縮反応の発現という別々の機能を営んでいる。

③ 膜電位

K^+の膜透過性

神経細胞膜にはK^+を選択的に透過させるチャネルが存在する。このチャネルは常時開いており，漏(も)れ(リーク)チャネルとよばれる。

細胞の外と内，すなわち細胞膜の外側と内側との電圧差を**膜電位**という。神経細胞内に記録用のガラス管微小電極を刺入し，外側を基準電位(0 mV)として計測すると，内側では－60～－90 mV の安定した電位が観察される(▶図 7-3)。これを**静止電位**(静止膜電位)という。

静止電位は，基本的に，① 細胞内外のイオン分布の違いと，② 細胞膜の選択的なイオン透過性の 2 つの要因によって生じる。

細胞外と比べて細胞内にはカリウムイオン(K^+)が，また細胞内と比べて細胞外にはナトリウムイオン(Na^+)が，それぞれ多く分布する。細胞膜は，一般にイオンを通さない(▶28 ページ，図 1-19)。しかし，K^+に対しては選択的な透過性をもつため，細胞内のK^+は濃度勾配にそって外へ流出する。ところが，K^+は正の電荷をもつため，やがて膜を介して正電荷どうしの反発が生じる。

Na^+の膜透過性

Na^+は静止中の神経細胞膜をほとんど透過しない。だが，細胞内が外に対してマイナスとなっているので，Na^+は濃度勾配も電気勾配も内向きとなり，通り道さえ開けば一気に流入する。

この反発は，濃度勾配とは逆方向の電気勾配として考えることができる(▶図 7-4)。濃度勾配と電気勾配が等しくなると，K^+は細胞膜に通り道があっても動けなくなる。このときの電気勾配，すなわち細胞内外の電位差が，静止電位として観察される。

なお，濃度勾配と電気勾配がつり合っているときの膜内外の電位差を，そのイオンの**平衡電位**といい，細胞内外のイオン濃度で決まる。静止電位は，一般にK^+の平衡電位にほぼ等しいと考えて大きな誤りはない(▶212 ページ)。

④ 活動電位

興奮性細胞の膜電位が，静止電位から急速にプラス方向にゼロレベルをこえて上昇し(オーバーシュート)，短時間のうちに再びもとの静止電位に戻る電位

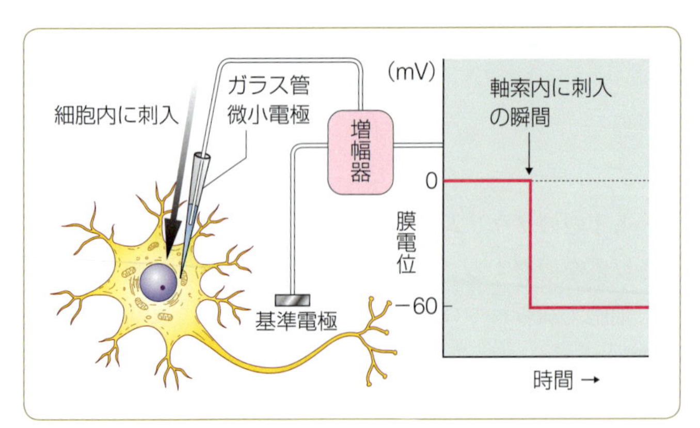

▶図 7-3　静止電位

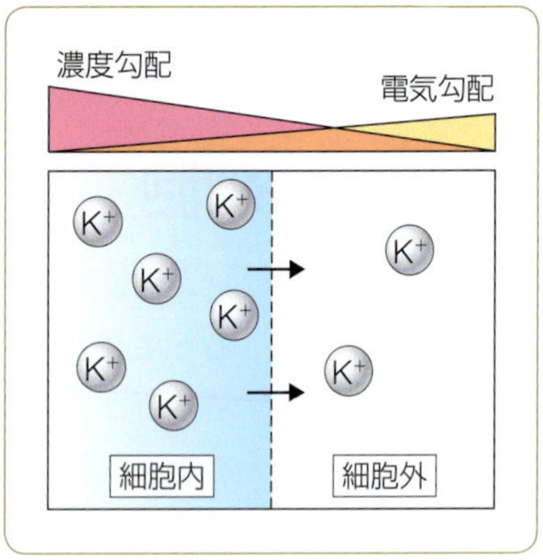

濃度勾配
電気勾配
K^+
細胞内
細胞外

▶図 7-4　濃度勾配と電気勾配

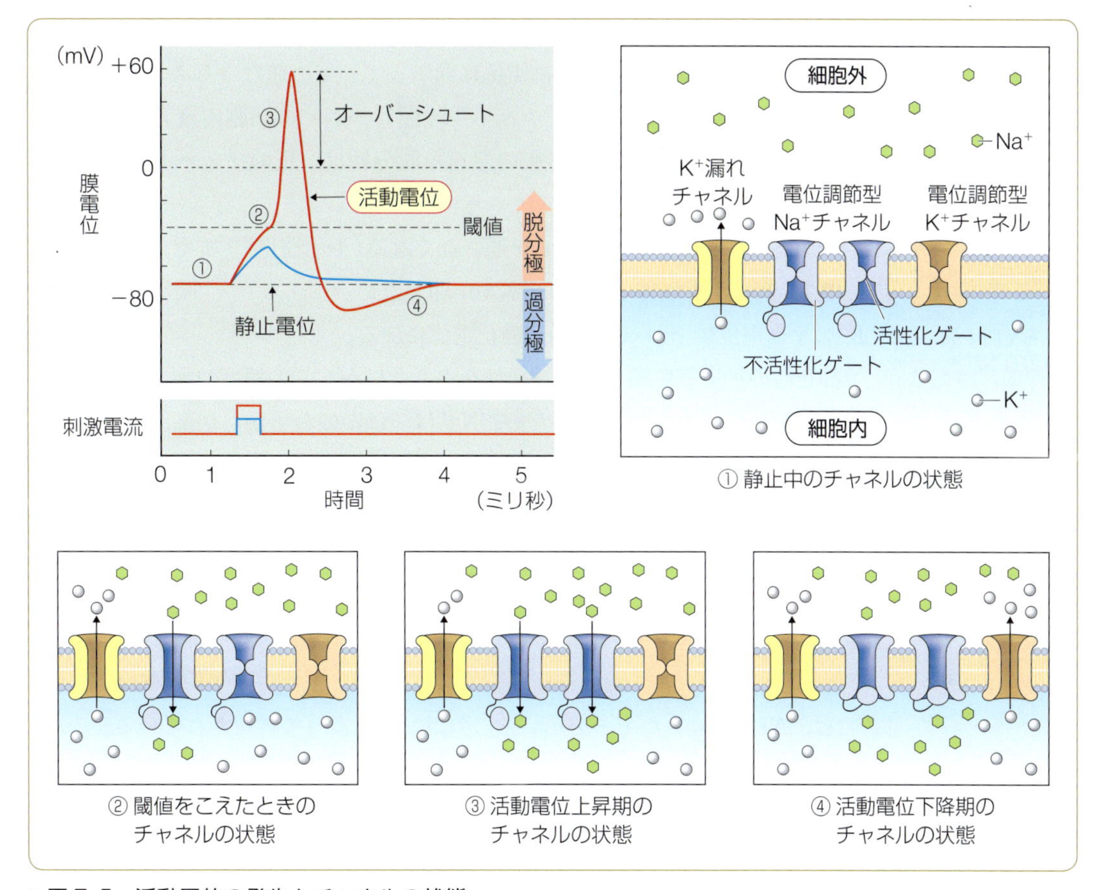

▶図 7-5　活動電位の発生とチャネルの状態

変化を**活動電位** action potential という(▶図 7-5)。活動電位は神経系での情報処理と伝搬のための信号としてはたらき，① 生じるときには一定の大きさのみを示す(**全か無かの法則**)，② 一度生じると消滅することなく神経軸索の末端まで伝導する，③ 伝導は一方向に進み逆行しない，などの特徴をもつ。

脱分極と過分極▶ 膜電位が静止電位からプラス方向に変化することを**脱分極**といい，逆に静止電位からさらにマイナス方向に変化することを**過分極**という。

電位調節型チャネル
膜電位に依存して構造を変化させてイオン透過性を調節するイオンチャネルをさす。Na^+ チャネルは脱分極によって開く。

脱分極は，実験的には細胞内へのプラス電流(イオン)の注入によって引きおこすことができる(▶図 7-5)。生理的には，① 感覚刺激(▶214 ページ)やシナプス活動(▶227 ページ)などによる神経細胞膜のイオン透過性変化，および ② 伝導中の活動電位に起因する局所電流(▶225 ページ)によって生じる。過分極は，マイナス電流(イオン)の実験的注入や，感覚刺激，シナプス活動などによって引きおこされる。

活動電位▶ 静止中は，漏れチャネルだけが開いている(▶図 7-5-①)。脱分極が小さいときは，細胞内から K^+ がこのチャネルから流出して静止電位に戻る(▶図 7-5 のグラフの青線)。しかし，脱分極がある値(**閾値**(いきち))をこえると，電位調節型の Na^+ チャネルが開いて Na^+ が細胞内に流入する(▶図 7-5-②)。その結果，脱分極が進み，さらに Na^+ チャネルが開いて Na^+ が流入し，さらに脱分極が進むという具合に，膜電位は Na^+ の平衡電位に向かって一気に進む(▶図 7-5-③)。

このような「脱分極→ Na^+ チャネルの開口→ Na^+ の細胞内流入→さらなる脱分極」というループによる膜の急速な脱分極は，正のフィードバック制御(▶164 ページ)の例である。

やがて，Na^+ チャネルは Na^+ を通さなくなる(不活性化)。また，常時開いている K^+ チャネル以外の K^+ チャネルが開くため(▶図 7-5-④)，膜電位は一気に K^+ の平衡電位に下がったのち，静止電位に戻る。

電位調節型 K^+ チャネル
このチャネルは脱分極によって開くが，その開き方は Na^+ チャネルよりも遅いという性質をもつ。

過分極性後電位
活動電位に続く一時的な過分極を過分極性後電位とよび，通常は活動電位と同様，1〜2 ミリ秒間持続する。

静止時の神経細胞膜は Na^+ 透過性をもたないが，その濃度勾配と電気勾配がともに細胞内に向かっているため，Na^+ は，ほんのわずかだが細胞内に流入している。そのため静止電位は，正確には K^+ の平衡電位より若干プラス側の値になる。活動電位の下降期には，K^+ の膜透過性が静止時以上に増大するため，静止電位よりも過分極側の K^+ の平衡電位に一時的に近づく(▶図 7-5-④)。

なお，静止時にわずかずつ流入する Na^+ は，活動電位で流入する Na^+ とともに，ナトリウム-カリウム交換ポンプで能動的に細胞外に排出される(▶32 ページ，図 1-25)。静止時の神経細胞膜の内外のイオンの不均等分布(▶210 ページ)は，ATP のエネルギーを用いるこのポンプによって維持されている。

⑤ 生物電気現象の記録

生体の組織や細胞に 1 本または 2 本の電極を細胞の内外におき，それらの電気的活動を増幅器を介して，陰極線オシロスコープ(▶10 ページ，図 1-3)やデジタル計測器に接続すれば，生物電気を観察・記録することができる。

[1] 心電図 electrocardiogram(ECG)　心臓の活動に伴って心臓が発生する電位変化を記録する心電図は，ヒトにかぎらず，心臓をもつすべての動物から得ることができる。臨床的には，心電図は体表に記録用電極をあてて記録されるが，電極を心臓表面，または心筋細胞内に刺入して記録することもできる。

[2] 筋電図 electromyogram(EMG)　一般的には心臓以外の筋肉の活動時に記録できる電位変化を筋電図という。骨格筋や内臓筋などの筋電図をいう。

[3] 脳波(脳電図)electroencephalogram(EECG)　脳の活動に伴う電位変化を，頭皮上などにつけた電極を介して記録する電位を，脳波または脳電図という。脳波は，睡眠や覚醒，脳の損傷，精神状態などによって特定の変化をおこす複雑な波形を示す。

ほかにも，光が入ったときの網膜の電気変化を記録した網膜電図 electroretinogram(ERG)や，睡眠時などに眼球の動きをもたらす筋肉から記録される眼球運動電図 electro-oculomotorgram(EOG)，においをかぐときに嗅粘膜に発生する電気変化の記録である嗅(きゅう)電図 electro-olfactogram(EOG)などがある。

B 環境の情報とその受容

① 受容器電位と感覚情報の伝達

感覚変換と受容細胞▶ 生体が，体外や体内の環境の変化を把握して情報を処理するためには，情報処理装置である神経系がその変化を理解できなければならない。しかし，光や音，重力などの環境の変化は，それぞれ固有のエネルギー変化であり，そのままでは神経系は理解できない。

そこで，環境の変化を神経系が理解できる信号に変換し，活動電位に変換する必要がある。この過程を**感覚変換**(トランスダクション)とよび，感覚変換を行う細胞を**受容細胞**(**感覚細胞**)という。感覚を受容するための器官を**感覚器**といい，受容細胞と支持細胞からなり，神経細胞を含むこともある。

受容器電位▶ 感覚変換は，それぞれの感覚種(視覚，嗅覚，触覚など)によって，その具体的なしくみは異なっている。しかし，どの感覚種にも共通する特徴は，環境変化としての刺激が，感覚受容細胞膜のイオン透過性を変化させる結果，細胞内外へのイオンの移動がおこって膜電位が変化するということである。この膜電位変化を**受容器電位** receptor potential とよぶ。

刺激のエネルギーは，この段階で神経信号に変換される。たとえば，光受容細胞は光により，味受容細胞は味物質により受容器電位を発生する。したがって受容細胞は，それぞれの刺激エネルギーを電気エネルギーに変換する，生体のエネルギー変換器(トランスデューサー)であるといえる。

一般に，感覚受容細胞で発生する受容器電位は，一連の活動電位に変換されて，中枢神経に伝えられる。

受容器電位から活動電位へ▶ ザリガニ腹部伸筋の**伸張受容器**は，多数の突起を受容器繊維とよばれる筋細胞(筋繊維)に付着させている(▶図 7-6-a)。受容器内に電極を刺入し，受容器繊維を実験的に軽く引きのばすと，受容細胞の膜電位が脱分極を示す(▶図 7-6-b-①)。これは，突起が伸張された結果，受容器突起の細胞膜のイオン透過性が変化し，陽イオンが細胞内に流入するためである。この電位変化が受容器電位である。刺激が強くなると，受容器電位も大きくなり，より多くの活動電位を発生する(▶図 7-6-b-②)。また一般に，刺激が強いほど活動電位の発生頻度も増大する(▶図 7-6-c)。

> **伸張受容器**
> 筋肉の長さを一定に保つ役割を果たし，筋肉が外力でのばされると反射的にこの筋肉を収縮させる。

刺激の強さは，個々の受容細胞が発生する活動電位の頻度として中枢神経系に伝えられるが，刺激の性質は，同じ感覚器官内の異なる受容細胞の活動によって中枢に伝えられる。

> **順応**
> 刺激が持続すると，感覚細胞で発生する活動電位の頻度が時間とともに減少すること。

たとえば，ザリガニの腹部伸張受容器には，2種類の細胞が含まれる。1つは持続性の引きのばし刺激に対して順応をほとんど示さず，引きのばされている間，つねに活動電位を発生する。もう1つは，速い順応を示し，引きのばし

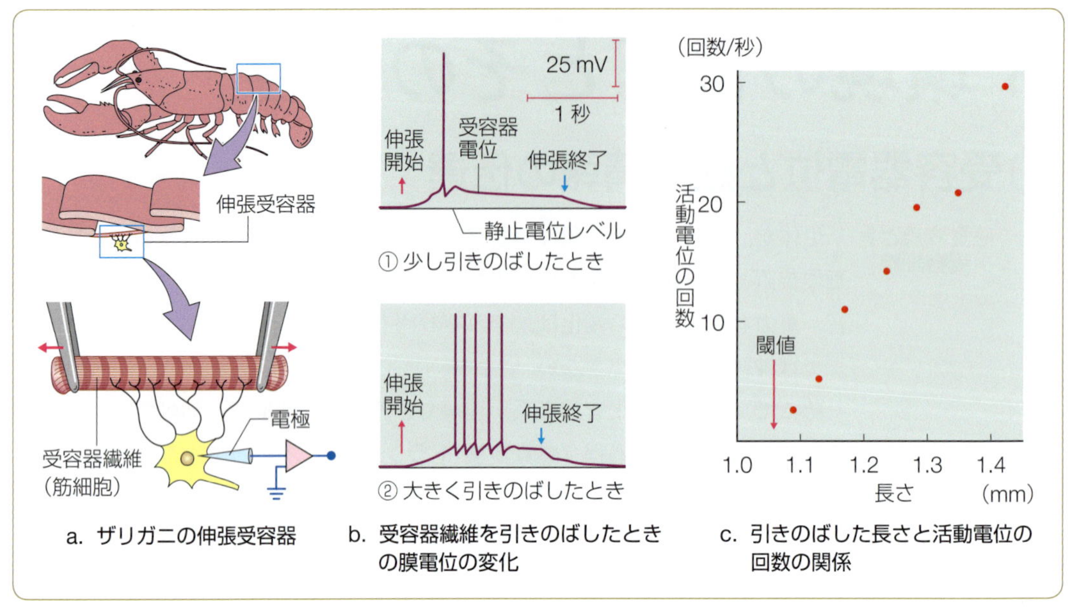

▶図 7-6　受容器電位

刺激の初期にのみ発生する。前者を**持続型受容器**，後者を**相動型受容器**とよぶ。

② 刺激の種類と受容器

体外や体内から細胞に加わる刺激のエネルギーの種類に対応して，そのエネルギーを受容するのに適した構造をもった受容細胞が存在し，環境の情報を集めている。

ヒトの受容細胞▶　受容細胞が刺激として受容するエネルギーの種類によって，光受容細胞(視細胞)，音受容細胞(聴細胞)，味受容細胞(味細胞)，嗅受容細胞(嗅細胞)などに分化している(▶図 7-7)。また，痛覚の受容は軸索の末端で行われ，圧覚を受容するパチニ小体や，触覚を受容するマイスナー小体のように，軸索の自由末端が被膜で包まれたものもある。嗅受容細胞は軸索とよばれる突起で，直接，中枢神経系につながるが，光・音・味受容細胞は，みずからは軸索をもたず，シナプス(▶226 ページ)によって感覚神経の軸索に連絡することで，中枢神経系とつながっている。

適刺激▶　外界からの刺激の種類は多数あり，受容細胞は種類によって，これらの刺激のどれか 1 種を鋭敏に受容するように構造が分化している。この受容細胞に受け入れられる刺激を，受容細胞に適合している刺激という意味で**適刺激**という。光受容細胞には光が適刺激であり，味受容細胞には化学刺激が適刺激である。

しかし，受容細胞は適刺激以外の刺激も受容することがある。たとえばヒトの光受容細胞に対して，眼球を強く押すという機械刺激を与えても光の感覚がおこる。

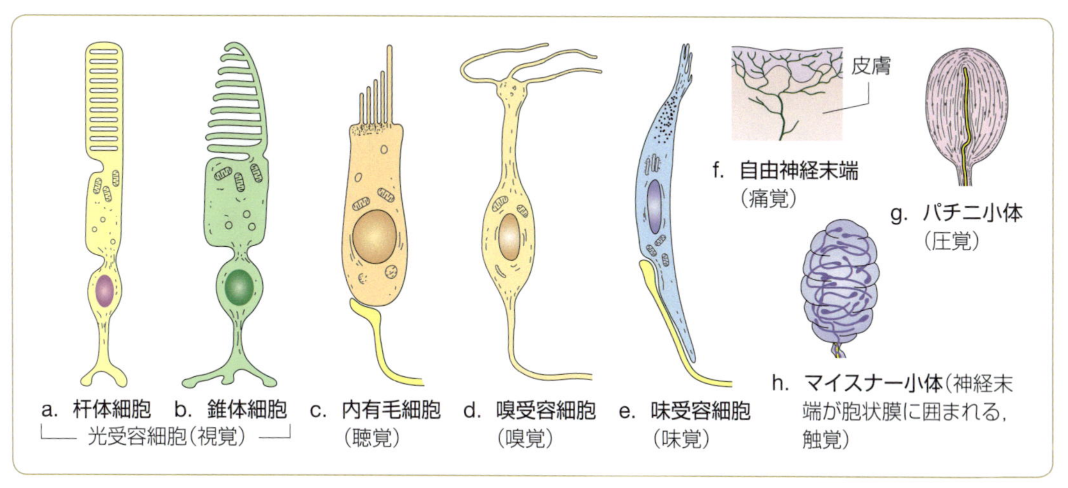

▶図 7-7 ヒトのさまざまな受容細胞

ヒト以外の生物の刺激受容▶ 一方，生物は種により受容できる刺激エネルギーの種類や強さが限られている。たとえば，ヒトは，周波数 20,000 Hz 以上の超音波を聞くことができないが，イヌやコウモリ，昆虫は聞くことができる。魚類の電気感覚器(ローレンツィニ器官)，爬虫類(はちゅうるい)の赤外線感覚器(ピット器官)などは，ヒトが感じることができない刺激に反応する。また，鳥類や魚類は磁場を感じることがわかっているが，そのための感覚器官についてはいまだに不明である。

1 化学受容

脊椎動物の化学受容器は，水溶性化学物質を刺激として受け取る味受容細胞(軸索をもたない)と，空気中の化学物質を刺激として受容する嗅受容細胞(軸索をもつ)との 2 種にはっきり分化している。無脊椎動物などでは，両者が未分化の場合もある。化学物質を受容する細胞を**化学受容細胞**とよぶ。

味受容▶ 脊椎動物の味覚受容器は味覚芽(味蕾(みらい))である。この中にある受容細胞は紡錘形で，これを基底細胞が保護している(▶図 7-8)。受容細胞には求心性神経(▶229 ページ)の末端が付着している。味覚芽は，魚類では口腔および口の周辺に分布している。哺乳類では舌の乳頭に多い。ヒトの味受容細胞は 5 種類あり，それぞれ塩味・甘味・酸味・苦味・うま味を受容している。

味物質が受容細胞を刺激すると，受容細胞では受容器電位が発生し，刺激が強い場合は活動電位に移行する。その結果，受容細胞にシナプス結合している感覚細胞の軸索(味覚神経)に活動電位が発生し，軸索を通って中枢に伝えられる。味覚神経の細胞体は，顔面神経(第Ⅶ脳神経，▶233 ページ，図 7-27-a)の膝神経節(しつしんけいせつ)および舌咽(ぜついん)神経(第Ⅸ脳神経)下神経節，迷走神経(第Ⅹ脳神経)節状神経節に分布し，延髄の孤束核に投射する。

嗅受容▶ 嗅受容細胞は，脊椎動物では鼻腔粘膜に，昆虫や甲殻類では触角や口器付近にある。脊椎動物では，受容細胞の先端には複数の短い繊毛があり，繊毛は粘

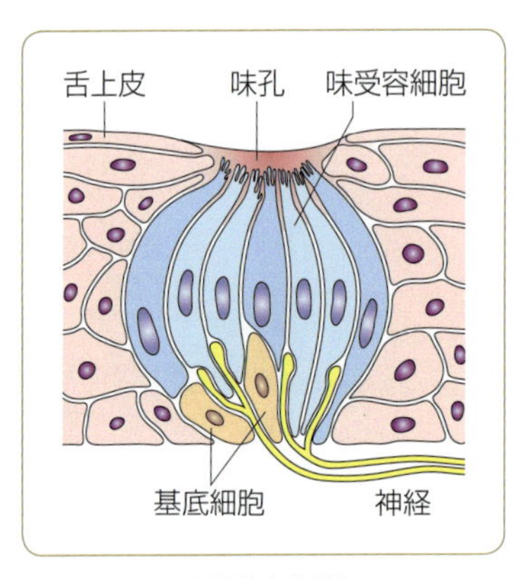

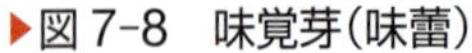
▶図 7-8　味覚芽(味蕾)

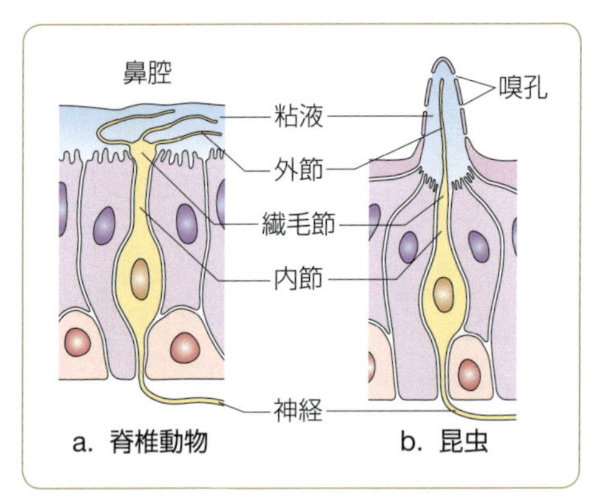

▶図 7-9　嗅受容細胞

クチクラ

英語でキューティクルを意味するラテン語で，生体の表面をおおうかたい層をよぶ。昆虫ではかたいタンパク質からなり，外骨格を形成する。

液におおわれている。(▶図 7-9-a)。受容細胞の反対側から軸索が中枢に向かってのび，嗅球(▶233 ページ，図 7-27-b〜d)とよばれる脳部位に投射する。これは，脳から突き出た左右嗅索の先端部に位置する。

昆虫や甲殻類では，体表のクチクラがつくる毛状構造物の内部に受容細胞の突起がのびている(▶図 7-9-b)。毛状構造物の先端や側部には，嗅孔とよばれる小さな孔が空いており，刺激物質はここを通って毛状構造物の内部に入り，突起膜の受容体タンパク質と結合する。受容細胞では受容器電位が発生し，刺激がある程度以上に強くなると，活動電位が引きおこされて，中枢に情報を伝える。

2 音受容

音として感じることができる振動数の範囲(可聴範囲)は，動物によってさまざまであるが，ヒトでは 20〜20,000 Hz である。一般に音受容器は，音に共鳴する鼓膜と，**鼓膜**の振動を伝達する装置，および音を受容する**聴細胞**からなりたっている。

昆虫類▶　昆虫の音受容器は種によって異なる部位に存在し，バッタでは腹部第 1 体節の外面に鼓膜があり，その裏面は気管腔に面している(▶図 7-10-a)。受容細胞は直接鼓膜に付着しているので，その振動で直接刺激される。可聴範囲は，300〜90,000 Hz である。コオロギでは前肢脛節にあり，その可聴範囲は，300〜8,000 Hz である(▶図 7-10-b)。

哺乳類▶　ヒトなどの哺乳類では，音波は耳介で集められ，外耳道を経て鼓膜を振動させる(▶図 7-11)。この振動は，中耳の鼓室にある 3 個の**耳小骨**(ツチ骨，キヌタ骨，アブミ骨)によって，内耳の**卵円窓**(前庭窓)に伝わる。内耳には 2 回半うず巻き状に巻いた管(**うずまき管**，**蝸牛管**)があってリンパ液が満ちている。この管の中央は基底膜で仕切られ，上方は**前庭階**，下方は**鼓室階**という。前庭階と鼓室階が鼓室に面する部分に，それぞれ卵円窓と**正円窓**(蝸牛窓)がある。

音の振動は，骨の振動を介して内耳のリンパ液に直接伝えられる。水生哺乳

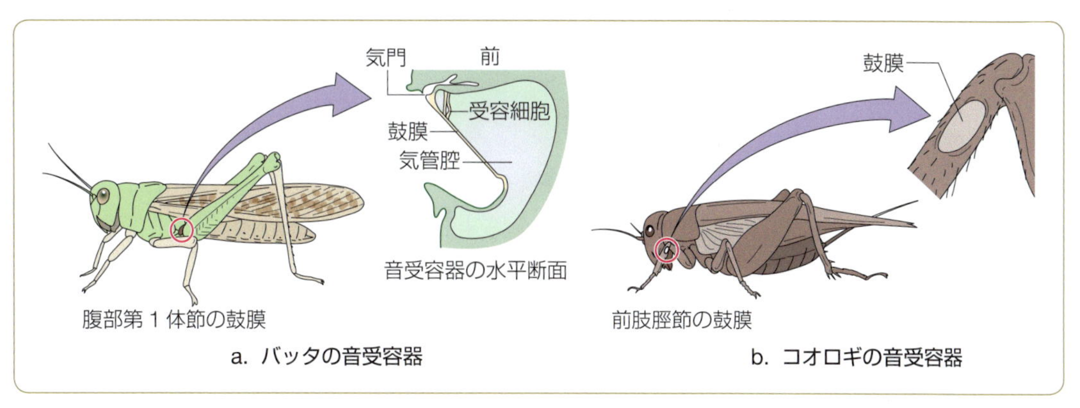

▶図 7-10 昆虫の音受容器

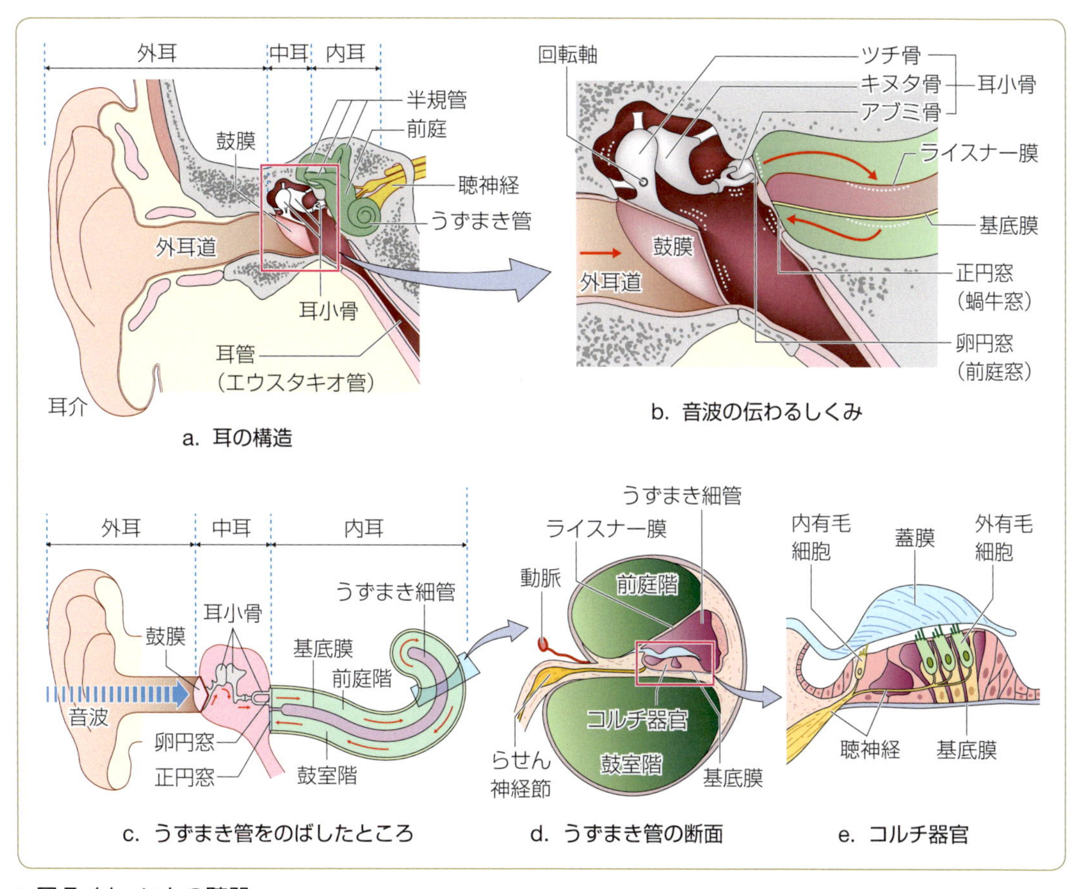

▶図 7-11 ヒトの聴器

類では外耳・中耳が退化しているので，水の振動は骨格を伝わり，内耳に伝えられる。

前庭階はさらにライスナー膜で仕切られ，この膜と基底膜に包まれた部分がうずまき細管である。うずまき細管の基底膜上には，繊毛をもった受容細胞が

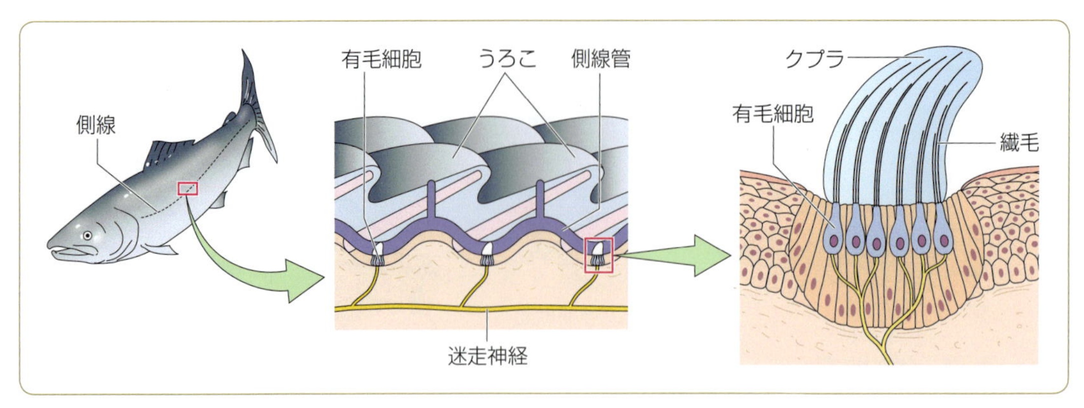

▶図 7-12　魚類の側線器官

並んで**コルチ器官**を形成している。この器官の上を蓋(がい)膜がおおっている。

卵円窓に達した音の振動は，前庭階から鼓室階へとリンパ液に圧力波を及ぼし，基底膜を振動させる。このために基底膜上のコルチ器官も振動し，受容細胞の繊毛が蓋膜に触れて刺激され，受容器電位が発生する。これにより，受容細胞に接着している**聴神経**(内耳神経)が刺激され，活動電位を発生する。聴神経は，うずまき細管のらせん神経節に細胞体をもち，脳幹の蝸牛神経核に軸索をのばしている。

魚類▶　魚類は内耳だけをもち，外界に接する耳はないが，両体側の**側線器官**で音が受容される。側線器官は体長にわたってのびるうろこの列で，このうろこには孔が空いていて，内部の側線管と連絡している(▶図 7-12)。側線管の下には側線管内に繊毛を出している有毛の受容細胞があり，音波による水圧の変化を受容する。有毛細胞からの神経繊維は，迷走神経(第X脳神経)に入る。

その他の脊椎動物▶　両生類には外耳道がなく，鼓膜が眼の後ろの部分で体表に露出している。爬虫類は外耳道が短く，トカゲやカメなどでは低音や雑音が受容しやすくなっている。ヘビは中耳がないので音は聞こえず，地表を伝わる振動により音の振動を感じる。鳥類には耳介がないが，ヒト並みの可聴範囲をもつ。

3 重力受容

動物は重力を感じることにより，からだの平衡やいろいろな姿勢をとることができる。重力を受容する器官を**平衡器官**という。

● 平衡胞

平衡胞は，クラゲ・甲殻類・軟体動物，ホヤのオタマジャクシ形幼生の脳胞(成体にはない)内などにみられる平衡器官である(▶図 7-13)。平衡胞は，内側をクチクラでできた感覚毛あるいは有毛細胞でおおわれた中空の袋で，内部には体外由来の砂粒あるいは分泌物でつくられた石灰質の平衡石が1個または多数入っている。からだが傾くと平衡石の位置がかわり，感覚細胞が刺激されて

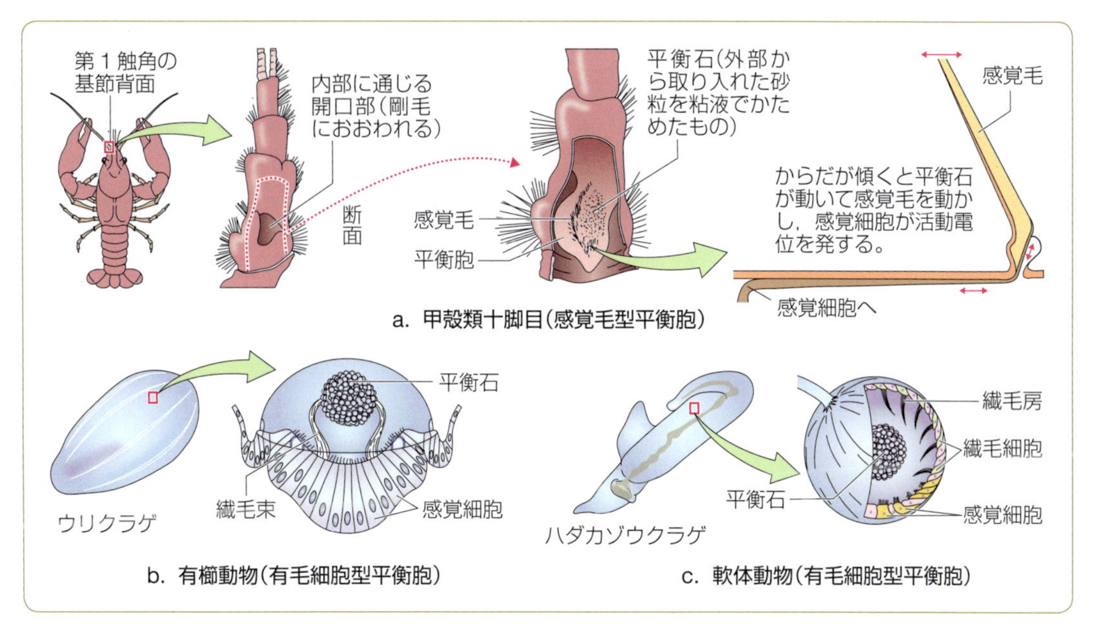

▶図 7-13　平衡胞

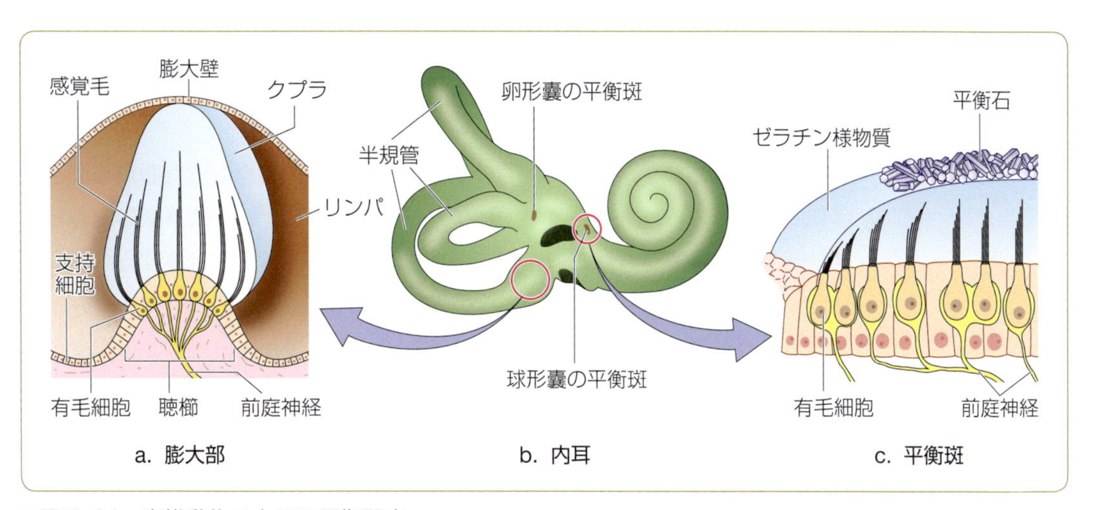

▶図 7-14　脊椎動物の内耳の平衡器官

活動電位が発生して中枢に伝えられ，反射的に筋肉をはたらかせて姿勢を制御する。

● 前庭器官

脊椎動物の平衡器官は，内耳の**前庭器官**である。哺乳類の内耳には前庭器官のほか，先に述べたうずまき細管や互いに直角に位置する3個の**半規管**（三半規管ともよぶ）などが配置され，その内外はリンパ液で満たされている（▶図 7-14-b）。

膨大部▶　3個の半規管（円口類では2個）は膜性の管で，各管には膨大部があり，その中には有毛の受容細胞が集まったクプラがある(▶図7-14-a)。からだに回転加速運動がおこると，クプラは動くが，内部のゼリー状のリンパは慣性によって以前のままにとどまろうとする。その結果，受容細胞である有毛細胞の繊毛はからだの回転と反対側になびく。これが刺激となって活動電位が神経を通して中枢に伝えられ，回転運動が感じられる。有毛細胞とリンパの相対運動は，回転運動の始まったときと停止したときにしかおこらないので，回転の感覚は速度の変化，すなわち加速度として回転の開始・停止時に生じる。

平衡斑▶ 前庭器官は，球形嚢と卵形嚢の2種の膜状の袋からできていて，それぞれ内部には，有毛の受容細胞の上に細かい平衡石が膠着(こうちゃく)した**平衡斑**がある(▶図7-14-c)。頭が傾くと平衡石が重力のためずれて，受容細胞である有毛細胞が刺激され，姿勢を制御する反射がおこる。持続的な受容細胞の活動は，体傾斜の角度を示す。

受容細胞から出た前庭神経は，細胞体を前庭神経節にもち，延髄の前庭神経節に軸索を投射する。

4 光受容

洞穴や深海などの特殊な環境に適応している動物を除いて，光は動物の生活に密接に関係している。そのため，光受容は原生動物から脊椎動物にいたるまで広くみられる。

原生動物のミドリムシは，鞭毛の基部にある赤い色素をもった**眼点**で光を受容し，明るいほうへと移動する(正の光走性(ひかりそうせい))。ミドリムシは葉緑体をもっていて光合成をするから，この性質はつごうがよい。ミミズでは体前方の体表に光受容細胞が分散している。

これらの光受容器では明暗が識別されるだけであるが，高等動物の光受容器は，明暗のほか，物の形や動物によっては色彩まで受容できる。このようなはたらきをもっているのが**カメラ眼**と**複眼**である。

● カメラ眼

頭足類▶ 軟体動物の頭足類(タコ・イカなど)と脊椎動物は，しぼりや焦点を合わせる装置を備えた写真機と同じ構造のカメラ眼をもっている(▶図7-15-a)。

ヒト▶ ヒトの眼球の体内の外側は強膜というじょうぶな膜でおおわれ，その内側には色素細胞層があり，眼球内部が暗くなっている(▶図7-15-b)。前面は透明な**角膜**となり，その後方に**水晶体**(レンズ)がある。水晶体のすぐ前には**虹彩**があり，**瞳孔**(ひとみ)を開閉して入射光を調節するしくみになっている。眼球内には透明なゼラチン状の**硝子体**(ガラス体)があり，その後方に**網膜**がある。

瞳孔から入射する光は，水晶体で屈折して網膜上に対象の倒立像を結ぶ。水晶体は眼球の入口にある環状の毛様体に細い繊維でつるされているので，毛様体筋の収縮で水晶体の厚みをかえることにより屈折率がかわり，対象物の遠近

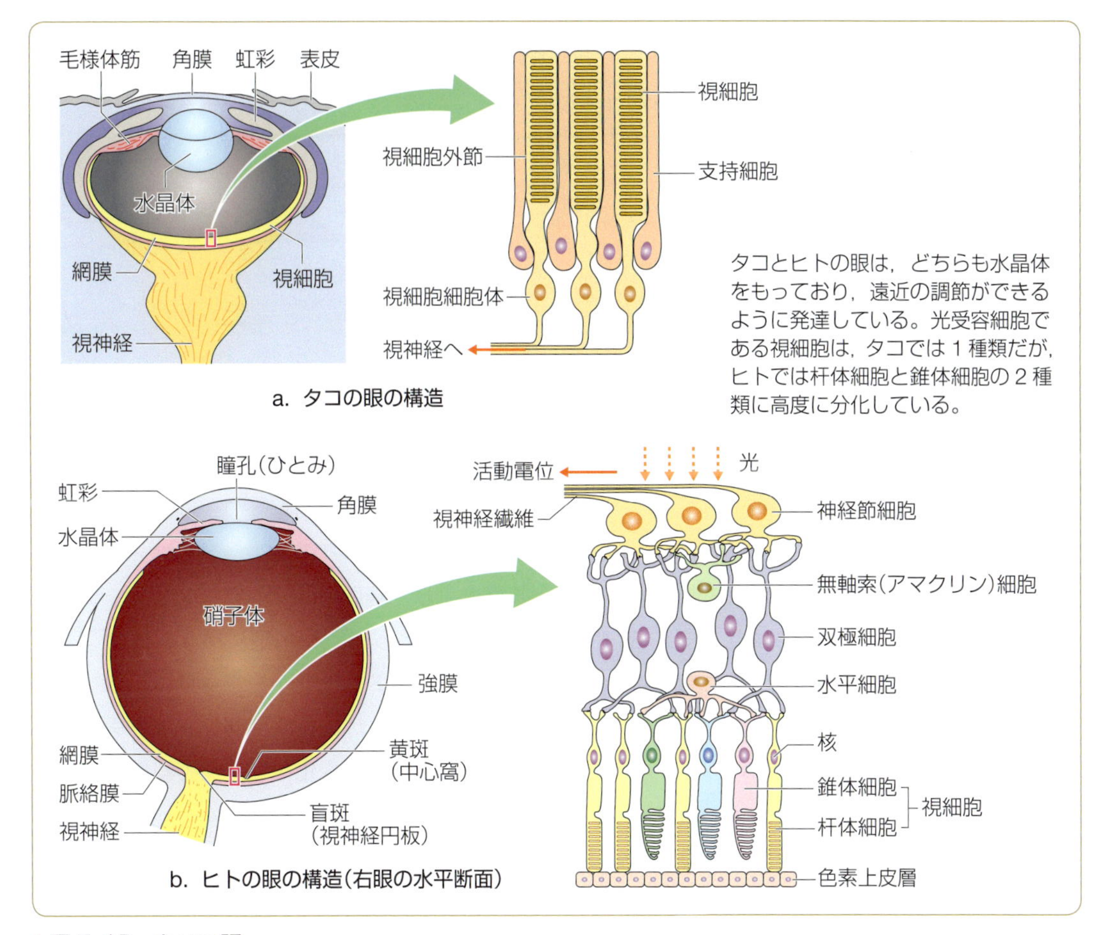

▶図7-15　カメラ眼

に合わせて，正確に網膜上に結像するようにする(遠近調節)。

◉ 光受容細胞

網膜には，**杆体細胞**(かんたい)(桿体細胞)および**錐体細胞**(すいたい)とよばれる2種の光受容細胞(**視細胞**)が配列している(▶図7-15-b)。前者は薄暗い中で光の明暗を受容し(薄明視)，後者は明るい光で色彩を受容する(明視)。夜行性の動物では錐体細胞が少ない。

両細胞はともに外節と内節に分かれ，内節が神経細胞と接続している。外節は細胞膜が折りたたまれて層状になったもので，内節は細胞の本体であり，核はここにある。受容細胞層の内側には神経細胞層があり，受容細胞に直列に連なり，また神経細胞は相互に直列・並列に連絡している。網膜の最も内側の神経細胞層にある神経節細胞の軸索が束となって，網膜の一点(**盲斑**または視神経円板とよばれる)を内側から外側に抜けて中枢に走っている。

杆体細胞の外節には**ロドプシン**という色素が含まれている。ロドプシンはレチナール(シス型)という色素と，オプシンというタンパク質の化合物である(▶図7-16)。ロドプシンは光を受けると，レチナールの分子構造がトランス型

シス型とトランス型

2つの炭素原子の二重結合に関して，その両側で結合する原子団が同じ側にある場合をシス型，反対側にある場合をトランス型とよぶ。異性体の一種である。

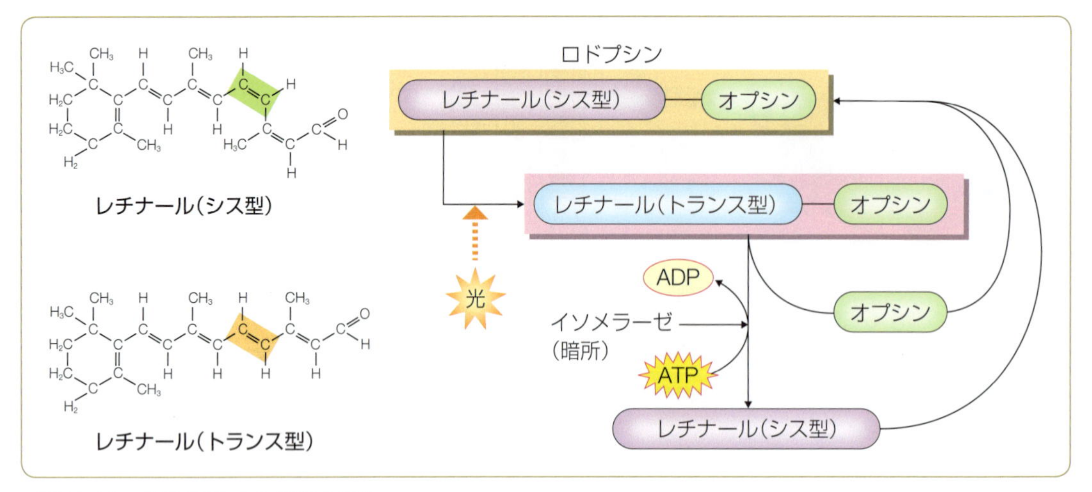

▶図 7-16　杆体細胞での色素の変化

に変化し，数ミリ秒でオプシンと解離する。暗所では，トランス型レチナールが，イソメラーゼとATPのエネルギーによって，シス型に戻り，オプシンと結合して，またもとのロドプシンに返る。ロドプシンが光を受けて，オプシンとレチナールに分離するまでの短時間に，セカンドメッセンジャー系(▶201ページ)がはたらいて，視細胞膜のイオン透過性が変化して，受容器電位が生じる。

杆体細胞の内節に受容器電位が発生すると，これに接続する神経細胞がつぎつぎに刺激され，硝子体側の最内層にある神経節細胞の軸索が活動電位を脳に伝える。この軸索束は視神経として，大脳(間脳)視床に投射する。

◉ 明暗順応

暗い所から急に明るい所に出ると，はじめはまぶしくてよく見えないが，しばらくたつとよく見えるようになる。これは，光受容細胞は光を強くするとしだいに感光性が鈍くなり，光を弱くするとしだいに鋭くなるためで，これを網膜の**明暗順応**という。ビタミンAの欠乏によって夜盲症にかかると暗順応がうまくいかなくなり，暗い所では眼が見えなくなる。

ビタミンA
レチノールともよばれる。レチナールとの間で可逆的に変化する。レチノールにもシス型，トランス型がある。

錐体細胞に含まれる色素を**イオドプシン**という。光刺激により杆体細胞と類似の反応がおこるが，イオドプシンには，光の波長によって吸収率がそれぞれ異なる物質が，哺乳類では3種(赤・青・緑)，鳥類では4種あり，これらの物質の光化学反応により色彩が受容される。

● 複眼

節足動物(甲殻類・昆虫類など)は単眼および複眼をもつ。単眼は明暗を見分け，複眼では対象の形態が見分けられる。昆虫の複眼はさらに色彩も識別することができる。

連立像眼での結像
各個眼が視野の特定部分に対応し，対象を細かく見ることができる。

複眼は五角形や六角形をした多数の個眼の集合体である(▶図 7-17)。1個の

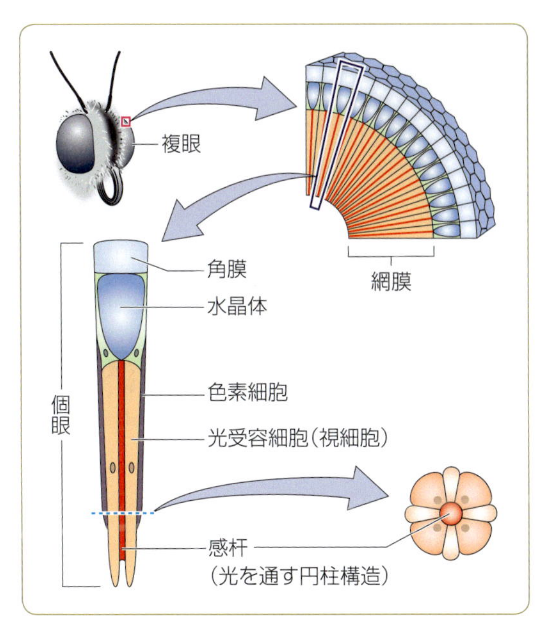

▶図 7-17　昆虫の個眼の構造

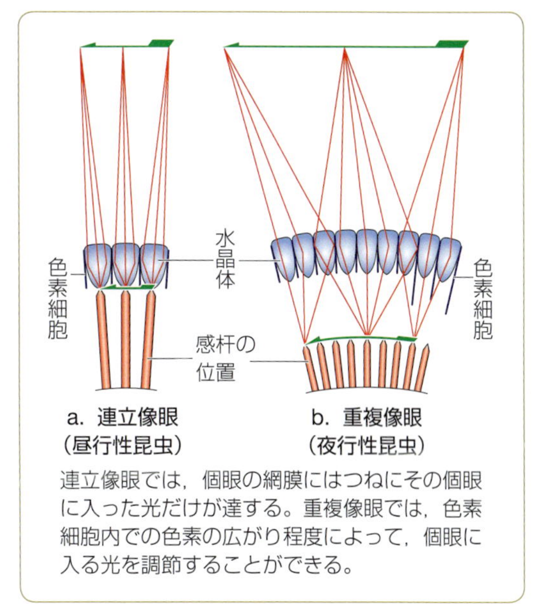

連立像眼では，個眼の網膜にはつねにその個眼に入った光だけが達する。重複像眼では，色素細胞内での色素の広がり程度によって，個眼に入る光を調節することができる。

▶図 7-18　複眼における結像

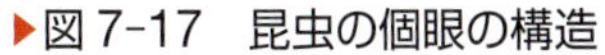

重複像眼での結像

明るいときには色素が水晶体に広がり，連立像眼と同様にはたらく。しかし暗いときには，色素が凝集して後退するため，各個眼の網膜には複数の個眼から光が斜め方向から達し，微弱な光も検出できる。

複眼は，イエバエでは 4,000 個，ホタルの雄では 2,500 個，トンボは 10,000～18,000 個の個眼をもつ。各個眼の外側には水晶体があり，その下に柱状の光受容細胞が数個，円筒状に配置され，各細胞は円筒の中心に向かって杆体突起を出している。複眼は，網膜での結像の仕方の違いによって，連立像眼と重複像眼とに区別される（▶図 7-18）。

この突起は，脊椎動物の杆体細胞や錐体細胞の外節に相当し，光化学反応をおこす色素が含まれている。複眼の個眼が光の照射を受けると，光化学反応がおこって光受容細胞に受容器電位が発生し，光受容細胞からのびる軸索に活動電位が発生して中枢に伝わる。

5 皮膚感覚

ヒトの皮膚には，冷覚・温覚・触覚・圧覚・痛覚という皮膚感覚の受容器が点状に配置されている。これらの感覚点はそれぞれ冷点・温点・触点・圧点・痛点とよばれる。皮膚に広く連続した感覚がおこるのは，感覚が点を中心として広がり，重なり合うためである。

皮膚にみられる神経の自由神経末端（▶215 ページ，図 7-7-f）が，痛覚を生じる痛点であり，毛根を取り巻く神経終末は触覚を生じる。また，クラウゼ終末小体（クラウゼ終棍）は冷覚，ルフィニ小体は温覚，パチニ小体（▶図 7-7-g）は圧覚，マイスナー小体（▶図 7-7-h）は触覚を生じる。

C 神経系の情報伝達

これまで学んだように，受容器に刺激が加えられると，受容器電位が発生して刺激の情報を電気信号に変換する。この電気信号を伝達するのが**神経系**である。神経系は**神経細胞**(ニューロン)のネットワークであり，すべての神経細胞はネットワークに組み込まれている。神経細胞は**グリア細胞**で包まれている。グリア細胞は，神経細胞の栄養や電解質の環境を維持する役割を担い，信号は神経細胞によって伝えられる。

① 神経細胞(ニューロン)

神経細胞の構造▶ 神経細胞の**細胞体**からは，樹枝状に分枝した**樹状突起**がたくさん出ており，また長い**軸索**(**神経繊維**)がのびている(▶図 7-19-a)。これらの細胞構造全体が，神経系での信号伝達および情報処理における機能単位となる。

髄鞘▶ 軸索は長い原形質の突起でできている。神経細胞のなかには，軸索の周囲に**シュワン細胞**とよばれる扁平な細胞が一定の間隔をおいて巻きつき，**髄鞘**を形成しているものがある(▶図 7-19-b)。髄鞘はシュワン細胞の細胞膜が層状に重なってできており，**ミエリン鞘**ともよばれる。その主たる化学成分はリン脂質で，電気抵抗が大きく，電気容量が小さい。髄鞘はある間隔で欠落し，**ランビエ絞輪**という軸索の露出した部分がみられる。絞輪間の間隔は神経により異なるが，ふつう 200 μm〜2 mm である。

神経の種類によっては，軸索の周囲がシュワン細胞によっておおわれず，髄鞘を形成していないものもある。髄鞘をもった軸索を**有髄神経繊維**，髄鞘のないものを**無髄神経繊維**という。ふつう解剖的に神経といわれるのは，軸索が束

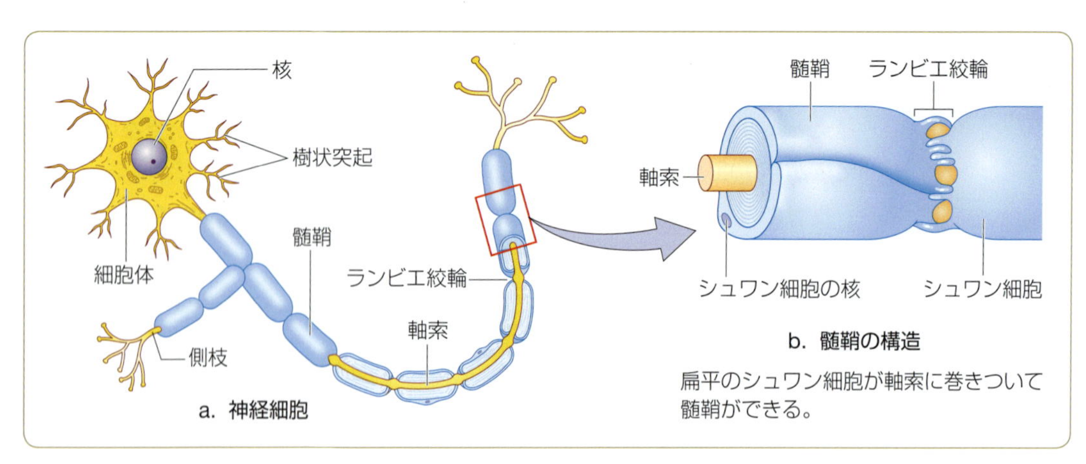

▶図 7-19　神経細胞の構造

となり結合組織で包まれたものである。脊椎動物の末梢神経(感覚神経や運動神経)は大部分が有髄神経であるが，自律神経の一部や嗅神経などは無髄神経の束である。無脊椎動物の神経は，すべて無髄神経に属する。

② 活動電位の伝導

活動電位(興奮)が神経軸索を伝わることを**伝導**とよぶ。軸索で生じた活動電位は，途中で消滅することなく軸索末端まで伝導する。

伝導のしくみ▶ 活動電位が生じている興奮部位では，Na^+が軸索内に流入する(▶図7-20)。このNa^+は軸索内を，活動電位の進行方向とその逆の両方向へ広がる。進行方向へ広がったNa^+の流れは**局所電流**とよばれる。この局所電流が膜を閾値以上に脱分極するため，そこであらたな活動電位が生じる。この過程がつぎつぎと繰り返されて，活動電位は消滅することなく進行する。

跳躍伝導▶ 有髄神経繊維では，軸索起始部(軸索小丘，▶図7-21)に発生した活動電位は，次にランビエ絞輪部に活動電位を引きおこす。活動電位は，つぎつぎと隣接するランビエ絞輪を刺激して活動電位を誘起する。この過程がつぎつぎと繰り返されることで，活動電位が伝導される。有髄神経繊維のこの伝導を**跳躍伝導**という。

有髄と無髄，どちらの神経繊維でも，軸索の直径の太いものほど伝導速度は速い。有髄神経繊維では，伝導速度は平均40 m/秒，速いものでは120 m/秒に達するが，無髄神経繊維では2〜3 m/秒くらいのものが多い。

不応期▶ 興奮部位で流入したNa^+は後方へも広がるが，そこではNa^+チャネルがま

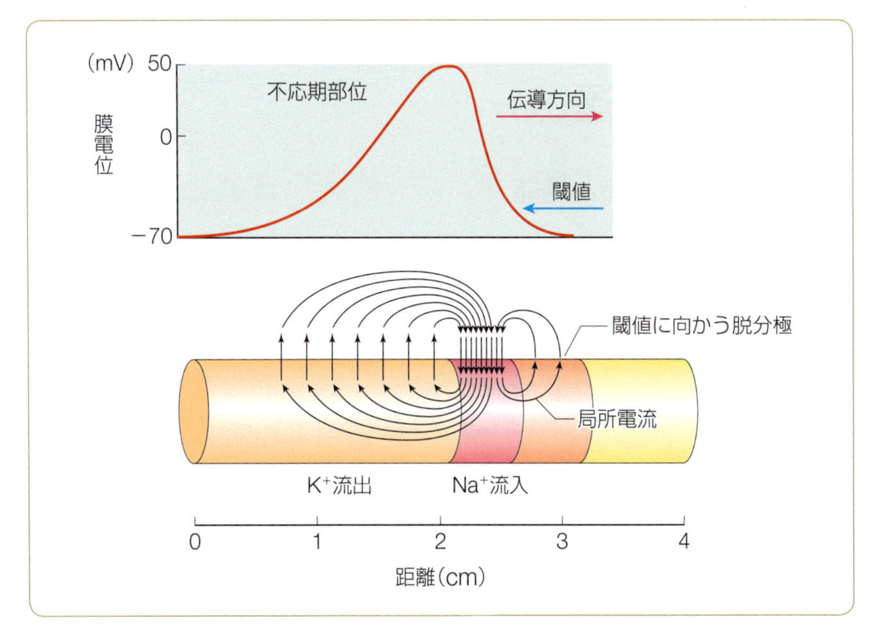

▶図7-20 活動電位の伝導

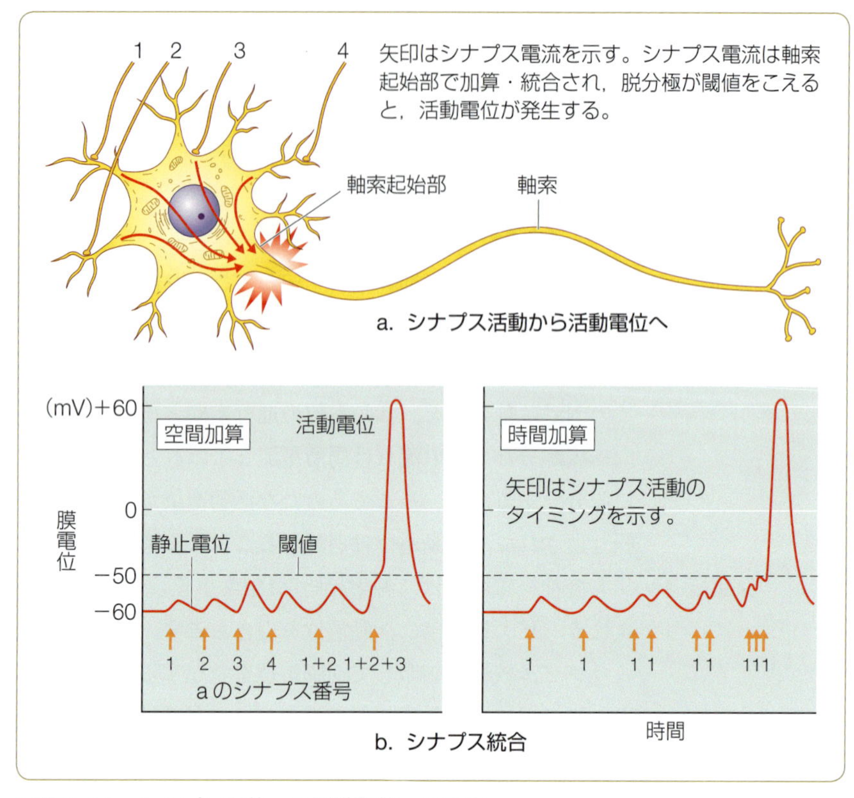

▶図 7-21　シナプス電位から活動電位への変換

だ不活性化されており，また，電位調節型 K^+ チャネルも開いているため，活動電位を発生することができない。膜のこのような状態を**不応期**という。不応期の存在により，軸索上を活動電位が逆戻りすることはない。

③ 興奮の伝達

1 シナプスの構造と機能

神経系では，多数の神経細胞が連絡して情報を伝達する。軸索は末端近くで分枝し，それぞれの分枝末端が次の神経細胞の樹状突起や細胞体などに接合している。この接合部は**シナプス**とよばれる(▶図 7-22-a，b)。シナプスは神経細胞から神経細胞への興奮の伝達部である。上流の神経細胞を**シナプス前細胞**，下流の細胞を**シナプス後細胞**とよぶ。シナプス前細胞の軸索末端膜と，それに続くシナプス後細胞の細胞体，あるいは樹状突起の細胞膜の間には 20〜30 nm のすきま(**シナプス間隙**(かんげき))がある。

神経筋接合部▶ 運動神経の軸索末端と筋肉細胞との接合部を**神経筋接合部**とよび，脊椎動物の骨格筋における神経筋接合部はとくに**終板**とよばれる(▶図 7-23-a)。

カエルの終板は，中枢シナプスのモデルとして詳しく研究されてきた。活動

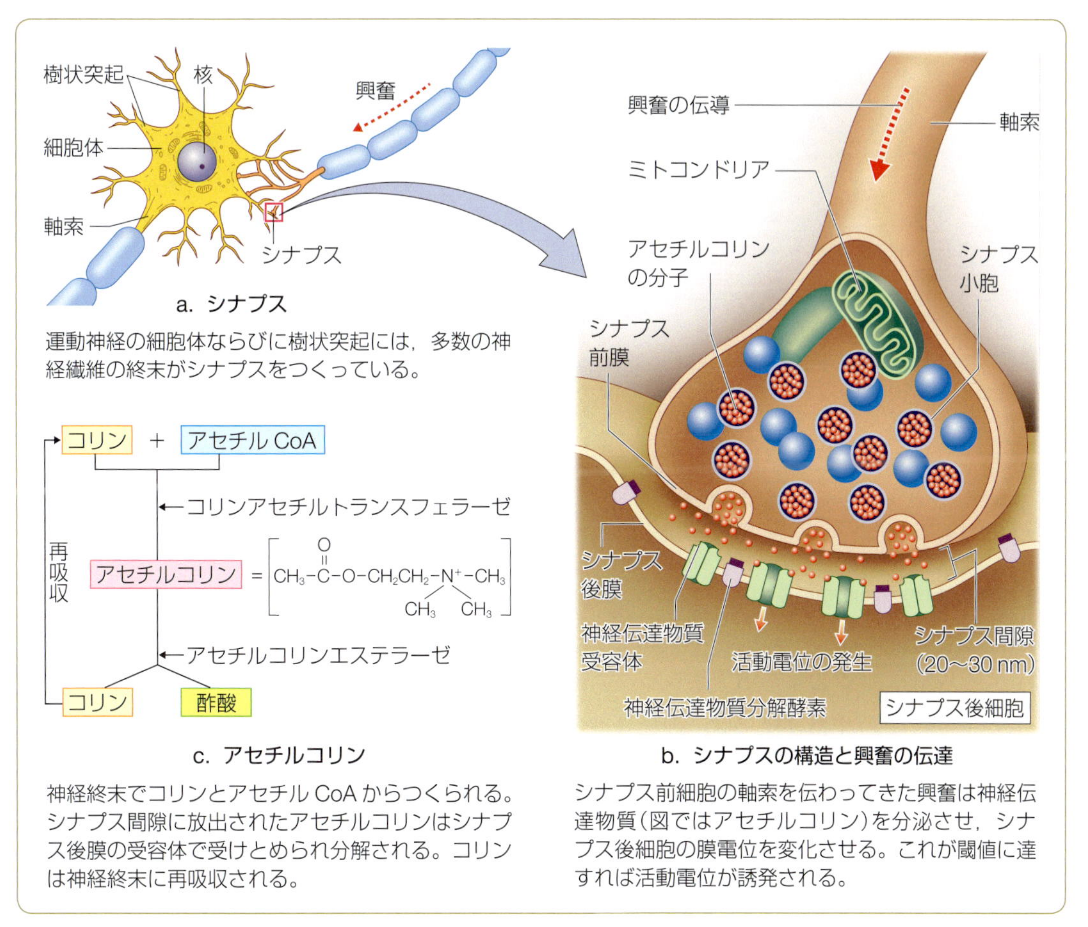

▶図 7-22　シナプスの構造と機能

電位が軸索末端まで伝わると，シナプス小胞内に含まれているアセチルコリン(▶図 7-22-c)が軸索末端と筋細胞との間隙に放出される。通常のシナプスは，このように化学物質を介して興奮の伝達を行うため，**化学シナプス**とよばれる。

電気シナプス
シナプス前細胞と後細胞がギャップ結合(▶21 ページ)で接していて，活動電位が直接シナプス後細胞に伝えられるシナプスをさす。すばやい運動をおこす神経回路の中にあることが多い。

アセチルコリンが筋細胞に達すると，筋細胞膜の受容体と結合し，細胞膜のイオン透過性が変化して陽イオンが流入し，その結果，シナプス電流が発生する。このシナプス電流が原因となって，筋細胞に振幅の小さな脱分極性のシナプス電位が発生する。この電位は通常，閾値をこえる大きさであり，筋細胞膜には活動電位が発生する(▶図 7-23-c-①)。そのため，**興奮性シナプス電位**ともよばれる。

薬物で筋細胞を処理すると，シナプス電位を見ることができる(▶図 7-23-c-②)。シナプス電位は，活動電位と比べて振幅が小さく，時間経過もゆっくりとしている。

シナプス電位から活動電位へ▶

中枢神経系(▶230 ページ)のシナプスでも，神経筋接合部と同様の興奮の伝達が行われている。ただし，中枢神経系では，1 つのシナプス後細胞に多くのシナプス前細胞が接続している。それぞれのシナプスが活動すると，生じたイオ

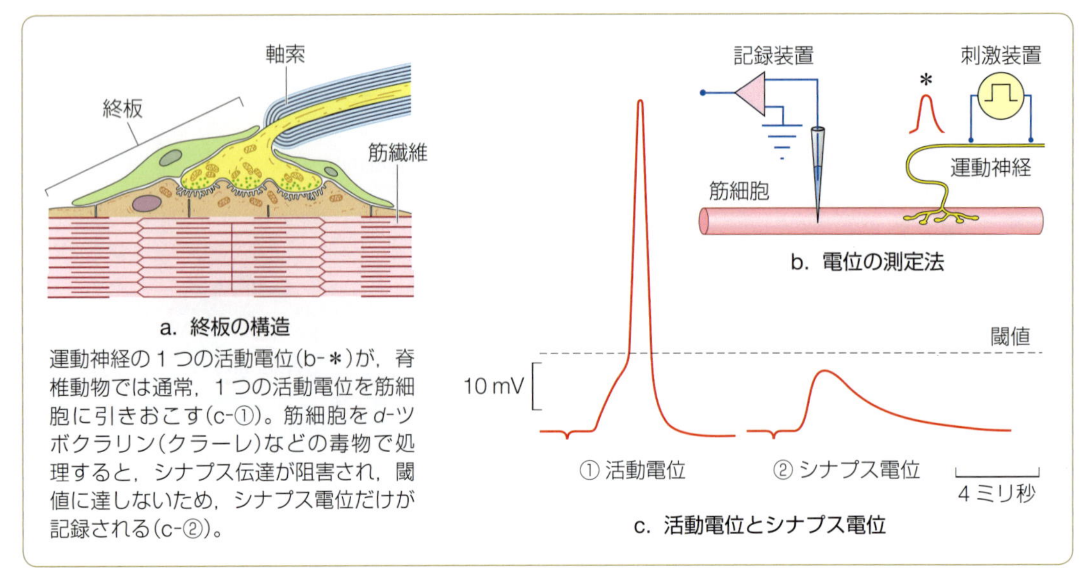

運動神経の 1 つの活動電位(b-＊)が，脊椎動物では通常，1 つの活動電位を筋細胞に引きおこす(c-①)。筋細胞を *d*-ツボクラリン(クラーレ)などの毒物で処理すると，シナプス伝達が阻害され，閾値に達しないため，シナプス電位だけが記録される(c-②)。

▶図 7-23　終板での興奮の伝達

ンによる電流がシナプス部から軸索起始部に広がる(▶226 ページ，図 7-21-a)。中枢神経では，神経筋接合部と異なり，1 つのシナプスの活動で，シナプス後細胞が活動電位を生じることはない。多くのシナプスが同時に活動してシナプス電流が軸索起始部で加算されるとき(空間加算，▶図 7-21-b 左)，あるいは 1 つのシナプスが続けて活動して，そのシナプス電流が時間的に加算されるとき(時間加算，▶図 7-21-b 右)などに，活動電位が発生する。

2 神経伝達物質

前述のアセチルコリンのように，軸索末端からシナプス間隙に放出される物質を**神経伝達物質**という。神経伝達物質としては，アセチルコリンのほかにも多数の物質が知られている。カテコールアミンのノルアドレナリンやドーパミン，インドールアミンのセロトニン(5-HT)などのモノアミンは，ヒトを含む多くの動物で神経伝達物質となっている(▶図 7-24)。

また，グルタミン酸や γ-アミノ酪酸(GABA)などの，アミノ酸の神経伝達物質もある。前者は昆虫などの節足動物の骨格筋を興奮させる神経伝達物質であり，後者は筋肉の活動を抑制する神経伝達物質である。

さらに GABA は，グリシンとともに脊椎動物の中枢神経系で抑制性のシナプス活動を引きおこす。典型的には，シナプス後細胞に過分極性のシナプス電位(抑制性シナプス電位)を引きおこし，興奮性シナプス電位を相殺する。

なお，神経細胞から放出されるアミノ酸が複数結合した各種のペプチドが，細胞の興奮活動の調節に重要な機能を発揮しており，これらは**神経ペプチド**とよばれる。

神経伝達物質のシナプス後細胞への効果は一律ではなく，たとえばアセチル

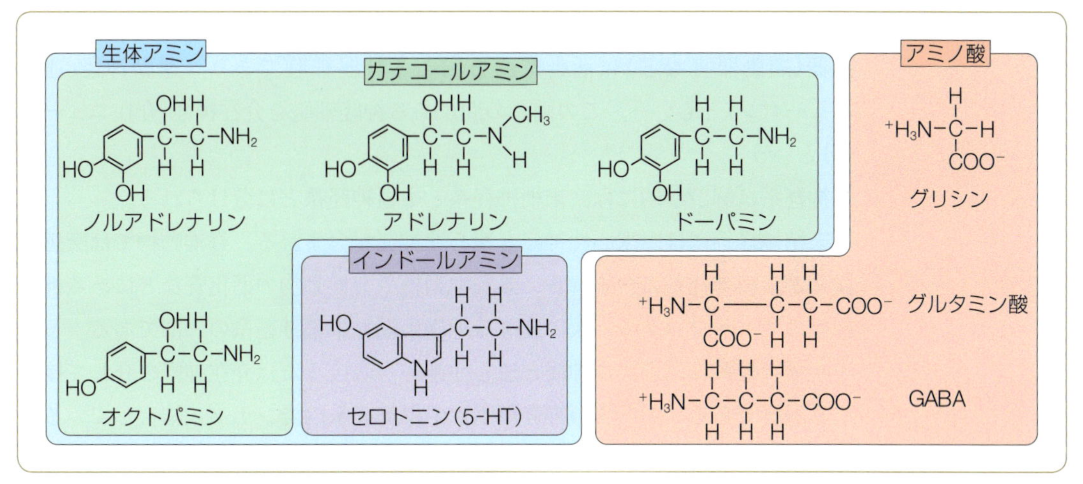

▶図 7-24 さまざまな神経伝達物質の例

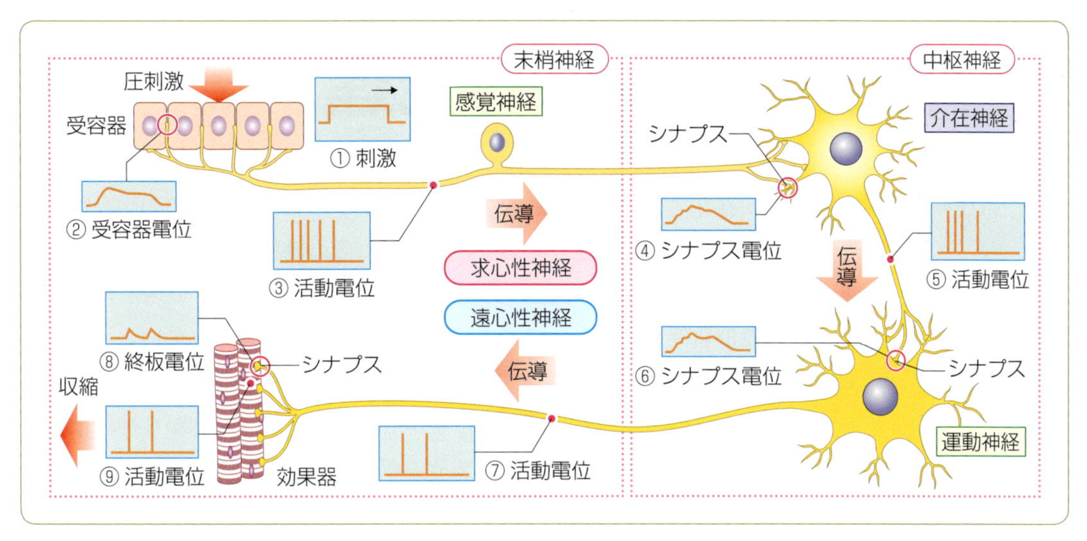

▶図 7-25 神経系の情報伝達

コリンは，骨格筋に対しては興奮作用を引きおこすが，心臓の筋肉(心筋)では抑制作用を引きおこす。また長い間，1つの神経細胞は1種の伝達物質を放出すると考えられていたが，神経細胞によっては複数の神経伝達物質を放出するものがあることが明らかになっている。

④ 神経系の構成

神経系を構成する神経細胞は，求心性神経・介在神経・遠心性神経の3種類に大きく分けられる(▶図 7-25)。**求心性神経**(求心性ニューロン)は，受容器(感覚器)から神経系の中枢に活動電位を伝える神経細胞であり，**感覚神経**(感覚ニューロン)ともいう。また**遠心性神経**(遠心性ニューロン)は，中枢から**効果器**(運動器官など)に活動電位を伝える神経細胞であり，**運動神経**(運動ニューロン)ともいう。この両者の間にある神経細胞を**介在神経**(介在ニューロン)という。

神経系は解剖学的には，末梢神経系と中枢神経系とに分けられる。

末梢神経系には，求心性神経と遠心性神経が含まれる。脊椎動物では交感神経系が末梢神経系に含まれる。無脊椎動物や脊椎動物の消化管などにある神経細胞のネットワークや，次に述べる神経集網も末梢神経系の一部である。

中枢神経系は，求心性神経と遠心性神経が直接または介在神経を介して接続する場所である。これらの神経細胞は中枢神経系内でシナプス結合しているので，中枢神経系は情報を統合して指令を出す全神経系の中心的存在であるといえる。

D 神経系の系統的発達

散在神経系▶ 神経系が存在する最も原始的な生物は，クラゲ・ヒドラなどの刺胞動物であり，体壁に神経細胞が散在しているので，これらの動物の神経系を**散在神経系**という(▶図 7-26-a)。神経細胞の突起には樹状突起や軸索などの区別はなく，何本かの原形質突起が出ていて，これらが互いに網状に連絡している。この突起は 15 nm くらいの間隔をもって互いに接触し，シナプスを形成している。体表に刺激が加えられると，刺激部位を中心として，神経細胞から神経細胞へと活動電位が伝わり，筋に伝達されてその収縮がおこる。

集中神経系▶ 神経系をもたない海綿動物や，散在神経系をもつ刺胞動物以外の多細胞動物では，神経細胞は特定の部位に集中して中枢神経系を形成し，これが末梢神経系によってからだの各部と連絡する。このような体制の神経系を**集中神経系**とよぶ。

① 神経節神経系

遠心性神経・求心性神経・介在神経などの細胞体が集まって，中枢の一部として情報を統合し，からだの運動などの司令を出す機能をもつ神経系の膨大部を，**神経節**という(▶図 7-26-b，c)。また，中枢神経系がこの神経節の連合により構成されている神経系は，集中神経系のなかでも**神経節神経系**とよばれ，おもに無脊椎動物でみられる。脊椎動物でも，脊椎の両側に，脊髄神経と結合してはしご状に縦に連なる交感神経節鎖は，神経節神経系の形状をなしている。

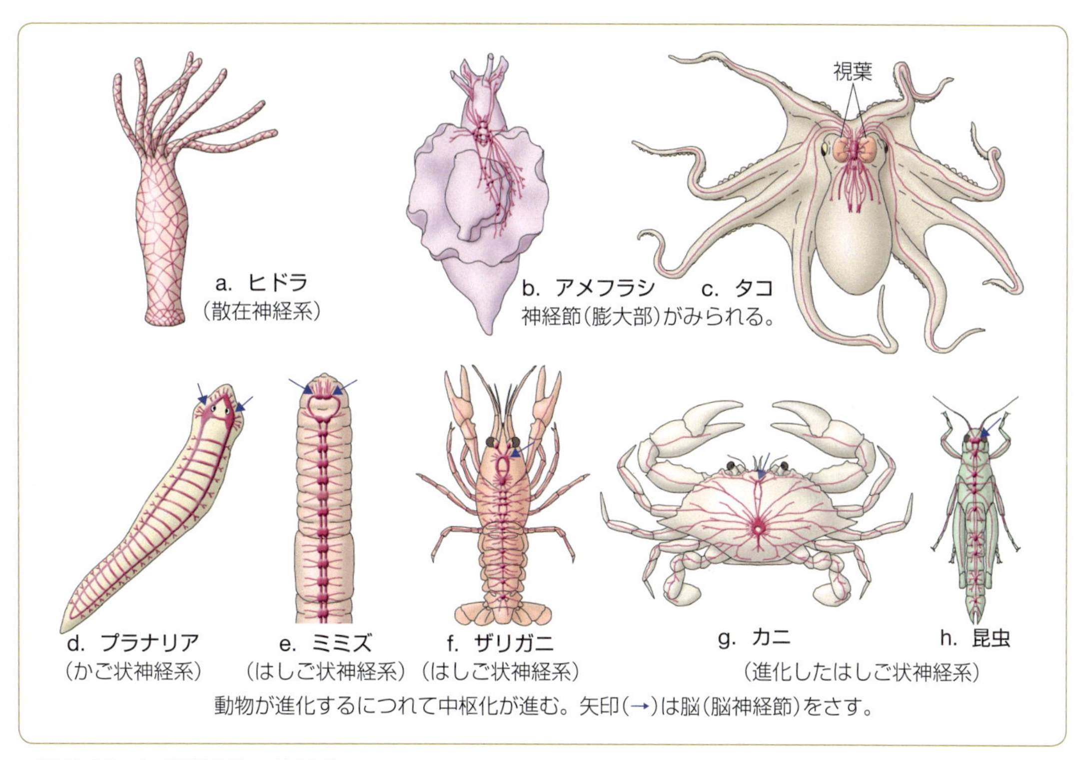

▶図 7-26 無脊椎動物の神経系

1 はしご状神経系

ミミズやヒルなどの環形動物や，カニや昆虫などの節足動物では，各体節の腹側に左右 1 対の神経節がある（▶図 7-26-e～h）。左右は神経で連絡され，前後の体節神経節も 2 条の神経で連絡されていて，全体としてはしご状の**腹髄**を形成している。このような神経系を，**はしご状神経系**という。前後の神経節を連絡する神経軸索束を縦連合，左右の連絡を横連合とよぶ。

はしご状神経系が進化するとともに，左右の腹髄は癒着し，横連合は 1 つの神経節の中に含まれるようになった。プラナリアなどの扁形動物では，はしご状神経系の原始的な形態がみられ，**かご状神経系**とよばれる（▶図 7-26-d）。

脳（脳神経節）▶ 環形動物や節足動物など，はしご状神経系をもつ動物の最前端部神経節は，大きく発達して食道の背側にあり，高次中枢として**脳**または**脳神経節**とよばれる。節足動物では，頭部に複眼や触角などの受容器が発達しているので，それにつながる脳神経節はよく発達している。これに続く胸部神経節は，脚・体壁の筋肉運動や心臓動調節の中枢になっている。腹部には，体節ごとに腹部神経節が連なるが，その数は種によって 1～6 までと異なる。

2 軟体動物の神経系

軟体動物も左右相称の神経節神経系をもつが，体節がないのではしご状にはならない。最も原始的なヒザラガイでは，はしご状神経系のなごりがみられる。腹足類(カタツムリ・アメフラシなど)では脳神経節・口球神経節・足神経節・側神経節・内臓神経節などが存在し，これらを結ぶ神経とで中枢を構成している(▶図 7-26-b)。二枚貝類(カキ・ハマグリなど)の神経節は，脳神経節・内臓神経節・足神経節がそれぞれ左右 1 対存在し，それぞれを結ぶ 1 対の神経が中枢を構成している。

頭足類(タコ・イカなど)の神経系は，無脊椎動物のなかで最も発達していて，中枢は脳に集約される。受容器のなかでもとくに眼はよく発達していて，これに対応する脳の視葉は巨大である(▶図 7-26-c)。

② 管状神経系

無脊椎動物のはしご状中枢神経系は，脳以外は腹側を走っているが，脊椎動物の中枢神経系である脳と脊髄はすべて背側にあり，中空の管からなるので**管状神経系**という。管状構造は，発生段階においては明瞭であるが，成体においても，脳における脳室および脊髄における中心管として，管状構造の特徴をとどめている。

1 脊椎動物の中枢神経系

脳の構造▶ 胚の発生の途中で背側に中空の神経管(▶149 ページ)ができ，その先端が**脳胞**になる。発生が進むと脳胞が**前脳**・**中脳**・**後脳**に分化し，前脳は**終脳**と**間脳**に，後脳は**小脳**と**延髄**に分化する(▶図 7-27)。これらは合わせて**脳**とよばれ，延髄に続く部分は**脊髄**とよばれる。脳の内腔の**脳室**(第一～四脳室および中脳水道)は，脊髄の内腔の中心管に続いている。

哺乳類では終脳の一部が大きく発達して左右の半球に分かれた**大脳**となり，脳のほかの部分をおおっている。大脳と小脳を除く部分は，脳全体の幹の部分を形成しているので，**脳幹**ともよばれる。

脳の機能▶ 中枢神経系には，環境に適応して生命活動を維持するために，情報をたえまなく収集し，これらから適切な対応処置を決定し，これを実現するためにからだの各器官・組織・細胞にたえまなく司令を発する機能がある。この情報を処理し，司令を構成するまでのはたらきを中枢の統合機能という。これには，自律神経の活動および，欲求，情動，睡眠覚醒のリズム(概日リズム)，意識，言語，記憶，学習，思考などの活動が含まれる。

脳幹の底面からは**脳神経**が，また脊髄からは**脊髄神経**がのびている。ヒトでは脳神経は 12 対，脊髄神経は 31 対(頸・胸・腰・仙骨・尾骨神経の各 8・12・5・5・1 対)ある(▶図 7-27-a, 28-a)。脳神経は，脳から直接，頭部の感覚器および筋肉などの末梢を支配する感覚神経および運動神経を含む。頭部以外では，末梢神経は脊髄からのび，からだの運動や感覚に関与する体性神経と，

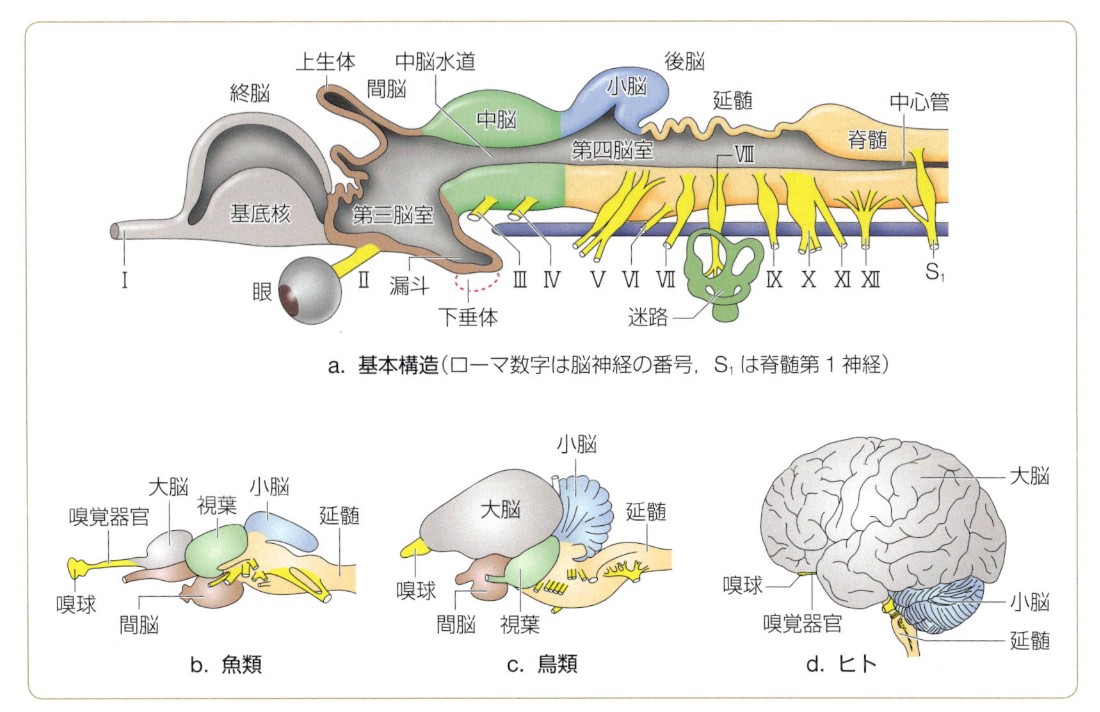

▶図 7-27　脊椎動物の脳の基本構造

内臓の機能統御に関与する自律神経を含む。

2 脊髄 spinal cord

脊髄の構造▶ 脊髄は白く細長い円柱状の神経索で，脊椎動物の背側を走る脊柱管の内部にある(▶図 7-28-a)。脊髄の中心には脳室に連なる中心管があって，脳脊髄液で満たされている。脊髄の中心部にはH型の**灰白質**(かいはくしつ)(前方を**前角**，後方を**後角**という)があって，神経細胞の細胞体が集中している(▶図 7-28-b)。灰白質の周辺は**白質**で，脳と脊髄の上下を連ねる神経細胞の軸索の走路である。

脊髄の各節からは左右 1 対の脊髄神経がのびている。各節の各片側で脊髄を出る神経は，いずれも**腹根**(前根)と**背根**(後根)の 1 対であるが，脊柱を出たあとは，合流して 1 本の脊髄神経になる。その末端は分枝して皮膚・筋肉などに入る。

脊髄に出入りする神経▶ 腹根に含まれている軸索は，脊髄の前角にある遠心性神経の軸索で，支配する筋肉に収縮をおこさせる。背根に含まれている軸索は，皮膚や筋肉の受容器からつながる求心性神経の軸索で，その細胞体は脊髄の両側の背根にある脊髄神経節にある。

背根から脊髄の後角に入った軸索は，介在神経や，前角からのびる運動神経の細胞体や樹状突起とシナプス連絡をして，脊髄反射の神経回路を形成していたり，またその分枝には，脊髄白質に入って上昇し，活動電位を大脳皮質に伝えて感覚を生じるものもある。

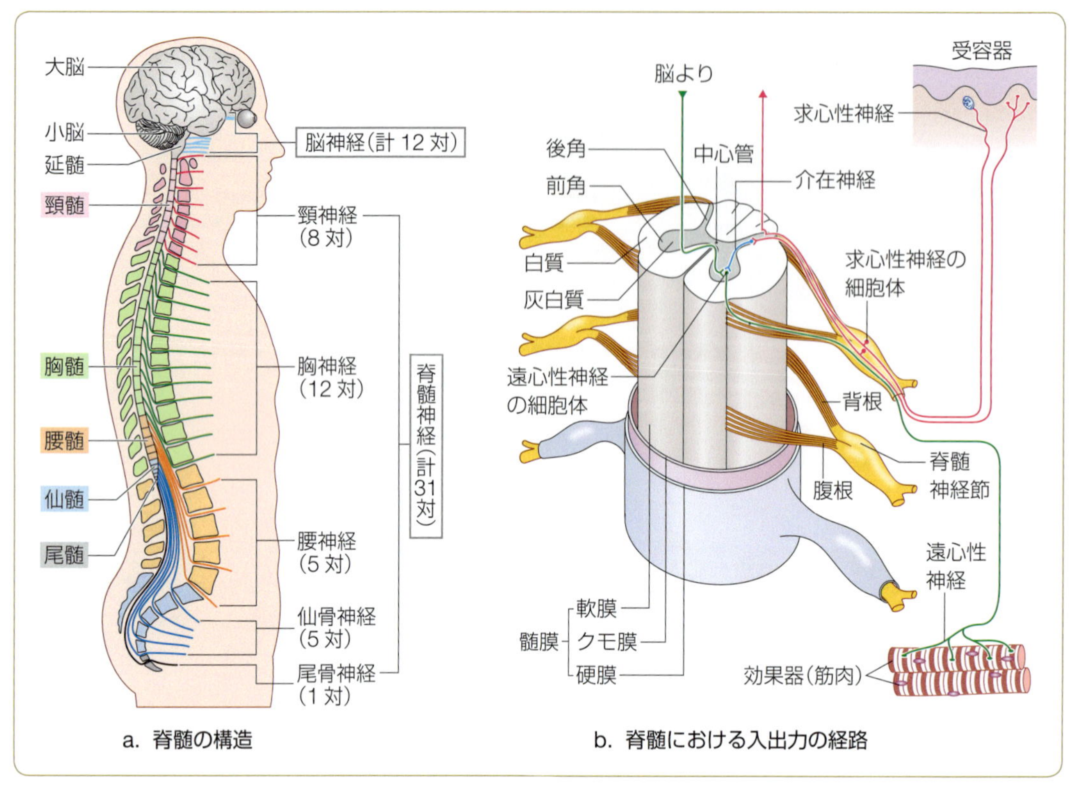

▶図 7-28 神経系の構成

また脊髄は，次に述べる脊髄反射の中枢であるとともに，排便・排尿・生殖などの自律神経反射の中枢ともなっている。

● 脊髄反射

生まれながらに，受容細胞・神経細胞・筋細胞または分泌腺などからなる興奮性細胞の回路ができていて，刺激に対して特定の反応がおこることを**反射**という。このうち脊髄が中枢になるものを**脊髄反射**という。

膝蓋腱反射▶ ヒトの膝の下をたたくと，意志にかかわりなく足が上がる反応がおこる。これを膝蓋腱(しつがいけん)反射という(▶図 7-29-a)。ヒトの大腿四頭筋の腱は，膝蓋骨をこえ，脛骨に付着している。膝の下をたたくと腱が押され，大腿四頭筋内に埋まっている筋紡錘という自己受容器がのばされて刺激される。これにより興奮がおこり，受容器そのものである求心性神経繊維によって，活動電位が脊髄に送り込まれる。脊髄内では，求心性神経は遠心性神経とシナプスをつくっており，活動電位を遠心性神経に伝える。そして，遠心性神経繊維の活動電位が大腿四頭筋に伝わり，収縮を引きおこして足が上がる。

膝蓋腱反射の役割

直立時に膝関節が外力により曲げられたとき(すなわち大腿四頭筋が伸張させられたとき)に同筋を収縮させて直立姿勢を回復する。

単シナプス反射と多シナプス反射▶ 膝蓋腱反射は，求心性神経と遠心性神経の 2 個の神経細胞と，その間の 1 つのシナプスが関与するだけであり，これを**単シナプス反射**とよぶ。それに対して，唾液分泌の反射の場合は，求心性と遠心性の神経の間に多数の介在神経が

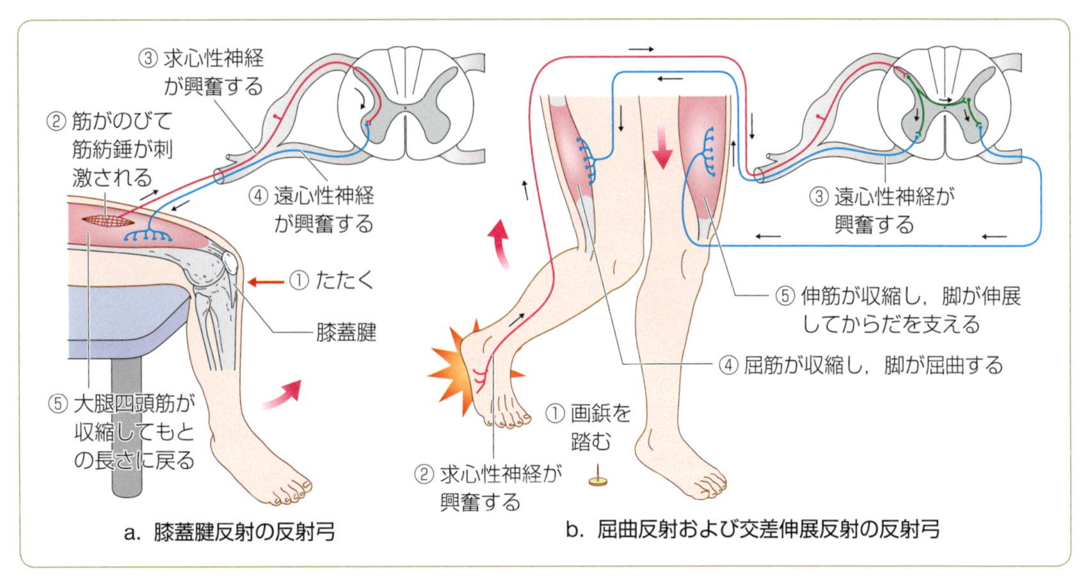

▶図 7-29　脊髄反射の反射弓

関与しており，**多シナプス反射**という。いずれの場合も，反射の全神経回路を**反射弓**(はんしゃきゅう)とよぶ。画鋲(がびょう)を踏んだときの屈曲反射や交差伸展反射は，多シナプス反射である(▶図 7-29-b)。

体内には多数の反射弓があり，それぞれ独立にもはたらくが，これらの反射弓が協調したり連続してはたらくようにする高次の神経機構があり，これによって生体の運動も内臓の活動も統御されている。神経系，とりわけ中枢神経のこのしくみは，進化によって複雑化してきた。

3 ヒトの脳

進化の過程で，ヒトの脳は非常に大きくなった。大きく見えるのは大脳であり，その下方後部に**小脳**がある(▶図 7-30)。大脳の下には**間脳**があり，その下に**脳幹**が続き，脊髄へとつながっている。

大脳の構造▶ **大脳**はとくにヒトで発達しており，左右の大脳半球に分かれている。大脳の表面の灰白質部を**大脳皮質**とよび，神経細胞の細胞体の集合部である。その内部の白質は**大脳髄質**とよばれ，皮質の神経細胞の細胞体から出る軸索や，皮質に向かう軸索，皮質の軸索の細胞体相互を連絡する軸索の走路である。

大脳皮質表面には深くきざみ込まれた多数の大脳溝があり，溝と溝との間は丘状に盛り上がって大脳回となり，脳の表面積を広くしている。主要な大脳溝や裂により，大脳表面は前頭葉・頭頂葉・側頭葉・後頭葉の4区に分けられる。

大脳の機能局在▶ 大脳半球の中心部にある中心溝の前縁(中心前回)は**体性運動野**とよばれ，足・腰・手・顔面など，からだの各部分に随意運動をおこす中枢になっている(▶図 7-31)。中心溝の後縁(中心後回)は**体性感覚野**とよばれ，身体各部の皮膚の受容器や，自己受容器から発した求心性の活動電位が伝わって，皮膚感覚の

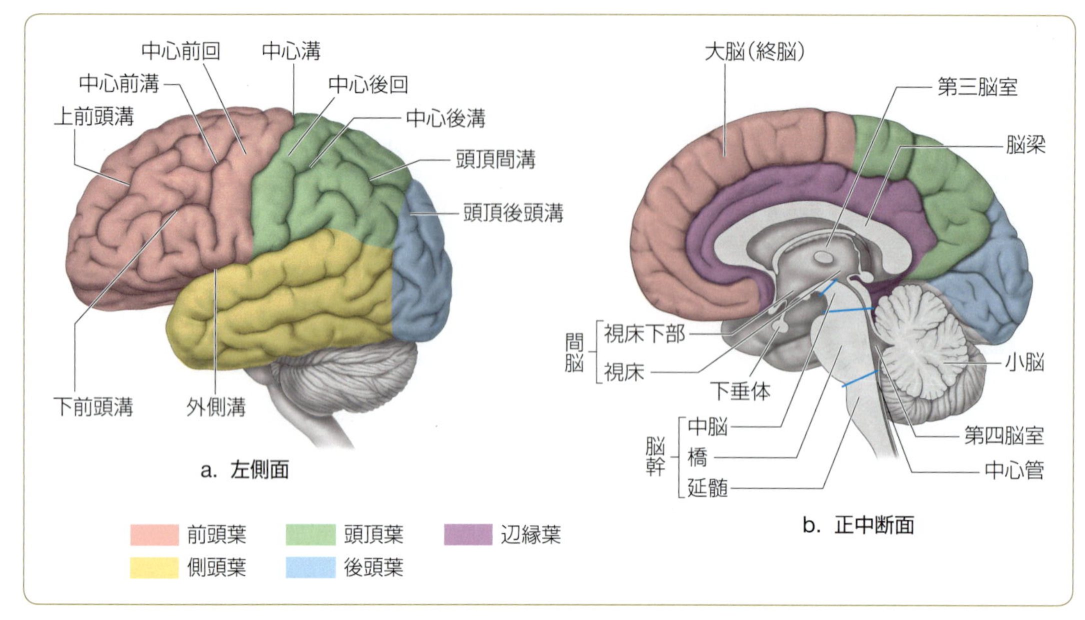

▶図 7-30　ヒトの脳の構造

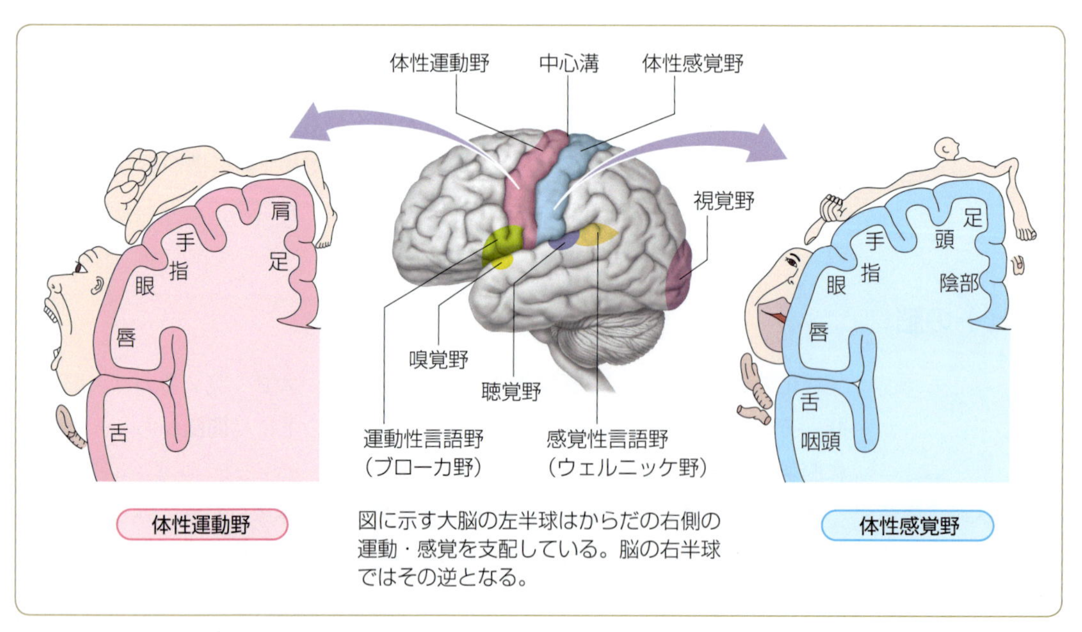

▶図 7-31　大脳皮質の運動野と感覚野

識別を行うところである。

音受容器からの活動電位は側頭葉の聴覚野に伝えられ，光受容器からの活動電位は後頭葉の視覚野に伝えられる。前頭葉には複雑な眼の運動をおこす中枢があり，また運動野の下部には言語を話す中枢がある。運動野・感覚野以外の大脳皮質は**連合野**とよばれ，高次の精神のはたらきに関与する部分である。

大脳皮質▶　大脳皮質は，個体発生および系統発生上，旧皮質・古皮質・新皮質に分けら

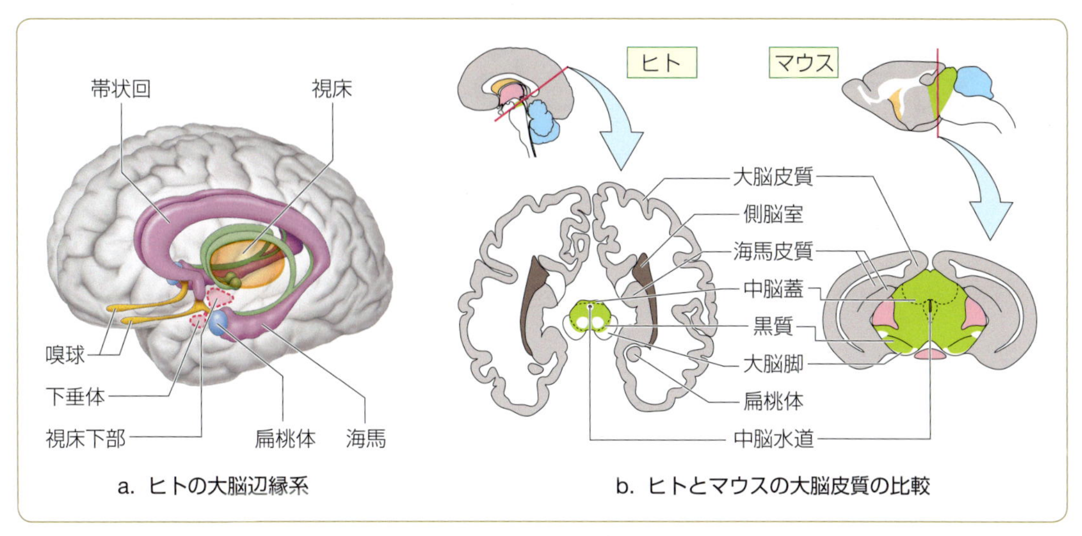

▶図 7-32 大脳辺縁系と大脳皮質

れる。魚類では嗅覚のみに関係する旧皮質だけをもつが，両生類では古皮質が加わり，爬虫類以上では新皮質があらわれる。高等哺乳類では新皮質が発達し，大脳表面をおおい，旧皮質と古皮質は大脳底面内部にある。

新皮質以外，すなわち旧皮質・古皮質および新皮質への移行部を含めた皮質で，間脳の視床下部と接する部分を**大脳辺縁系**という(▶図 7-32)。新皮質が学習・意志・感情などの明確な意識の場であるのに対し，辺縁系は快・不快や恐怖・闘志・逃避など，自律神経の強い反応を伴う感情(情動)の発生する部分で，潜在意識の発現の場であり，本能行動の中枢である。

たとえば，怒りや恐怖の情動は，辺縁系の扁桃体(扁桃核)とよばれるところがその中心である。サルやヒトは本能的にヘビを恐れるが，扁桃体が損傷すると，平気でこれを手でつかむようになる。また，性行動の中枢は辺縁系の梨(り)状葉(じょうよう)とよばれるところにあり，この部分が活性化されると性行動が引きおこされる。

間脳・脳幹▶ 間脳の一部域で第三脳室の床と壁にあたる**視床下部**は，内臓の機能を統御する自律神経の最高の中枢部であり，体温調節の中枢や，空腹を感じて食物を求めたり，満腹となると摂食をやめたりする行動の中枢(摂食中枢・満腹中枢)などがある。脳幹の延髄には，呼吸運動や心臓・血管などのはたらきを調節する中枢があり，これが破壊されると生命を維持することができなくなる。

小脳▶ 小脳には，平衡器官やその他の感覚器官から発する求心性の活動電位が集まり，これに反応して体位を正したり，随意運動を調節したりする中枢がある。楽器を奏(かな)でたり，運動を行ったりするときの筋肉運動を調節するのも小脳で，運動にかかわる記憶の中枢でもある。

E 効果器のはたらき

受容器官からのさまざまな生体内外の情報は，中枢神経系で統合され，それに対する反応をおこす。筋肉や内分泌腺などは，そのような中枢からの情報に対して反応することから**効果器**(作動体)とよばれる。

① 細胞運動とそのしくみ

生物はATPの化学的エネルギーを，機械・熱・電気・光エネルギーなどに変換させて，生命活動を行っている。細胞の運動や，繊毛・鞭毛(べんもう)の運動，紡錘糸の収縮，骨格や内臓の筋肉運動も，同じ法則に従っている。

1 筋肉の種類

筋肉は，化学的エネルギーを機械的エネルギーに転換する器官ということもできる。筋肉の収縮で発生する機械的な力が，からだを動かしたり，内臓を運動させる原動力となる。

脊椎動物の骨格に付着して，これを動かす**骨格筋**は，多数の細長い多角柱状の**筋細胞**(**筋繊維**)で構成されている(▶図 7-33)。個々の筋細胞は，発生学的には単核の細胞が融合してできた多核の細胞で，顕微鏡で観察すると明暗の横縞

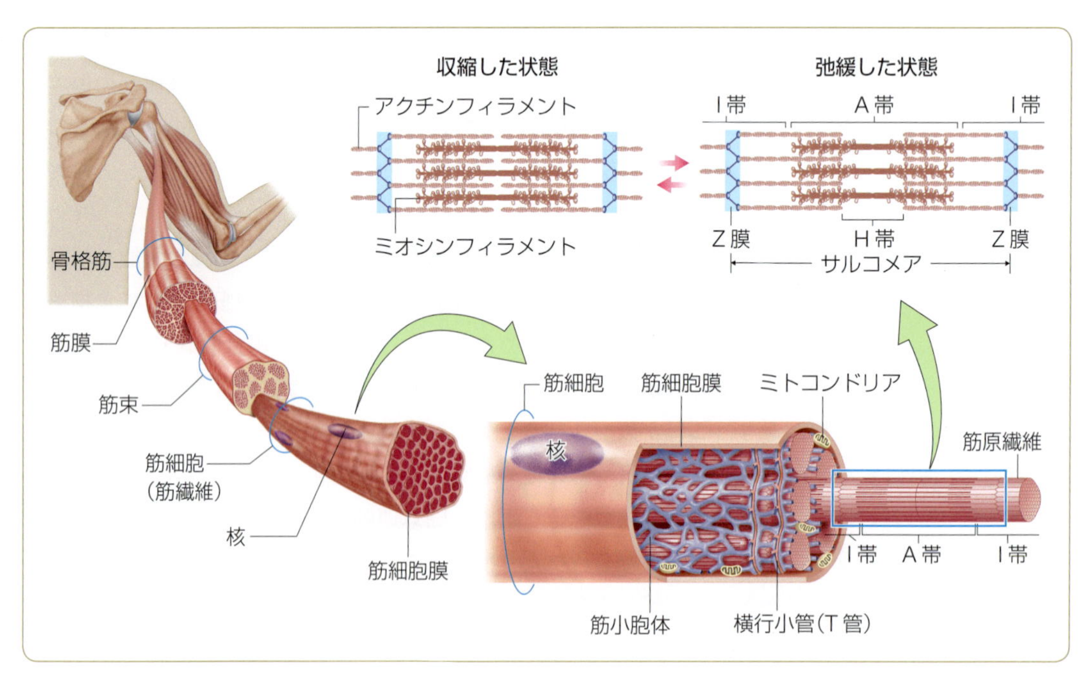

▶図 7-33　骨格筋の微細構造

があるので**横紋筋**とよばれる。内臓器官では，心臓の筋肉(**心筋**)は横紋筋であるが，これ以外の内臓の筋肉は細く短い筋細胞からなり，横紋がみられないので**平滑筋**とよばれる(▶72 ページ，図 3-9)。

2 骨格筋の微細構造

筋細胞の構造▶ 骨格筋は骨格に付着し，これを随意に動かすための筋肉であり，多核の筋細胞により構成されている(▶図 7-33)。それぞれの筋細胞には，ほかの細胞の小胞体に似た，袋状構造をした**筋小胞体**がある。筋細胞内の大部分は筋原繊維とよばれる繊維であり，骨格筋の運動の単位となっている。

2 種類の筋フィラメント▶ 筋原繊維には，アクチンフィラメントとミオシンフィラメントという 2 種類の筋フィラメントがある。2 種類の筋フィラメントが交互に並び，筋原繊維の横断面では六角形状に配列している。

G アクチンと F アクチン
アクチンタンパク質は，単量体では球状 globular 構造を示す(G アクチン)。重合すると二重らせん構造をもつ繊維状 filamentous 構造を示す(F アクチン)。

[1] アクチンフィラメント アクチンフィラメント(F アクチン)は，I フィラメント，細いフィラメントともよばれ，直径 7 nm，長さ 1 μm ほどである。分子量は約 42,000 で，直径 5〜6 nm の球状のタンパク質(G アクチン)が単位となり，ねじれた二重らせんを形成してできている。

[2] ミオシンフィラメント ミオシンフィラメントは，A フィラメント，太いフィラメントともよばれ，直径 12 nm，長さ 1.5 μm ほどである。分子量は約 480,000 で，長さ 150 nm のミオシン分子がねじり合わさるようにして集合したフィラメントで，その表面にミオシンの頭部(ヘッド)が突起物として飛び出している。ミオシン分子は，ATP を加水分解する酵素としての活性(ATP アーゼ活性)をもっている。

サルコメア▶ 筋原繊維を電子顕微鏡で観察してみると，非常にはっきりと Z 膜が目だち，これによって仕切られた部分が，収縮単位の**サルコメア**(筋節)である。Z 膜のすぐ内側に，明るい I 帯がある。この部分は，アクチンフィラメントから構成されているために明るく見える。その内側には，暗く幅の広い A 帯が位置している。この部分はミオシンとアクチンの両フィラメントが重なっているために，ほかの部分より暗く見える。中央部にはやや明るい A 帯が見える。この部分はミオシンフィラメントだけで構成されている。

3 筋収縮のしくみ

骨格筋の収縮は，筋細胞(筋線維)内で，ミオシン分子が ATP の加水分解で生じるエネルギーを用いて構造変化するときに，その変化がアクチンフィラメントに伝えられ，その結果，アクチンフィラメントが移動することによって生じる(▶図 7-34)。アクチンの移動は，それが付着している Z 膜どうしを近づけるので，収縮時のサルコメアは，静止時(弛緩時)と比べて短くなる。

フィラメント相互の滑りが生じるのは，ミオシンフィラメントの表面に飛び出しているミオシン頭部の突起が，アクチンフィラメントに結合しながら**ミオ**

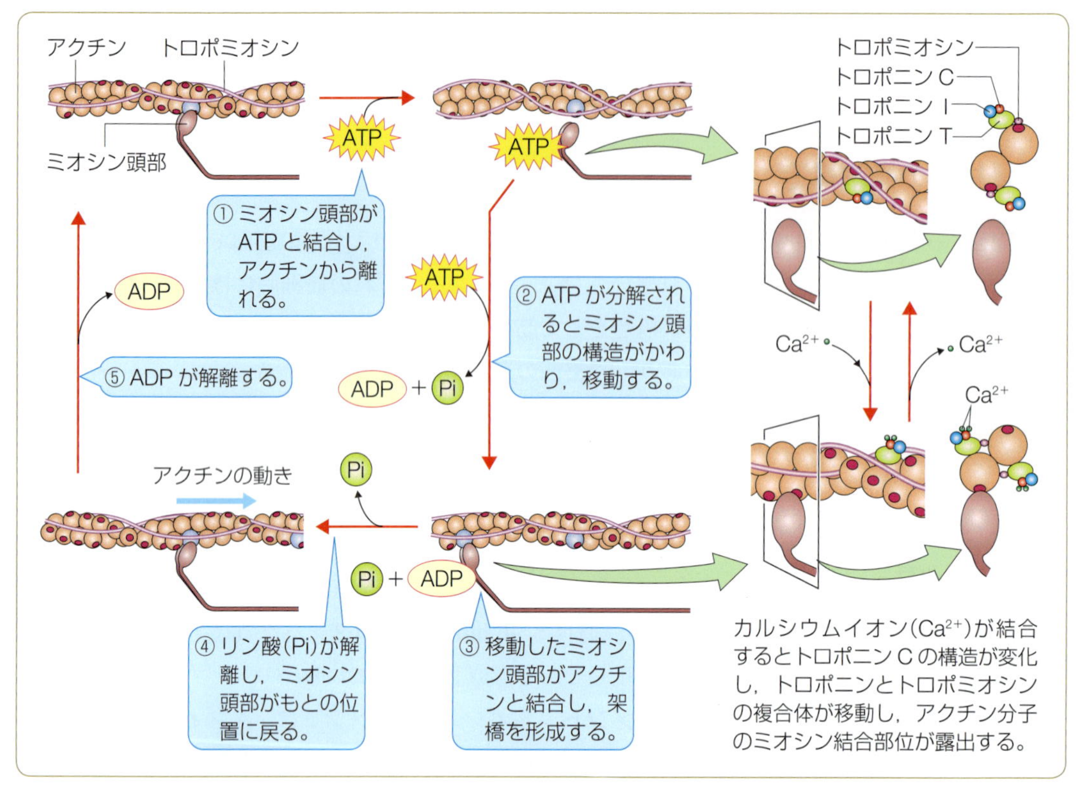

▶図7-34 筋収縮のしくみ

シン架橋をつくり，アクチンが内側方向にたぐり寄せられることによる。たぐり寄せられると架橋が外れ，次のアクチンとつぎつぎに架橋をつくりながらアクチンフィラメントが両側から引き寄せられて，Z膜が引き寄せられる。

4 筋収縮の神経制御(興奮収縮連関)

カルシウムイオンによる調節▶ 中枢神経系による骨格筋収縮の調節は，ATP濃度の調節によってではなく，ミオシン架橋の形成の調節によって行われる。アクチンフィラメントのミオシン結合部位は通常，**トロポミオシン**という繊維状のタンパク質によっておおわれていて，ミオシンと架橋を形成できない(▶図7-34)。トロポミオシンには，一定の間隔で**トロポニン**という球状タンパク質(三量体)が結合している。

筋細胞内のカルシウムイオン(Ca^{2+})が，トロポニンと結合すると，トロポニン分子の構造が変化し，その結果，トロポミオシンを動かして，アクチンフィラメントのミオシン結合部位が露出する。Ca^{2+}は，弛緩時にはポンプによって筋小胞体内に取り込まれ，収縮がおこる細胞質にはほとんど存在しない。

神経筋接合部での調節▶ 神経筋接合部で，運動神経から筋細胞に興奮が伝えられると，活動電位は筋細胞膜に沿って広がり，**横行小管**(T管)に沿って細胞内に入る(▶図7-35)。横行小管の膜には，**ジヒドロピリジン受容体**とよばれる電位依存性のタンパク質が埋め込まれており，活動電位がやってくると，その構造を変化させる。

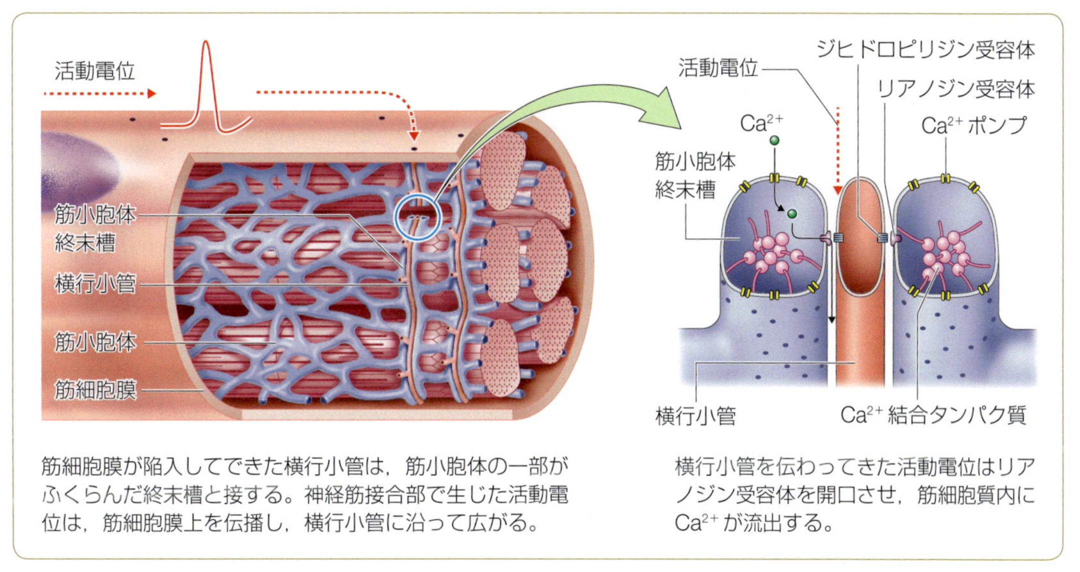

▶図 7-35 興奮収縮連関にかかわる筋細胞の微細構造

横行小管は筋小胞体と接しており，ジヒドロピリジン受容体の構造変化は，直接，筋小胞体膜のカルシウムチャネルである**リアノジン受容体**の構造変化を引きおこし，その結果チャネルが開く。このとき，一時的に Ca^{2+} が筋細胞の細胞質に拡散するため，ミオシン架橋が成立して，アクチンフィラメントの滑り（すなわち筋収縮）がおこる。筋細胞膜の興奮から筋収縮にいたる過程を**興奮収縮連関**という。

筋収縮の種類▶ 運動神経の単一の活動電位によっておこる収縮は 1/10 秒くらいしか持続しない。これを**単収縮**（または**れん縮**）という。筋肉の収縮が終わらないうちに次の活動電位が来ると，収縮が重なり合って 1 回の刺激の場合より強い収縮がおこり，刺激が反復している間，収縮が持続する。このような収縮様式を**強縮**という。生体では，ふつうの収縮は強縮である。

5 繊毛運動・鞭毛運動

繊毛や鞭毛は，いずれも細胞の表面にはえている細い毛である。1 つの細胞にはえている毛の数が多く，かつ短いものを**繊毛**という。たとえば，単細胞生物のゾウリムシの細胞表面は繊毛でおおわれている（▶70 ページ，図 3-7）。一方，精子などには長い 1 本の毛がみられるが，これは**鞭毛**とよばれる（▶145 ページ，図 5-11）。繊毛運動・鞭毛運動は一般的に，まっすぐな状態から一方向に振子型の運動をする有効打と，根もとの屈曲が先のほうに伝わっていく回復打の繰り返しからなりたっている（▶図 7-36-a）。

繊毛内部の構造▶ 繊毛の内部構造を電子顕微鏡で観察すると，横断面の中央に直径約 25 nm の 2 個の中心単連微小管がみられ，周辺に同じ径をもつ 2 本ずつ組になった 9 対の二連微小管がみられる（▶図 7-36-b）。このような構造を **9+2 構造**とよぶ。

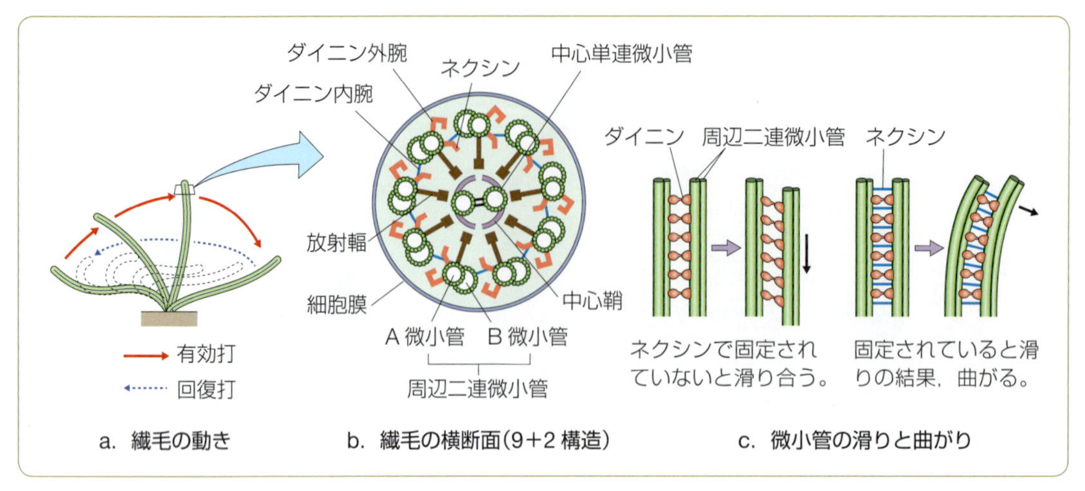

▶図 7-36　繊毛運動

繊毛運動▶　微小管(▶18 ページ)はチューブリンというタンパク質でできており，これに，ATP アーゼ活性のある**ダイニン**とよばれるタンパク質の腕が付着している。腕の出る方向は一定で，繊毛を根もとのほうから先端に向かってすべて時計方向に向かっている。ダイニンが ATP を分解し，そのときに生じるエネルギーによって構造を変化させると，微小管が互いに滑り合う(▶図 7-36-c)。繊毛・鞭毛内では，微小管どうしが連結されているため，滑りは特有の屈曲運動に変換される。

細菌類の鞭毛▶　細菌類も鞭毛で運動するが，その構造は真核細胞と大きく異なる。細菌類では，鞭毛基部に回転運動をする分子モーターがあり，これは ATP ではなく，プロトン(H^+)を介したエネルギーを利用している。

② 生物発光

生物による発光現象は，**生物発光**とよばれ，とくに動物では，刺胞動物のクラゲ，節足動物のウミホタル(甲殻類)・ホタル(昆虫類)，脊椎動物の発光魚など，その種類も多い。動物の発光には，自己による一次発光(自己発光)と，共生または寄生する発光細菌などによる二次発光(共生発光と寄生発光)がある。ホタルは一次発光をし，腹部の下側に発光器をもっている(▶図 7-37-a)。

生物発光は，**ルシフェリン**(発光素)が**ルシフェラーゼ**(酸化酵素)の存在下で生じる現象である(▶図 7-37-b)。動物によってルシフェリンやルシフェラーゼの化学構造は異なっており，また発光機構もウミホタルのように，酸素の存在下で発光する直接酸化型や，ホタルのように ATP による活性化を必要とするものなど，いろいろなタイプがみられる。

ホタルは，次に示す反応のように，ルシフェリンに酸化酵素のルシフェラーゼが作用することにより発光している。

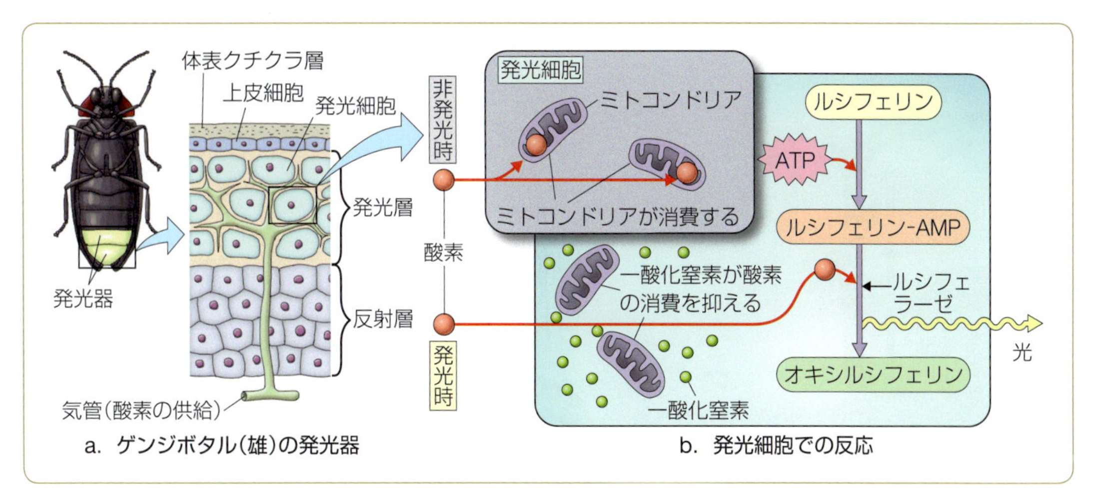

▶図 7-37 ホタルの発光

$$\text{ルシフェリン}+O_2+\text{ATP}\xrightarrow{\text{ルシフェラーゼ}}\text{オキシルシフェリン}+CO_2+\text{AMP}+\text{光}$$

ホタルの発光は，種や雌雄によって発光頻度やパターンが異なっており，仲間や雌雄間の信号として使われている。

F 行動

単細胞の生物からヒトにいたるまで，あらゆる動物の個体には生活上意義のあるいろいろな運動の組み合わせである**行動**がみられる。行動には，生得的な反射としておこる比較的単純なものから，複雑にパターン化した本能行動や，過去の経験が記憶され，これを利用する学習行動，思考や判断が加わる高次の知能的なものまでいろいろな段階がある。

① 走性

無定位運動性

刺激によって活動が影響されるとき，刺激源への定位を含まない場合を無定位運動性 kinesis(キネシス)とよび，走性とは区別される。

光を一方から照射されるなど，一定の方向からの持続的な刺激が生物に加えられたとき，刺激の方向に対して生物がからだの向きをかえて(**定位**)，刺激源の方向に移動したり，あるいはそれから逃れる方向に移動したりする現象を**走性**という。前者を正の走性，後者を負の走性といい，刺激の種類によって光走性(ひかりそうせい)，重力走性，化学走性，電気走性，流れ走性などに区別される。この現象は，単細胞動物から脊椎動物にわたり広くみられる。

ハエの幼虫(ウジ)は，餌を食べたあと，光に対して負の光走性を示し，暗い

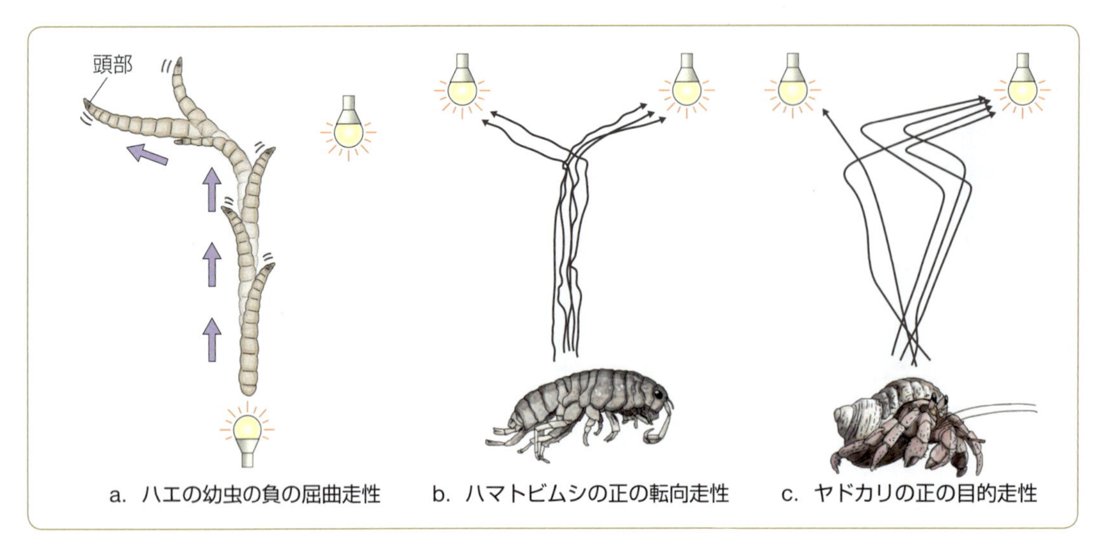

a. ハエの幼虫の負の屈曲走性　b. ハマトビムシの正の転向走性　c. ヤドカリの正の目的走性

▶図 7-38　光走性

場所に移動してさなぎになる。幼虫の頭部にある眼は原始的であり，光の強さは識別できるが，光の方向に関する情報は得られない。そのため，幼虫はからだを左右に振りながら進むことで光の方向を検知する(**屈曲走性**，▶図 7-38-a)。

ハマトビムシは，左右の複眼それぞれが光の強さを検出でき，左右のバランスをとる方向に進む正の光走性を示す(**転向走性**，▶図 7-38-b)。片側の眼を見えなくすると，回転運動を始める。

一方，ヤドカリは，2つの光源があっても，そのどちらかに決めて，それに向かって進む正の光走性を示す(**目的走性**，▶図 7-38-c)。

② 本能行動

クモが巣をはったり，ミツバチが正確な幾何学的な巣をつくったりするのは生得的な行動である。これは多数の反射行動が組み合わされた複雑な行動であり，**本能行動**とよばれる。

中枢神経が高度に発達した動物には，より複雑な本能行動がみられる。一定の行動パターンが発現するのは，中枢に行動を誘発するきっかけとなる特定の刺激が入力されると，つぎつぎに一連の行動が引きおこされる神経細胞の回路が遺伝的に構築されているからである。このような遺伝的に決定されている一連のプログラム化された行動は，**定型行動**または**固定的活動パターン**とよばれ，それぞれの動物種に特異的である(▶図 7-39)。

イトヨという魚の雄は，生殖期には浅瀬に移ってなわばり(▶289 ページ)をつくり，その中の巣で生殖を営む。ほかの雄がなわばりをおかすと，闘争して追いはらう。雄の攻撃行動を引きおこすのは別の雄であり，これを**解発因**(リリーサー)とよぶが，行動誘発に必要なのは雄個体の赤い腹部である(▶図

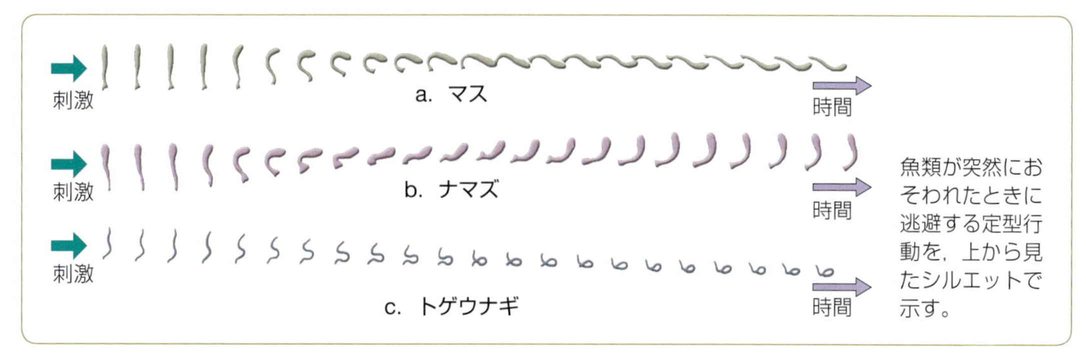

▶図 7-39　魚類の定型行動

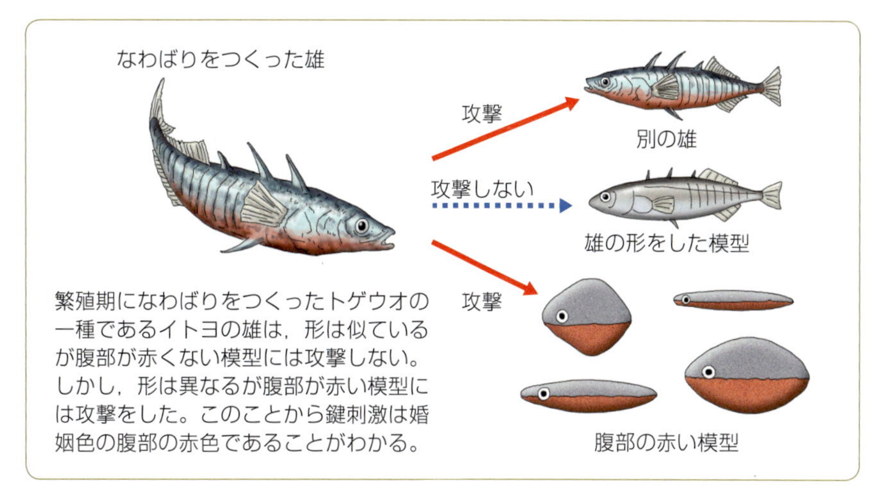

▶図 7-40　イトヨの攻撃行動と行動を引きおこす刺激

7-40)。さまざまな模型で実験をすると，この特徴さえ備えていれば，本物の雄個体でなくても，攻撃行動を誘発した。このような刺激を**鍵刺激**(かぎしげき)という。

③ 個体間の情報の伝達

1 ミツバチのダンス

ミツバチは，ダンスという特殊な行動で仲間に情報の伝達を行う。働きバチが，蜜源(みつげん)の所在を発見して仲間にその位置を伝えるとき，それを発見した働きバチは，蜜の所在が近いときは，巣板の上に密集する仲間のなかで腹を激しくふるわせながら円形歩行のダンスを繰り返し，遠いときは8の字形を描くダンスを行う(▶図 7-41)。仲間の働きバチは，発見者のあとに続いてしばらく同じように歩行して信号であるダンスを理解し，やがて蜜源に向かって迷わず飛んでいく。

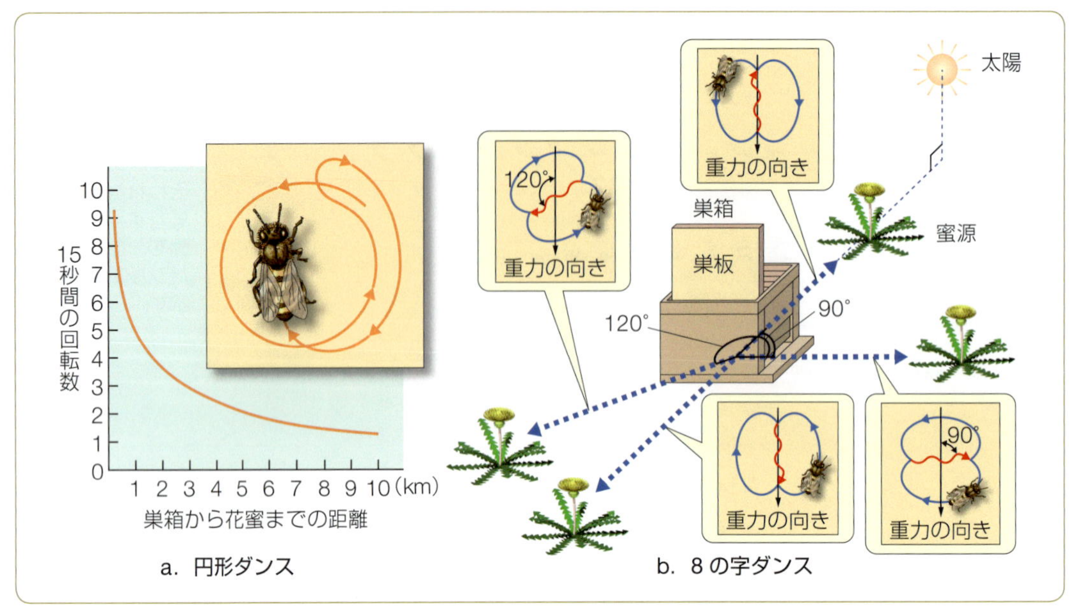

▶図 7-41　ミツバチの情報伝達

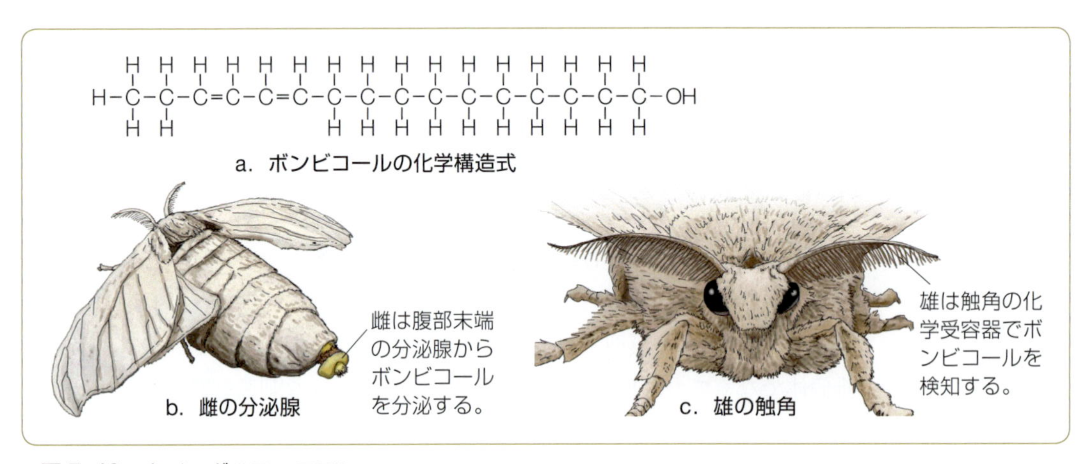

▶図 7-42　カイコガのフェロモン

2 フェロモン

昆虫類は嗅覚が鋭敏で，きわめて微量なにおい物質を識別することができる。動物自体が体外へ分泌する物質が仲間への情報伝達に役だつとき，このような伝達物質は**フェロモン**とよばれる。

性フェロモン▶　フェロモンのなかで最も詳しく調べられているのは，雌のカイコガの腺から分泌されるボンビコールである(▶図 7-42)。雄のカイコガは，空気中にボンビコールが 10^{-12} mol/L 程度の濃度で含まれていれば，これを触角の化学受容器で検知し，雌のカイコガを発見して交尾する。このような生殖行動に関係するフェロモンを**性フェロモン**という。

性フェロモンの分泌は，動物によって，雌が行うものも，雄が行うものもあり，さらに昆虫ばかりでなく脊椎動物を含む多くの動物で知られている。つがいのマウスの雌は，相手の雄の性フェロモンをかぐことにより，ホルモン分泌機構が排卵を促すようにはたらいて，子をよく産む。しかし，つがいでない雄の性フェロモンではこれが抑制される。マウスの場合，一夫一婦制の維持に雄の性フェロモンが役だっているといえる。

その他のフェロモン▶ アリは大顎腺(おおあごせん)からオクタメンやノナンという物質(警報フェロモン)を分泌して敵の接近を仲間に知らせ，また尾部から分泌する物質(道しるべフェロモン)は，仲間に食物や巣の所在を示す役割をする。ミツバチの女王の大顎腺から分泌される物質が付着した受精卵は，発生の途中で卵巣の発達が停止して働きバチになる。この物質は，微量でも幼生の内分泌系に強力な影響を及ぼすので，感覚器官による情報伝達ではないが，フェロモンに含められている。

④ 学習

動物が経験によって，比較的長期間にわたる行動の変化を示すようになるとき，**学習**が成立したという。パブロフが行ったイヌの実験は，学習の例としてよく知られている。餌をやるときに，つねにベルの音を聞かせると，イヌはやがて，ベルの音を聞くだけで唾液を分泌するようになる。ベルの音という聴覚刺激と，餌という化学刺激が連合されたという意味で，このような学習は**連合学習**とよばれる。

しかし学習には，刺激と刺激の連合を伴わない単純なものもある。これは**非連合学習**とよばれる。非連合学習には慣れや促通が含まれる。

1 非連合学習

慣れ▶ 暗い水槽でエラコ(ゴカイの仲間)を飼育し，急に光を照射すると，エラコは管の中にもぐり込む反応を示す(▶図7-43)。しかし，照射を繰り返すと反応しなくなる。これを**慣れ**という。光があたるという刺激が，実際には有害ではないときにはいちいち反応せず，その刺激に慣れることによって，行動が変化するものと考えられている。慣れも経験によって行動が変化したものであり，単純な学習の一種といえる。

慣れをおこした個体に，それまでとは別の刺激を与えると，最初と同じ程度の反応率を示す(**脱馴化**(じゅんか))。これは，馴れが筋肉の疲労によって生じているのではないことを示している。また，感覚器の活動を記録して調べてみると，刺激が繰り返されても，感覚器は毎回その情報を中枢に伝えていることがわかる。

促通と感作▶ 慣れとは逆に，刺激を繰り返し与えていると，刺激に対する反応が亢進する現象がある。これを**促通**とよぶ。また，ある刺激-反応系で，強い別種の刺激によって，本来の反応が大きくなる場合を**感作**とよぶ。

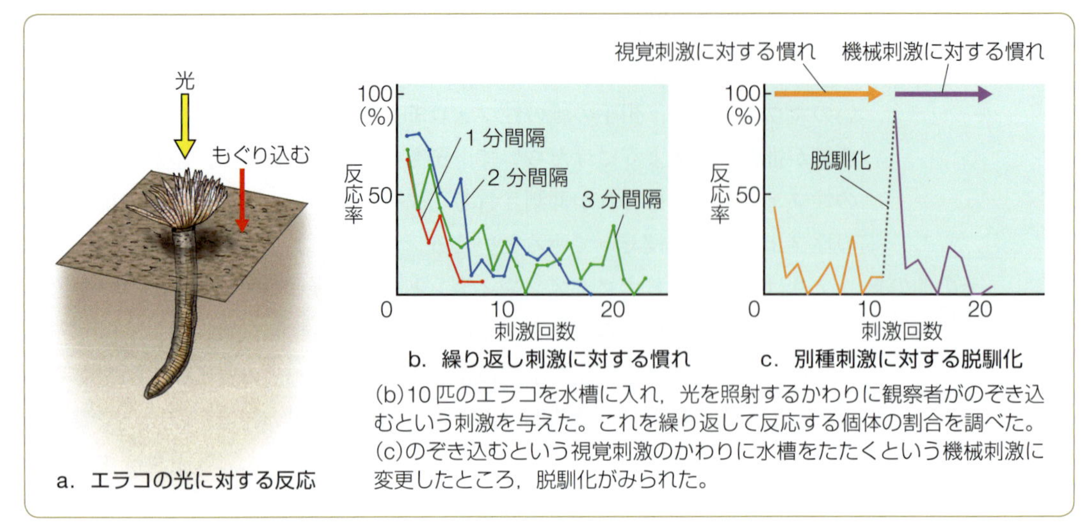

▶図 7-43 エラコの慣れと脱馴化

脱馴化は慣れにより減少した反応が回復する現象をさし，感作は通常の反応が増大する現象をさす。これらの現象が引きおこされるメカニズムは同じだと考えられている。

2 連合学習

連合学習には，刺激と刺激を連合させる古典的条件づけや動物自身の行動と刺激を連合させるオペラント条件づけなどのほか，刷込みも含まれる。

古典的条件づけ▶ 前述したパブロフのイヌの例が，これにあたる。イヌに食物を与える(無条件刺激)と，反射により唾液が分泌される(**無条件反射**)。次に食物を与えずにベルや音叉(おんさ)の音(条件刺激)を聞かせる。この条件刺激では，唾液は分泌されない。しかし，イヌにベルや音叉の音を聞かせてから食物を与えることを繰り返していると，やがて音を聞かせただけで唾液の分泌がおこるようになる(**条件反射**)。音と食物との関係が学習されたのである。条件刺激によって無条件反射を引きおこされるようにする過程を**古典的条件づけ**という。

条件反射が成立するためには，刺激は快か不快かを伴うものでなければならない。音叉の音を聞かせ，膝の下をたたいて膝蓋腱反射をおこさせ，これを繰り返しても，音を聞かせただけで足が上がるような反射はおこらない。

オペラント条件づけ▶ たまたまボタンを突ついたりレバーを押したりすると餌がもらえる，という経験を繰り返すと，動物は餌を求めて積極的にボタンやレバーを動かすようになる。このような行動を**オペラント行動**とよび，オペラント行動を獲得する学習を**オペラント条件づけ**とよぶ。

刷込み▶ 孵化(ふか)した直後のアヒルのひなに動くものを見せると，それが動けばそのあとをついて歩くようになる。ふつう，孵化したひなが最初に見るのは親鳥であり，親鳥が歩けばひなはそのあとをついて歩く。ひなが親鳥を認識するのは，生後最初に見たもの(音がして動くもの)が，のちのちまで行動を支配する現象であり，これを**刷込み**という。鳥類の刷込みは生後1日くらいまでで，そのあとはおこらなくなる。

刷込みは視覚器を介してばかりでなく，ほかの受容器でもおこる。たとえば，サケは河川で孵化してから海洋を数年回遊したのち，母川に回帰して産卵する。この行動は，母川の水に含まれるなんらかの特有の化学的刺激が，孵化直後に刷込まれ，回遊の途中で母川の河口に近づくと回帰の反応をおこすものと考えられている。

3 試行錯誤

迷路にラットを入れ，正しく出口に達すれば餌を与えるという実験によって，ラットが迷路を学習する様子を知ることができる(▶図7-44)。はじめは袋小路に入る回数(錯誤)が多いが，実験を重ねるにつれてだんだん試行錯誤の回数が減り，やがては錯誤を1回もしないで出口に到達できるようになる。学習の際の錯誤回数は，大脳皮質の発達したものほど少なくなる。

食物の前に網を置いて，食物は見えても直接取れないようにしておくと，チンパンジーは，はじめから後ろにまわって餌を取る。ほかの動物は何回もの試行錯誤ののちに迂回路を発見する。さらにチンパンジーは，手の届かない所にある食物を棒で引き寄せたり，高い所にある食物を箱を置いて昇って取ったりもする。チンパンジーは，このように道具を使ったり，過去のいくつかの経験を組み合わせて，試行錯誤をしないで問題を解決する。これを**洞察学習**という。

遺伝的に定まった本能行動だけでは，目まぐるしく変化する環境に動物は適応することができない。そこで，中枢神経系が発達した動物は，過去の自分自身の経験や，他個体の行動を観察することなどを通じて，行動をかえていくことができる。動物の幼若期の学習はからだの成長に伴って行われ，見まねなど

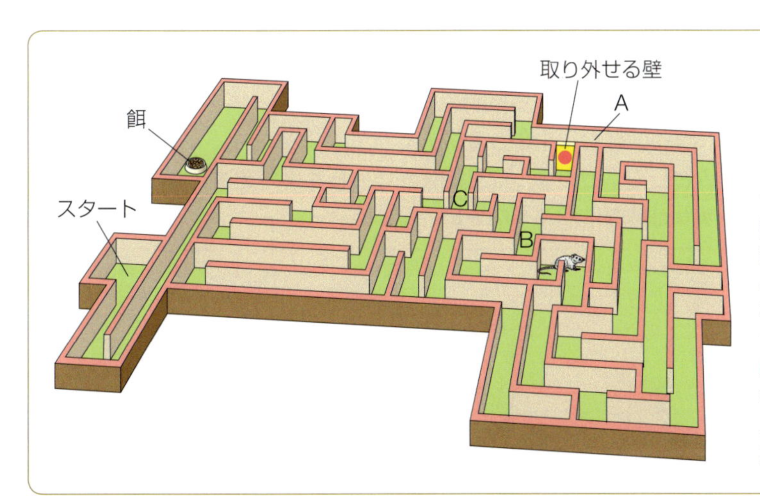

ラットは，何回かの試行錯誤で餌場までの道筋を学習する。学習後，●の部分の壁を取り去ると，ラットのなかにはAの通路を走りながら壁の変化に気づいてその周囲を探索しておき，次回からはBの通路を通らず，Cの通路に入って直接Aの通路に入るという近道をするものもいた。

▶図7-44 ラットの迷路学習

により同一行動を繰り返し行うことによって成立し，学習効果も大きい。しかし，成熟したのちの学習は，能率も確実さも低下する。

⑤ 記憶

記憶には２つのタイプがある。すなわち，① 非連合学習や古典的条件づけによる習慣的で意識に上らない記憶と，② 意識できる記憶，である。① は**非宣言記憶**または**手続き記憶**，② は**宣言記憶**または**陳述記憶**ともよばれる。したがって学習は，すべて記憶に関係しているといえる。運動選手は訓練によって，② の記憶を ① の記憶にかえていくことによってきたえられていく。

また記憶を時間的にみると，１秒以内で消える記憶，数十秒から数百秒続く**短期記憶**，長く消えない**長期記憶**などに分けられる。

記憶は，神経回路のなかでおこる神経伝達物質の合成・放出・分解などの生化学的変化や，細胞膜の受容体やチャネルなどの分子生物学的変化であり，ときには神経細胞の樹状突起などの構造的変化をも含むことも知られている。ヒトの記憶・知識・感情などには大脳(海馬・新皮質)と間脳(視床)が，また技能などには小脳が深くかかわっている。

ゼミナール
復習と課題

❶ 細胞間の情報伝達の方法を４つあげなさい。
❷ 神経細胞に活動電位が発生し，伝導するしくみを説明しなさい。
❸ 受容器電位について述べなさい。
❹ 生体が受容する刺激をあげなさい。
❺ 杆体が光を受容したときにおこる化学変化を述べなさい。
❻ シナプスでの化学的な伝達のしくみを述べなさい。
❼ 膝蓋腱反射について説明しなさい。
❽ 筋収縮のしくみを微細構造から説明しなさい。
❾ 本能行動のパターンはなにによって決まるか述べなさい。
❿ 慣れのしくみとして，どのような可能性が考えられるかを述べなさい。
⓫ オペラント学習とはなにか述べなさい。

生命の進化と多様性

これまでの章で，生命の単位が細胞であり，細胞が組織・器官を構成し，それらが個体を形成していることを学んだ。また，動物細胞も植物細胞も基本的には同様な生体分子で構成されており，DNAの遺伝情報に基づいてそれらの生合成が調整されていることを学んできた。これらの現象はすべての生物に共通しており，その共通性が，多様な生物も過去をたどれば共通の起源から進化してきたと考える基盤となっている。

また，地球外生命を探索する研究も進んでいるが，生命の存在は，いまのところ広い宇宙の中で地球のみでしかみとめられていない。しかし生命は，地球ができた当初から存在したのではなく，無機的な物質から生命の起源となる複製分子ができあがっていったと考えられている。

本章では，まず生命の起源について述べ，次に化石の研究から明らかにされた地質時代の生物種の多様化や絶滅をたどる。さらに，私たち自身であるヒトの起源や進化を考え，最後に進化の理論を学ぶことにしよう。

A 化学進化と生命の起源

地球が誕生したのは約46億年前であるが，生物が誕生したのはその後，約10億年を経てからと考えられている。

化学進化▶ 生物進化の歴史は地質に残された化石が証明しており，いま生きている個々の生物は，長い歴史の産物であるということができる。生物を構成する細胞が地球で生まれる以前にも，原子が結合し，種々の分子ができる化学反応が進行した。さまざまな化学物質のなかには炭素の化合物も出現し，生命の誕生の準備が進んでいた。宇宙が生まれ，さまざまな原子や物質ができてきたことも広義には化学進化というが，地球上で生命が誕生するまでの化学物質の生成を狭義の**化学進化**という。

① 原始地球での低分子有機物の合成

最初の原始地球は高温のガス状態であったが，内部に比重の大きい鉄・ニッケル，周辺に比重の軽い水素・窒素・酸素・炭素などが集まり，しだいに地殻が形成されていったと考えられている。旧ソ連のオパーリン A. I. Oparin (1894〜1980) らは，当時の大気中には酸素分子はほとんどなかったが，生命の起源以前に有機物が蓄積していたと考えた。アメリカのミラー S. L. Miller (1930〜2007) は1953年に，実際に実験により原始の大気と考えられる混合ガス（メタン〔CH_4〕・アンモニア〔NH_3〕・水素〔H_2〕・水蒸気〔H_2O〕）をフラスコ内に入れて放電すると，アミノ酸などの有機物が合成されることを示した（▶図8-1）。

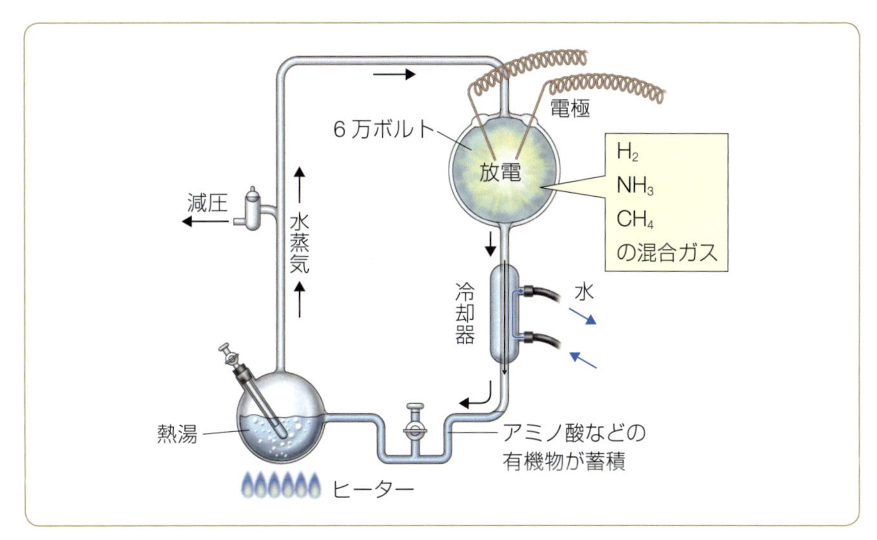

▶図 8-1　ミラーの実験

炭水化物▶ 炭素は金属類と化合して地殻に含まれ，揮発性の水素やメタンなどは地表に放出されて原始大気圏が形成されていった。

炭素の化合物である炭化カルシウム(CaC_2)と金属に水蒸気が作用すればアセチレン(C_2H_2)ができ，これから誘導されてアルコール・アルデヒド・カルボン酸・二酸化炭素などが合成される。

$$CaC_2 + 2H_2O \longrightarrow C_2H_2 + Ca(OH)_2$$

また，脂質も炭水化物の酸化によって合成されたと思われる。

アンモニア▶ 高温の地殻内で金属の窒素化合物ができれば，これに水蒸気が作用してアンモニア(NH_3)ができる。

$$FeN_2 + 6H_2O \longrightarrow 3Fe(OH)_2 + 2NH_3$$

このような反応が原始地球上でおこったことは想像にかたくない。

糖類▶ アルデヒドを石灰乳(水酸化カルシウムの懸濁液)中に放置しておくと，シロップ状の物質ができる。この中には，グルコース・ガラクトース・マンノース・フルクトースのほか，リボースも含まれている。これらの物質はアルデヒド分子の縮合重合によってできたものである。原始地球では，このような反応により糖類が合成された可能性がある。

アミノ酸▶ 前述したように，アミノ酸の非生物的合成にはじめて成功したのはミラーであった。ミラーの実験では，1週間反応させると，あとにCO・CO_2・N_2・HCN(シアン化水素)などが発生した。さらに反応時間を長くすると，いろいろなアミノ酸が合成されることが実証された。

また，火花放電のかわりに紫外線の照射でもアミノ酸が発生することがわかった。このときの反応は，おそらく次のようなものと推定される。

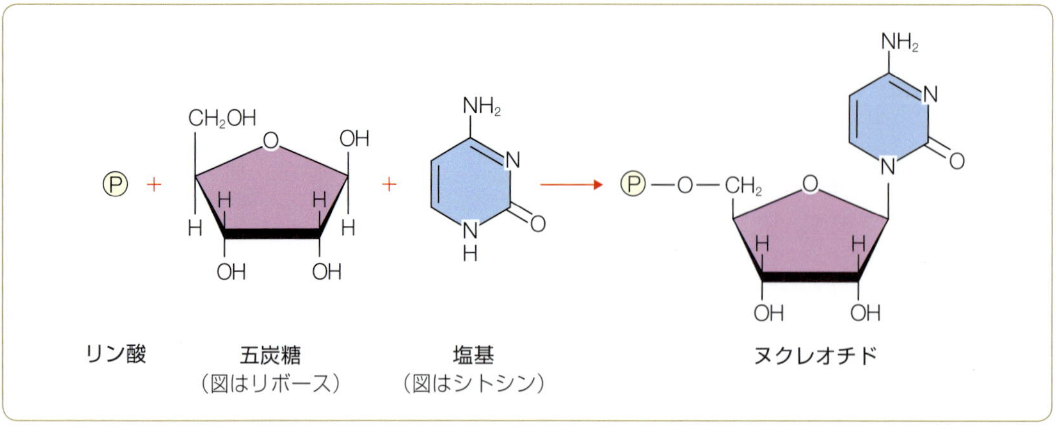

リン酸　　五炭糖（図はリボース）　　塩基（図はシトシン）　　ヌクレオチド

▶図 8-2　ヌクレオチドの生成

$$R \cdot CHO + NH_3 + HCN \xrightarrow{\text{紫外線}} R-\underset{\displaystyle NH_2}{\underset{|}{CH}} \cdot CN \xrightarrow{H_2O} R-\underset{\displaystyle NH_2}{\underset{|}{CH}}-COOH$$

（アミノ酸）

このようにして，アミノ酸も容易に合成されることが示された。

塩基▶　アデニン・グアニンなどのプリン塩基や，シトシン，チミン，ウラシルなどのピリミジン塩基は，核酸（DNA および RNA）の構成成分として重要な物質である（▶88 ページ）。塩基は，隕石（いんせき）にも含まれていることが報告されており，原始地球では容易に，非生物的に合成されたと思われる。

アデニンは，シアン化水素（HCN）とアンモニア（NH_3）の溶液を加熱反応させれば合成できる。また窒素（N_2）とメタン（CH_4）の混合気体に火花放電を行えば，シアノアセチレンができる。そして，これにシアン酸カリウムを作用させるとシトシンができる。ウラシルはリンゴ酸と尿素を加熱すれば合成される。

こうしてできた塩基と五炭糖が結合し，これにリン酸が結合すればヌクレオチドができる（▶図 8-2）。

② 原始地球での高分子有機物の合成

低分子の有機物が合成されると，これらの分子が多数結合して，高分子有機物ができるようになる。生体を構成する主要な高分子化合物は，タンパク質・核酸・多糖類などである。細胞の構成成分として重要なこれらの物質も，生物出現前の地表や海水中で合成されたものと思われる。

タンパク質▶　タンパク質は，アミノ酸がペプチド結合でつながったものであるが，2 分子のアミノ酸が 1 分子の水を放出して結合するには，約 12.5 kJ/mol のエネルギーが必要である。アミノ酸が多数結合してポリペプチドを形成するには多量のエネルギーが必要なため，このような反応は，アミノ酸の水溶液中ではほとんど進行しない。原始海洋においても同じであったと思われる。

赤堀四郎仮説▶ そこで赤堀四郎(1900〜1992)は，原始地球ではアミノ酸の直接結合でタンパク質ができたのではなく，まずポリグリシンができて，それからタンパク質が生じたのではないかという仮説を提案した。彼は，ホルムアルデヒド・アンモニア・シアン化水素などを，カオリナイトを触媒として130℃に保つと，グリシンが多数結合したポリグリシンができることを実験的に確かめた。

カオリナイト
高陵石ともよばれる。長石などの硫酸アルミノケイ酸塩鉱物の分解生成物として土壌中で産生される。

この反応では，まずアミノアセトニトリルができ，これが重合して部分的に加水分解され，ポリグリシンができると考えられる。

$$HCHO + HCN + NH_3 \longrightarrow NC-CH_2-NH_2$$
(ホルムアルデヒド)(シアン化水素)(アンモニア)　(アミノアセトニトリル)

$$n(NC-CH_2-NH_2) + nH_2O \longrightarrow (O=C-CH_2-NH)n + nNH_3$$
(ポリグリシン)

そして，このポリグリシンのCH_2基にアルデヒドなどが結合することによって，いろいろなアミノ酸残基をもったポリペプチド鎖ができたと推定された(▶図8-3)。赤堀の仮説では，最初のタンパク質はDNAとは無関係に合成されたことになる。

核酸▶ ヌクレオチドを加熱したり，あるいは放射線の照射によって，これを重合して核酸を合成することはできない。しかし，オルゲルL. E. Orgelらの研究によれば，ポリウリジル酸を鋳型(いがた)とすればアデニル酸の重合が行われ，わずかではあるがグアニル酸・シチジル酸・ウリジル酸などの重合もできるという。原始地球においてなんらかの特殊な条件下で核酸が合成され，タンパク質の合成との関連性ができたものと思われるが，この点はまだ明らかにされていない。

多糖類▶ 単糖類は，適当な酸を触媒として加熱すると重合して多糖類になる。

原始地球においては長い時間に，その特殊な環境条件が作用してまず低分子有機物ができ，次に高次の有機物が合成され，細胞の構成成分が少しずつそろ

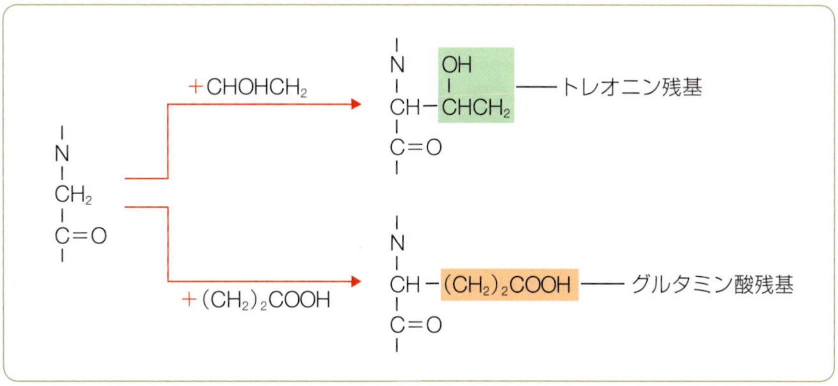

▶図8-3　ポリグリシンからポリペプチドへ

い，生命出現の準備が整ってきたと思われる。

このように，原始地球上でまず有機物が合成され，それから細胞ができたというのが，次に述べるオパーリンによるコアセルベートの考えである。

③ コアセルベートの形成と自己増殖能の出現

原始海洋▶ 原始地球が 100℃程度に冷却されてくると，大気中の水蒸気は液体の水となり，熱い雨となって地表に降り注ぎ，大気中の物質や地殻の物質がとけこんだ原始海洋がつくられた。この海洋においても有機物質の合成は進行し，やがて生命前駆物質が形成されたと考えられる。

コアセルベートの形成▶ 海洋中のさまざまな親水性の小さな粒子が集まると，コアセルベートとよばれる小さなかたまりとなって周囲の溶媒から分離してくる。オパーリンは，このコアセルベートを原形質の初期の一段階と考えた。

コアセルベートは，内圧が高まると分裂する。このようにして原始原形質が代謝と増殖の能力を備えてくる。規則正しい分裂と増殖は，タンパク質の合成と DNA や RNA などのはたらきが完全に結びついたときに始まったと思われる。現存する全生物の遺伝暗号がほぼ共通であることは，生物がすべて共通の原始原形質に由来していることを示唆している。

細胞への進化と最古の生物▶ 核酸とタンパク質の関係が成立すれば，核酸の遺伝情報にしたがって原形質の主要成分であるタンパク質が合成され，原形質はほかから区別されて個体性をもち，細胞とよばれる段階に達する。また，DNA の自己増殖によって細胞分裂が誘発されるようになると，真の意味での生物が形成されることになる。

ストロマトライト

オーストラリアの海岸で，約 35 億年前のストロマトライトという岩石から原核生物と考えられる化石が発見された。これが現在見つかっている最古の生物であり，微小な化石なので微化石とよばれている。さらに 20 億年以上経過した約 12 億年前になって核膜をもつ真核生物が生まれた。原核生物はすべて単細胞である一方，真核生物も最初は単細胞で，その後，多細胞生物へと進化していったものと考えられている。

B 生物の多様化と絶滅の歴史

① 地質年代と生物の化石

生物の化石▶ 細菌の化石が発見された地層の時代以降の地層には，いろいろな生物の化石が発見されている。それらの化石を整理すると，単細胞から簡単な多細胞生物へ，さらに複雑な構造をもつ生物へと進化したあとが歴然としている。さらに，地層が現代に近づくにしたがい，化石の特徴が現生生物に類似してくる。この

▶表 8-1　地質年代表

地質時代			時間(単位：100 万年) (現在からの年数)	物質・生物界の変化
先カンブリア代			4600	地球の形成
				化学進化
				有機栄養
			3500	最古の生物の化石
				光合成
			1900	原核生物の出現
			1200	真核生物の確立
			541	無脊椎動物の出現
古生代	カンブリア紀		485	三葉虫類の繁栄
	オルドビス紀		443	植物の陸上進出
	シルル紀		419	魚類の時代
	デボン紀		359	両生類の出現
	石炭紀		299	大森林の出現
	ペルム(二畳)紀		252	爬虫類の出現
中生代	三畳紀			被子植物の出現
	ジュラ紀		201	鳥類・哺乳類の出現
	白亜紀		145	爬虫類の時代
			66	単子葉植物の出現
新生代	第三紀	暁新世	56	
		始新世	34	
		漸新世	23	哺乳類の時代
		中新世	5.3	
		鮮新世	2.58	ヒトへの進化
	第四期	更新世		ヒトの時代
		完新世	現代	

（古生代から現代までの時間は，「国際年代層序表 2018 年 7 月」による）

ように化石はその種類が時代を反映しているため，それに基づいて，それぞれの地層が形成された時代が推定されるようになった。

惑星としての地球の年齢は約 46 億年と推定されるが，化石が豊富に発見されるのは，最近の 6 億年以降の地層からである。地質学の分野では，約 35 億年前の最古の岩石以降に含まれる化石の特色によって，時代を先カンブリア代，古生代，中生代，新生代に区分し，これら全体を**地質時代**という(▶表 8-1)。

② 先カンブリア代

先カンブリア代は，地球の形成から古生代以前の，約 46 億〜5 億 4100 万年前までの総称である。この時代にすでに微生物が出現していた。

原核生物から真核生物へ▶ 前述したように，原核生物のものと考えられる化石が，約 35 億年前のストロマトライトから発見された。また，その後の地層から，原核生物であるラン藻類(シアノバクテリア)の化石が発見されている。これから遅れて約 14 億〜12 億年前の地層からは，球状の藻類の化石が発見された。これは真核生物である。

ラン藻の一種

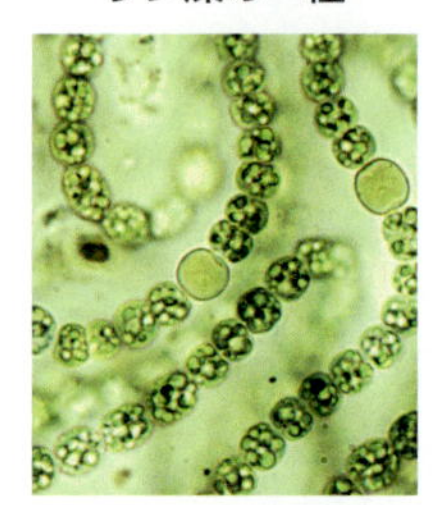

その後，調査の進展に伴って，原核生物および真核生物の微細な化石が続々と発見された。そして化石は発見されていないが，これらの微生物を捕食する単細胞生物も進化していったものと思われる。まず従属栄養(▶46 ページ)の細菌に似た生物から光合成のできる細菌が進化し，これから光合成のできるラン藻類が進化したのではないかと推定されている。これらの生物は，核膜をもたず細胞質が分化していない原核生物である。

これが進化して真核生物の緑藻類となり，緑藻類から独立栄養(▶46 ページ)の高等植物が進化した。また，緑藻類のあるものはミドリムシ藻類となり，さらに独立栄養性が退化して，カビやキノコなどの真菌類および動物が進化したとすれば，これは緑藻類が高等な生物全体の祖先型であると考えられる。

進化の道すじはともあれ，先カンブリア代になると刺胞動物・環形動物・節足動物など，海生動物の化石が各地の地層から発見されている。

③ 古生代

古生代は，約 5 億 4100 万～2 億 5200 万年前までの時代で，前期(カンブリア紀・オルドビス紀)・中期(シルル紀・デボン紀)・後期(石炭紀・ペルム〔二畳〕紀)に区分される，約 3 億年にわたる長い期間である。

1 古生代前期

先カンブリア代の海中に発生した生物の種類はわずかだったが，カンブリア紀に入ると海洋に多くの種類の動物が爆発的に登場し，ほとんどすべての無脊椎動物の門 phylum(▶263 ページ)があらわれた。このような現象がおこった詳しい原因はわかっていないが，海洋が生物の多様化に適した状態となったことが考えられる。

海洋での生物の多様化▶ 原核生物や有孔虫などの原生動物に加え，刺胞動物のハチクラゲ，少し遅れてサンゴ類，棘(きょく)皮(ひ)動物のウミユリなどの化石が発見されている(▶図 8-4-a)。

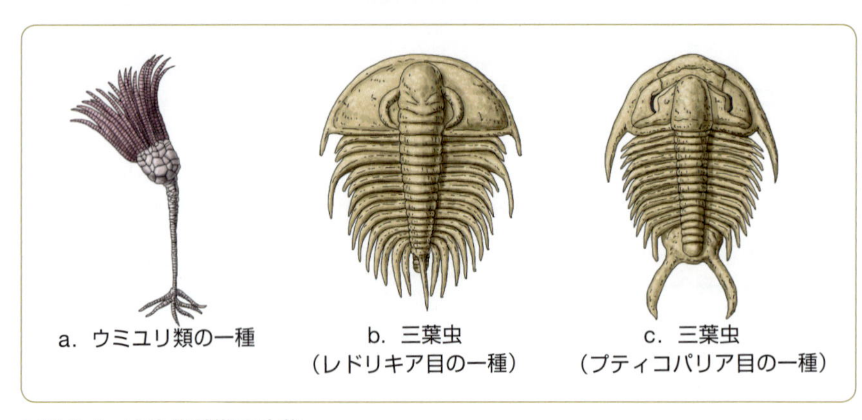

▶図 8-4　古生代前期の生物

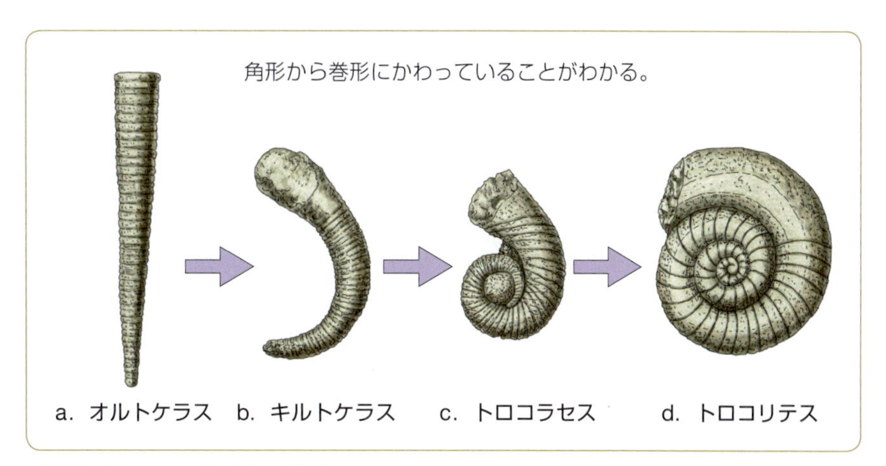

▶図 8-5 アンモナイトの進化

また無脊椎動物の化石は約 1,500 種も発見されている。このうち最も多いのは節足動物の三葉虫 trilobite で，全無脊椎動物の約 60％に達している（▶図 8-4-b, c）。これは，スウェーデンの生物学者リンネ（▶276 ページ）によって，節足動物の甲殻類に属することが明らかにされた。これについで 32％を占めるのが，現在の腕足動物であるシャミセンガイの仲間である。

軟体動物の頭足類（タコやイカの類）に属するアンモナイト（オウムガイの仲間）も繁栄しており，その化石を並べると，みごとに進化のあとをたどることができる。殻は初期のものは角形であるが，時代が進むにつれて，しだいに巻いた形に変化している（▶図 8-5）。また，表面の模様も直線形から波形に変化している。

原索動物・脊椎動物の誕生▶ 前期の終わりごろに，無脊椎動物のなかで最も脊椎動物に近い原索動物（ナメクジウオやホヤの類）があらわれた。オルドビス紀の末には，最初の脊椎動物で，顎をもたない魚類の円口類があらわれた。なお円口類は，ヤツメウナギ科やヌタウナギ科の生物として現存している。

2 古生代中期

魚類の繁栄▶ シルル紀には，顎をもち全身装甲した甲冑魚があらわれてその全盛時代となった。下顎骨は，円口類のえらを支える V 字形の骨のうち，前の 2 組が変形したものと考えられるが，摂食に有利にはたらいた。

顎の獲得から脳発達へ

顎の獲得で餌をかじれるようになり，食性が多様化し，食う-食われるの関係から追跡-逃避行動が生まれた。それにより運動器官と制御する脳が発達した。

デボン紀になると，軟骨魚類や総鰭類が出現し，これに続いて硬鱗魚類・硬骨魚類があらわれた。デボン紀の海中に栄えたシーラカンスとよばれる魚類のラティメリア *Latimeria* やマラニア *Malania* が，生きている化石としてマダガスカルなどの海洋で発見されている。このほか，光鱗魚類や肺魚類などもあらわれて，古生代中期の海洋は魚類の時代であった。

陸上への植物の進出▶ 植物界でもオルドビス紀からシルル紀にかけて大変動がおこった。光合成生物によって酸素が放出され，大気圏の酸素の量が増し，その上層部に**オゾン層**

ができてDNAに損傷を与える紫外線をさえぎるようになったため，生物が陸上に進出することができるようになったのである。化石の証拠は発見されていないが，最初に陸上に進出した生物は，コケ植物であったと考えられる。

やがて，陸地に囲まれた沼沢地に，シダ植物の祖先にあたるプシロフィトン *Psilophyton* があらわれた。高さ 60 cm，直径 30 cm の棘のついた茎だけの植物で，特殊な曲がり方をした茎に胞子嚢ができる。これについで，葉のないリニア *Rhynia* や小さい葉が進化したアステロキシロン *Asteroxylon* などの植物が続々と登場し，沼沢地は原始シダ類でおおわれ，湿地にまで広がった。

3 古生代後期

シダ類の繁栄▶ 古生代後期になると，陸上の植物はさらに繁栄し，ヒカゲノカズラ類の大型の植物が大森林をつくった。そのおもなものは，樹幹に鱗形の葉痕を残す鱗木(レピドデンドロン *Lepidodendron*)，封印のような葉痕を残す封印木(シギラリア *Sigillaria*)や蘆木(スフェノプシダ *Sphenopsida*)などであり，鱗木には高さが 30 m 以上，茎の直径が 2 m に達するものもあった(▶図 8-6)。トクサ類のコルダイテス *Cordaites* も高さ 10 m，茎の直径は 1 m もあった。

このような巨大なシダ植物の類が栄えたのは石炭紀で，ペルム紀に入ると急に寒冷な気候におそわれて全滅したと考えられる。

石炭紀の植物でとくに注目すべきは，シダ植物と種子植物の中間型のシダ種子植物が出現したことである。この例から明らかなように，種子植物はシダ植物と共通の祖先をもっている(▶266 ページ，図 8-11)。

両生類と昆虫の出現▶ シダ類全盛時代に活躍した動物は，水陸両方の生活ができる両生類である。魚類のうきぶくろは機能をかえて肺となり，胸びれと尻びれは進化して前足と後足となった。これは化石のあとをたどることにより証明される。古生代後期はまさにシダ類と両生類の時代であった。

▶図 8-6　石炭紀の森林復元図

無脊椎動物では，節足動物の昆虫がデボン紀の末に出現し，石炭紀に入ると体型が大型となり，翅(はね)を広げると 80 cm にも達するものがいたが，ペルム紀になるとしだいに小型となり，現代の昆虫に近いものにかわった。

④ 中生代

古生代の終期に大きな地殻の変動があって，中生代に入った。中生代は，約 2 億 5200 万～6600 万年前までの約 1 億 8000 万年間である。

爬虫類の出現▶ 地球上では高温により乾燥地が広がった。そこで，両生類から，乾燥に耐える卵殻をもった卵を産む爬虫(はちゅう)類が出現した。爬虫類はそれぞれ生息する環境に適応して進化した。陸上生活に適した巨大な恐竜(ディノサウルス)，水中生活に適した魚竜(イクチオサウルス)，飛行できる飛竜(プテロサウルス)などがその例である。これらの大型の爬虫類は三畳紀に出現し，ジュラ紀から白亜紀にかけて繁栄した。

哺乳類と鳥類の出現▶ また三畳紀のはじめに，爬虫類のなかに小型の獣形類があらわれ，産卵性の哺乳類が出現した。さらにジュラ紀には，鳥と恐竜の中間の動物として有歯の始祖鳥もあらわれ，ドイツのバイエルン地方の石灰層から化石が見つかっている(▶図 8-7)。

シノサウロプテリクス

1996 年には，中国東北部で白亜紀の地層から始祖鳥に似た化石が発見された。これは小型恐竜の特徴をもち，シノサウロプテリクス(中国名で中華竜鳥)と名づけられた。この化石には，羽毛のような構造がみられ，これが事実とすれば恐竜が恒温動物であった可能性があるとして注目を集めている。この中華竜鳥と始祖鳥を結ぶ動物の化石も見つかっている。

わが国では，1989 年に福井県勝山市でフクイリュウが発見された。さらに 1990 年代には，モンゴルのゴビ砂漠で多数の恐竜の化石が発掘され，恐竜の宝庫とまでいわれるようになった。最近になって，北海道から九州まですべての地域から多くの種類の恐竜の化石が発見され，わが国の恐竜化石の学問的重要性が注目されている。

巨大爬虫類の絶滅▶ 巨大な爬虫類は，中生代の終わりごろから新生代のはじめにかけて絶滅した。その理由としては，約 6500 万年前に小惑星が地球に衝突してメキシコのカンペチェ湾が形成される一方で，環境の激変を引きおこしたという説が有力である。

植物界では巨大なシダ類は滅び，シダ種子植物も絶滅した。これにかわって種子植物の裸子植物が全盛時代を迎え，ソテツ類や松柏(しょうはく)類が繁茂した。白亜紀には被子植物も出現したが，その種類は少なかった。

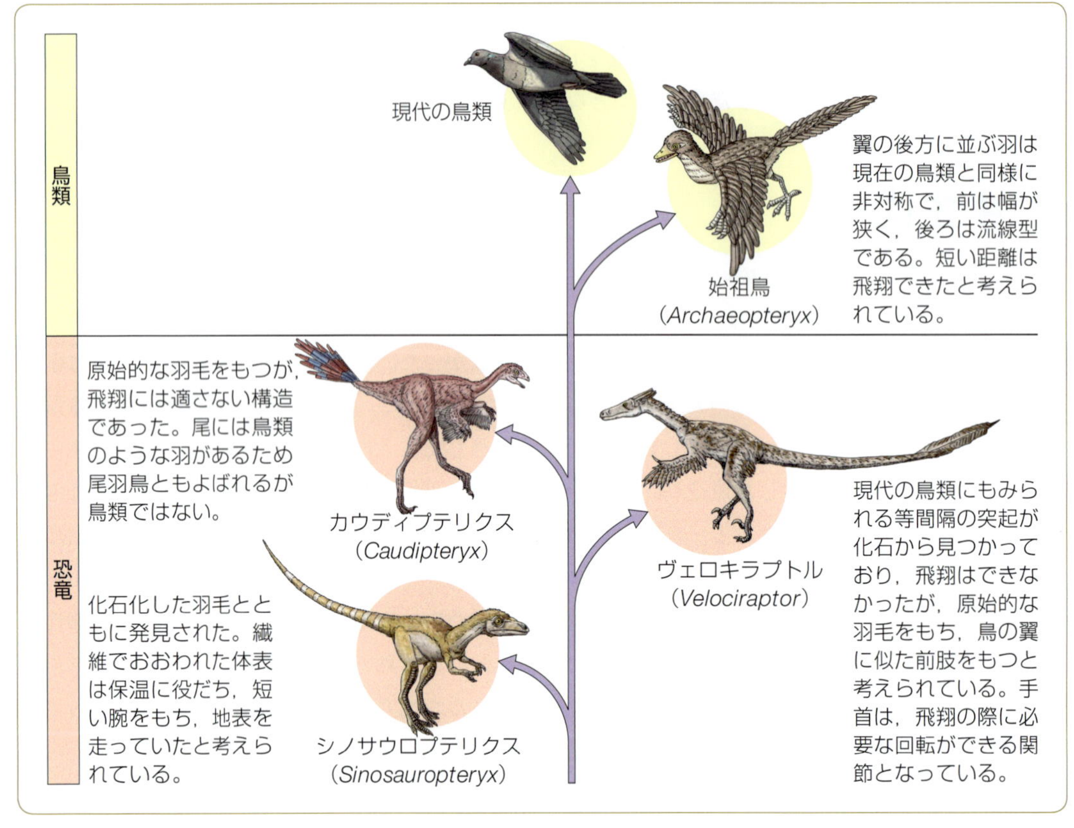

▶図 8-7 恐竜から鳥類への進化

⑤ 新生代

新生代は約 6600 万年前から始まり，現代にいたる時代である。そして動物は哺乳類，植物は被子植物の全盛時代である。

哺乳類の繁栄▶ 哺乳類は三畳紀に，原始的な爬虫類から進化したもので，新生代に入るとともに多数の系統に分かれ，食虫目・食肉目・齧歯(げっし)目・有袋(ゆうたい)目(カンガルーなど)の祖先型の化石が残っている。地層が新しくなるほど化石の種類もゆたかになり，現代型に近づいてくる。ウマやゾウなどのように，化石のあとをたどって現代種にまで達することのできるものもある。

ウマの進化▶ 小型であったウマの祖先は，草原を走るのに適応して進化してきた。暁新世(ぎょうしんせい)の初期の地層から発見されるエオヒップスの前趾は 4 趾で，これより新しい地層から出る化石はしだいに趾数が減って体型もしだいに大型化して，現在のウマにいたると 1 趾になる(▶図 8-8)。祖先の 5 趾をもった哺乳類から 4 趾のエオヒップスに進化するのに約 1000 万年，さらに 1 趾の現在のウマに進化するまでに約 2000 万年が費やされたことになる。種の形成にはいかに長い時間がかかるかがわかる。

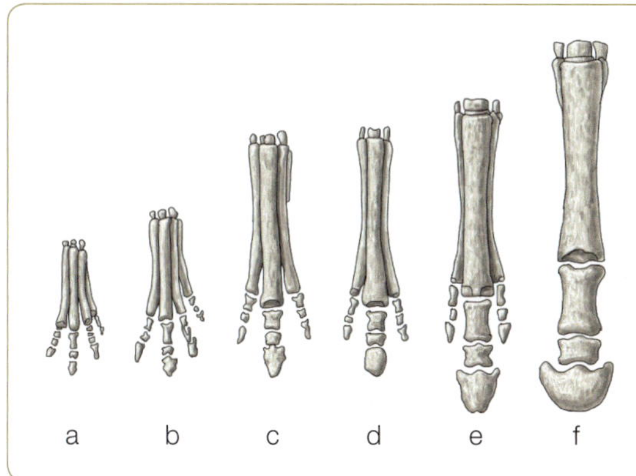

▶図 8-8 ウマの前趾の進化

C 生物の分類と系統

① 分類と命名

生物の分類と階層▶ このように長い時間をかけて進化してきた生物は，その特徴によって分類される。分類には階層があり，最上級から順に，ドメイン，界，門，綱，目，科，属，種となる(▶図 8-9)。認識された生物の種は，次のように固有の名前がつけられている。

二命名法▶ たとえば，私たち現代人の固有の種名は *Homo sapiens*，ヒグマは *Ursus arctos* という 2 つのラテン語であらわされる。これを**学名**とよび，この命名法を**二命名法**という。*Homo* や *Ursus* は属名，*sapiens* や *arctos* は種名で，ともにイタリック体で表記される。ヒトやヒグマは**和名**であり，英名ではそれぞれ human および brown bear と記す。さらに別の言語では，表記が異なる。しかし，二命名法による学名は世界共通の表記であり，自然科学分野の論文では混乱を避けるために，学名を使用することが多い。

> **二命名法**
> 二命名法はスウェーデンのリンネによって確立された。

② 生物の 3 ドメインと 6 界説

ドメイン▶ 分類階層の最上級のドメインは，① 真正細菌ドメイン，② 古細菌ドメイン，③ 真核生物ドメインの 3 つに分けられる(▶図 8-10)。

[1] 真正細菌ドメイン 真正細菌は原核生物で，最も種数が多い。

[2] 古細菌ドメイン 古細菌(▶34 ページ)も原核生物であるが，高温や高塩分などの極限環境で生息したり，メタンを生成する種に分けられる。古細菌には，真正細菌の細胞壁を構成する重要な成分であるペプチドグリカンをもたない，膜脂質の構造が異なる，いくつかの種でイントロン(▶99 ページ)をもつなど，

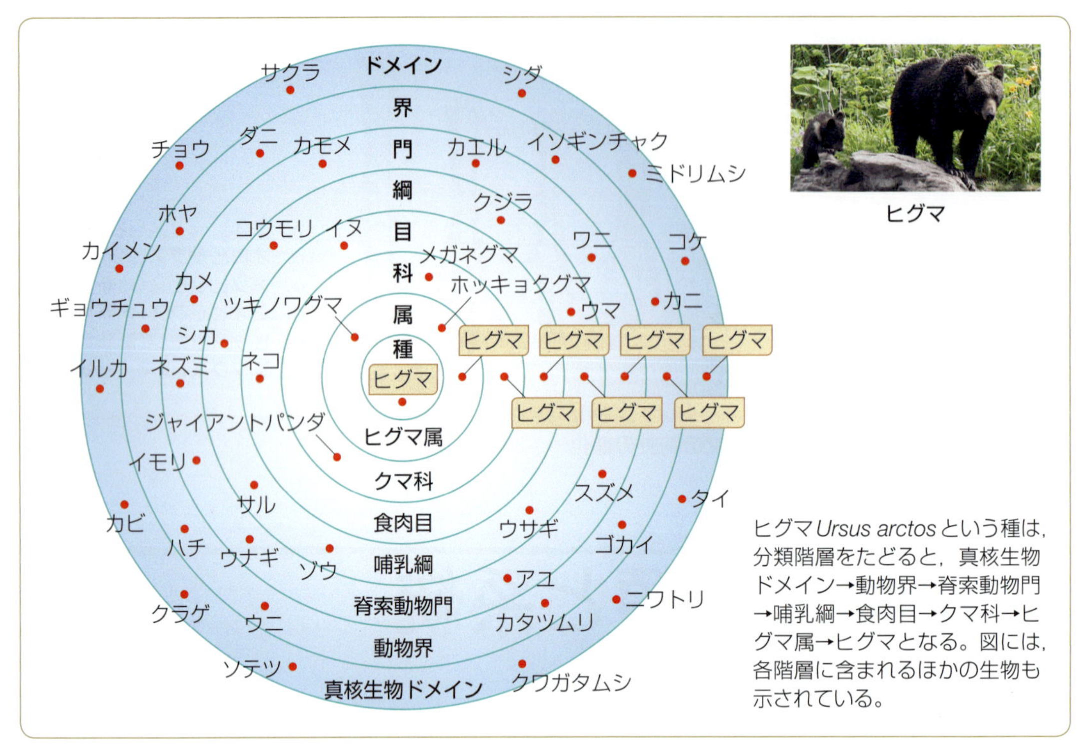

ヒグマ*Ursus arctos*という種は，分類階層をたどると，真核生物ドメイン→動物界→脊索動物門→哺乳綱→食肉目→クマ科→ヒグマ属→ヒグマとなる。図には，各階層に含まれるほかの生物も示されている。

▶図 8-9　生物の分類階層

真正細菌とは異なる特徴がみられ，分子系統学(▶279 ページ)的にも真正細菌よりも真核生物に近縁であると考えられている。

[3] 真核生物ドメイン　真正細菌・古細菌以外のすべての生物が含まれ，単細胞生物と多細胞生物で構成される。

界▶　ドメインの次に低い分類階層は界である。研究者によって界の数が異なることもあるが，現在では，① 真正細菌界，② 古細菌界，③ 原生生物界，④ 菌界，⑤ 植物界，⑥ 動物界の 6 界説が採用されることが多い(▶図 8-10)。真正細菌界と古細菌界は，上述の各ドメインと同じ種が含まれる。つまり，その他の 4 つの界は，真核生物ドメインに相当する。

真核生物は，光合成を行うことの有無により 2 系統に分類できる。動物界は，細胞壁をもたない細胞で構成される多細胞性の光合成を行わない生物(従属栄養生物，▶290 ページ)である。植物界は，基本的に光合成を行う多細胞生物である。菌界は単細胞性または多細胞性の従属栄養生物で，キノコやカビの仲間で構成される。そして，動物界でも植物界でもない真核生物はすべて原生生物界に分類される。原生生物界には，光合成を行う緑藻・紅藻・褐藻，および従属栄養生物が含まれる。

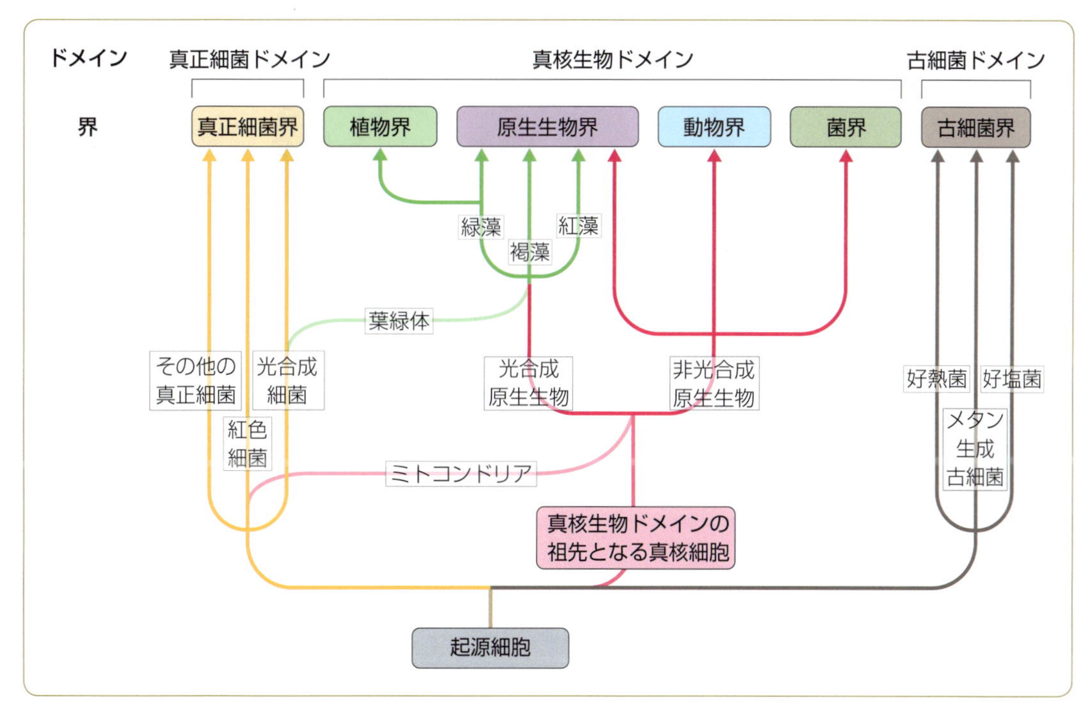

▶図 8-10　3 つのドメインと 6 つの界

③ 植物界の系統関係

維管束組織
植物の茎を縦に走る組織であり，おもに水を通す木部と栄養素を通す篩部からなる。

地上の緑色植物に着目すると，まず維管束組織の有無で分けることができ，維管束組織のあるものはさらに 3 つの系統に分けられる(▶図 8-11)。

[1] コケ類　維管束組織のない植物は原始的であり，コケ類が相当する。精子を卵まで運ぶのに水が必要である。

[2] シダ類　維管束組織をもつ植物のうち，最初に進化したのが，種子をつくらない維管束植物であるシダ類である。精子は受精するために水気のある土の上を泳いでいく。

[3] 裸子植物　次に進化したのは裸子植物で，花と果実がなく，種子がむき出しになっている。針葉樹類，ソテツ類，グネツム類，イチョウ類の 4 つに分類される。

種子散布
本文で述べたもの以外の方法として，タンポポの種子のように風を利用した風散布や，果実にとげを発達させて動物の体毛などに付着する動物付着散布などがある。

[4] 被子植物　最後に進化したのは被子植物である。花をもち，その中には花弁・めしべ・おしべがある。めしべの中にある卵と，おしべからの花粉中の精核が受精して種子ができ，周囲に果実が発達する。被子植物の果実は，種子とともに鳥類や哺乳類に食べられたのち，消化されない種子が遠隔地へ運ばれ，糞とともに排泄され，そこで発芽して生育することがある。これは**種子散布**とよばれ，被子植物の分布拡大と遺伝子の流動をおこし，その進化に貢献している。

また，昆虫やハチドリには花を訪れて蜜(みつ)を吸う種がいるが，かれらは体表に

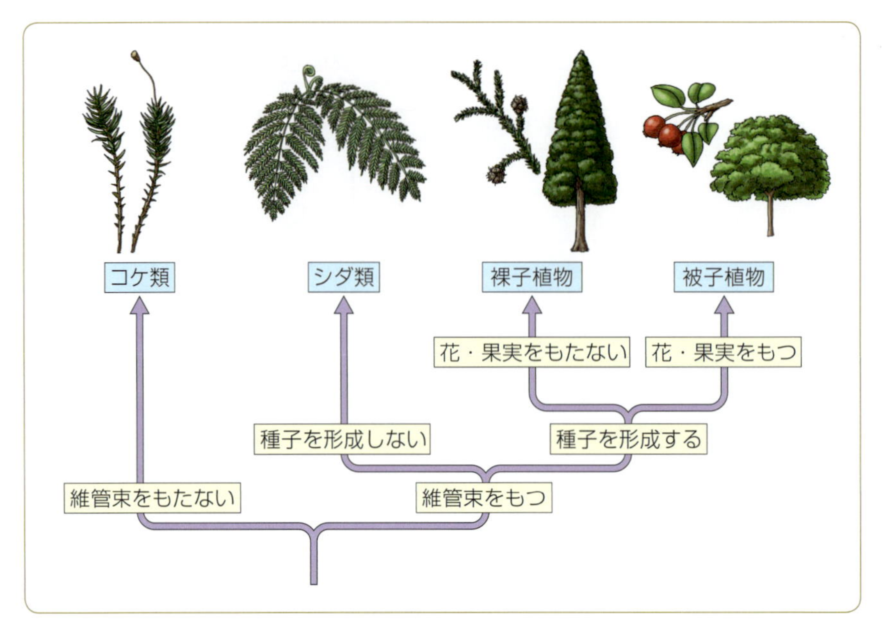

▶図 8-11　陸上植物の主要な 4 つのグループ

付着した花粉をほかの花のめしべに運ぶことになる。つまり，花の存在も，遺伝子流動に貢献していると考えられる。

④ 動物界の系統関係

動物界の門▶　動物界の下の階層である門は，海綿動物，刺胞動物，有櫛(ゆうしつ)動物，触手動物，扁形動物，軟体動物，環形動物，線形動物，節足動物，棘皮動物，脊索(せきさく)動物などに分類される(▶図 8-12)。脊索動物門には，脊椎動物亜門，頭索動物亜門，尾索動物亜門(亜門は門より 1 つ下のカテゴリー)が含まれる。

旧口動物・新口動物▶　動物界は，門とは別に，からだの構え(体制)から分類されることもある。大きな分け方として，旧口動物(前口動物)と新口動物(後口動物)がある。発生において，初期胚の原口(▶148 ページ)が将来の口になり，陥入先が胚の反対側に接して開いた穴が肛門になる動物を旧口動物という。反対に，原口が肛門となり，陥入先の穴が口になる動物を新口動物といい，脊索動物門や棘皮動物門が含まれる。それ以外の多くの動物門は旧口動物である。

また，放射相称の体制をもつ刺胞動物門や有櫛動物門は近縁であり，未分化な組織をもつ海綿動物門の体制には相称性がない。それ以外の動物門の体制は左右相称性である。

脊椎動物▶　私たちヒトも含まれる脊椎動物は，以前は門に分類されていたが，最近では亜門に分類されている。脊椎動物は，魚類綱，両生類綱，爬虫類綱，鳥類綱，哺乳類綱という綱で構成される。発生上，羊膜をもち陸上生活に適応した爬虫類・鳥類・哺乳類のことを羊膜類とよぶ。その下の分類階層は目であり，哺乳

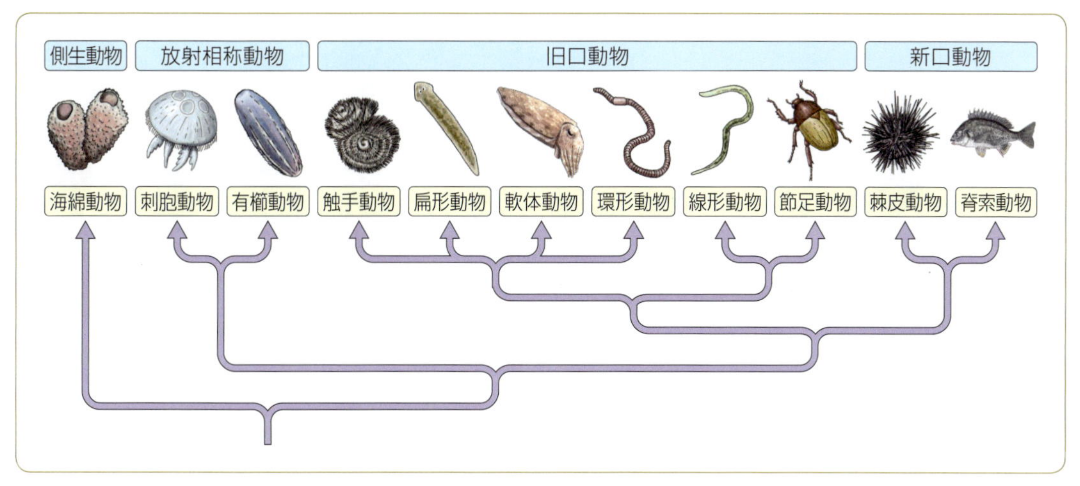

▶図 8-12　動物の系統樹(最近の分子系統解析に基づく)

類の場合，齧歯(げっし)目，食虫目，翼手目，食肉目，鯨目，偶蹄(ぐうてい)目，長鼻(ちょうび)目，霊長目などがある。その下の階層として科，属，種と続く。次節では，私たちヒトが含まれる霊長目(霊長類)に着目し，進化と多様性を見ていこう。

D ヒトの起源と進化

① 霊長類の進化

最古の霊長類の化石は，暁新世中期の地層(約6500万年前)から発見されている。発見された6属のすべてが北米大陸からで，いずれもツパイ(リスモドキ)の仲間である。その起源は，現在のモグラやジネズミに近い食虫目で，樹上生活を選んだために分化したと考えられている。

霊長類は，① 握ることができる手足の指の発達および，② 両眼視できるという特徴により，樹上生活へ適応することができたと考えられている。約4000万年前には，初期の霊長類が，原猿亜目とそれ以外の真猿亜目に分かれた(▶図 8-13)。

現生種をみてみると，原猿亜目はマダガスカル島に分布するキツネザル，東南アジアのメガネザル，アフリカとアジアに分布するロリスの3グループからなる。一方，真猿亜目からはまず，広鼻猿類(新世界ザル)が分かれ，その後，狭鼻猿類が分かれた。狭鼻猿類は，旧世界ザルおよびヒト上科(類人猿)であるテナガザル(東南アジア)，オランウータン(ボルネオとスマトラ)，ゴリラ(アフリカ)，チンパンジー(アフリカ)，そしてヒトが分かれた。最近では，チンパンジーはさらにボノボとチンパンジーに分けられ，両者はヒトに最も近い現生の動物種と考えられている。

チンパンジー

共通祖先からヒトとチンパンジーが別の種に分化した。

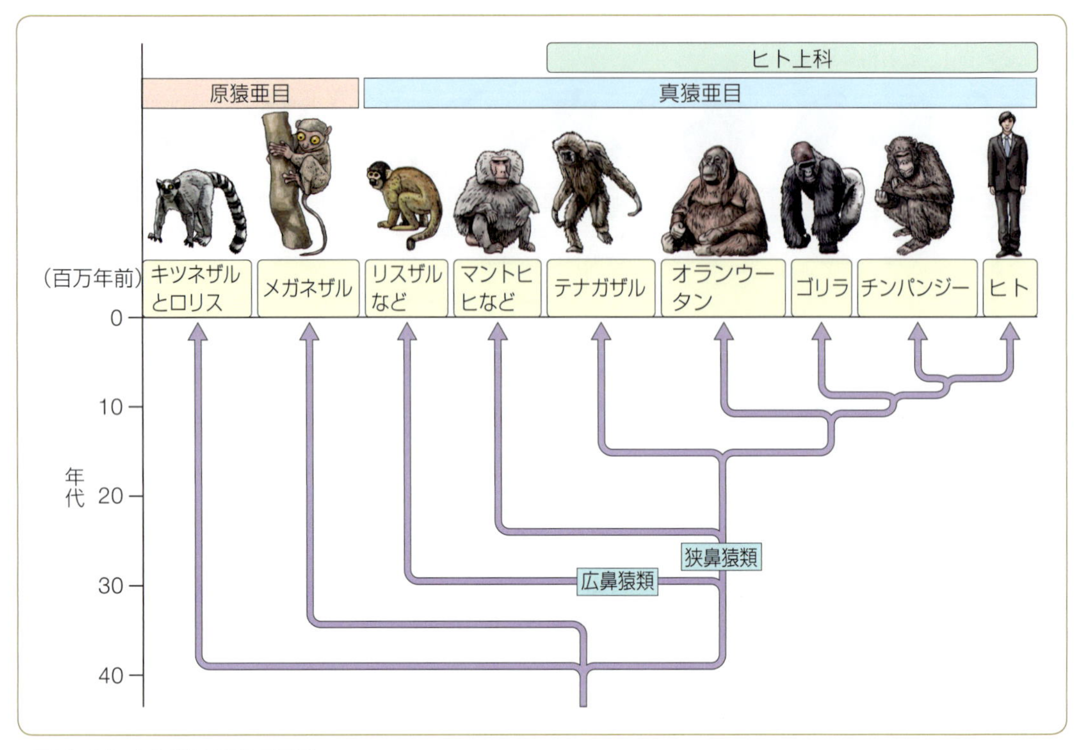

▶図 8-13 霊長類の系統関係

② ヒトの起源

ヒトの特徴▶ ヒトの特徴にはさまざまなものがあり，研究者によっても見解が異なるが，生物学的な共通項として，① 直立して二本足で歩くこと，② 大脳が発達していること，そして，③ 犬歯が退化した独特の歯列をもつことがあげられる。

以前には，人類の進化として，猿人，原人，旧人，現代人という直線的な流れが考えられていたが，最近ではそれほど単純ではないことが明らかになってきた。しかし，猿人，原人，旧人という区分は人類の進化の理解をたすけるので，以降も使用することにする。

これまでに約20種に分類される人類が出現したが，現代人であるホモ-サピエンス *Homo sapiens* 以外はすべて絶滅してしまった。後述するが，現代人とともに最も遅い年代まで生存していた人類はネアンデルタール人であった。

これまでの人類学や分子進化学による分岐年代推定によると，人類とチンパンジーが分かれたのは約500万年といわれてきた。エチオピアから発掘され1994年に報告されたアルディピテクス-ラミダス *Ardipithecus ramidus* の化石が最も古く，その年代は約440万年と考えられていた。

しかし，それよりも古い地層から人類に結びつく特徴をもつ化石が，近年になって，つぎつぎと発掘された。その化石は，サヘラントロプス-チャデンシス *Sahelanthropus tchadensis*(約700万～600万年前)，オロリン-トゥゲネンシ

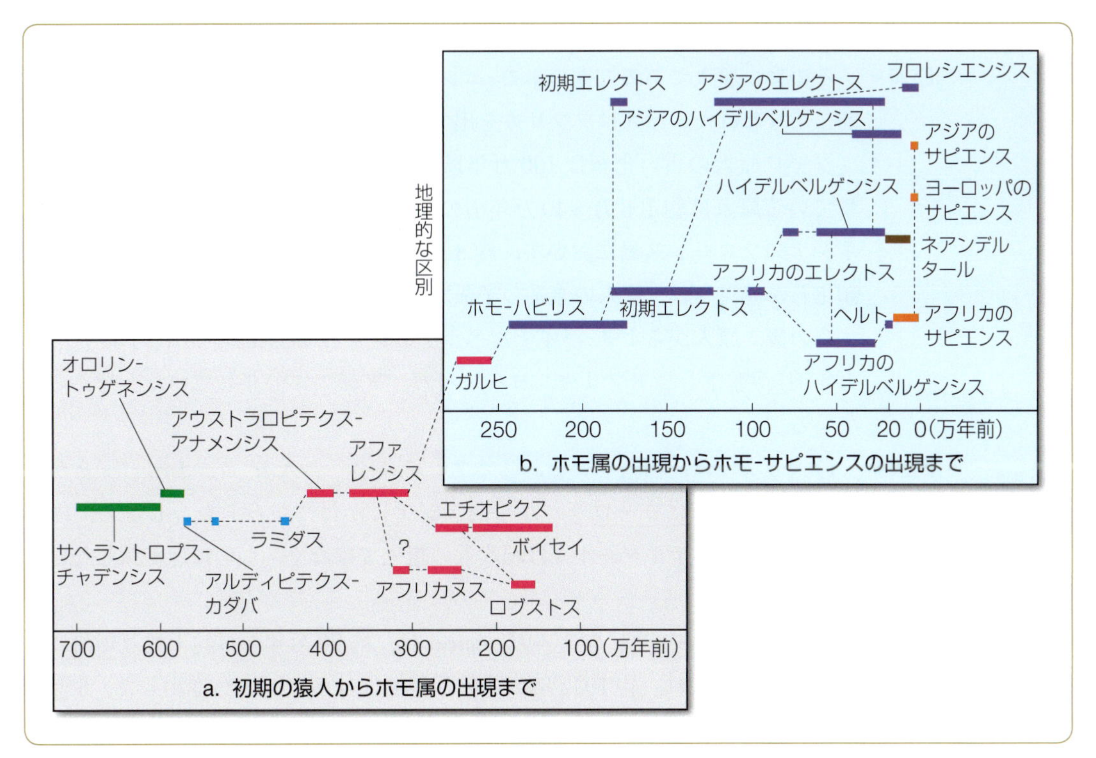

▶図 8-14　初期の猿人からホモ-サピエンスまでの系統樹

ス *Orrorin tugenensis*(約 600 万〜570 万年前)，アルディピテクス-カダバ *A. kadabba*(約 570 万〜560 万年前)である(▶図 8-14-a)。これらは初期の猿人とよばれ，最古の人類の年代は約 700 万年といわれるようになった。

さらに，従来の猿人化石は東アフリカを中心に発見されていたが，サヘラントロプスはサハラ砂漠南部のアフリカ中央部から発掘されており，人類の起源地の詳細については今後の研究が待たれるところである。

猿人▶　従来の猿人はアウストラロピテクス *Australopithecus* という属名がつけられており，直立二足歩行していたと考えられている。最も古い化石が，アウストラロピテクス-アナメンシス *Au. anamensis*(約 420 万〜390 万年前)で，続いて *Au.* アファレンシス *Au. afarensis*(約 370 万〜300 万年前)が出土している。その後進化した *Au.* ガルヒ *Au. garhi*(約 250 万年前)は石器を使用していた可能性が指摘されており，さらにホモ属へと続くと考えられている。

一方，別系統として，*Au.* アフリカヌス *Au. africanus*(約 280 万〜230 万年前)へ進化したのち，*Au.* ロブストス *Au. robustus*(約 180 万〜150 万年前)という頑丈(がんじょう)型猿人や，*Au.* エチオピクス *Au. aethiopicus*(約 250 万年前)から *Au.* ボイセイ *Au. boisei*(約 230 万〜140 万年前)という別の頑丈型猿人になったとも考えられている。また，*Au.* エチオピテクスは *Au.* ロブストスの祖先であるという説もある。いずれにしても，上記の 2 つの頑丈型猿人は絶滅した。

猿人である *Au.* ガルヒに続くホモ属はホモ-ハビリス *Homo habilis*(約 200 万

年前)であり，猿人と原人をつなぐ人類であった(▶図8-14-b)。

原人▶ その後，原人である初期のホモ-エレクトス *H. erectus* が約170万〜160万年前にあらわれた。原人はアフリカを出て，アジアでも生活を始めた。

ジャワ原人の古い化石は100万年以上前と考えられており，中国で発見されている原人は約100万〜40万年前のものと推定されている。最近，インドネシアのフローレス島において，約8万〜1万2千年前と考えられる小型の人類化石が発見され，原人の直系の子孫であると考えられている。

その後，原人からホモ-ハイデルベルゲンシス *H. heidelbergensis*(約50万〜20万年前)が進化し，アフリカ，ヨーロッパ，アジアに分布していたと考えられている。

旧人▶ 原人の次には，旧人といわれるネアンデルタール人 *H. neanderthalensis* が約20万〜3万年前にヨーロッパから西アジアにかけて生存した。しかし，後述するが，ネアンデルタール人は現代人の祖先ではなく，ついには絶滅したと考えられている。

新人▶ 新人であるホモ-サピエンス *H. sapiens* は，約20万年から約十数万年前にアフリカであらわれ，約10万年から数万年前には西アジアへ進出した。5万年ぐらい前からネアンデルタール人と一部の時期が重なったのち，約1万年前までに全世界へ拡散し，現代人にいたったと考えられている。

③ヒトの身体的変化

ヒトの類人猿との違いは，直立二足歩行，大型の脳，および小さな歯である。ヒトになるときの変化と，猿人から現代人までの変化について解説する。

[1] 直立二足歩行 樹上生活によって，身体を垂直に保ったことが前段階としての適応であったとする説がある。身体を水平にした四足歩行から，身体を垂直にした二足歩行に直接移行することは説明しにくい。その中間段階で，身体を垂直に保つ樹上での生活があったものと推測される。その後，体重の増大により樹上生活が困難になり，地上に降りた。直立二足歩行の前に，いわゆる腕歩行をした可能性も大きい(▶図8-15)。

[2] 脳の容積の増大 猿人の脳の容積は，類人猿のそれとあまりかわっていない。しかし，原人から旧人にかけて急速に容積を増した(▶図8-16)。これは，火と道具の使用によって著しく脳が発達したものと解釈される。

[3] 上肢と下肢 ヒト以外の高等霊長類の四肢については，上肢がより強力に発達しているが，長さは下肢とそれほど違わない。ヒトが直立二足歩行するようになって，脚は歩行のため，手は物を持ったり作業するために，それぞれ分化したと考えられる。そのため，ヒトの腕は腕歩行するほど長くはない。

[4] 歯と顔面 歯と顔面はともに単純化した。歯はヒトになってから，小さくなり，形が単純化し，歯弓列が放物線状になった(▶図8-17)。これらの変化は，

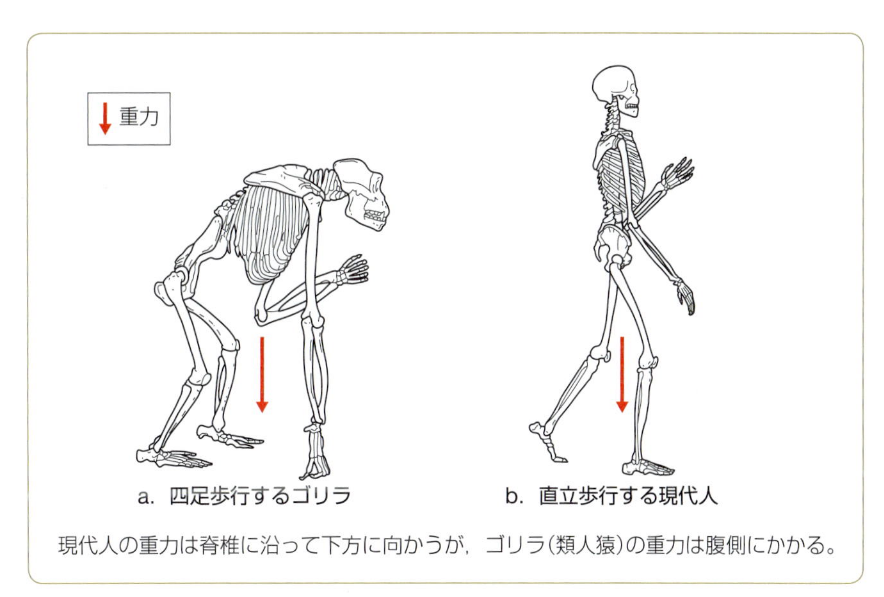

▶図 8-15　類人猿と現代人の歩行

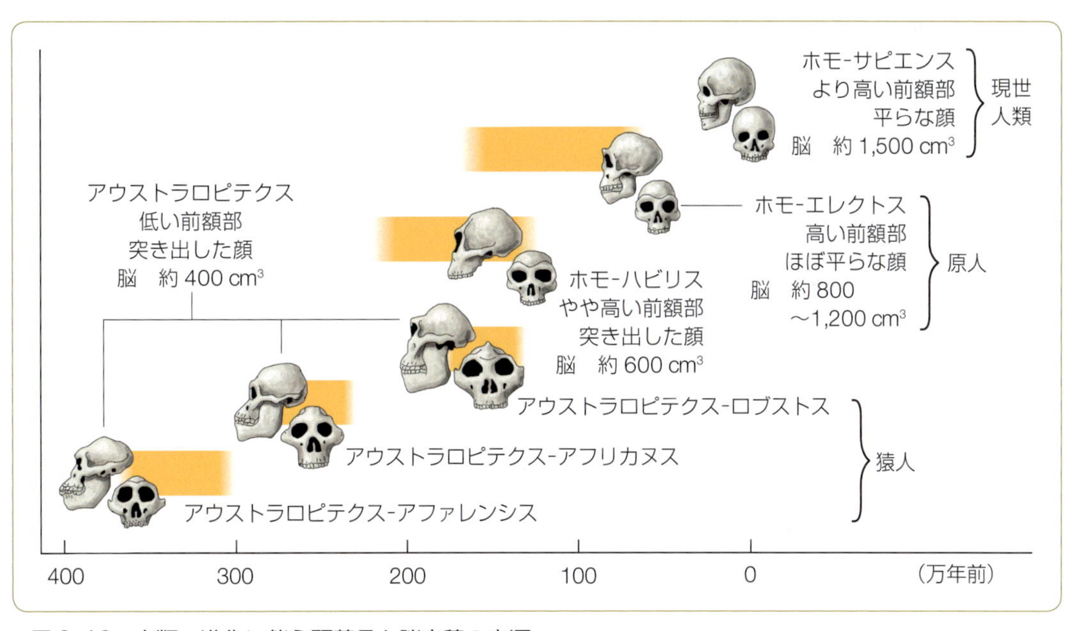

▶図 8-16　人類の進化に伴う頭蓋骨と脳容積の変遷

歯の用途がヒトになって大きくかわったことによる。ヒトになる前には，歯は生存に必要な武器，および肉をかみ切る役割を果たしていた。しかしヒトになってからは，火の使用によって調理された食物を単に咀嚼(そしゃく)する器官となり，下顎骨が著しく退化したことに伴って，歯にも大きな変化があらわれた。顔面の退化を補うために鼻が隆起し，鼻腔の広さを確保している。

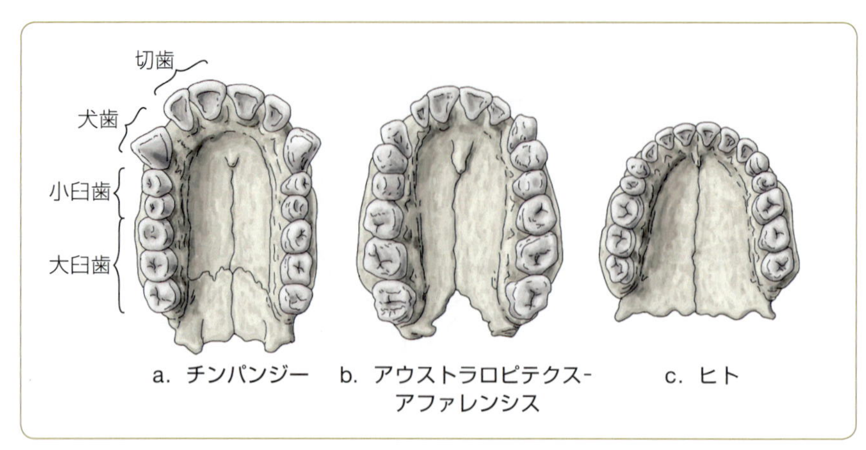

▶図 8-17 上顎の歯弓列の比較

④ ホモ-サピエンスの単一起源説

約700万年前から今日まで出現した人類の中で，唯一生存しているのはホモ-サピエンスのみである。その進化には，これまで2つの説があった。

多地域進化説▶ 1つは多地域進化説である。この説は，古典的な形質人類学に基づいて考えられたものであり，原人ホモ-エレクトスがアフリカからアジアやヨーロッパに拡散し，その地域でホモ-サピエンスに進化したというものである。つまり，北京原人やジャワ原人は現代アジア人の直接の祖先であり，原人の流れをくむネアンデルタール人は現代ヨーロッパ人の直接の祖先ということになる。

アフリカ単一起源説▶ もう1つの説であるアフリカ単一起源説は，近年の分子進化学的研究から導きだされたもので，人類は二度にわたってアフリカを出たというものである。それは，ホモ-エレクトスの出アフリカと，のちの時代におけるホモ-サピエンスの出アフリカである。両者は旧大陸において遺伝的には交流せず，最終的にはホモ-エレクトスは途絶え，ホモ-サピエンスが世界に分布を拡散し現代人になったというものである。

旧大陸
アフリカ大陸とユーラシア大陸(ヨーロッパ・アジア)およびこれらの周辺の島をさす。旧世界と同義の言葉である。

世界に分布する現代人を対象としたミトコンドリアDNA(mtDNA)の分子系統学(▶279ページ)的解析では，現代人の祖先のmtDNAが1つの系統にたどりつく(▶図8-18)。それを起源として考えると，まずアフリカ集団が少なくとも3系統に分かれ，多様性が高いことがわかる。その後，別の系統が第4のアフリカ集団に加え，アジア集団・ヨーロッパ集団・新大陸集団へと分かれて行く。

mtDNAの違いから分岐の年代を計算すると，アフリカにおいて約20万年から十数万年前に最初の系統が分かれ，その後，別の系統が分かれて行く。約10万年から数万年前に分岐した系統の一部がアフリカを出て，旧大陸，新大陸および大洋島へ拡散して行ったことが示されている(▶図8-19)。

ネアンデルタール人のmtDNA分析▶ 多地域進化説と単一起源説は論争を巻きおこしたが，現在では単一起源説に落ち着いている。それには，ネアンデルタール人のmtDNA分析が貢献した。

前述したようにネアンデルタール人は約3万年前に絶滅し，旧人とよばれることがある人類であるが，その骨は良好な状態で発掘されることがある。その

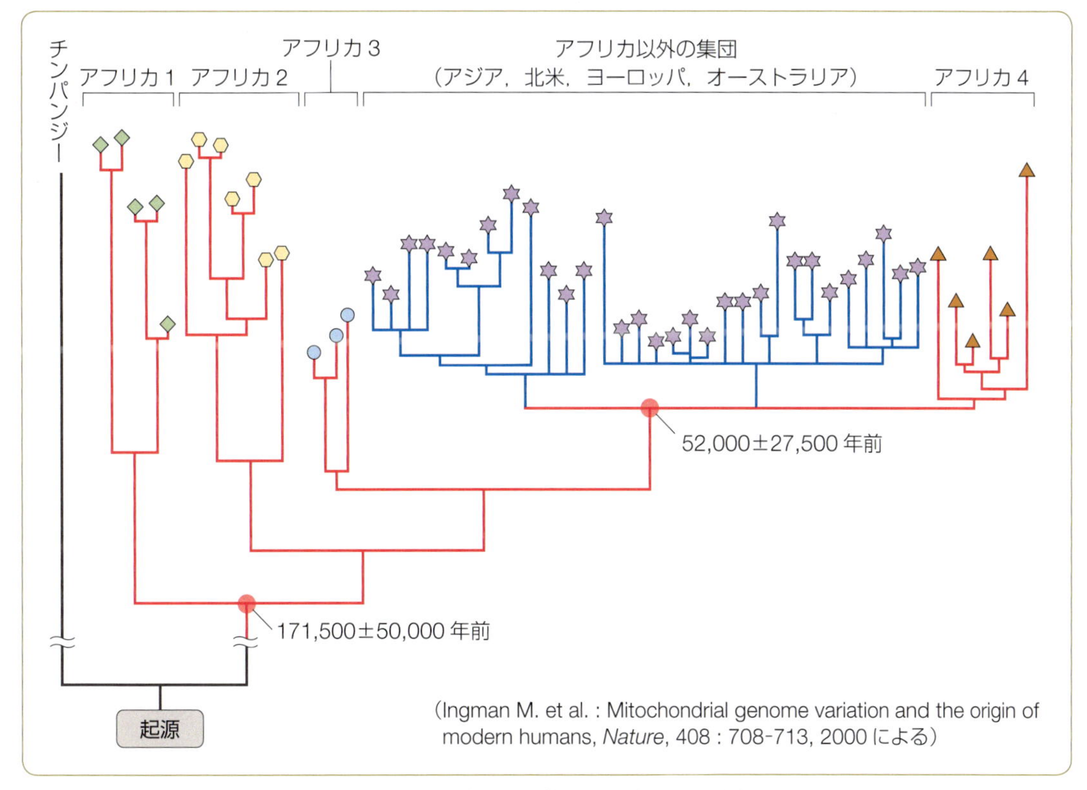

▶図8-18　ミトコンドリアDNA全塩基配列による世界の現代人の系統樹

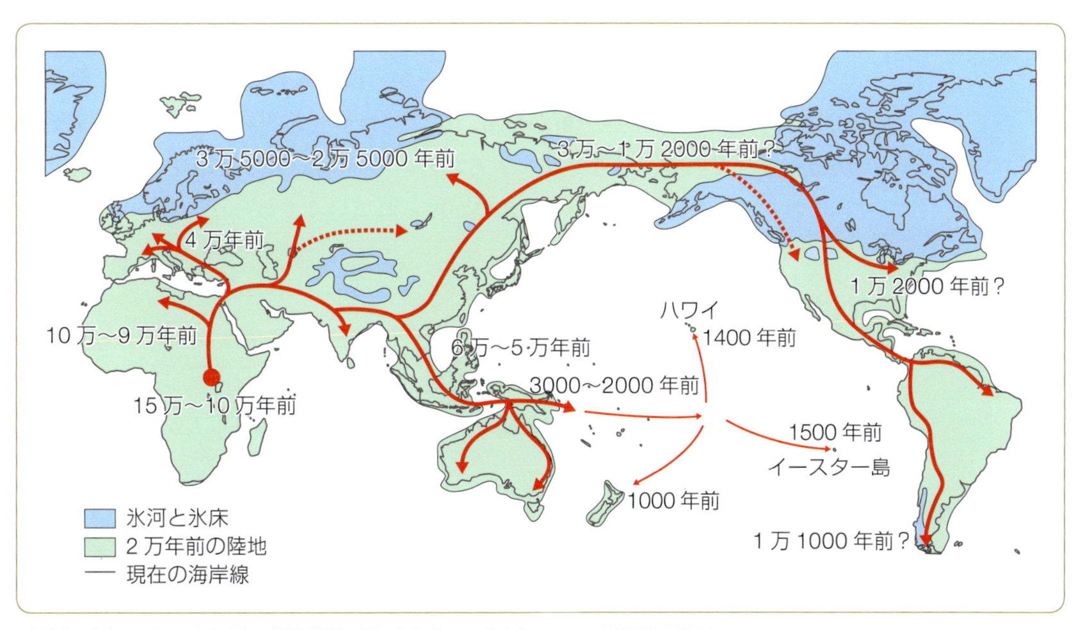

▶図8-19　アフリカ単一起源説に基づくホモ-サピエンスの移動の歴史

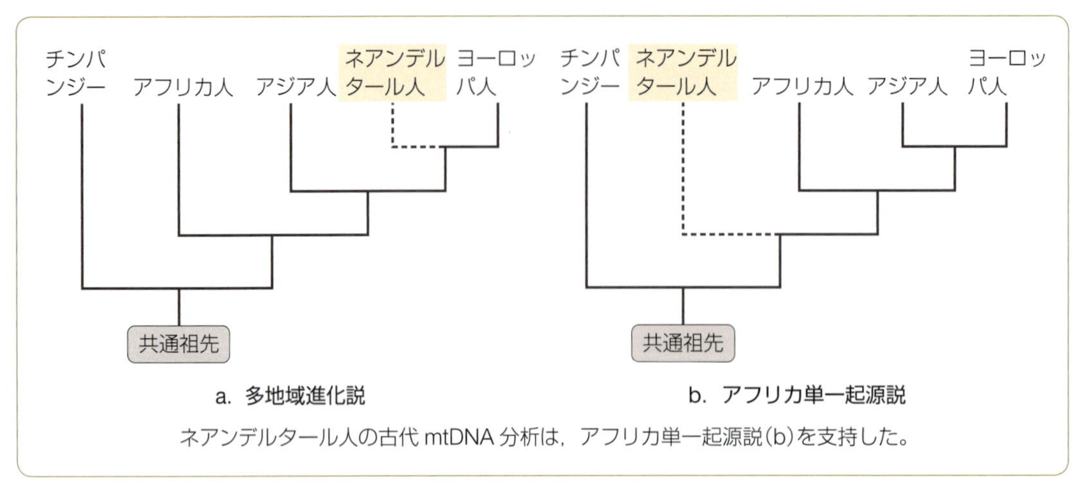

▶図 8-20　ネアンデルタール人と現代人の mtDNA 分析

骨から mtDNA を取り出し，現代人の mtDNA と比較することにより，2つの起源説のどちらが正しいかを判定できる。すなわち，多地域進化説が正しければ，ネアンデルタール人の mtDNA は現代ヨーロッパ集団と近く，アジア集団やアフリカ集団とは遠縁のはずである(▶図 8-20-a)。一方，アフリカ単一起源説が正しければ，ネアンデルタール人は現代人全体とは異なった mtDNA タイプをもつことになる(▶図 8-20-b)。

最近の分子遺伝学的技術の進展により，PCR 法(▶94 ページ「NOTE」)を用いて，数万年前のネアンデルタール人の化石骨からも DNA を検出できるようになった。その結果，ネアンデルタール人の mtDNA は現代ヨーロッパ人に近縁ではなく，現代人全体とは異なっていることが判明した。よって，この古代 mtDNA 分析は，単一起源説を支持することになった。

mtDNA は母系遺伝する遺伝子であるが，現代人の父系遺伝する Y 染色体 DNA 分析，さらに形態分析からも，アフリカ単一起源説を支持する研究成果が報告されている。最近では，ネアンデルタール人の核 DNA の解析も進められており，今後，さらに新しい知見が得られていくであろう。

⑤ 日本人の起源

日本人の起源となりたちの過程は複雑である。現在では，アジア大陸から日本列島へ移住し，遺伝的交流を繰り返しながら，現在の日本人が形成されたとする説が有力である。

日本列島への移住▶ 日本列島には，少なくとも 1 万年前にホモ-サピエンスが進出し，縄文人集団を形成していたと考えられている(▶図 8-21-a)。そのころには，日本の周辺には海峡が形成され，日本列島ができあがっていたと考えられている。

その後，約 2300〜約 1700 年前にかけて，大陸北部から朝鮮半島を経由して

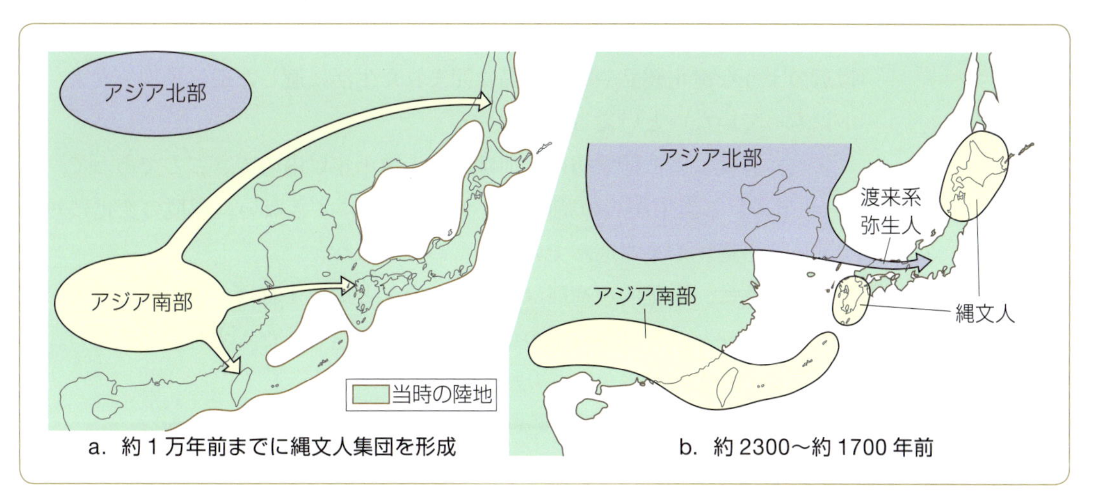

▶図 8-21　日本人の起源

日本列島へ渡来した人々を渡来系弥生人とよび，九州から日本内地全域に拡散した(▶図8-21-b)。そして縄文人を吸収しながら分布を広げていった。北海道や沖縄ではその影響が少なく，縄文人の特徴が多く残っていると考えられている。

このような日本人の形成過程は二重構造説とよばれる。

一方，約1500〜約800年前にかけて，北海道のオホーツク海沿岸ではアムール川下流域やサハリン周辺からオホーツク人とよばれる人々が南下していた。日本列島とその周辺における移住の過程は，古い人骨や石器・土器の研究に加え，DNAを用いた分子レベルの研究からも裏づけられるようになった。

⑥ 現生人類の進化

身体の変化▶ 現代人になってからも，徐々にではあるがヒトの身体は進化している。とくに著しいのは日本人にも見られる頭骨の前後長に対する横幅の割合(頭骨長幅指数)が大きくなる短頭化現象である。また，縄文時代から現代にかけて，顎が小型化し，親知らず(第三大臼歯)の数が減少する傾向にある。

ヒトは重い脳を脊椎で支えているが，骨盤と脊椎の構造はまだ十分に進化をとげていない。ヒトは，休息するときにはつねに足腰への負担を軽くする姿勢をとっている。このことは，直立二足歩行をするようになって数百万年を経過しているが，いまだに骨格が完全には適応していないことを意味している。

近年，交通機関の発達により，私たちが脚を使う機会はますます減る傾向にある。しかし，私たちの遺伝子型は，獲物を求めて自然の野山をかけめぐる生活に適するように，長い間の自然選択(▶277ページ)によってつくりあげられている。というのも，人類がチンパンジーとの共通祖先から分かれた約700万年前より約1万年前までは，原始的な生活のもとで厳しい自然選択の作用を受け，現在の遺伝的な多様性ができあがったと思われるからである。したがって，最近のような電化製品や石油製品に囲まれた生活に適した遺伝子型を元来，ヒトはもっていないといえるだろう。

また，飽食による糖尿病の増加は，ここ数十年以内のできごとであって，ホモ-サピエンス誕生からの時間に比べれば一瞬にすぎない。環境の変化に対して適応する進化がまだ進んでいないためであろう。

このように，文化的な進展は生物学的進化と比較すれば，けた外れに速いため，このアンバランスがヒトの将来に大きな問題をもたらすかもしれない。

E 進化のしくみ

① ダーウィン以前の進化論

生物進化のもとになる考えは，万物の根源を説明しようとした生命観・世界観・宇宙観として，古代中国や古代ギリシアに始まったとみてよい。中国の陰陽説や古代ギリシアの哲学は，もとより現代科学とは無縁であるが，原始的な博物学が育っていった。なかでも，アリストテレスは動物学の祖といわれ，分類・生殖・発生学の分野では，その後長い間，歴史に影響を与えた。

リンネの肖像画

18世紀に，スウェーデンのリンネ C. von Linné(1707〜1778)が近代分類学の基礎をつくったことから，生物の変異性の問題があらためて論議の対象となり，種の問題も生物の類縁関係を考慮すべきであるという認識が生まれてきた。その影響を受けて，ビュフォン G. L. L. de Buffon は創造説を否定し，唯物論的見解をもって，生物体は無数の微粒子よりなると主張した。チャールズ=ダーウィンの祖父エラスマス=ダーウィン E. Darwin(1731〜1802)は，『ズーノミア』(1794年)をあらわし，飼育動物にみられる変異や保護色にふれ，一種の進化思想を明らかにしている。

生物学の歴史において，科学的な進化論を世に出したのはラマルク J. B. Lamarck である。彼は『動物哲学』(1809年)，および『無脊椎動物誌』(1815年)をあらわし，生物進化の要因として獲得形質の遺伝を提唱した。彼の説は用不用説として知られている。ラマルクの用不用説が当時の生物学者に広く受け入れられたのは，この説が生物の精巧な適応現象をうまく説明するようにみえたからである。ラマルクの主張は，生物の進化を認識・指摘し，その機構を合理的に説明しようとしたこと，および動物の系統樹らしきものをつくったことなど，その功績はみとめられてよい。

現在では，DNA の遺伝暗号によってつくられるタンパク質が，形質を発現することが明らかになっており，環境要因によって DNA が変化することは考えられないので，ラマルクの説は否定されている。

② ダーウィンの進化論とその後の論争

自然選択説▶ チャールズ=ダーウィン Charles R. Darwin(1809〜1882)は，当時23歳の1831年から5年間，ビーグル号に乗船して世界各地をまわった。旅行中，ライエル C. Lyell の『地質学原理』(1830年)を読み，地層の変化がきわめてゆるやかであることを知り，生物界でもそれと同様なことがおきているのではないかと予想した。とくに，エクアドルのガラパゴス諸島を訪問して，そこにすむ生物の多様な形を見て進化の事実を確信したという。一方，マルサス T. R. Malthus の『人口論』(1798年)から**自然選択説**の示唆を得たともいわれている。その後も生物進化の証拠を集めて自説に自信をもち，発表の機会を待った。

ビーグル号

同じころ，ウォーレス A. R. Wallace は，東インド諸島で動物を観察・採集した結果から，ダーウィンと同じように，進化の要因として自然選択が重要であることを思いついた。ウォーレスはダーウィンほど多くの証拠を集めたわけではないが，むしろ直感的に進化と自然選択とを結びつけた。

そこで，2人のなかにたつ人があらわれて，1858年7月にリンネ学会の席上で，ダーウィンとウォーレスの論文が同時に発表された。また，ダーウィンは1859年11月に『種の起源』をあらわし，ここに世にいうダーウィンの自然選択説が述べられている。

適者生存▶ 『種の起源』では，① すべての動植物は，生まれる子の数のほうがその親の数より多い，② にもかかわらず，ほとんどの集団の大きさは比較的安定している，したがって遺伝的に適した個体が選ばれる，③ 自然界には非常に多くの変異が存在していて，そのある部分は遺伝する，ことが主張されている。ダーウィンの主張はひとことで**適者生存**といわれている。

その後の論争▶ キリスト教思想が支配していた当時のヨーロッパ社会で，ダーウィンの説は世間一般にはもちろん，生物学者の間でさえも受け入れられなかった。しかし彼の友人，とくにハクスリー T. H. Huxley の努力によって，しだいに認められるようになった。1863年，ハクスリーは『自然における人間の地位』をあらわし，人間とサルが同一祖先から生じたと主張し，ダーウィンの説を支持した。

ワイスマン A. Weismann はラマルクの説を否定し，ダーウィンの自然選択説のなかで闘争概念のみを強調すると同時に，自然選択の創造的な役割を無視した自説を出し，**ネオダーウィニズム** Neo-Darwinism と名づけた。ネオダーウィニズムに反対する立場は，ネオラマルキズム Neo-Lamarckism ともよばれる。

一方，ド=フリースは，オオマツヨイグサの変異体の研究(▶118ページ)から，(突然)変異によって進化がおこるとした**(突然)変異説**を提唱した(1901年)。また，ワグナー M. Wagner，グリック J. Gulick，ロマネス G. J. Romanes，ジョルダン D. S. Jordan らは，進化の要因として隔離を重視した説を提唱した。これらをまとめて**隔離説**とよぶ。

③ 集団遺伝学に基づく進化の総合説

集団遺伝学▶

キイロショウジョウバエ

1900年にメンデルの法則が再発見され，ついでモーガン(▶84ページ)からのキイロショウジョウバエを材料とした遺伝学が発展し，遺伝の科学的基礎がしだいに確立されていった。これに，生物統計学的手法を交えて，ダーウィンの自然選択説とメンデル・モーガンの古典遺伝学とが結びつき，**集団遺伝学** population genetics が誕生した。

集団遺伝学は，集団の遺伝的変化を研究する学問であり，進化の要因の研究には最も近い分野である。集団遺伝学は，実験的立場からはドブジャンスキー T. Dobzhansky を中心としたグループが，また理論的立場からはフィッシャー R. A. Fisher，ホールデン J. B. S. Haldane，ライト S. Wright らが研究を重ね，1つの学問体系となっていった。

進化は，必ずしも進歩や発展・向上・複雑化を意味するものではなく，その本質は「変化」である。たとえばABO式血液型では，A・B・Oの3種の対立遺伝子の集団中の頻度の合計は1である。これらの対立遺伝子の集団中の相対頻度が世代を経ても変化しなければ，進化はおこらない。

1908年に，イギリスのハーディ G. H. Hardy とドイツのワインベルグ W. Weinberg が，のちに**ハーディ-ワインベルグの法則**の基本となる論文を発表し，ドブジャンスキーらによって次のようにまとめられた。すなわち，① 交配が機会的に行われ，② 変異がなく，③ 自然選択がはたらかず，④ 移住がなく，⑤ 集団の個体数が無限に大きければ，集団中の対立遺伝子の相対頻度は変化しない。したがってこの集団では進化はおこらない。

この法則のなりたたない集団では，対立遺伝子の相対頻度が変化するので，なりたたない要因を解析すれば，進化の要因の解析につながるという意味で重要である。

進化の総合説▶ 集団遺伝学による進化の総合説では進化について，① 集団中の変異は進化の素材となる，② それらの変異に自然選択がはたらいたり，また，小集団では偶然の変動によって対立遺伝子の頻度が変化する，③ これらによって対立遺伝子の固定・消失がおこれば非可逆的変化がおこる，としている。

④ 分子進化

生物進化の機構の研究では，長年にわたり形態の表現型を対象にした研究が行われてきた。しかし，生化学的・分子生物学的技術の発展に伴い，分子レベルでの変化を知ることができるようになった。すなわち，遺伝子(DNA)やその直接の産物であるタンパク質の分子構造を分析し，進化の過程における分子進化，すなわちDNAの塩基配列やタンパク質のアミノ酸配列の変化を明らかにすることが可能となった。

分子時計▶ すでに「アフリカ単一起源説」(▶272ページ)においても紹介したように，共通起源から世代を経るごとにDNAの塩基配列は少しずつ変化していく(塩基置換)。この変化は時間の流れに対して一定であるため，**分子時計**とよばれる。分子時計を利用して，集団間や種間の違いを計測し，それに基づいて系統関係を示す系統樹を描いたり，分岐してからの時間(分岐年代)を算出したりすることができるようになった。このような学問分野を**分子系統学**という。その指標となる遺伝子にミトコンドリアDNAがある。

分子時計のイメージ

塩基置換
遺伝子 *A*
遺伝子 *B*
時間

ミトコンドリアDNAの特徴▶ すでに学んだように，細胞小器官のミトコンドリアには環状のDNAが含まれており，それをミトコンドリアDNA(mtDNA)という(▶19ページ)。mtDNAは核DNAと比較して，以下のような特徴があるため，系統を調べるマーカーとして用いられる。

(1) ヒトの核DNAが約3.1×10^9対(31億対)の塩基からなるのに対して，たとえば哺乳類のmtDNAは約16,500個の塩基を含むだけである。
(2) ミトコンドリア自体が母系遺伝することから，父系の遺伝子を考慮する必要がなく，集団の解析が容易である。
(3) 細胞分裂に際して，組換えをおこさない。
(4) mtDNAの塩基置換の速度は核DNAよりも約10倍速いため，遺伝的に近縁な集団の構造を比較するのにとくに有用である。これは，ホモ-サピエンスの世界的な多様性や，ネアンデルタール人との違いを検出できたことからも明らかである(▶272ページ)。

1981年に，哺乳類ではヒトとマウスではじめてmtDNAの全塩基配列が決定されて以来，現在までに多くの動物で全塩基配列が決定され，分子系統学的研究が進んでいる。

分類学的に大きく離れた2つの種，たとえばヒトとイソギンチャクの間でも，相同的な遺伝子内のDNAの塩基配列は類似しているため，両者のmtDNAを直接比較できる。

アミノ酸配列の比較▶ サンガーF. Sangerは，ウシのインスリンの全アミノ酸配列を決定した(1954年)。これを契機として，多くのタンパク質のアミノ酸配列が決定された。

ズッカーキャンドルE. ZuckerkandleとポーリングL. Paulingは，グロビン遺伝子の進化速度が，時間に対してほぼ一定であることを発見した。一方，フィッチW. M. FitchとマルゴリアッシュE. Margoliashは，シトクロムのアミノ酸配列を，アカパンカビからヒトまでの系統的に離れた20種の間で比較した。そしてその結果を，生物種間の差異をもとに樹状の図としてあらわした分子系統樹を作成した。

このように，まったく交配不可能な種間の遺伝的差異を量的に比較する方法が確立し，分子レベルでの進化遺伝学的研究は急速な進歩をとげている。さらに，PCR法や自動塩基配列決定装置(シーケンサ)の開発および，分子進化解析の理論とソフトウェアの開発・普及も研究の発展を促進している。

サンガーの功績

サンガーはアミノ酸配列決定の技術開発により，1958年にノーベル化学賞を受賞し，さらにDNAの塩基配列決定法の開発により，1980年に2度目のノーベル化学賞を受賞している。

分子進化の中立説▶　1968 年，木村資生は，蓄積された多くのデータから，「自然選択に対しほとんど有利でも不利でもない無関係(中立)な変異遺伝子の変異の速度は，いくつかの分類群で年あたりほぼ一定である」という**分子進化の中立説**を提唱した。

分子進化の中立説は，進化の要因として，偶然による変化も重要な役割を果たしていることを明らかにし，ダーウィンの自然選択説にはまったく取り入れられていなかった部分を補足した点で，大きな意義がある。

⑤ 現代の進化学

生物進化のメカニズムは，ダーウィンの自然選択説，進化の総合説，分子進化の中立説とを合わせ，現在では次のようにまとめることができる。

(1) 遺伝子や染色体に生じる変化は，毎世代ほぼ決まった率でおこっている。自然に生じる変異は，ショウジョウバエでは 10^5 遺伝子に 1 つ，またマウスでは 10^6 遺伝子に 1 つであり，どの生物も一般にこの程度の割合である。しかし，配偶子は数が多いので変異した遺伝子をもった配偶子はまれではない。変異のほとんどは有害であるから集団から除去される。自然選択に中立であったり，たとえ有害でも偶然に残るものもあり，それらは集団中に蓄積し，進化の素材となる。

(2) 有性生殖を行う生物では，減数分裂と受精の過程でこれらの遺伝子はいろいろに組み合わされる。したがって，配偶子の種類は無数に近いものとなる。

(3) 遺伝子型が異なると，子孫を残す能力に差が出て自然選択がはたらき，生存にとって有利な遺伝子は集団中の頻度を増し，不利な遺伝子は減少して，ついには対立遺伝子の固定・消失がおこる。

(4) このような自然選択の作用のほかに，集団の大きさが無限でないことから，偶然による遺伝的浮動がはたらき，生存にとって有利不利とは無関係に対立遺伝子の固定や消失がおこる(▶図 8-22)。集団を構成する個体数が少ないときには，この作用は自然選択の力よりもはるかに大きくなる場合がある。

(5) 自然選択または遺伝的浮動のはたらきが長く続けば，集団中で対立遺伝子の固定・消失がおこり，非可逆的変化となる。

⑥ 種が進化する要因

これまで見てきたような進化のしくみにより，種が分かれてきた。では，種とはいったいなんであろうか。

種の概念▶　種の定義の問題は長い間議論されてきた。いまだに明解はないが，おおよそ認められる種の定義は，マイヤー E. Mayr の生物学的種概念である。生物学的

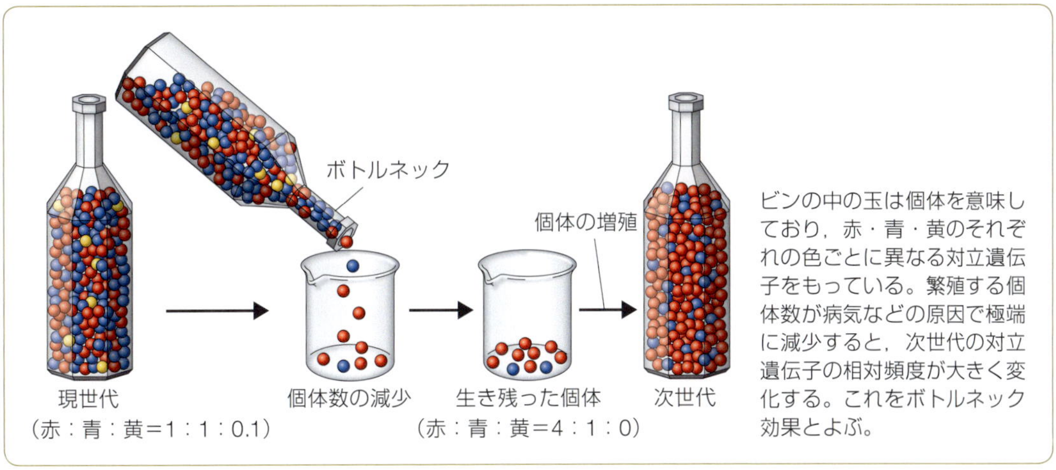

ボトルネック
個体の増殖
現世代
(赤：青：黄＝1：1：0.1)
個体数の減少
生き残った個体
(赤：青：黄＝4：1：0)
次世代
ビンの中の玉は個体を意味しており，赤・青・黄のそれぞれの色ごとに異なる対立遺伝子をもっている。繁殖する個体数が病気などの原因で極端に減少すると，次世代の対立遺伝子の相対頻度が大きく変化する。これをボトルネック効果とよぶ。

▶図 8-22　遺伝的浮動

集団A
集団C
集団B
a. 大陸(本島)から島へ移住
b. 山脈や河川の形成による集団の分断化
c. 中間域に分布した集団の絶滅による両端の集団の隔離

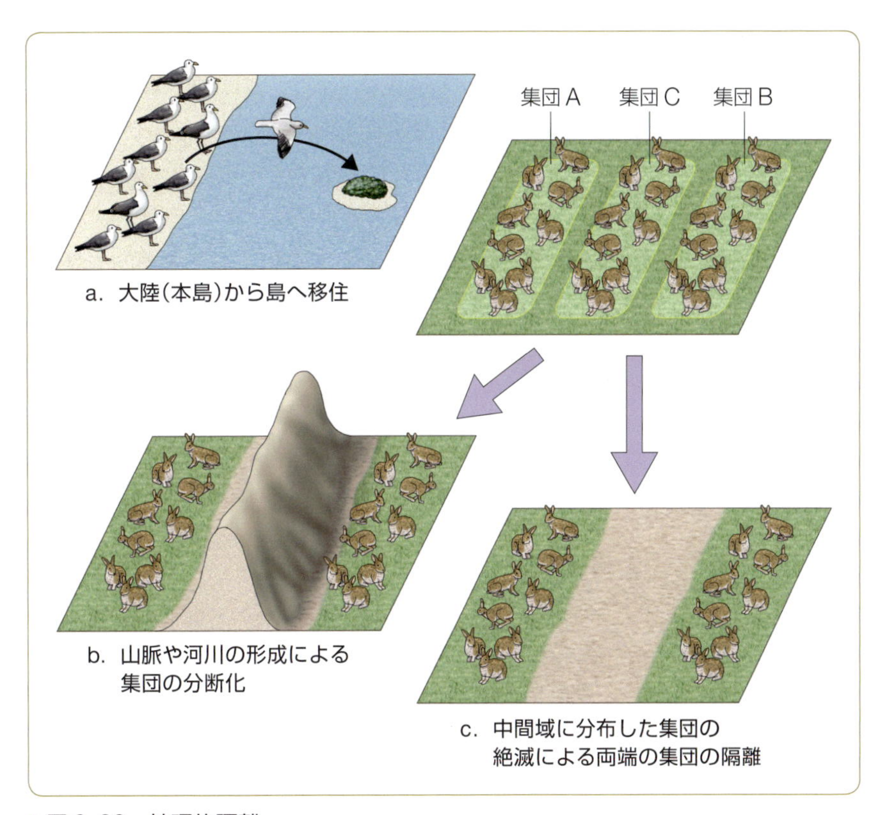

▶図 8-23　地理的隔離

種概念とは，互いに交配し，繁殖力のある子どもを残すことができる個体の集まりのことをいう。交配できない集団どうしは別種と考える。基本的には，同じ種に属す個体は，互いに出会うような生息地に存在しなければならない。

地理的隔離▶　陸上動物の種内で，地理的に2つの集団(集団Aと集団B)に分けられてしまう**地理的隔離**を考えてみよう(▶図 8-23)。

まず，鳥類が大陸から島に飛翔して渡ったあとの隔離がある。また，山脈や大きな河川による地理的障壁によっても，集団Aと集団Bは分断化され，出会う機会がなくなる。さらに，集団Aと集団Bの間に分布していた集団Cが絶滅することによっても，集団Aと集団Bは距離によって隔離され，出会うことがなくなることもあるだろう。

そして，世代を経るごとに集団Aと集団Bでは，独自に変異がおこり，選択による適応もはたらいてそれが固定されることが反復すると，遺伝的にも形態的にも互いに相違が大きくなる。また，集団のサイズが小さければ，遺伝的浮動により対立遺伝子が固定されやすくなる。程度の小さい違いは地域変異であり，分類学的には互いに亜種とよばれることもある。

生殖的隔離▶ さらに，集団間の遺伝的および形態的な違いが大きくなった時点で，もしなんらかの原因で互いの集団の個体が出会った際に，雌雄間で交尾しても，精子と卵をとりまく生化学的相違によりもはや受精できなかったり，受精できても受精卵が正常に発生できなかったり，発生は進んでも成長した個体の繁殖力がなかったりすることがある。また，集団間で生殖器の形態自体が分化し，もはや物理的に交尾さえできなくなっていることもあるだろう。さらに，たとえば，樹上と地上というように集団間ですみわけをするようになっていれば，やはり両集団の間で交配はおこらない。

このように遺伝的交流をもてない状態を**生殖的隔離** reproductive isolation といい，集団Aと集団Bは生物学的種概念に相当する種に分化しているといえる。

以上のように，種が形成される主要な要因は地理的隔離であり，その後の集団内での変異や自然選択も重要な要因になると考えられる。

ゼミナール

復習と課題

1. オパーリンの化学進化説にはどのような特色があるか述べなさい。
2. 次の化石生物の出現した時代を示しなさい。
   三葉虫・アンモナイト・始祖鳥・細菌・裸子植物・被子植物・哺乳類。
3. 魚類における顎の発達は，脊椎動物にどのような進化をもたらしたと考えられるか説明しなさい。
4. ほかの霊長類と比べながら人類の特徴について説明しなさい。
5. 人類進化の多地域起源説とアフリカ単一起源説について説明しなさい。
6. キリンの首が長くなった理由を，ダーウィンの自然選択説で説明しなさい。
7. 種とはなにかについて説明しなさい。
8. 種分化のしくみについて説明しなさい。

生物学

生物と環境のかかわり

生態学 ecology（エコロジー）は，生物とそれを取り巻く自然環境の関係を研究する生物学の一分野である。環境にやさしい生活を営むことを一般に「エコ」と表現するようになったが，これは「エコロジー」に由来している。

現代の生物学は，生命現象を組織や細胞，さらには分子レベルで解明しようとするミクロな研究分野がある一方で，動物や植物などの個体や集団を対象とするマクロの方向にも進展している。生物どうしは密接なかかわりを保っているため，ある生物にとって他の生物は環境の一部でもあり，ある空間における同種・異種の生物個体や集団，およびそれを囲む非生物的環境は，一体となって自然環境を維持している。

本章では，まず，同種内の個体や集団の関係を学び，次に，生物の種が互いにどのようなかかわりをもって生活をしているのかを，物質やエネルギーの循環を中心として学ぶことにしよう。

A 生物の集団

① 個体群とその成長

地球上の生物は，植物が 500 万種，動物が 1000 万種，微生物が 200 万〜300 万種に分類されると推定されている。そのうち，種名が命名されているのは動植物では 10%，微生物では 5% ほどにすぎず，まだ人目につかず分類されていない生物のほうがはるかに多いと考えられている。

個体群▶　各生物種では，多数の個体が集団をつくって生活している。この集団を**個体群** population という。生物は繁殖によって，個体数（サイズ）を増加しようとする。細菌類を例にとると，数十分に 1 回ずつ分裂するとすれば，1 日で全地球表面をおおいつくすぐらいに増えることになる。

個体数は，理論的には指数関数的に増加するはずであるが，実際にはこのようなことはおこらない（▶図 9-1）。地域の個体数を地域の広さで割った**個体群密度**がある値に達すると，環境の抵抗にあって個体数の増加はとまり，出生数と死亡数が同じになり，ある大きさの個体群で平衡状態が維持される。

環境収容力▶　その環境に存在する食物などの資源で維持できる最大の個体数のことを**環境収容力**という。個体数が環境収容力に近づくにつれて，資源が激減するため増加率は低下する。よって，実際には，S 字の形をした成長曲線を描いて個体数は増加する。これをロジスティック成長モデルという。

② 個体群密度の変動

個体群密度は環境の変化によって変動する。昆虫の個体数や一年生の草本の

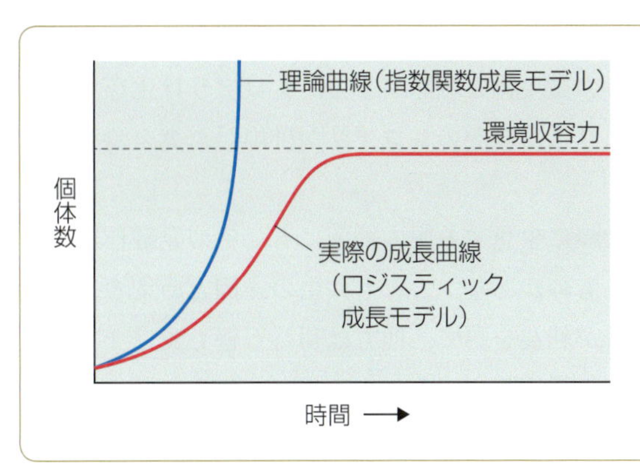

個体数は，理論的には倍々，つまり 2^n であらわされる指数関数成長モデルで増加することができる。しかし実際には，環境収容力に近づくと増加率は低下するため，S 字を描くロジスティック成長モデルとなる。

▶図 9-1　個体群の成長曲線

個体群密度が，季節にしたがって周期的にかわることはよく知られている。

湖沼や海に浮遊して自力で移動できないか，移動能力があっても弱いために水の動きにしたがって移動する生物をプランクトンという。植物プランクトンには藻類が多く，動物プランクトンには小型の甲殻(こうかく)類や種々の動物の卵や幼生などが含まれる。プランクトン量は，光量や水温，海水中にとけた栄養物質の量などの変化と，一定の関係を保って変動する。

③ 個体間の関係

生物は個体間で互いに関係をもって生活しているが，異種の個体と密接な利害関係で結ばれ，さらにその関係が種に特異的な生活様式として固定されている場合がある。

1 共生

共生▶ 異種の個体が，互いに利益を交換しながら生活する場合を**共生** symbiosis という。たとえば地衣類は，単細胞で葉緑体をもった藻類と，葉緑体をもたない菌類とが共同で生活する高度な共生体である。また藻類は，光合成によって栄養素を合成して菌類に与え，菌類はその菌糸で藻類を包んでこれを保護し，必要な水分や塩類を吸収して藻類に供給する。

共利共生▶ マメ科植物の根にこぶ(根粒)をつくる根粒菌とマメ科植物との関係も，上記の例と似ている。根粒菌は空中窒素を同化し(窒素固定)，窒素化合物を合成してマメ科植物に与える(▶295 ページ，図 9-10)。一方，マメ科植物は，光合成によって糖類などを合成して根粒菌に与える。このように，利益を交互に交換する密接な共同生活を**共利共生**という。

根粒

シロアリとその腸内に生息する特殊な微生物(原生生物や細菌類など)も共生している。これらの微生物はシロアリから栄養を供給されて生活している。一方，シロアリは摂食する木質を分解できないが，腸内微生物は木質内のセル

ロースを分解する酵素を産生してこれを消化し，糖を吸収する。シロアリの腸からこれらの微生物を駆除すると，シロアリは生存できなくなる。新しく生まれたシロアリは，ほかのシロアリが排出した糞(ふん)を食べて，微生物を体内に取り入れる。

ヒトの大腸に生息する腸内細菌にも，その発酵作用でビタミンを合成してヒトに与えるものがあり，これも共生の一例といえる。

片利共生▶ 一方だけが利益を得て，他方は利益も害も受けない場合を**片利共生**(へんりきょうせい)という。フジナマコの排出腔に出入りするカクレウオは，フジナマコによって外敵から防衛され，フジナマコを離れては生存できない。しかし，フジナマコはカクレウオからなんの利益を受けることもなく，カクレウオがいなくても生存できる。

コバンザメ

コバンザメは，大型のサメやエイの腹側に吸盤で吸いついて，自分では泳げない距離を移動し，餌(えさ)のおこぼれを得ている。サメやエイはたいした害も受けないので，コバンザメだけが利益を受けていると考えられている。

2 寄生

ギョウチュウの一種

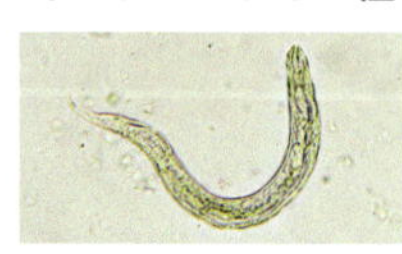

共同生活をする2個体のうち，一方が他方に利益を与え，他方から害を受ける関係を**寄生** parasitism といい，前者を**宿主**(しゅくしゅ) host，後者を**寄生者** parasite という。宿主はつねに寄生者より大型の生物である。ヒトに寄生するカイチュウおよびギョウチュウ(ともに線形動物)などの寄生虫がこの例である。

寄生バチや寄生バエは，宿主(ほかの昆虫など)の幼虫の体内に卵を産みつける。卵からかえった幼虫は寄生者として，宿主のからだを食べて成長し，羽化するとき宿主を殺す。

3 競争とすみわけ

生物群集とニッチ▶ 同じ地域に共存する複数の生物種のことを**生物群集** biological community という。さらに，ある生物種が環境中の資源を利用するすべての方法，つまり生物群集におけるその種の役割を**生態的地位** niche(**ニッチ**)という。

競争とすみわけ▶ 図9-2は，培養管中の3種のゾウリムシ *Paramecium*(原生動物)の個体数の変動を示している。3種を別々に飼育すると，個体数が急速に増加してやがて平衡状態に達する(▶図9-2-a〜c)。

アウレリア *P. aurelia* とよばれるゾウリムシと，別種のゾウリムシのカウダツム *P. caudatum* は，同じ種の細菌を食べるため，同様な生態的地位をもつ。そのため両種を混合飼育すると，食物摂取の争いがおこる。このような同一空間で生活する同種や異種の個体が争うことを**競争**とよぶ。競争の結果，増殖率の高いアウレリアは個体数を増加させるのに対し，カウダツムは減少し，絶滅する(▶図9-2-d)。

それに対して，培養管上層の細菌を食べるカウダツムと，下層部の酵母菌を食べるゾウリムシであるブルサリア *P. bursaria* は異なる生態的地位をもってい

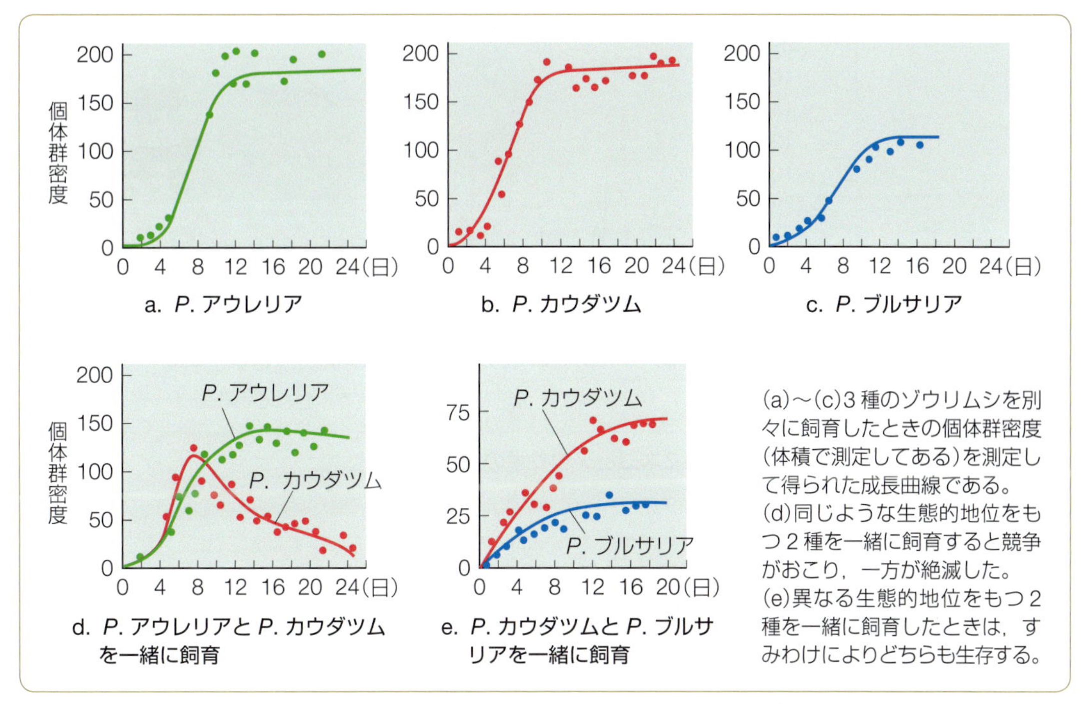

▶図 9-2 ゾウリムシでの競争とすみわけの例

る。そのため種間競争がおこらず，それぞれの個体数が増加する(▶図 9-2-e)。

このように，同種や近縁種は，環境に対する食物などの要求が一致しやすいので競争がおこりやすい。これを避け，生息する場所を別にして個体間の平衡を保つことがある。これを**すみわけ**という。

1つの河川の上流にイワナ，その下流にヤマメが生息しているのはすみわけの例である。生息の境界線は水温 13～15℃の線であるが，上流にイワナがいなければ，ヤマメはこの境界線をこえて上流まで広がる。このように，すみわけによって両種間で個体数の平衡が維持される。

4 捕食者と被食者

異種の個体間には，食物連鎖(▶291 ページ)の上位の動物である**捕食者** predator(天敵 natural enemy)と，餌になる**被食者** prey という関係もある。

図 9-3 は，1845 年から 1935 年までの，カナダにおけるノウサギとオオヤマネコの毛皮の取引数の変化を示したもので，これは両種の個体数と比例すると考えてよい。ノウサギはオオヤマネコに捕食されるため，まずノウサギが増加すると，続いてこれを捕食して栄養状況がよくなったオオヤマネコが増加することが周期的におきていることがわかる。

しかし，自然環境が破壊されると，個体群間の相互作用は大きく乱れて平衡が破れる。たとえば，アメリカのアリゾナ州のカイバブ高原は 3,000 km^2 の広さがあり，20 世紀のはじめのころに，4,000 匹のシカがいたと推定される。と

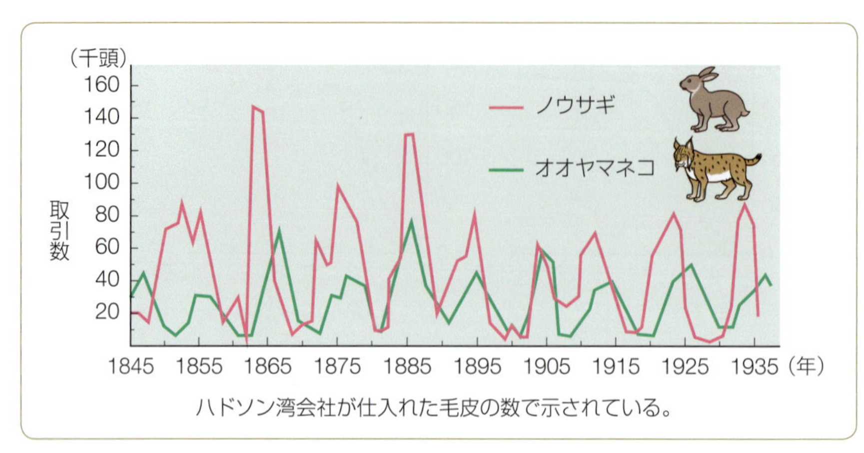

▶図 9-3 オオヤマネコとノウサギの個体数の変化

北海道に生息するニホンジカであるエゾシカの個体数が急増しており，農林業への被害や自然植生の破壊をまねいている。
(知床にて撮影)

▶図 9-4 個体数が急増しているエゾシカ

ころが，その捕食者であるピューマは 1939 年ころまでに 816 匹，コヨーテは 7,388 匹が捕獲され，オオカミも全部除かれた。その結果，シカの個体数が爆発的に増加し，1924 年までに 10 万匹に増えた。これは高原の収容力をこえていたので，シカの 60％は餓死し，1939 年に生き残ったのは 1 万匹にすぎなかった。

わが国においても，最近はニホンジカが急増しており，植林した樹木も含めた食害により，農林業への被害や，生態系のバランスの崩壊をもたらしたり，交通事故の増加もまねいている。北海道においては，東部地域で増えすぎたエゾシカが西部地域へ大規模に移動しつつある。また，世界自然遺産に登録されている知床(しれとこ)においてもシカは増加しており，冬期における樹皮や森林の地表面の低木への食害が著しい(▶図 9-4)。

エゾシカの激増には，① シカの捕食者であるオオカミが明治初期に絶滅したこと，② 増加した牧草地に侵入して栄養を補給できるようになったこと，③ 狩猟人口の減少に伴い狩猟圧が減少していること，などが複雑に影響していると考えられている。

B 動物の社会

① なわばり

なわばりをつくるアユ

動物の個体や集団は生活に必要な空間を，ほかの個体や集団から侵入されないように防御して維持する。この空間を**なわばり** territory という。「アユの友釣り」は，なわばりをつくるアユの性質を利用した，わが国に固有の釣り方である。アユは，川底の石に付着する藻類を餌として，特定の場所になわばりをつくる。別のアユがこのなわばりに入ってくると，からだをこすりつけて追いはらう習性があり，これを利用している。

また，生殖を行うためのなわばりは，雌雄一対で一定の期間設置されることが多い。なわばり内で雌は産卵し，雄はほかの雄を威嚇(いかく)して，これをなわばりの外に追い出してなわばりをまもる。

なわばりをつくる習性は，哺乳類をはじめ，鳥類・爬虫(はちゅう)類・両生類・魚類のすべての脊椎動物や，多くの昆虫にみられる。

なわばりには生殖のための季節的に限られたものもあるが，常時維持されるものもある。一度なわばりができると，その個体は同種のほかの個体に対して先住権をもつので，なわばりは食物の分配にかかわる社会秩序を維持するための制度とみなすことができる。

② 社会階級

順位▶ 群れをなして生活する動物では，社会の秩序を維持するため，たいてい社会的階級の区別，つまり**順位** dominance hierarchy がみられる。この知見は最初ニワトリの観察から始まった。数羽のニワトリを一緒に飼っていると，A が B をつつき，B が C をつつくというように順位が決まってくる。順位のトップにたつのは，たいてい若い雄である。新しいニワトリを群の中に加えるとつつきの順位は変化していき，また雄を去勢すると順位が下がる。順位は昆虫のアシナガバチや，魚類，鳥類，哺乳類などにもみられる。

リーダー制▶ ニワトリの個体群では，外敵が近づくと群の中の 1 羽が警戒音を発し，その行動に従って一群が行動する。このような場合，一群の行動を支配するものを**リーダー** leader という。リーダー制は，集団生活をする哺乳類に広くみられ，最も順位の高い 1 頭あるいは数頭の個体(雄または雌のどちらか)がリーダーとなる。

雌雄で構成されるサルの集団社会では，強い雄ザルがリーダー(ボス)となり一群のサルを支配し，外敵に対して率先してたたかう。ボスは全群の雌を従え，雌は乳児を保育して，その周囲を準ボスザルや若い雄ザルたちが見はっている。

③昆虫の社会

ハチやアリなどの昆虫は，社会をつくって生活する**社会性昆虫** social insect である。社会では個体間に分業がおこり，社会での役割によりからだの構造も違っているので，これらの昆虫の個体は社会を離れては生活できない。

ミツバチの社会

女王バチを働きバチが囲んでいる。

ミツバチは2万〜3万匹の個体が1つの巣で共同生活を営む。女王バチは1集団に1匹だけで，生涯に1度だけ交尾して受精嚢に精液をたくわえる。産卵の際には，受精嚢から精子が出て受精する。1日の産卵数は1,500個に達する。

働きバチは巣をつくり，栄養物となる花蜜(かみつ)や花粉を集めて幼虫を育てる。ミツバチ社会の大部分の個体は働きバチである。働きバチは遺伝的にはメスであるが，女王バチの分泌するフェロモン(▶246ページ)の作用と，幼虫時に与えられる餌の差によって，卵巣の発達が停止した個体である。女王バチの産卵の際に受精しない卵があり，この未受精卵からは雄バチが単為生殖により生まれる(▶141ページ)。雄バチの数は少なく，秋になると働きバチに刺されて殺される。

アリやシロアリの社会では，女王のほかに兵アリと働きアリがいて，兵アリは巣の防衛にあたり，働きアリは営巣，食物集め，幼虫や女王の飼育を行う。

C 生態系の経済

ある地域のすべての生物(**生物群集**)と，その非生物の環境の全体をひとまとめにして**生態系** ecosystem といい，生態系を通じて行われるエネルギーや物質の流れを，生態系の経済という。

①生産者・消費者・分解者

生態系を栄養の流れからみたとき，植物は生態系を構成する全動物の食物を生産することになる**独立栄養生物**である。太陽エネルギーを利用した光合成(▶46ページ)により，二酸化炭素と水から有機物(グルコース)を合成する植物および藻類を，**生産者**という。

生産者を食物とする**従属栄養生物**である動物を，**消費者**という(▶図9-5)。これを食べる動物がいるときは，食べられるほうを一次消費者という。一次消費者を食べる動物を二次消費者といい，さらにこれを食べる動物を三次消費者という。これらの生物の排出物や遺体を分解する菌類や細菌類は，**分解者**とよばれる。

こうして生態系の全構成員が養われ，廃物や遺体が処理されて生態系の平衡が保たれている。

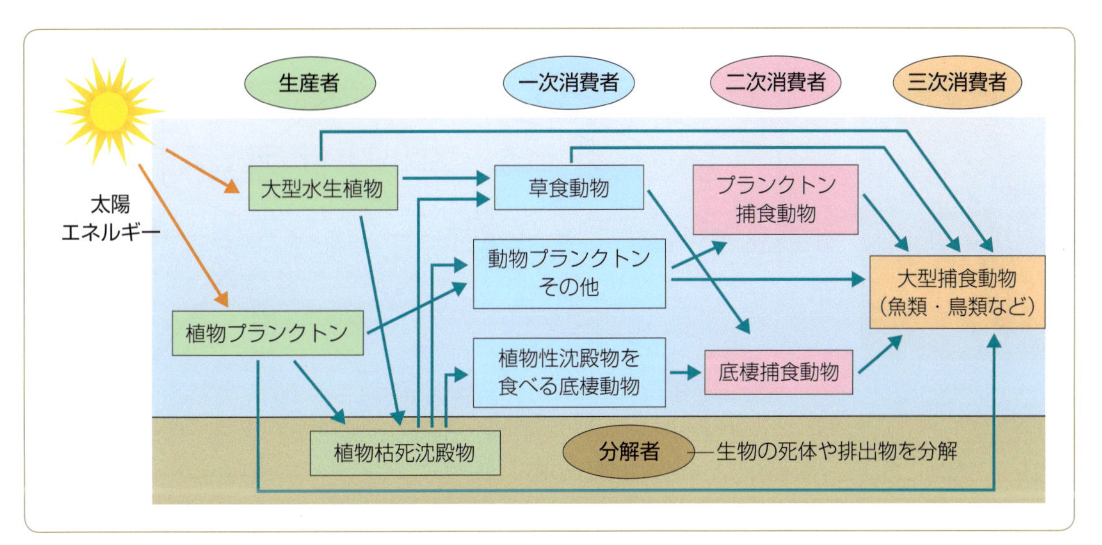

▶図 9-5 湖沼生態系における生産者・消費者・分解者の関係

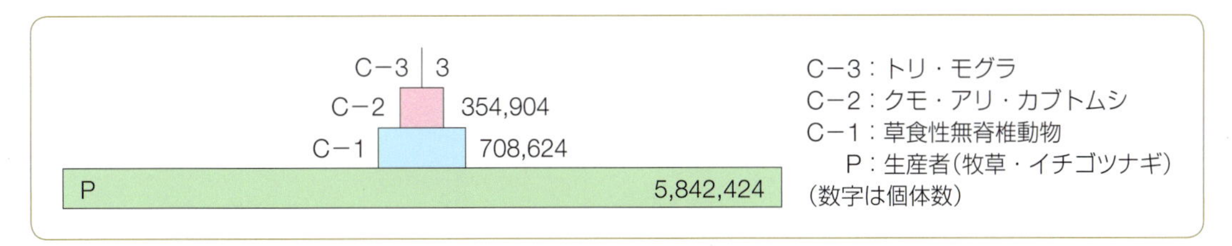

▶図 9-6 牧場における生態ピラミッド

② 生態ピラミッド・食物連鎖

どの生態系でも，生産者の個体数が最も多い。これにつぐのが一次消費者の個体数で，さらに二次・三次と，消費者の階段(栄養段階)が上になるほど個体数が少なくなる。そこで，生産者数を底辺にして一次・二次・三次と栄養段階を重ねると三角形のような形となる。これを**生態ピラミッド**という(▶図 9-6)。一般的に，各栄養段階の動物は，食べた生物のもつエネルギーの約 10％をみずからの体内へ取り込む。生態ピラミッドは，個体数や生物量(▶次節「③ 生態系の生産力」)，エネルギーなどであらわされる。

生態系における捕食者と被食者の関係は複雑で，網状の関係となっていて，それらのつながりを**食物連鎖** food chain という(▶図 9-7)。

③ 生態系の生産力

一般に生態系の経済においては，生産者である植物が光合成でつくり出す有機物が，生態系のすべての生物群集を養うことになる。したがって，生産者の生産力は，生態系が収容できる生物群集の個体数を規定することになる。つま

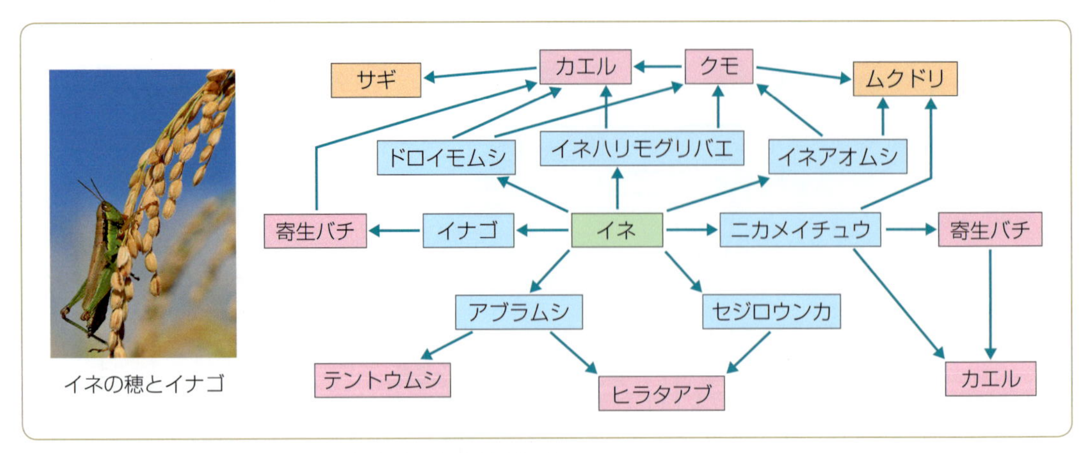

▶図 9-7　農地におけるイネを中心とする食物連鎖の例

▶表 9-1　各生態系の純生産量と生物量

生態系	純生産量 乾燥量(g/m²/年)	生物量 乾燥量(kg/m²)	純生産量/生物量 ×100(%)
熱帯多雨林	2000	45	4.4
温帯林	1300	30	4.3
亜寒帯林	800	20	4.0
サバンナ	700	4	17.5
温帯草原	500	1.5	33.3
耕地	600	1	60.0

り，光合成によってつくり出される有機物の量により，その生態系の生産能力の大きさが決定されることになる。

生物量・純生産量▶

ある生態系の単位面積あたりの生物の総重量を**生物量** biomass（バイオマス）という。植物群落の場合，緑色植物は光合成によって生物量を増やすが，単位面積あたり 1 年間に増加した生物量を**純生産量**という（▶図 9-8）。植物は生活を維持するために合成した有機物質の一部を，呼吸によって分解する。そこで次の式が成立する。

総生産量＝純生産量＋呼吸量

総生産量の中に占める呼吸量の割合は，生態系の種類によって異なるが，森林ではほぼ 60％である。次に純生産量に対する比率を求めると，単位量の植物が，1 年間にどのくらいの割合で成長するかを知ることができ，この数値から生態系の成長速度を知ることができる。

表 9-1 に，各種類の生態系の平均的な純生産量と生物量，ならびにその比を示した。森林の純生産量はかなり大きいが，根や茎に利用され，また落葉や枯死体となって消費されるので，成長速度は草原には及ばないことがわかる。

海洋の生産者は植物プランクトンで，生産力は温度・日照（光量）および水中の栄養物質の濃度に左右される。北極の万年氷の下の弱光のもとでは，生産量は乾燥量で 2 g/m^2/年ぐらいにすぎない。沿岸では栄養物質が河川からも流れ込むため，環境条件のよい場所では，乾燥量で 3,000 g/m^2/年にも達する。このため，消費者である魚類も多くなる。したがって，世界の有力な漁場は沿岸に存在することになる。

④ 生態系のエネルギーの流れ

エネルギー量

生物によって固定されたエネルギーの量は，熱量で表現することができ，その単位としてカロリー(cal)が用いられることが多い。カロリーは，生物学や栄養学においてのみ用いられる(▶42ページ)。

太陽エネルギーは生産者によって固定され，有機物質として利用されるが，固定されるエネルギー量は少ない。乾燥した植物 1 g を燃焼させると，平均 4.25 kcal の熱が発生するが，これは照射された太陽エネルギー量のわずか 1% 程度である。

生産者はこの有機物を呼吸によって消費し，一部は落葉・枯死体となって分解者により分解され，残りは一次消費者の食物となる(▶図 9-8)。一次消費者も有機物を呼吸によって消費し，また排出物や遺体となって失い，残りは二次消費者に食べられる。これを最高次の消費者にいたるまで繰り返す。

落葉・枯死体・遺体などは，いずれも分解者の生活に利用され，最後の段階

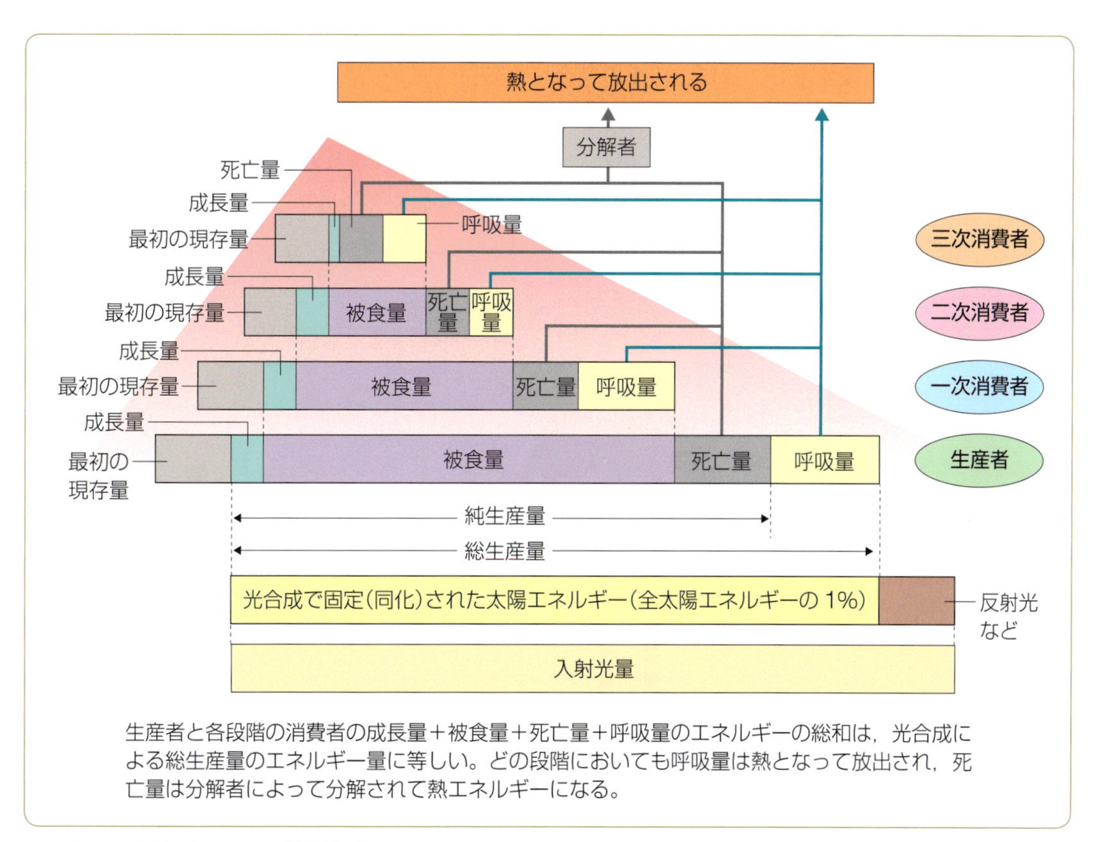

生産者と各段階の消費者の成長量＋被食量＋死亡量＋呼吸量のエネルギーの総和は，光合成による総生産量のエネルギー量に等しい。どの段階においても呼吸量は熱となって放出され，死亡量は分解者によって分解されて熱エネルギーになる。

▶図 9-8　生態系における物質収支

まで分解され，エネルギーはすべて熱となって拡散する。

このように，生産者により固定された太陽のエネルギーは，消費者または分解者に使われることにより，すべて熱になって放散されることになる。

D 生態系の物質循環

生物群集のはたらきによって，生態系の中で物質の循環がおこる。生態系の中での物質の循環速度は，生物の生活に共通な物質ほど速い。

① 炭素の循環

生体を構成するおもな物質であるタンパク質・脂質・炭水化物（糖質）などのすべての有機物は炭素原子を含んでいるが，この炭素はすべて光合成で取り込まれた大気中の二酸化炭素（CO_2）に由来する。

炭素は CO_2 として大気中に約 6×10^{11} t（トン），海洋中には CO_2 あるいは炭酸塩としてとけている量が 3×10^{13} t あって，植物が光合成で同化する量は年間 2×10^{11} t と推定されている。光合成量は，陸上植物と海洋プランクトンとで比較すると，ほぼ 10：1 の割合である。

生体内に入った炭素は，呼吸によって再び CO_2 になり，大気中や水中に戻される（▶図 9-9）。しかし，その量は取り入れられた炭素量の 30〜50％にすぎない。残りは有機物として生体を構成する分子となり，死後，菌類や細菌類に

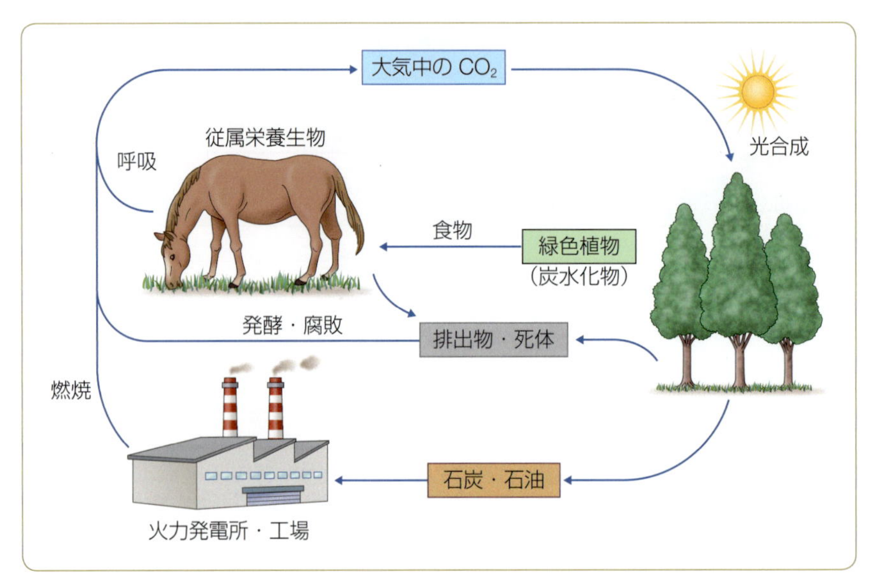

▶図 9-9　炭素の循環

よって分解されて CO_2 に戻り，大気や水中に放出される。

石炭や石油などの化石燃料は，古代の生物の遺体に由来するものであり，燃やせば CO_2 になる。また，火山の噴気中にも CO_2 は含まれている。

このように CO_2 は，一方では生体に取り入れられ，他方では放出されて補われ，大気中の濃度はほぼ0.03％に保たれている。

CO_2 には，メタン(CH_4)や冷却機器の冷却用溶媒として用いられるフロンなどとともに，赤外線や近赤外線(熱線)を吸収する作用がある。したがって，これらが増えると地熱や太陽光線の赤外線・近赤外線を余計に吸収するため，大気の温度を上昇させる。これを**温室効果**といい，**地球温暖化** global warming を進める大きな要因である(▶302ページ)。

フロン

クロロフルオロカーボンは，塩素を含む炭素とフッ素の化合物の総称で，一般にフロンとよばれている。

② 窒素の循環

窒素は，生体内ではタンパク質や核酸・葉緑素などの成分である。大気の約80％を占めている窒素は，土壌中のアゾトバクターやクロストリジウム，マメ科植物と共生する根粒菌，ラン藻類などの生物により利用され，窒素化合物に合成されるだけで，一般の生物は直接これを利用することはできない(▶図9-10)。また，大気中の窒素は雷の空中放電で酸化され，雨水にとけて地上に降り，植物に利用される。

地中のアンモニウムイオン(NH_4^+)は，亜硝酸菌によって亜硝酸イオン(NO_2^-)となり，さらに硝酸菌の作用で硝酸イオン(NO_3^-)となる。そして緑色

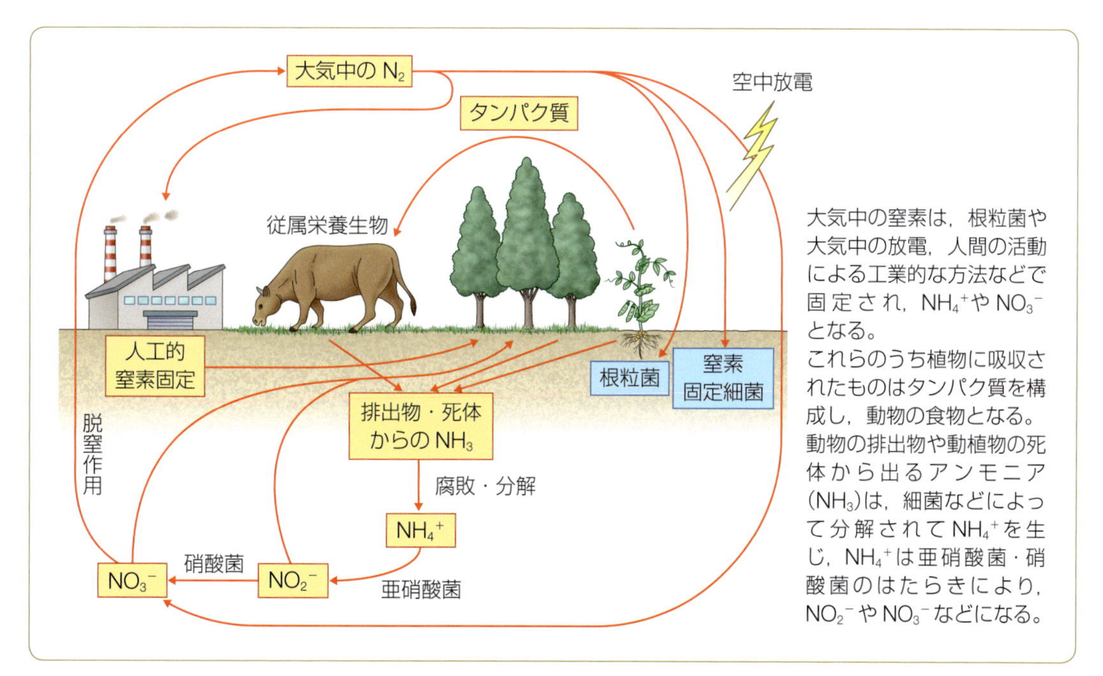

▶図 9-10　窒素の循環

植物に吸収されて，タンパク質の構成成分の一部となる。このタンパク質は，さらに動物に摂取されて動物体を構成するタンパク質にかわる。

動植物の死体あるいは排出物は，地中の細菌の作用で分解されてアンモニウム塩を生じ，前述の経過を経て再び植物に取り入れられる。空中窒素を工業的に固定した硫酸アンモニウム(硫アン)など，アンモニウム塩は肥料として使われている。

③ 塩類の循環

生体を構成する元素のうち，炭素(C)と酸素(O)は二酸化炭素(CO_2)，水素(H)は水(H_2O)に由来している。カルシウム(Ca)や鉄(Fe)など，そのほかの塩類元素はすべて塩やイオンの状態で体内へ取り入れられ，有機物の成分となったり，あるいは溶質として体液や原形質の機能の維持にはたらいている。それらの塩類は順次，排出物として排出される，または死体となったのちに分解されることにより，もとの塩類に還(かえ)る。

生態系では，土壌あるいは水中に塩類がプールされていて，生体とそれらのプールとの間に循環がおこる。岩石の風化や雨などによって岩石中の塩類がとけ出し，塩類を増加させる一方，沈殿などによって塩類は減少する。雨水や大気中に含まれる塩類の多くは，海水の飛沫に由来する。

耕地では，カルシウムや鉄などは地殻にゆたかに含有されているので不足しないが，カリウム・リンなどは不足しやすく，不足すれば作物が育たないので，肥料として補給することが必要となる。

ゼミナール
復習と課題

❶ 個体群の成長曲線を図示し，内容を説明しなさい。個体数の増加が一定の数で停止し，その後増加しないのはなぜか説明しなさい。
❷ 寄生と共生について説明しなさい。
❸ 類似した異種の個体群が同時に成長するときには，両者の成長曲線はどのようにかわるか。その理由も説明しなさい。
❹ 自然界における捕食者と被食者の個体密度の変化にはどのような関係があるか。
❺ なわばりの意義について説明しなさい。
❻ 生態系における生産者・消費者・分解者の関係を説明しなさい。
❼ 食物連鎖と生態ピラミッドについて説明しなさい。
❽ 生態系の生産力とはなにか説明しなさい。
❾ 生態系における炭素の循環について説明しなさい。
❿ 生態系における窒素の循環について説明しなさい。

地球環境とヒトとの共存

第 8 章でも学んだように，人類はおよそ 700 万年前に誕生して以来，自然環境に適応しながら進化と絶滅を経て，生活空間の拡大と文化の発達を導いてきた。人類は，試行錯誤を繰り返しながら，地球という限られた環境を利用し，文明によってもたらされた科学技術を人類の発展と福祉のために用いている。今日にいたるまでには，さまざまなできごとが歴史にきざまれてきた。しかし，生命の誕生以来の歴史に比べれば，まだそれほどの時間は経過していないといえるだろう。

本章では，最近の人間活動による環境への影響および，進化によってもたらされた生物多様性の保全を考え，今後，人類がどのように地球環境と共存すべきかを考えていく。

A 人間活動による環境への影響

① 人口の増加と食糧問題

1 人口の爆発的な増加

人口の推移▶ 地球上の総人口の推移は，図 10-1 に示すように，20 世紀になるまではきわめてゆるやかな増加にとどまっていたが，20 世紀に入ってから爆発的に増加している。18 世紀から 19 世紀にかけての産業革命ののち，20 世紀になってからこのように人口が爆発的に増加した原因は，第一に農業生産技術の向上と食糧備蓄が可能になったこと，第二に科学・医学の発達による乳児死亡率の低下と考えられている。

地球上の総人口がどこまで増加するかは，全人類にとって最大の問題の 1 つ

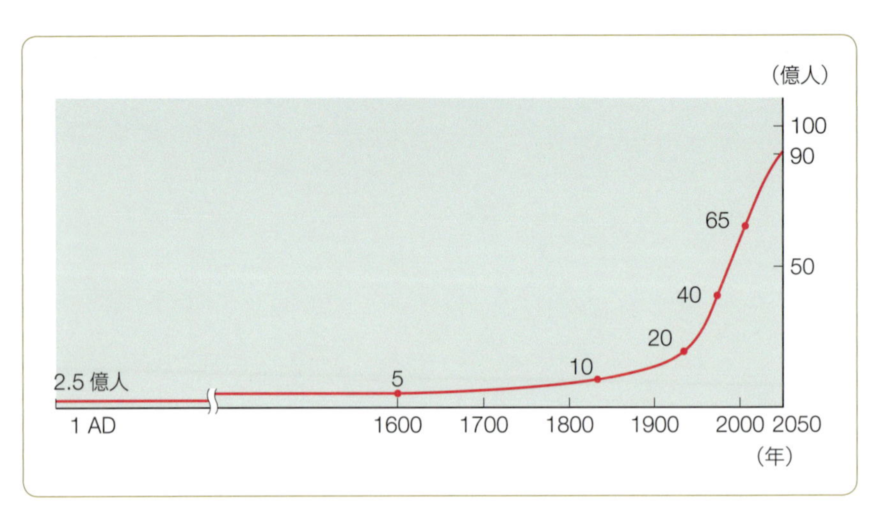

▶図 10-1　地球上の総人口の推移

である。2025年に78億人，2050年に90億人になるという予測もある。

人口増加に伴う問題▶ 300年以上前のまだ人口増加率が低かった時代には，人類はほかの生物と共存し，自然環境の変動に適応しながら，ゆるやかな社会を形成していたと考えられる。しかし，人口の爆発的な増加および文明の発達は，人類の居住地域を拡大し，今度は人類が自然環境に大きく影響を与えることになった。人類は，爆発的な人口の増加により世界経済を拡大していく一方で，環境汚染・自然破壊の道を歩んできたのである。

2 食糧問題

農業の拡大▶ 人類は，およそ8,000年前に農業の営みを開始して以来，自然の生態系をくずし，地表を改変してきた。最初は河口や大河流域の肥沃(ひよく)な土地を利用していたが，しだいに平野に広がり，開墾(かいこん)を進めた。

農業生産に利用できる土地は，極地を除いても全陸地面積の10%強しかない。この面積では，25億人を養うのが限界といわれていた。そこで先進国では，1950年ごろを境に，大量の化学物質とエネルギーを投入し，人工環境下で農産物の生産効率を高めた。

肉食の習慣

歴史上，農耕の時代よりも狩猟の時代のほうが先であったことから，人類は本来，肉食動物であったという見方もできる。

家畜の餌としての穀物▶ 先進国では穀物をそのまま食べずに，いったん家畜に食べさせて肉にかえ，それを食べる習慣がついている。肉食に慣れた人々にとっては，肉のないことは飢(う)えと感じる。これは，開発途上国などで進んでいる「絶対的な飢え」とは次元の異なる，「娯楽としての飢え」ともいわれている。

肉を得るには，ニワトリで2倍，ブタで4倍，ウシでは実に8倍の穀物を飼料として与えねばならない。言いかえれば，牛肉を食べることは，穀物をそのまま食べる人の8倍の食糧を1人で食べている計算になる。

放牧されているウシ

もちろん分配さえうまくいけば，地球規模での食糧の需要と供給のバランスはある程度は保てるであろう。しかし，食糧が欠乏している地域では，港や道路といった食糧を運ぶ施設が整っていないため，本当に必要な場所に届かないのが現状である。現在も世界の人口のおよそ1/9が飢餓・栄養不良の状態にあり，そのうちの2/3がアジアの人々である。

わが国の食料の自給▶ わが国は資源の乏しい国である。山地が多く平地面積が少ないため，食料の増産にも限度があり，多くの食料を輸入に頼っている。わが国の食料自給率は，農業人口の減少に伴って低下を続け，本来日本固有の食物まで輸入に頼っているのが現状である。

わが国では，1960年ごろの食料自給率(カロリーベース)は80%をこえていたが，2022年には38%にまで低下している。品目別では，2022年の自給率は，主食となっている米は99%だが，大豆は6%，小麦は15%，大麦・はだか麦は12%，牛肉は39%(飼料の自給率を換算すると11%)となっている。野菜についても，最近は中国からの輸入が増えており，残留農薬が検出されるなどの問題もおきている。

食糧と食料

食糧は主食となる米や麦などの食物をさし，それ以外も含めた食物全体の場合は食料と表記する。

いま世界の多くの国で，いわゆる「資源ナショナリズム」の傾向が強まっている。もし地球規模で凶作になったとき，わが国では多くの人々が飢えに悩まされなければならない。これを避けるには，著しく低下した現在の食料自給率を上げる必要がある。

② エネルギーの消費

化石燃料▶ 私たちの日常生活に電気は欠かせなくなっており，電気なしでは現代社会はなりたたない。人々は快適な生活を求め，膨大な量のエネルギーを消費しているのが現代社会である。

化石燃料の枯渇

数十年前より，化石燃料が枯渇するまで25〜30年と言われつづけている。掘削技術や回収技術の改良により利用可能な資源量が増えたことにより，枯渇までの年数はのびてきたが，いずれ限界を迎えることになる。

膨大な電力需要を満たすために，さまざまな方式で電力が供給されているが，その大きな割合を火力発電が占めている。火力発電に用いる石油や石炭などの化石燃料の資源量は限られており，人類はそれを使い果たしつつある。また，車や航空機の燃料も，多くの化学繊維の原料も化石燃料に依存している。

自然資源に乏しいわが国では，経済的に安定した状態をつくるために，近代的な生産方式を採用した工業国として国内総生産 gross domestic product (GDP)を維持していくことが必要となる。その結果，どの産業でも大量のエネルギー消費を避けることができない。農業を例にとっても，一年を通じて多種類の野菜を供給するため，大量の石油を燃焼させるハウス栽培を行っている。

このようにわが国は多くの化石燃料の消費によってなりたっているが，わが国の石油生産量は総消費量の数%にすぎない。輸入している化石燃料も，今世紀中には枯渇すると予想されている。

原子力発電の問題▶ 安定した電力供給源として登場したのが原子力発電である。2011 年 3 月 11 日に発生した東日本大震災以前には，全国に 54 基の原子力発電所があり，わが国の発電電力量(一般電気事業用)の約 30%を供給していた。しかし，東日本大震災における原子力発電所の事故を受け，原子力発電の今後については不透明な状況にある。

原子力発電で最も恐ろしいことは，放射性物質の漏出事故による環境の汚染と人体への影響である。1979 年 3 月にはアメリカのスリーマイル島原発で，また 1986 年 3 月には旧ソ連のチェルノブイリ原発で事故がおきている。また，わが国においても 1999 年 9 月に茨城県東海村のウラン加工施設で臨界事故がおきている。さらに，2011 年 3 月の東日本大震災により，福島第一原子力発電所事故がおこり，放射性物質の拡散と環境への影響が深刻化している。

風力発電用の風車

化石燃料にかわるエネルギー源として原子力発電が実用化されてきたが，これまでの原子力発電所でおきた事故からわかるように，その安全性は完璧なものではない。そのため，原子力発電にかわるエネルギー源として注目されているのが，潮力・地熱・風力・太陽熱などによる発電である。これらは，発電工程において環境汚染が少ないのが特徴であるが，発電施設を建築することよる

環境への影響やコストなど，解決しなければならない点も多い。

このようにエネルギーを得るために人類はさまざまな問題をかかえている。エネルギーを安全に，より効率的に得ることは重要なことであるが，一方で，私たちは多くのエネルギーに依存している現代の生活スタイルを見つめなおし，エネルギーの使用量を減らす方策を考える時期にきているのではないだろうか。

③ 消える森林と進行する砂漠化

東南アジアの多くの地域は，もともと深い熱帯多雨林でおおわれ，住民は森林を減少させないように，成長する分だけの樹木を伐採して生活にあてていた。しかし，先進国が木材輸入のため熱帯多雨林に目を向けたため，計画性を無視した伐採が始まった。それによって，1990～2005年の15年の間に熱帯多雨林は毎年約700万ha(ヘクタール)の割合で消失したといわれている。これは，わが国の面積の約19%に相当する。

さらに，熱帯地域だけではなく，シベリアなどの寒冷地における針葉樹林の大規模な伐採も環境破壊を加速している。これらの森林は，大気中の多量の二酸化炭素を光合成によって酸素にかえる機能を果たしてきたが，森林の減少はその機能の低下をまねいている。

砂漠化の進行

近年，熱帯多雨林保全へ向けた持続的管理の手法がさまざまな地域で模索されているにもかかわらず，森林の減少速度に歯どめがかからない。また，過剰な放牧や焼き畑農業などの人間の活動に伴い土地が荒廃しており，地球上のあちこちで広範囲に砂漠化が進んでいる(▶図10-2)。

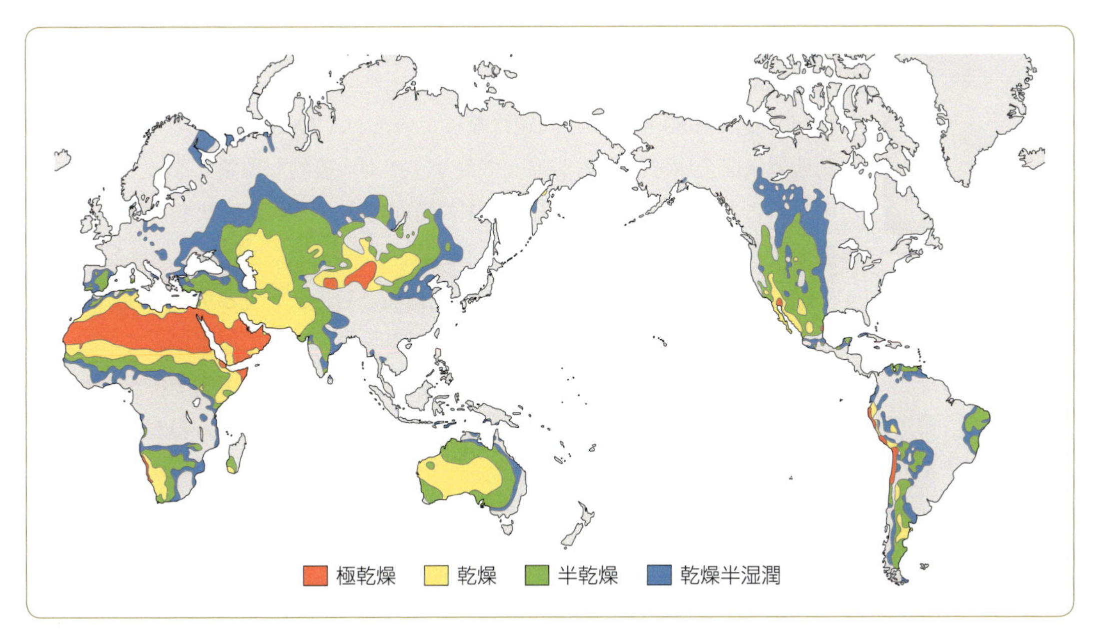

▶図10-2　砂漠化の危険度

④ 大気汚染と酸性雨

大気汚染は，工場・家庭・自動車・ごみ焼却炉などから大気中に排出されるさまざまな汚染物質によって，ヒトの健康に悪影響を及ぼす現象である。汚染物質としては，窒素酸化物(NO_x)や硫黄酸化物(SO_x)，ディーゼル自動車から排出される粒子状物質，ダイオキシン類，さらにはメタン・二酸化炭素などの温室効果ガスなどがある。これらによる直接的な影響に加え，二次的に生じる光化学スモッグ・酸性雨・地球温暖化など，その影響は大きなものがある。

オゾン層の破壊▶ 大気中に排出されたフロン類(▶295 ページ)などが**オゾン層の破壊**を引きおこしている。南極では，季節によってはオゾンの濃度が大きく低下した領域(オゾンホール)があらわれている。オゾン層は紫外線を吸収するので，これが破壊されると，地上に降り注ぐ紫外線量が増し，生物の細胞や DNA を傷害するため，生態系に大きな影響を与える。

オゾン層の破壊物質として，スプレー剤やエアコンディショナーの冷却剤に使われていたフロン類，消火剤やドライクリーニングなどに使われる四塩化炭素(テトラクロロメタン)，金属洗浄などに使われるメチルクロロホルム(トリクロロエタン)などがある。先進国では，オゾン層に影響の少ない代替フロン(ハイドロフルオロカーボン〔HFC〕，パーフルオロカーボン〔PFC〕，六フッ化イオウ〔SF_6〕など)を開発して使用しているが，これらの化合物も地球温暖化の原因になるとして，各国で使用量の削減をよびかけている。

酸性雨▶ さらに，酸性雨も深刻な問題となっている。通常，雨の水素イオン濃度は pH 5.6 くらいで弱酸性である。工場などから出る排ガスに含まれる窒素酸化物(NO_x)や硫黄酸化物(SO_x)が，大気中で化学変化して硝酸や硫酸になり，雨にとけ込んで酸性雨になる。酸性雨によって土壌中の化学的バランスがくずれることにより植物が枯れることがある。

酸性雨で枯死した木

わが国では 1980 年代から問題になっていたが，2008〜2012 年の調査では，観測地のほぼ全域で酸性雨が降っており，ごく一般的な現象となっていることが明らかになった。pH も 4.60〜5.21 の範囲にあり，欧米の状態に近い深刻な事態となっている。

中国では，石炭を燃やして出る二酸化硫黄(SO_2)を主因とする酸性雨が深刻化している。こうした石炭公害の結果，西南部では酸性雨被害がとくにひどくなっており，一部では森林の立ち枯れ現象もおきている。中国で排出された二酸化硫黄などは，偏西風によってわが国にまで運ばれており，わが国の酸性雨の原因の 1 つと考えられている。

⑤ 地球温暖化

温室効果▶ 地球の大気には温室のガラスと同じように，太陽光線の光は通すが熱は逃が

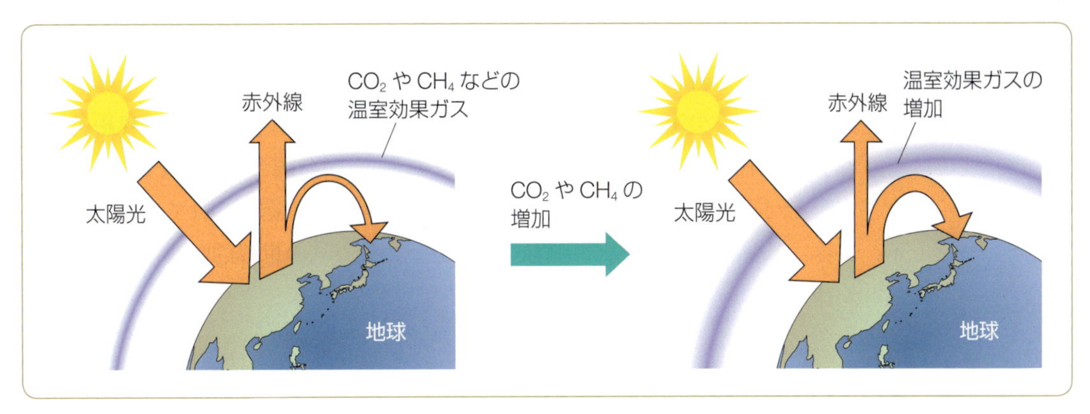

▶図 10-3　温室効果

さないという性質がある。それを**温室効果**とよぶ(▶図 10-3)。温室効果をつくり出すガスには，水蒸気・二酸化炭素(CO_2)・メタン(CH_4)・フロン類・亜硫化窒素などがあり，なかでも水蒸気が最も大きな効果をもつ。これらの温室効果をつくり出すガスのおかげで，地球全体の温度が 15℃近くの適温に保たれているのである。しかし産業革命以降，化石燃料や伐採された樹木の燃焼により大気中に排出・蓄積された二酸化炭素などのガスが温室効果を増強し，地球規模の温暖化が問題となりはじめた。

二酸化炭素濃度の上昇▶

二酸化炭素の大気中の濃度は，19 世紀後半に始まった第二次産業革命以前には世界平均で 278 ppm であったものが，1987 年には 350 ppm をこえるほどに増加しており，2022 年には 418 ppm となっている。アメリカ国立大気科学研究センターは，2100 年までに，温室効果によって 10 年ごとに平均で最高 0.8℃，最低で 0.6℃ずつ地球の気温が上昇すると予測している。

ppm

100 万分の 1 の濃度，つまり 0.0001 % を意味する。大気中の二酸化炭素が 270 ppm であるとは，1 m^3 の大気中に 270 mL の二酸化炭素があることを意味する。

地球温暖化への寄与が最も大きい二酸化炭素の分布は，自然状態で大気中に 2%，海水中に 98% であり，海水がどのくらい二酸化炭素を吸収するかで気温がかわってくる。また気温は，太陽活動の変化や，火山の爆発で発生した火山性の浮遊微粒子(火山灰)などが太陽光を遮断する気温低下効果などの影響を受けることが知られている。

海面の上昇▶

地球の温暖化が進むと，北極圏や南極の氷がとけ，さらには海水が膨張して海面が上昇してくる。実際，気温上昇に対応して，海面は世界平均で 20 世紀に 10〜20 cm 上昇している。また，気候変動に関する政府間パネル(IPCC)の「第 5 次評価報告書」(2014 年)によると，21 世紀末の海面上昇は 26〜82 cm と予測されている。海面の上昇は，陸地を狭め，生態系や人間の生活にも直接的に大きな影響を及ぼすことになる。

白化したサンゴ

また海水温の上昇は，サンゴの白化という大規模な絶滅をまねくほか，プランクトンをはじめとした海洋生物の生態に影響を与え，漁業にも深刻な打撃をもたらすことになる。さらに，シベリアの永久凍土も融解しはじめており，地盤沈下や土壌の浸食をもたらしている。

国際的に二酸化炭素などの温室効果ガスを削減しようと，1997年に，京都で地球温暖化防止会議が開かれて京都議定書が締結され，2005年にはそれが発効された。2016年11月にはモロッコのマラケシュで，気候変動枠組条約第22回締約国会議(COP22)・京都議定書第12回締約国会合(CMP12)・パリ協定第1回締約国会合(CMA1)などが開催され，削減が進められている。しかし，世界に足並みをそろえない国もあり，温室効果ガスの世界的削減にはまだ課題が残されている。

⑥環境汚染物質と生物濃縮

183か国が参加して1992年6月にブラジルで開催された，いわゆる「地球サミット」では，当面緊急な対策が必要とされる地球環境問題について，どのような規制をすればよいかが検討された(▶表10-1)。その20年後である2012年6月には，再びリオデジャネイロにおいて「国連持続可能な開発会議(リオ＋20)」が開催され，引きつづき今後の開発と環境保護を考えた国際的調整について話し合われた。また地球サミットの20年前，1972年にストックホルムで開かれた「国連人間環境会議」後，いち早く国際的な取り組みの始まった「海洋汚染」の防止は，世界的にも海域ごとに条約ができ，あとは各国の努力によるところが大きい。

第二次世界大戦で敗戦国となったわが国は，戦後，世界中の国々が驚嘆する速さで経済復興を成功させた。とくに1950年代後半の5年間の平均経済成長率は，実質8.8%，1960年代前半の平均は同じく9.3%，後半には12.4%と急速に上昇した。この過程で最も進んだのが重化学工業であるが，生産効果あたりの汚染物質の発生・排出量がほかの産業と比較して大きいものであった。

公害問題▶ このような産業廃棄物や汚染物質排出量の急激な増加は，国民の生活環境の著しい悪化をまねき，多数の患者や死者を出すという重大な公害問題を生んだ。

▶表10-1 地球環境保護の世界的な枠組み

地球環境問題	おもな条約など
海洋汚染	海洋投棄条約 海洋法条約 地域海洋汚染防止条約
オゾン層の破壊	ウイーン条約 モントリオール議定書
有害廃棄物の越境移動	バーゼル条約
酸性雨	長距離越境大気汚染条約
砂漠化	国連砂漠化阻止行動計画

地球環境問題	おもな条約など
野生生物の種の減少	ワシントン条約 ラムサール条約 生物多様性保全条約*
地球の温暖化	地球温暖化防止条約(国連気候変動枠組条約)* 京都議定書
熱帯林の減少	国連熱帯林行動計画 森林原則宣言*
開発途上国の公害問題	アジェンダ21*

*印は「地球サミット」で調印または採択されたもの。

[1] 水俣病　1956年に設立された熊本県水俣市の窒素肥料会社から，メチル水銀化合物が八代(やつしろ)海に排出され，魚介類に高濃度に濃縮されたことに起因する。その魚介類を食べた住民は，メチル水銀化合物によって神経系をおかされ，脳に異常をきたす病気にかかった。多くの認定患者，さらには死亡者も出ている。

[2] イタイイタイ病　富山県の神通川流域などでみられたこの病気は，全身各部に痛みを覚え，からだを少し動かしただけでも骨折するなど，重症患者の症状はきわめて重いものであった。痛みのためにあげる患者の悲鳴から，地元では「イタイイタイ病」とよばれ，1950年代から本格的な原因解明の研究がなされ，神通川上流の鉱業所から排出されたカドミウムなどが原因であることが明らかとなった。多くの患者が認定され，死亡者も出た。

[3] 四日市ぜんそく(喘息)　四日市市に広大な石油コンビナートが建設され，1959年から石油の精製が始まった。この直後から，周辺住民から喘息などに悩まされているとの苦情が出され，社会問題化した。1962〜64年にわたる測定では，二酸化硫黄の濃度が非汚染地区の8倍以上であった。大気汚染による公害病と認定され，多くの患者と死亡者が出ている。

[4] その他の化学物質による汚染　そのほか，有機溶剤をはじめとするさまざまな化学物質による土壌汚染や水質汚濁も問題となっている。環境ホルモンとして話題となった内分泌攪乱(かくらん)化学物質もその1つであり，ヒトやその他の生物へ及ぼす影響について研究が続けられている。

生物濃縮▶

このような環境中の化学物質が生体に及ぼす影響のメカニズムについて，解明されているものもあれば，十分には明らかになっていないものもある。さらに，人体に対して直接的に影響を及ぼす場合と，間接的に影響を及ぼす場合がある。とくに有害物質が大気や土壌，河川，湖沼，海洋に微量に拡散した場合，直接的には人体への影響が少ないかもしれない。

干潟での食物連鎖

しかし，生態系の食物連鎖(▶291ページ)における生産者や低次の消費者の体内に蓄積された化学物質がきわめて微量であったとしても，食物連鎖によって高次の消費者に向かうにしたがって体内に蓄積される化学物質の濃度は高くなっていく。これを**生物濃縮**という。生物濃縮によって，最終的な消費者であるヒトの食物になる生物には，人体に影響を与えるだけの濃度の化学物質を含んでいることがあり，ヒトは環境中で直接その物質に触れなくても，知らない間に食物を通して体内に有害物質を取り込んでしまうおそれがある。

生物的影響と遺伝的影響▶

2011年3月の東日本大震災による原子力発電所事故により，大気および周辺の海洋に放射性物質が放出され，環境への影響が深刻化している。放射性物質から放出される放射線の影響は，生物的(身体的)影響と遺伝的影響に分けられる。前者は，放射線を浴びた生体の健康および生命に対する影響であるが，後者は生殖細胞に引きおこされた変異が遺伝することにより，次世代以降に健康をそこねる可能性のある長期の影響である。

原子力発電所から漏出した放射性物質は，大気から雨とともに地上に降下する。地表の土壌から放射性物質が除染されたとしても，植物や土壌中の生物の体内に蓄積され，食物連鎖を通して生物濃縮されることが懸念されている。また，海洋においても，プランクトンや海底に生息する小型の動植物に放射性物質が蓄積し，食物連鎖を通して大型魚類・海棲哺乳類・海鳥などの高次消費者に生物濃縮をおこす可能性が指摘されている。ヒト・野生動植物・微生物を含めて環境全体を対象とした継続的な総合調査が必要である。

B 生物多様性の保全

① 絶滅の危機にある動植物

種の絶滅▶ 第8章「生命の進化と多様性」で学んできたように，生命の誕生以来，地球上の生物は自然環境の変動の影響を受けて進化や絶滅を繰り返し，生物群集は互いに影響を及ぼしながら共存し，現代まで種をつないできた。しかしながら，20世紀に入って人口が爆発的に増加し，人類は生活の場をつぎつぎと拡大していった。その結果，環境破壊が進み，動植物の生息地が縮小されたり分断化されることにより，絶滅に追いやられる種が激増している。この絶滅は短期間に引きおこされており，有史以前の進化上の絶滅とは質的に異なる。

現在の地球上には，これまでに分類されている140万種の生物を含め，300万〜3000万種に分類される生物が分布すると推測されている。しかし，時代とともに絶滅していく生物が加速度的に増え，現在では年間約4万種の野生の生物が絶滅しているといわれている(▶表10-2)。つまり，私たちがその存在を知り分類する以前に，多くの生物が絶滅してしまっていると考えられている。

記録に残る国内外の絶滅種や絶滅危惧(きぐ)種の現状の例を以下にあげる。

リョコウバトの絶滅▶ 16世紀はじめ，北米新大陸の訪問者たちは，空を埋めつくすほど無数にいた大型の美しい野生のリョコウバト *Ectopistes migratorius* を見て驚いた。正確な数はわからないが，総数は実に50億羽とされている。開拓者たちの食料として，リョコウバトを1日1万羽もとったハンターもいたという。

このハトの急激な減少に気づいて，いくつかの州で保護法案が可決されたが，最後の1羽の雌が1914年9月1日に死亡し，ついに絶滅した。当初の数の多さと，わずか100年で絶滅したこと，しかも最後の1羽の死んだ時刻まで正確

▶表10-2 年代ごとの野生生物の絶滅速度

年代	絶滅速度(種/年)
1600〜1900	0.25
1901〜1960	1
1961〜1975	1,000
1976〜	40,000

にわかっているというめずらしい例である。リョコウバトにとっての天敵は，ヒト以外のなにものでもなかった。

バイソンの保護▶ 同じように北米で，無数に近くいた動物が絶滅の危機にいたったもう１つの例として，北米大陸最大の哺乳類であり，体重が１t(トン)にも達するアメリカバイソン *Bison bison* があげられる。19世紀のはじめ，北米大陸には約3000万〜7000万頭のバイソンがいたという。アメリカ先住民は，バイソンと共存していた。そこにヨーロッパ人が入植し，バイソン狩りをエスカレートさせ，急激にバイソンの数を減らしていった。

1870年代に入り，北米各地でバイソンを保護しようとする運動があらわれはじめた。その結果，1889年には最低の542頭であったものが，1895年には約800頭になり，現在では北米各地の保護区合計で数十万頭に回復している。

わが国の絶滅種・絶滅危惧種▶ わが国においても，トキ *Nipponia nippon* は野生のものはすでに絶滅し，中国産のトキとのかけ合わせのため，かつて野生であった「キン」１匹が佐渡島にあるトキ保護センターで飼育されていたが，ついに2003年10月10日に死亡した(推定36歳)。これにより，純日本産のトキは絶滅したが，中国産のトキを繁殖させ，野生に復帰させる試みが続いている。

また，哺乳類では，ツシマヤマネコ *Prionailurus bengalensis* の生息環境の変化や交通事故による個体数の減少が懸念されている(▶図10-4)。1960年代以前には長崎県対馬全域に250〜300頭のツシマヤマネコが分布していたが，現在では，対馬北部を中心として80〜100頭前後に減少したと考えられている。

ツシマヤマネコを保全するため，交通事故が多発する場所での交通標識の標示や行政と住民とが協力した保全活動が進められている。さらに，生息域外での種の保存を目ざして，九州および本州の複数の動物園においてツシマヤマネコの飼育・繁殖および国民への希少種の普及・紹介を行っている。また，イエネコにみられるネコ免疫不全ウイルスやネコ白血病ウイルスがツシマヤマネコの野生個体からも検出されたため，対馬におけるイエネコの野生化を防ぐことによりツシマヤマネコとの接触をなくす努力もなされている。

長崎県対馬にのみ生息するツシマヤマネコは，沖縄県に生息するイリオモテヤマネコとともに，レッドリストの絶滅危惧種に指定されている。
(対馬野生生物保護センターにて撮影)

▶図10-4 保護されたツシマヤマネコ

▶表 10-3　わが国の絶滅および絶滅危惧種

		絶滅	野生絶滅	絶滅危惧	準絶滅危惧
動物	哺乳類	7	0	34	17
	鳥類	15	0	98	22
	爬虫類	0	0	37	17
	両生類	0	0	47	19
	汽水・淡水魚類	3	1	169	35
	昆虫類	4	0	367	351
	貝類	19	0	629	440
	その他無脊椎動物	1	0	65	42
植物等	維管束植物	28	11	1,790	297
	蘚苔類	0	0	240	21
	藻類	4	1	116	41
	地衣類	4	0	63	41
	菌類	25	1	61	21

（環境省から 2020 年 3 月現在として公表された最新のレッドリストおよびその種数表より作成）

このように，1 つの種を保全するには，それを取り巻く自然環境全体を保全するとともに，地域社会と協力した保全活動や人間生活のスタイルを考えなおすことも必要になる。

レッドデータブック▶

国際自然保護連合(IUCN)は，生物の保護のため，全地球レベルで生物種のアセスメントを行い，各生物の状況をリスト(レッドリスト)にまとめ，レッドデータブック Red Data Book(RDB)として発表している。1994 年の IUCN のカテゴリーに合わせ，環境省がわが国の絶滅危惧種生物を以下のように選定している(▶表 10-3)。

(1) 現在絶滅が確認されている生物(絶滅 extinct 種)
(2) 飼育・栽培下でのみ存続している生物(野生絶滅 extinct in the wild 種)
(3) 絶滅の危機が迫っている生物(絶滅危惧 critically endangered and endangered 種)
(4) いまは危険度が小さいが，生息条件の変化によっては絶滅危惧に移行しやすい生物(準絶滅危惧 vulnerable 種)

生物多様性の維持▶

このまま生物多様性の減少が進むと，遅くとも 21 世紀中には，地球上から野生生物のほとんどが絶滅することになる。人間社会が発展していくとともに，私たちはほかの生物に過酷な環境を押しつけ，彼らを消し去ろうとしていることを，あらためて認識しなくてはならない。このことは，やがては人間社会の崩壊につながるといっても過言ではないであろう。なぜなら，私たちはまだ生物の実体をほんの一部分知っただけで，全容を知るにはほど遠いからである。人間が生きるために必要な食糧でさえも，完全に人工的につくることができるものはない。

絶滅または，まさに絶滅しようとしている生物のなかには，医学・薬学・工学に利用でき，私たちの生活に有用な未知の物質をもっているものがいるかもしれない。このような生物たちが加速度的に失われつづけることは，ヒトを知るための学問はもとより，近い将来の人類の生存そのものの破綻につながることを認識する必要があろう。自然保護を含めた生物多様性の維持は，いまや人類にとって緊急な最重要課題の1つである。

② 遺伝的多様性の維持

生物多様性は，多元的にとらえることで，次の3つのカテゴリーに分けることができる。すなわち，① 遺伝子の多様性，② 種の多様性，③ 生態系の多様性である。

種の多様性・生態系の多様性▶ 後者の2つで対象となっている種や生態系は，私たちが肉眼で直接確認できるものであり，これまでもそれを指標にして種や環境の保全が進められてきた。

遺伝的多様性▶ 前者の遺伝子の多様性(遺伝的多様性)は直接肉眼では確認できないが，第8章で学んだように，種や集団が維持されていくうえで重要なことである。遺伝的多様性が維持されているということは，両親から遺伝する遺伝子座において，対立遺伝子の種類が集団中に豊富にあることを意味する。また，母系遺伝するミトコンドリアDNAについて遺伝的多様性が高いということは，塩基置換がみられる複数のタイプが集団中に存在するということである。

人類の活動により，ある生物種の生息域が縮小・分断化されたり，個体が乱獲されると，そこに生息する個体数が少なくなり，同じような遺伝子型をもった個体どうしの交配(近交化)や，偶然に遺伝子型がかたよってしまう遺伝的浮動(▶280ページ)により，遺伝的多様性が低下する可能性が高くなる。この多様性の低下が長い年月をかけて徐々に進行するものであれば，その自然環境に適応していくことができる。しかし，短期間に遺伝的多様性の低下がおこれば，その自然環境に適応できなかったり，その変化に対応できなかったりする。

種の多様性

たとえば，外からのさまざまな病原体に対しては，免疫系のさまざまな遺伝子がはたらくが，その遺伝子の多様性が低ければ，どの個体も新しく侵入してきた病原体に対抗できず，集団全体が絶滅してしまうかもしれない。よって，環境変化に対応して種を維持していくためには，遺伝的多様性を維持していくことが重要であると考えられる。

③ 外来種と環境問題

外来種▶ 生物は種の分化後に移動し，生息域を広げていく。自分で歩行したり，風に乗ったり，水流に乗ったりして移動して生息している状態を**自然分布**という。しかし，人類の活動がグローバル化するのに伴い，人間に付随して移動する(移動させられる)生物が急激に増えている。このように，人間活動によって，本来の自然分布とは異なる地域に持ち込まれた動植物を**外来種**とよぶ。

定着した外来種は，一般的に，競合する在来種よりも適応力が強く，在来の生態系を攪乱(かくらん)することが多い。さらに，外来種と在来種が遺伝的に近縁で交雑する場合には雑種が形成され，在来の遺伝子プールを攪乱することになる。

わが国の現状▶ 外来種は，わが国だけをみても，その種類も移動の歴史もさまざまである。海外からペットとして持ち込まれ，わが国で繁殖している動物としては，食肉目アライグマ科のアライグマ *Procyon lotor* が有名になってしまった（▶図 10-5）。北米原産のアライグマは，幼獣のうちはかわいらしいため，日本全国で飼育されたようである。しかし，飼育できなくなった個体の放獣や逃避により，本州や北海道では野生化とその生息域の拡大が住宅地や農耕地の周辺で進んでいる。

アライグマは貪欲(どんよく)な雑食性を示し，生態系の頂点に立つ食肉類である。アライグマの侵入地における生態系では，イヌ科のタヌキ *Nyctereutes procionoides*, キツネ *Vulpes vulpes*, および，イタチ科のアナグマ *Meles anakuma*, ニホンテン *Martes melampus*, クロテン *Martes zybellina* などが在来種として生態的地位を占めてきたが，アライグマにその地位を奪われつつある。

また，ジャコウネコ科のハクビシン *Paguma larvata* は東南アジアから南アジアにかけて広く自然分布するが，本州や四国で分布を拡大しており，果実・野菜などの農業被害も報告されている。ハクビシンについてはこれまで外来種か日本在来種かが議論され，不明な点が多かったが，最近の遺伝子解析により，少なくとも台湾を起源とすることが明らかになってきた。やはり，ペットまたは食用のために輸入されたと考えられており，食肉類であるハクビシンは在来の生態系をおびやかしている。

北海道を中心に外来種となっているイタチ科のアメリカミンク *Neovison vison* は，毛皮目的で北米から輸入され飼育されていたが，毛皮産業が衰退するとともに，飼育施設から逃げ出した個体の野生化が進行し，現在では北海道の広い範囲に分布している。アメリカミンクはとくに水辺の環境を好み，魚類や水棲生物を食べているので，河川・湖沼生態系のバランスをくずしていると考えら

アライグマは北米が原産だが，わが国でもペットとして持ち込まれたものが北海道や本州などで繁殖しており，特定外来生物に指定されている。
（井の頭自然文化園にて撮影）

▶図 10-5　アライグマ

れる。

ニホンザル

本州では，ニホンザル *Macaca fuscata* が固有種として分布している。しかし，和歌山県では動物公園から放たれたタイワンザル *Macaca cyclopis* が野生化し，遺伝的に近縁であるニホンザルとの交雑が報告されている。これは在来の遺伝子プールを攪乱する遺伝子汚染を引きおこしている。

また，本州のニホンテンやニホンイタチ *Mustela itatsi* は，毛皮産業用やノネズミ対策のために北海道に放たれ，野生化している。これは，海外から持ち込まれた生物ではなく，国内外来種である。この場合は，交雑化する在来の近縁種がいない。しかし，同じ種の個体を国内の異なる場所へ人為的に移動するならば，その地域でつちかわれてきた遺伝子プールは攪乱されるであろう。魚類では，アユ・ワカサギ・シロザケの稚魚は国内で移動して放流されることがあるが，これは水産業に深く関連しており複雑な問題である。

家畜も野生化することにより外来種として生態系を攪乱する。ブタはイノシシ由来の家畜であり，野生イノシシ *Sus scrofa* と交雑する。ノネコは前述したように，対馬内で野生化することによりツシマヤマネコと接触して病原体を伝播することがある。

このように，人間活動に伴って移動する生物が外来種となり，生態系に与える影響は大きく，かつ，複雑化しつつある。外来種問題を解決するには完全な駆除を行い，元来の在来生態系を取り戻すことが理想であるが，現状をみる限り，それはなかなかむずかしいであろう。

わが国では，2004 年に「特定外来生物による生態系等に係る被害の防止に関する法律」(外来生物法)が公布され，今後の新しい外来種の出現や分布拡大を抑制する努力がなされているが，それだけでは外来種問題は解決できない。外来種問題も環境保全の一環としてとらえ，世界規模で広い視野をもって対応していかねばならない。

ゼミナール

復習と課題

1. 世界人口の急激な増加はなにが原因になっているか分析しなさい。
2. 今後のエネルギー生産と消費はいかにあるべきか述べなさい。
3. 放射線の生物的影響と遺伝的影響について述べなさい。
4. 大気中のフロン類の増加は，地球環境にどのような影響を与えるか述べなさい。
5. 温室効果とはなにか述べなさい。
6. 種を保全するために，なぜ遺伝的多様性の維持が重要なのか述べなさい。
7. 外来種はなぜ環境破壊を導くのか述べなさい。

巻末資料

生命科学を学ぶための **物理・化学の基礎知識**

単位と倍数をあらわす接頭語

基本単位

量	単位の名称	単位記号
長さ	メートル	m
質量	キログラム	kg
時間	秒	s
電流	アンペア	A
温度	ケルビン	K
物質量	モル	mol
光度	カンデラ	cd

接頭語

乗数	接頭語	記号
10^{12}	テラ	T
10^{9}	ギガ	G
10^{6}	メガ	M
10^{3}	キロ	k
10^{2}	ヘクト	h
10^{1}	デカ	da

乗数	接頭語	記号
10^{-1}	デシ	d
10^{-2}	センチ	c
10^{-3}	ミリ	m
10^{-6}	マイクロ	μ
10^{-9}	ナノ	n
10^{-12}	ピコ	p

原子

原子の構造

原子は，原子核とその周囲をまわる電子から構成される。原子核は，1つあるいは複数の陽子および同数の中性子からなる。陽子は正の電荷をもち，電子は負の電荷をもつ。両者の数は同一で，原子は電気的に中立である。また，中性子は電荷をもたない。原子核の周囲をまわる電子には遠心力がはたらくが，これは原子核の正電荷と電子の負電荷が引き合う力（クーロン力とよばれる）によって拮抗される。

なお電子は，原子核の周囲を三次元的にまわりながら確率的に分布する。この存在確率を視覚化したものが電子雲である（▶図1-a）。しかし通常は便宜的に，電子は，原子核を中心とする円の上を周回するものとして描かれる（▶図1-b）。この場合，この円の半径は原子核からの平均距離をあらわしている。電子が全時間の90％にわたって存在・分布する三次元空間を軌道とよぶ。

a. 電子雲であらわした原子モデル

b. ボーアモデル

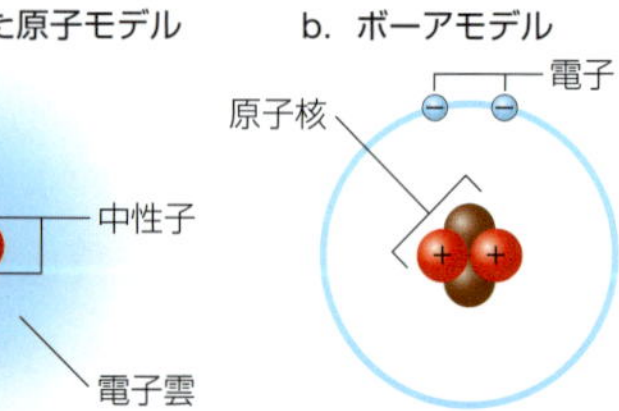

電子を負電荷の雲（電子雲）として表示したモデルである。原子核の周囲にある2つの電子の存在確率が，電子雲（青色の濃い部分が高確率）としてあらわされる。

電子を原子核の周囲をまわる小さな球として簡略化して描いたモデルである。

▶図1　ヘリウム原子の構造

電子軌道

原子中の電子の軌道は，原子核のまわりの電子殻とよばれるいくつかの層の中に分かれて存在する（▶図2）。これらの層（原子核に近いほうからK

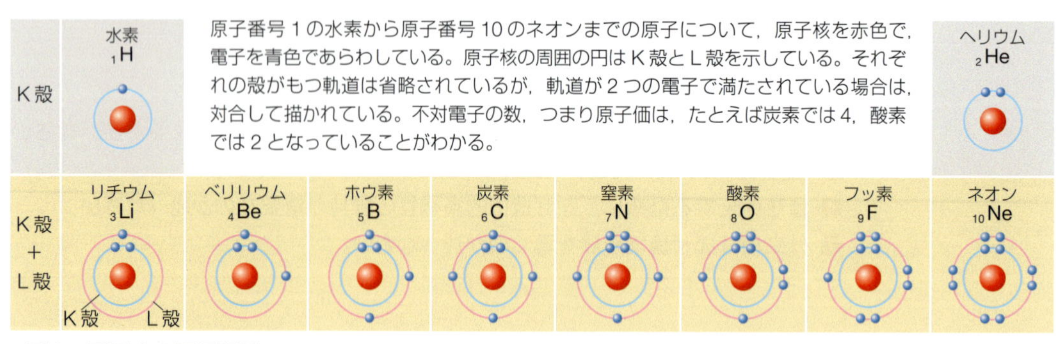

原子番号1の水素から原子番号10のネオンまでの原子について，原子核を赤色で，電子を青色であらわしている。原子核の周囲の円はK殻とL殻を示している。それぞれの殻がもつ軌道は省略されているが，軌道が2つの電子で満たされている場合は，対合して描かれている。不対電子の数，つまり原子価は，たとえば炭素では4，酸素では2となっていることがわかる。

▶図2　原子内の電子配置

殻・L殻・M殻……とよぶ)は，連続的に存在するのではなく，不連続に空間に分布して，原子核からの一定の距離とその中の電子のエネルギーレベル(▶次々項「電子のもつエネルギー」)によって特徴づけられる。

K殻を除く各電子殻は，1つの円軌道と1つないし複数の亜鈴状(鉄アレイのような形状)の軌道を含み，1つの軌道が収容できる電子の数は2個に限られている。その結果，各電子殻に入りうる電子の最大数は，K殻が2個，L殻が8個，M殻が18個……となる。

価電子と原子価

原子の化学的な性質は最も外側の電子殻に分布する電子によって決まる。ヘリウムやネオンのように最外殻がすべて電子で満たされている場合(閉殻という)は安定している。しかし，満たされていない場合は原子がイオン(▶次々節「イオン」)になったり，ほかの原子と結びつく。

閉殻していない最外側殻の軌道に分布する電子を価電子とよぶ。電子殻がもつ円および亜鈴軌道は，それぞれ2つずつ，つまり対の電子を収容してエネルギー的に安定する。対となる電子がなく，電子軌道に単独で存在する電子は不対電子とよばれ，ほかの原子との共有結合(▶317ページ「共有結合」)に参加する。この不対電子の数を原子価とよび，ほかの原子といくつの共有結合を形成することができるかを決めている。

電子のもつエネルギー

原子核が正に帯電し，電子が負に帯電しているということは，電子が原子核からの距離に応じた位置エネルギーをもつことを意味する。なぜなら，電子が原子核から離れるということは，この引き合うクーロン力に逆らって力を加えることを意味するので，原子核からの距離が大きいほど，電子が受けた仕事(＝力×距離)が大きいからである。これは，電子のもつエネルギーレベル，すなわち位置エネルギーが大きいということを意味する(▶図3)。

図のように，原子の中で電子は，外部からのエネルギーを吸収して外側の軌道に移ったり，あるいは内側の軌道に移ってエネルギーを放出する。たとえば，クロロフィルでは，光のエネルギーが，電子軌道のもつエネルギーに変換されて吸収される。

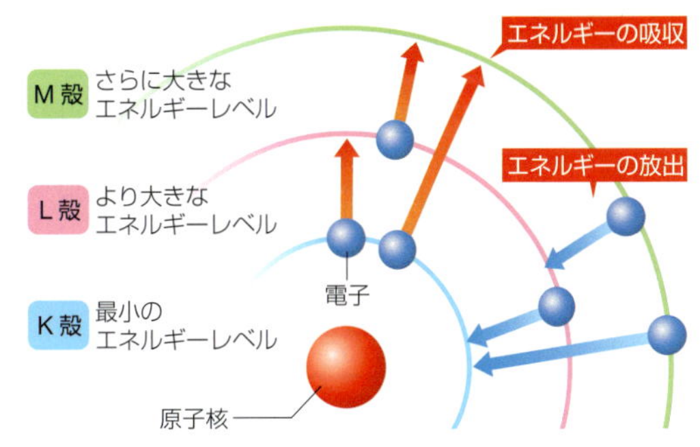

▶図3　電子殻と電子のもつエネルギー

分子

共有結合によって保持される2つあるいはそれ以上の原子群を分子とよぶ。表記法としては，分子式，示性式，構造式がある(▶表1)。

イオン

イオンの性質とイオン式

1つまたはそれ以上の電子を失った，あるいは得た結果，電荷を帯びた原子あるいは原子団をイ

▶表1　分子の表記法(酪酸)

分子式	$C_4H_8O_2$	構成原子の種類と各原子の数を記す。
示性式	$CH_3(CH_2)_2COOH$	官能基(化合物の性質を特徴づける原子団)を明示的に記す。
構造式	H–C(H)(H)–C(H)(H)–C(H)(H)–C(=O)–O–H (骨格式: ⁀⁀⁀C(=O)OH)	構成原子間の共有結合を価標(1つの共有電子対を1本の線であらわす)で記す。炭素原子が構成する長鎖構造や環状構造は，しばしば炭素とそれに結合する水素を省略して，左図の下側に示す方式で標記される。

オンとよぶ。代表的なイオンを▶表2に示す。

なお，単独の化合物として，その一部が電子を失い，あるいは得て，電荷を帯びることがある。たとえば，タンパク質を構成するアミノ酸には，正に帯電したアルギニンや負に帯電したグルタミン酸などがあり，ヌクレオチドのホスホジエステル結合におけるリン酸基は，負に帯電している。しかし，これらはイオンとはよばれない。

▶表2　イオンの名称とイオン式

価数	陽イオン(カチオン)	イオン式
1	水素イオン	H^+
	ナトリウムイオン	Na^+
	カリウムイオン	K^+
	銅(Ⅰ)イオン	Cu^+
	アンモニウムイオン	NH_4^+
2	マグネシウムイオン	Mg^{2+}
	カルシウムイオン	Ca^{2+}
	亜鉛イオン	Zn^{2+}
	鉄(Ⅱ)イオン	Fe^{2+}
	銅(Ⅱ)イオン	Cu^{2+}
3	鉄(Ⅲ)イオン	Fe^{3+}

価数	陰イオン(アニオン)	イオン式
1	塩化物イオン	Cl^-
	ヨウ化物イオン	I^-
	水酸化物イオン	OH^-
	硝酸イオン	NO_3^-
	炭酸水素イオン	HCO_3^-
2	酸化物イオン	O^{2-}
	硫化物イオン	S^{2-}
	炭酸イオン	CO_3^{2-}
	硫酸イオン	SO_4^{2-}
3	リン酸イオン	PO_4^{3-}

Fe^{2+}とFe^{3+}のように，同じ元素でもイオンの価数が異なるものがある場合，鉄(Ⅱ)イオン，鉄(Ⅲ)イオンのように価数をローマ数字であらわす。

電離・電解質

正の電荷を帯びたイオンと負の電荷を帯びたイオンとは，静電気的な引力(クーロン力)によって互いに引き合って結びつく。この結合はイオン結合とよばれ，イオン結合でできた物質(たとえば塩化ナトリウム)の結晶(イオンや原子などが規則正しく配列した固体)はイオン結晶とよばれる(▶317ページ「イオン結合」)。多くのイオン結晶は，水によくとけて，再び陽イオンと陰イオンに分かれる。物質が水にとけて陽・陰イオンに分かれることを電離するといい，そのような物質を電解質という。

原子量とモル(mol)

原子量・分子量

質量数(陽子と中性子の数の和)が12の炭素原子の質量を12としたときの各原子の相対的な質量を原子量といい，無名数(単位をもたない数)である。原子量にグラムの単位をつけたものを1グラム原子とよぶ。分子量も，原子量と同様に定義される相対的質量で，これにグラムをつけたものは1グラム分子とよばれる。

モル(mol)

物質は一般に固体，液体，気体のいずれかで存在するが，どの場合も，原子や分子あるいはイオンなどの粒子で構成される。この粒子の数をあらわす量が物質量であり，アボガドロ数を基準とした物質量をモル(mol)という。アボガドロ数とは，1グラム原子中に含まれる原子の数で，6.022×10^{23}個である。同様に，1グラム分子には1 mol (6.022×10^{23}個)の分子が含まれることになる。

溶液においては，溶液1L中に含まれる溶質のモル数を容量モル濃度，溶媒1kg中に含まれる溶質のモル数を重量モル濃度という。前者の単位は一般にMまたはmol/Lが用いられ，後者ではmが用いられる。

自由エネルギーと酸化還元電位

(ギブスの)自由エネルギーとエントロピー

分子がもつエネルギー総量のなかで，仕事に使えるエネルギーをさす。とくに定温定圧条件下でのそれを，詳しく研究した物理学者の名前をとってギブスGibbsの自由エネルギーとよび，Gであらわす。一方，仕事に使えないエネルギーはエントロピーとよばれ，無秩序さの指標となる。なお，定温定容条件下での自由エネルギーは，ヘルムホルツHelmholtzの自由エネルギーとよばれる。

エネルギー総量はつねに一定であり(熱力学第一法則)，化学反応はエントロピーの増大を伴う方向にしか自発的に進行しない(熱力学第二法則)ため，自由エネルギーは化学反応の自発性を示す指標となる。

化学ポテンシャル

化学物質がもつ自由エネルギーはその物質の量によって決まり，ある分子1molがもつ自由エネルギーをその分子の化学ポテンシャルとよぶ。化学反応は一般に大気圧下の定圧条件で行われるため，化学ポテンシャルは1molあたりのG(ギブスの自由エネルギー)として定義される。

標準自由エネルギー変化

温度298K(25℃)，1気圧(101.3kPa〔パスカル〕)，各溶質の濃度1Mという条件下でおこる化学反応における自由エネルギー変化をさし，$\Delta G°$という記号であらわす。化学反応によって決まる定数であり，たとえば$ATP + H_2O \longrightarrow ADP + Pi$という化学反応では，$\Delta G° = -30.5$kJ/molである。$\Delta G° < 0$ということは，エントロピーの増大を伴うということであり，この化学反応は外部からのエネルギー供給なしに自発的に進む。

細胞内では，各溶質1molという条件はあてはまらないので，そこでの自由エネルギー変化は$\Delta G°$とは一致しない。上述のATPの加水分解が細胞内でおこる場合の自由エネルギー変化ΔGは，$\Delta G°$よりも小さい($\Delta G < \Delta G°$；減少量としては大きい)。また，平衡状態にあるときには，反応は進まないから，$\Delta G = 0$である。

酸化還元電位

物質の酸化は一般に，電子を放出する反応，還元は電子を受け取る反応として，それぞれ定義される(▶316ページ「酸化と還元」)。水素を基準として，ある物質の電子の授受のしやすさを示す指標が酸化還元電位である。電子を受け取りやすい場合を負，電子を放出しやすい場合を正として，その絶対値が大きいほど，それぞれ還元力，酸化力が高いという。電子は，酸化還元電位の正方向，すなわち電子を放出して酸化する方向に向かって自発的に移動する。その反応における自由エネルギーの減少ΔGは，電位差の大きさΔEおよび放出する電子数nに比例する($\Delta G = -nF\Delta E$)。

クーロンとファラデー定数

イオンなどの帯電している物質がもつ電気を電荷という。この電荷の量を電気量とよび，その単位はクーロン(C)である。1クーロンは，1A(アンペア)の電流が1秒間に運ぶ電気量である。

電子がもつ電気量を電子1molについてあらわした数値がファラデー定数(F)であり，9.65×10^4 C/molである。

酸・塩基および酸化還元反応

酸・塩基

酸とは，水にとけて電離し，水素イオン(H^+)を生じる物質をいい，塩基とは，水酸化物イオン(OH^-)を生じる物質をいう(アレニウスの定義)。たとえば塩化水素(HCl)は水にとけて，$HCl \longrightarrow H + Cl^-$の反応を，またアンモニア($NH_3$)は$NH_3 + H_2O \longrightarrow NH_4^+ + OH^-$の反応を示す。

水溶液中での反応以外でも，たとえば，塩化水素(HCl)とアンモニア(NH_3)は反応して塩化アンモニウム(NH_4Cl)を生じるが，この場合，酸であるHClがH^+を与え，塩基であるNH_3がこれを受け取る。先ほどの水溶液中の反応も，H^+の授受で理解することができることから，酸とは，広く，水素イオン(H^+)を相手に与える物質，塩基とは，水素イオンを受け取る物質として再定義される(ブレンステッドの定義)。

pH(水素イオン指数)

水分子はわずかではあるが水中で水素イオン(H^+)と水酸化物イオン(OH^-)に電離しており，

$$H_2O \rightleftharpoons H^+ + OH^-$$

とあらわすことができる。

pHは，この水溶液中での水素イオン濃度を示す指標で，水素イオンが1.0×10^{-x}mol/Lのときのxをその水溶液のpHという。すなわち，水素イオンの容量モル濃度を$[H^+]$であらわすと，pHは，

$$pH = -\log([H^+]) = \log(1/[H^+])$$

であらわすことができる。

酸化と還元

最も基本的には，物質が酸素と化合して酸化物になる反応を酸化，酸化物が酸素を失う反応を還元という。また，物質が水素を失う反応を酸化，水素と結合する反応を還元ともいう。さらに，反応における電子の授受という視点からは，物質が電子を失う場合を酸化，電子を得る場合を還元と定義する。これらをまとめると，▶**表3**のようになる。

酸化反応と還元反応はつねに共役しており，まとめて酸化還元反応とよばれる。たとえば，

$$Na + Cl \longrightarrow Na^+ + Cl^-$$

において，ナトリウム(Na)は電子を失って酸化され，塩素(Cl)は電子を得て還元される。この反応におけるナトリウムのように相手に電子を与える物質を還元剤，塩素のように電子を受け取る物質を酸化剤とよぶ。還元剤は相手を還元し，みずからは酸化される。酸化剤は相手を酸化し，みずからは還元される。

▶表3　酸化と還元

	酸素	水素	電子	酸化数
酸化	得る	失う	失う	増加
還元	失う	得る	得る	減少

酸化還元反応における電子の移動

酸化還元反応は，必ずしも電子の明示的な授受を伴うとは限らない。たとえば，メタンが燃焼して二酸化炭素と水を生成する反応を考えてみる(▶図4)。

メタン分子(CH_4)では，炭素原子(C)と水素原子(H)が電子対を共有することによって結合している(▶317ページ「共有結合」)。両原子の電気陰性度(▶318ページ「電気陰性度」)はほぼ等しいので，電子対は炭素および水素原子によって等しく共有されている。しかし，二酸化炭素(CO_2)においては，酸素の電気陰性度が大きいため，電子対は酸素原子に近い側に分布する。このようにメタンは酸素と反応して二酸化炭素になることで電子を失った，すなわち酸化されたと考えることができる。

一方，酸素分子(O_2)においては，2つの酸素原子は電子を等しく共有していたが，メタンに由来する水素と反応して水を生成すると，電子対は水素原子よりも電気陰性度が高い酸素原子近くに分布することになり，酸素は電子を得た，すなわち還元されたと考えられる。酸化反応が酸素の授受でしばしば記載されるのは，酸素原子の電気陰性度が非常に高いゆえに，酸化作用も非常に強いためである。

酸化還元反応でのエネルギー変化

電子が電気陰性度の低い原子(炭素)から高い原子(酸素)に向かって移動するとき，電子はその位置エネルギーを失う。なぜならば，原子の電気陰性度が高いほど，その原子から電子を離すためにはエネルギーが必要だからである。メタンの燃焼のように，電子を酸素原子に近づける酸化還元反

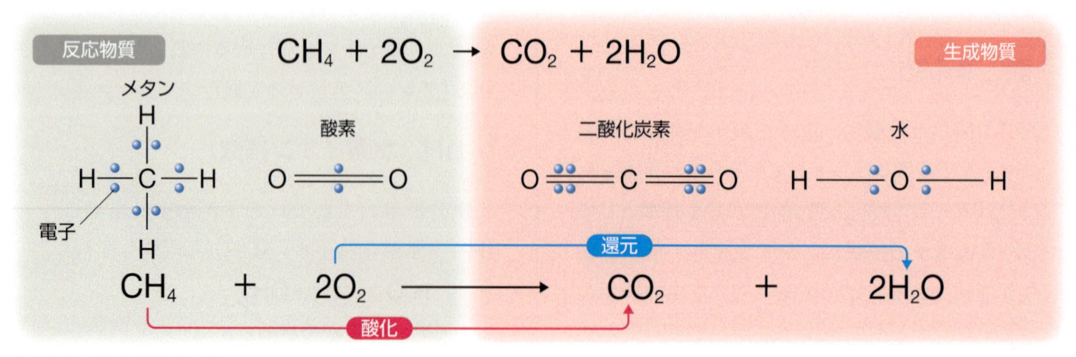

▶図4　酸化還元反応

応は，電子がもっていたエネルギーを放出し，このなかには仕事に使うことのできるエネルギー(自由エネルギー)が含まれる。自由エネルギーを放出する酸化還元反応は，自発的に進む。

結合(化学結合)と分子の構造

物質中の原子やイオンの結びつきをいう。これらの結合には，イオン結合と共有結合があり，いずれも強い結合である。生物学においては，これら以外にも，分子間の弱い結合として水素結合のほか，ファン=デル=ワールス相互作用，疎水性相互作用なども重要な役割を果たす。

水素結合，ファン=デル=ワールス相互作用，疎水性相互作用およびイオン結合は，分子間のみならず，タンパク質のような巨大分子では同一分子の異なる部位間でも生じ，その構造に影響を与える。個々の結合力は弱いが，多数のこれらの結合や相互作用が同時並列的にはたらくことによって，生物学的に重要な役割を担っている。

イオン結合

正の電荷を帯びたイオンと負の電荷を帯びたイオンが，静電気的な引力(クーロン力)によって互いに引き合って結びつく結合である。両イオンが接近しすぎると，正に帯電した原子核の間に反発力(斥力(せきりょく))がはたらくため，最も安定な距離で構造が安定する。NaClの場合，両イオン間の距離は0.25nm (2.5Å) である (▶図5-a)。イオン結合は単なる静電気的な結合なので，1つのイオンのまわりには空間的に可能な限りの他種イオンが結合する。固体のNaClでは，Na^+とCl^-のまわりにそれぞれ6個のCl^-，Na^+が結合してイオン結晶を形成する(▶図5-b)。

共有結合

2つの原子が1対の価電子を共有する結合である。たとえば原子価1の水素原子 (H) では，その円軌道に電子を1つだけもつ。2つの水素原子が接近して，それぞれの円軌道が重なると，2つの原子は互いの電子を共有することになる。このとき，それぞれの水素原子は2つの電子を円軌道にもち，K殻は閉殻状態となってエネルギー的に安定する(▶図6-a)。

原子価2の酸素原子 (O) は，2つの亜鈴軌道に不対電子を1つずつもっている。2つの酸素原子がこれらを互いに共有することによって，これらの亜鈴軌道は2つずつ電子をもつこととなり，L殻が閉殻して安定する。このときの2個の酸素原子の結合を二重結合という(▶図6-b)。

これに対して，酸素原子と水素原子との結合においては，2個の水素原子のK殻円軌道がもつ電子が，1個の酸素原子L殻の2つの亜鈴軌道のそれぞれ1個の電子と共有されることで，水素原子のK殻および酸素原子L殻が閉殻し，エネルギー的に安定する (▶図6-c)。同様に原子価4の炭素は，原子価1の水素原子4個と共有結合する (▶図6-d)。

配位結合

結合する2つの原子間で，一方の原子から非共有電子対(孤立電子対)が提供され，それを共有することによってできる結合である。たとえば，へ

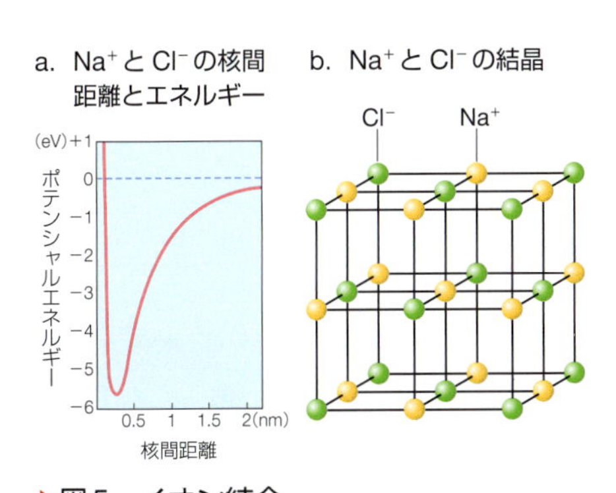

▶図5　イオン結合

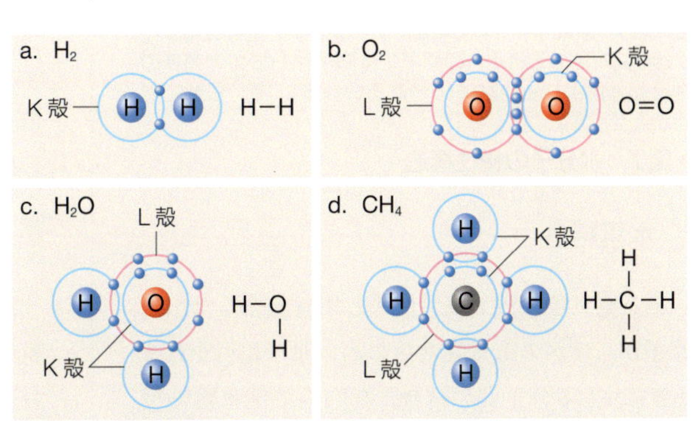

▶図6　共有結合

▶表4 電気陰性度

水素(H) 2.1						
リチウム(Li) 1.0	ベリリウム(Be) 1.5	ホウ素(B) 2.0	炭素(C) 2.5	窒素(N) 3.0	酸素(O) 3.5	フッ素(F) 4.0
ナトリウム(Na) 0.9	マグネシウム(Mg) 1.2	アルミニウム(Al) 1.5	ケイ素(Si) 1.8	リン(P) 2.1	硫黄(S) 2.5	塩素(Cl) 3.0
カリウム(K) 0.8	カルシウム(Ca) 1.0		ゲルマニウム(Ge) 1.8	ヒ素(As) 2.0	セレン(Se) 2.4	臭素(Br) 2.8

モグロビン中の鉄(Ⅱ)イオン(Fe^{2+})と酸素分子の結合は，酸素側から電子対が提供されて共有結合を形成する。

電気陰性度

共有結合において，共有される電子がどれほど片側の原子に引きつけられているかを定量的に示す指標である。この値が大きい原子ほど，共有結合における電子がその原子核の近くに引き寄せられる。おもな原子の電気陰性度を▶**表4**に示す。

非極性・極性共有結合

同一種の原子どうし，あるいは同程度の電気陰性度をもつ原子どうしの共有結合においては，電子は両者によって同等に共有されており，非極性共有結合とよばれる。しかし，たとえば水分子では，電気陰性度の強い酸素原子と弱い水素原子が結合しているため，共有される電子は酸素原子に引き寄せられる。このような結合を極性共有結合とよぶ。

a. ボーアモデル

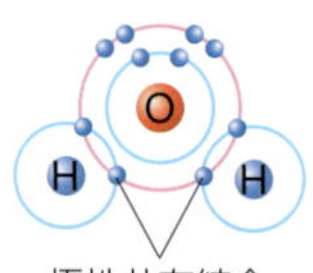

b. 空間充填モデル

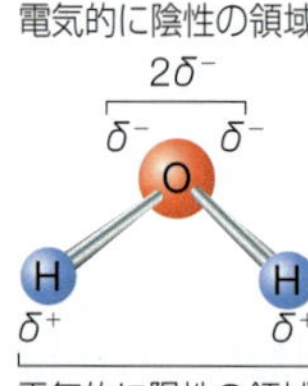

c. 球棒モデル

電気的に陰性の領域
2δ⁻
δ⁻ δ⁻
O
H H
δ⁺ δ⁺
電気的に陽性の領域

酸素原子は電気陰性度が高いため，共有電子対を引き寄せる。その結果，酸素はやや負に帯電し，水素はやや正に帯電する。δ(デルタ)は，それぞれの原子で全電子がもつ負電荷量の合計が通常よりも少ない(δ⁺)あるいは多い(δ⁻)状態であることを示す。

▶図7 水分子の極性構造

水素結合

ある電気陰性度の高い原子と共有結合した水素原子が，ほかの電気陰性度の高い原子に引かれるときに生じる分子間の結合。細胞内で電気陰性度の高い原子は，酸素および窒素が代表的である。

a. 水分子どうしの水素結合(球棒モデル)　b. 水分子とアンモニア分子の水素結合(空間充填モデル)

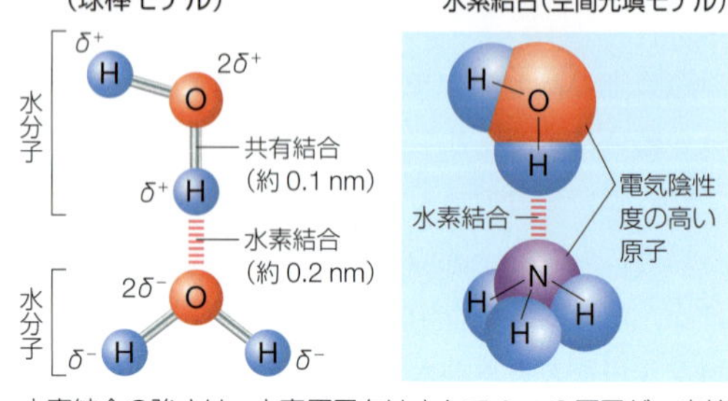

水素結合の強さは，水素原子をはさんで２つの原子が一直線に並んだときに最大となる。

▶図8 水素結合のモデル

ファン=デル=ワールス相互作用

非極性共有結合で結合している分子においても，各原子の電子はたえず運動しており，分子内でつねに対称的な位置関係にあるわけではない。ある瞬間には，分子内の１か所に集中して分子に極性を与え，これが原因となって近接するほかの分子に極性を誘起する。その結果，分子間の引力が生じるのがファン=デル=ワールス相互作用(ファン=デル=ワールス力)である。両分子が接近している場合にのみ有効な結合力となる。

疎水性相互作用

水中では，水分子が互いに水素結合しているが，そこに疎水性分子(非極性分子)が入ると，水分子の水素結合が乱されないよう斥力がはたらいて，疎水性分子を集中させる。この集中は，疎水性分子間の積極的な結合によるものではないが，しばしば疎水結合とよばれる。

縮合，重合

2つの分子から水1分子(あるいは水のような簡単な分子が1分子)がとれて，あらたな1つの分子ができる反応を縮合という。ペプチド結合がその例である(▶図9)。

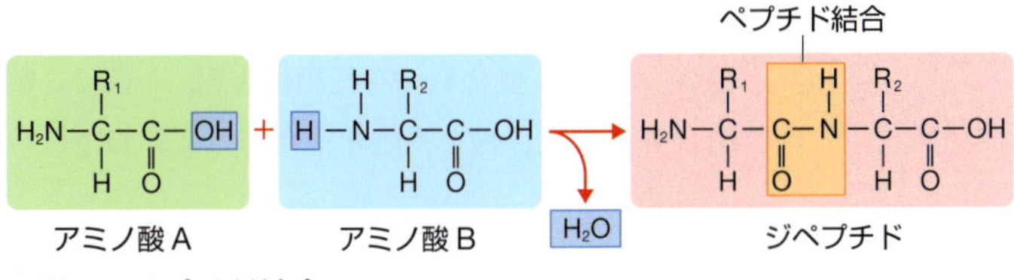

▶図9　ペプチド結合

また，比較的小さな分子が互いに結合して高分子化合物を生じる反応は重合とよばれる。たとえばアクチンは，単体では球形構造を示すタンパク質であるが，ATPの加水分解エネルギーを用いてその構造をかえ，ほかのアクチン単体と次々に結合して重合し，繊維構造を示す。この結合は，ペプチド結合のような共有結合ではなく，水素結合などの弱い結合による。

なお，細胞内でみられるタンパク質や核酸，多糖などの高分子化合物の多くは，縮合を繰り返してつくられる（縮合重合）。

基・官能基

分子からその一部の原子がとれた原子団を基といい，化合物の性質を特徴づける特定の原子団（基）を官能基という（▶表5）。たとえばメタン（CH_4）から水素原子が1つとれた原子団 CH_3－をメチル基とよぶ。

なお，アミノ酸はすべて前項で述べた基本構造をもつが，R_1，R_2などであらわされる原子団によってそれぞれのアミノ酸の性質が決まる。このRに対応する原子団を側鎖または基とよび，ポリペプチド（アミノ酸が縮合重合してつくる高分子化合物）においては，アミノ酸の残りという意味で残基ともよばれる。

▶表5　官能基とその構造

官能基	構造
ヒドロキシ基	$-OH$
メチル基	$-CH_3$
カルボニル基	$>C=O$
アルデヒド基	$-C(=O)-H$
カルボキシ基	$-C(=O)-OH$
アミノ基	$-NH_2$
スルホ基	$-SO_3H$
エーテル結合	$-O-$
エステル結合	$-C(=O)-O-$

異性体

構成原子の種類と数が同一であるにもかかわらず，異なる構造と機能をもつ化合物をさす。構造異性体は，構成原子の結合相手が異なる（▶図10-a）。幾何異性体（シス-トランス異性体）は，二重結合の両側での原子（団）配置が異なる（▶図10-b）。鏡像異性体（光学異性体）は，分子内の非対称炭素原子に関してほかの原子（団）の空間配置が鏡像関係になっている（▶図10-c）。

a. 構造異性体
同じ分子式（図ではC_2H_6O）でも構造が異なる。

エタノール

ジメチルエーテル

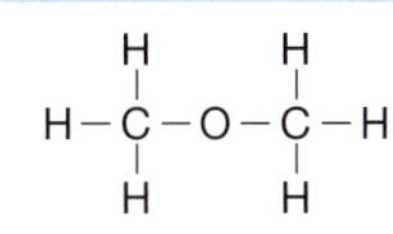

b. 幾何異性体（シス-トランス異性体）
二重結合の両側で原子（団）の配置が異なる構造をもつ。

マレイン酸（シス型）

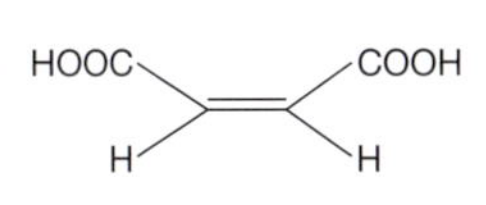

フマル酸（トランス型）

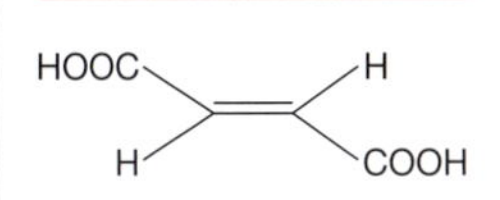

c. 鏡像異性体（光学異性体）

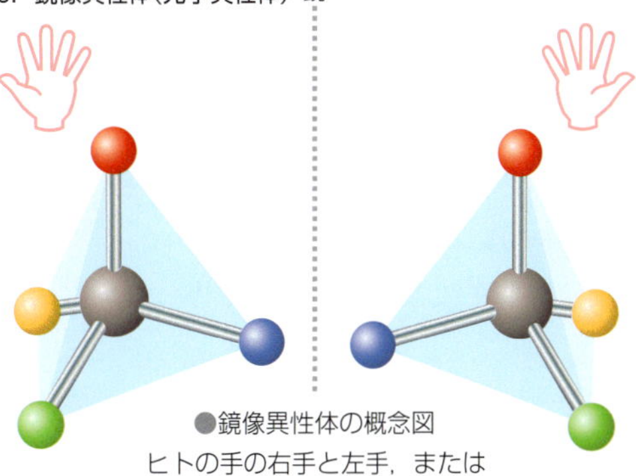

●鏡像異性体の概念図
ヒトの手の右手と左手，または実像と鏡像の関係にある構造をもつ。

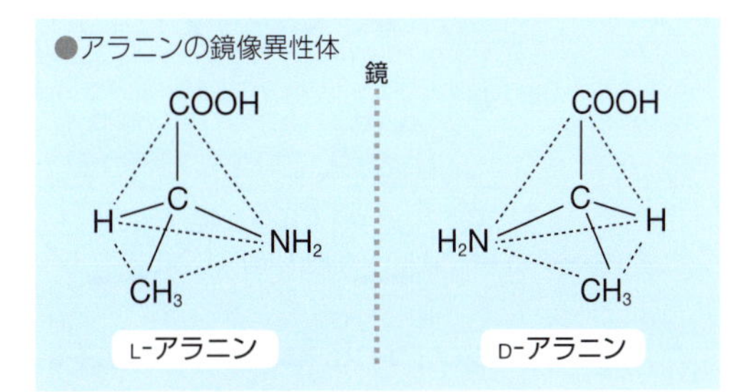

▶図10　さまざまな異性体

無機・有機化合物，飽和化合物・不飽和化合物

炭素を含まない化合物を無機化合物，含む化合物を有機化合物とよぶ。炭素原子がすべて一重結合で結合している有機化合物を飽和化合物，一部に二重結合を含む化合物を不飽和化合物とよぶ（▶図11）。

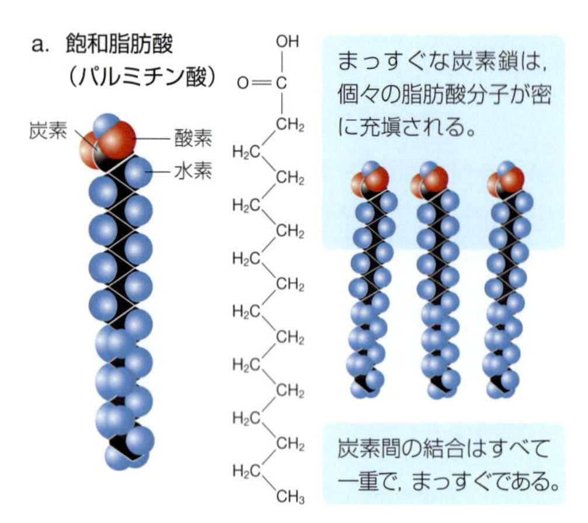

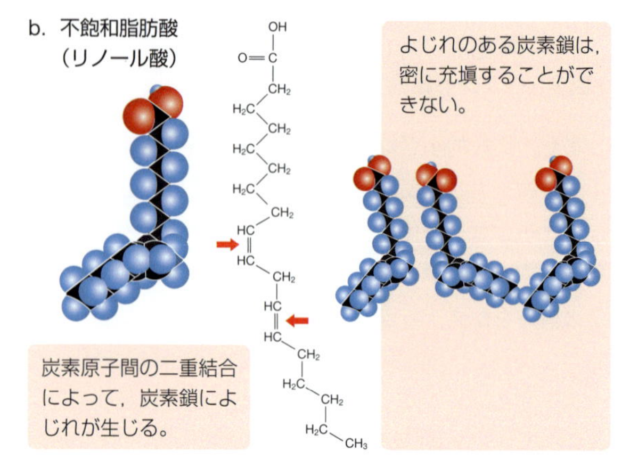

▶図11　飽和脂肪酸と不飽和脂肪酸

糖の化学構造

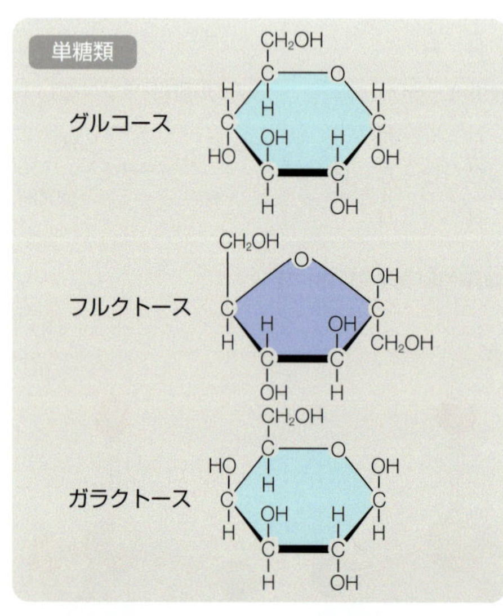

二糖類

スクロース（グルコース＋フルクトース）

ラクトース（ガラクトース＋グルコース）

マルトース（グルコース＋グルコース）

多糖類

枝分れ鎖

主　鎖

グリコーゲン（グルコースが側鎖をつくりながら数千個つながっている。デンプンもグルコースの連鎖でよく似た構造を示す）

▶図12　糖の化学構造

索引

す

せ

そ

た

ち

な

に

ぬ

ね

の

は

ひ

ま

る

れ

ろ

わ